国家示范性软件学院系列教材

"十二五"普通高等教育本科国家级规划教材

韩万江 姜立新 编著

软件工程案例教程

软件项目开发实践

第3版

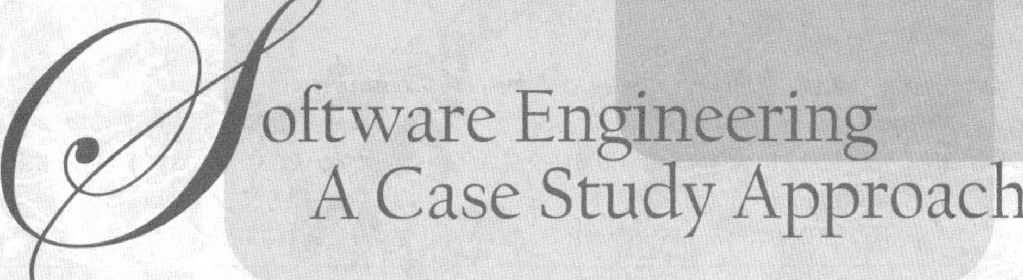

机械工业出版社
China Machine Press

图书在版编目（CIP）数据

软件工程案例教程：软件项目开发实践 / 韩万江，姜立新编著．—3 版．—北京：机械工业出版社，2017.3（2021.9 重印）
（国家示范性软件学院系列教材）

ISBN 978-7-111-55984-9

I. 软… II. ①韩… ②姜… III. 软件工程 – 案例 – 高等学校 – 教材 IV. TP311.5

中国版本图书馆 CIP 数据核字（2017）第 030305 号

本书以一个贯穿始终的软件项目案例为基础，讲解软件项目开发中需求分析、概要设计、详细设计、编码、测试、产品交付以及维护等各个过程中涉及的理论、方法、技术、交付的产品和文档等。本书系统、全面、注重实效，可以帮助读者在短时间内掌握软件项目开发的基本知识和基本过程，并有效提高实践能力。

本书既适合作为高等院校计算机及相关专业软件工程、软件测试课程的教材，也适合作为广大软件技术人员的培训教程或参考书。

出版发行：机械工业出版社（北京市西城区百万庄大街 22 号 邮政编码：100037）

责任编辑：曲 熠	责任校对：董纪丽
印　　刷：北京文昌阁彩色印刷有限责任公司	版　　次：2021 年 9 月第 3 版第 8 次印刷
开　　本：185mm × 260mm 1/16	印　　张：21.25
书　　号：ISBN 978-7-111-55984-9	定　　价：45.00 元

凡购本书，如有缺页、倒页、脱页，由本社发行部调换

客服热线：（010）88378991 88361066　　投稿热线：（010）88379604

购书热线：（010）68326294 88379649 68995259　　读者信箱：hzjsj@hzbook.com

前言

本书第 1、2 版出版后得到了广大读者的好评，被众多高校选为教材，也收获了很多反馈，其中既有热情的赞扬，也有很多中肯的建议，在此表示深深的感谢。参考这些建议，同时结合近年对软件工程理论新发展的研究，以及多年的教学经验和项目实践，我们对第 2 版进行了全面修订。第 3 版的主要更新之处包括：面向软件工程新技术，总结了软件开发实践的过程、经验和方法；重新甄选项目案例，并对这些案例进行了精心整理。本书是理论与实践相结合的典范，每章都有对应的项目案例展示和分析，并且提供案例文档。通过对软件工程中的需求分析、概要设计、详细设计、编码、测试、产品交付、维护等过程的学习，学生可以掌握软件开发的基本流程；同时结合每章的案例分析，学生可以更加深入地理解软件开发实践过程，在短时间内提高软件开发技能。

本书是一本系统的、有针对性且有实效性的书籍，对从事软件项目开发以及希望学习软件开发的人员都有非常好的借鉴作用。

本书由韩万江、姜立新编著，感谢陆天波、杨金翠、孙艺、孙泉、杨元民、岳鹏、郭士榕等的参与，同时对薛忆非、陈甜、韩新雨、郭捷、钱蕴哲、王镱臻等的贡献也一并表示感谢！

由于作者水平有限，书中难免有疏漏之处，诚请各位读者批评指正，并希望你们将使用本书的体会和遇到的问题告诉我们，以便我们在下一版中进行完善。

韩万江

casey_han@263.net

2016 年 12 月于北京

目 录

第 1 章

软件工程概述

软件（software）是计算机系统中与硬件（hardware）相互依存的另一部分，它包括程序（program）、相关数据（data）及其说明文档（document）。其中，程序是按照事先设计的功能和性能要求执行的指令序列，数据是程序能正常操纵信息的数据结构，文档是与程序开发、维护和使用有关的各种图文资料。

软件工程（Software Engineering，SE）是针对软件这一具有特殊性质的产品的工程化方法，它涵盖了软件生存周期的所有阶段，并提供了一整套工程化的方法来指导软件人员的工作。软件工程是用工程科学的知识和技术原理来定义、开发和维护软件的一门学科。

1.1 软件工程的背景

计算机软件已经成为现代科学研究和解决工程问题的基础，是管理部门、生产部门、服务行业中的关键因素，它已渗透到了各个领域，成为当今世界不可缺少的一部分。展望未来，软件仍将是驱动各行各业取得新进展的动力。因此，人们需要学习并研究工程化的软件开发方法，使开发过程更加规范，这已变得越来越重要。

20 世纪中期软件产业从零开始起步，并迅速发展成为推动人类社会发展的龙头产业。随着信息产业的发展，软件对人类社会越来越重要，人们对软件的认识也经历了一个由浅到深的过程。

第一个写软件的人是 Ada（Augusta Ada Lovelace），在 19 世纪 60 年代她尝试为 Babbage（Charles Babbage）的机械式计算机写软件，尽管失败了，但她永远载入了计算机发展的史册。20 世纪 50 年代，软件伴随着第一台电子计算机的问世诞生了，以写软件为职业的人也开始出现，他们多是经过训练的数学家和电子工程师。20 世纪 60 年代，美国大学里开始出现计算机专业，教人们编写软件。

软件发展的历史大致可以分为如下的三个阶段：

第一个阶段是 20 世纪 50 ~ 60 年代，即程序设计阶段，基本采用个体手工劳动的生产方式。这个时期的程序是为特定目的而编制的，软件的通用性很有限，往往带有强烈的个人色彩。早期的软件开发也没有什么系统的方法可以遵循，软件设计是在某个人的头脑中完成的一个隐藏的过程，而且，除了源代码往往没有软件说明书等文档。因此这个时期尚无软件的概念，基本上只有程序、程序设计概念；不重视程序设计方法；而且设计的程序主要用于科学计算，规模很小，采用简单的工具，基本上采用低级语言；硬件的存储容量小，运行可靠性差。

第二阶段是20世纪60 ~ 70年代，即软件设计阶段，采用小组合作生产方式。这个时期软件开始作为一种产品被广泛使用，出现了“软件作坊”，专门应别人的要求写软件。这个阶段的程序设计基本采用高级语言开发工具，人们开始提出结构化方法；硬件的速度、容量、工作可靠性有明显提高，而且硬件的价格降低；人们开始使用产品软件（可购买），从而建立了软件的概念。但是开发技术没有新的突破，软件开发的方法基本上仍然沿用早期的个体化软件开发方式。随着软件数量的急剧膨胀，软件需求日趋复杂，维护的难度越来越大，开发成本日益高涨，此时的开发技术已不适应规模大、结构复杂的软件开发，失败的项目越来越多。

第三个阶段从20世纪70年代开始，即软件工程时代，采用工程化的生产方式。这个阶段的硬件向超高速、大容量、微型化以及网络化方向发展；第三、四代语言出现；数据库、开发工具、开发环境、网络、分布式、面向对象技术等工具方法都得到应用；软件开发技术有很大进步，但未能获得突破性进展，软件开发技术的进步一直未能满足发展的要求。这个时期很多的软件项目开发时间大大超出了规划的时间表，一些项目导致了财产的流失，甚至导致了人员伤亡。同时，一些复杂的、大型的软件开发项目提出来了，软件开发的难度越来越大，在软件开发中遇到的问题找不到解决的办法，使问题积累起来，形成了尖锐的矛盾，失败的软件开发项目屡见不鲜，因而导致了软件危机。

软件危机指的是计算机软件开发和维护过程中所遇到的一系列严重问题。概括来说，软件危机包含两方面的问题：一是如何开发软件，以满足不断增长、日趋复杂的需求；二是如何维护数量不断膨胀的软件产品。落后的软件生产方式无法满足迅速增长的计算机软件需求，从而导致软件开发与维护过程中出现一系列严重问题。

最为突出的例子是美国IBM公司于1963 ~ 1966年开发的IBM360系列机的操作系统。该项目的负责人Fred Brooks在总结该项目时无比沉痛地说：“……正像一只逃亡的野兽落到泥潭中做垂死挣扎，越是挣扎，陷得越深，最后无法逃脱灭顶的灾难……程序设计工作正像这样一个泥潭……一批批程序员被迫在泥潭中拼命挣扎……谁也没有料到问题竟会陷入这样的困境……”IBM360操作系统的历史教训已成为软件开发项目中的典型事例被记入史册。软件开发中的最大的问题不是技术问题，而是管理问题。

具体地说，软件危机主要有以下表现：

- 对软件开发成本和进度的估计常常不准确，开发成本超出预算，项目经常延期，无法按时完成任务。
- 开发的软件不能满足用户要求。
- 软件产品的质量低。
- 开发的软件可维护性差。
- 软件通常没有适当的文档资料。
- 软件的成本不断提高。
- 软件开发生产率的提高赶不上硬件的发展和人们需求的增长。

软件危机的原因，一方面与软件本身的特点有关，另一方面与软件开发和维护的方法不正确有关。软件危机的产生，迫使人们不得不研究、改变软件开发的技术手段和管理方法。

从此软件生产进入软件工程时代。

1968年北大西洋公约组织的计算机科学家在联邦德国召开的国际学术会议上第一次提出了“软件危机”这个名词，同时讨论和制定了摆脱“软件危机”的对策。在那次会议上第一次提出了软件工程这个概念，从此一门新兴的工程学科——软件工程学——应运而生。

“软件工程”的概念是为了有效地控制软件危机的发生而提出来的，它的中心目标就是把软件作为一种物理的工业产品来开发，要求“采用工程化的原理与方法对软件进行计划、开发和维护”。软件工程是一门旨在开发满足用户需求、及时交付、不超过预算和无故障的软件的学科，它的主要对象是大型软件，最终目的是摆脱手工生产软件的状况，逐步实现软件开发和维护的自动化。

从微观上看，软件危机的特征表现在完工日期一再拖后、经费一再超支，甚至工程最终宣告失败等方面；而从宏观上看，软件危机的实质是软件产品的供应赶不上需求的增长。

虽然“软件危机”还没得到彻底解决，但自从软件工程概念提出以来，经过几十年的研究与实践，在软件开发方法和技术方面已经有了很大的进步。尤其应该指出的是，人们逐渐认识到，在软件开发中最关键的问题是软件开发组织不能很好地定义和管理其软件过程，从而使一些好的开发方法和技术都起不到应有的作用。也就是说，在没有很好定义和管理软件过程的软件开发中，开发组织不可能在好的软件方法和工具中获益。

1.2 软件工程知识体系

“工程”是科学和数学的某种应用，通过这一应用，使自然界的物质和能源的特性能够通过各种结构、机器、产品、系统和过程，成为对人类有用的东西。因而，“软件工程”就是科学和数学的某种应用，通过这一应用，使计算机设备的能力借助于计算机程序、过程和有关文档成为对人类有用的东西。它涉及计算机学科、工程学科、管理学科和数学学科。软件工程包括运用现代科学技术知识来设计并构造计算机程序的过程以及开发、运行和维护这些程序所必需的相关文件资料。软件工程研究的主要内容是方法、过程和工具。

软件工程的成果是为软件设计和开发人员提供思想方法和工具，而软件开发是一项需要良好组织、严密管理且各方面人员配合协作的复杂工作。软件工程正是指导这项工作的一门科学。软件工程学一般包含软件开发技术和软件工程管理两方面的内容，其中软件开发方法学和软件工程环境属于软件开发技术的内容，软件工程经济学属于软件工程管理的内容。软件工程在过去一段时间内已经取得了长足的进展，在软件的开发和应用中起到了积极的作用。随着软件开发的深入以及各种技术的不断创新和软件产业的形成，人们越来越意识到软件过程管理的重要性，并且传统的软件工程理论也随着人们的开发实践不断完善发展。

高质量的软件工程可以保证生产出高质量的、用户满意的软件产品。但是，人们对软件工程的界定，总是存在一定的差异。软件工程应该包括哪些知识？这里我们引用IEEE在软件工程知识体系指南（Guide to the Software Engineering Body of Knowledge，SWEBOK）中对软件工程的定义：软件开发、实施、维护的系统化、规范化、质量化方法的应用，也就是软件的应用工程；对上述方法的研究。

1998年，美国联邦航空管理局在启动一个旨在提高技术和管理人员的软件工程能力的项目时发现，他们找不到软件工程师应该具备的公认的知识结构，于是他们向美国联邦政府提出了关于开发“软件工程知识体系指南”的项目建议。美国Embry-Riddle航空大学计算与数学系的Thomas B. Hilburn教授接手了该研究项目，并于1999年4月完成了《软件工程知识本体结构》的报告。该报告发布后迅速引起软件工程界、教育界和一些政府对建立软件工程本体知识结构的兴趣。很快人们普遍接受了这样的认识：建立软件工程知识体系的结构是确立软件工程专业至关重要的一步，如果没有一个得到共识的软件工程知识体系结构，将无法验证软件工程师的资格，无法设置相应的课程，或者无法建立对相应课程进行认可的判断准则。对建立权威的软件工程知识体系结构的需求迅速在世界各地反映出来。1999 年 5 月，ISO 和 IEC 的第一联合技术委员会（ISO/IEC JTC1）为顺应这种需求，立即启动了标准化项目——“软件工程知识体系指南”。美国电子电气工程师学会与美国计算机联合会联合建立的软件工程协调委员会（SECC）、加拿大魁北克大学以及美国 MITRE 公司（与美国 SEI 共同开发 SW-CMM 的软件工程咨询公司）等共同承担了 ISO/IEC JTC1 “SWEBOK（Software Engineering Body of Knowledge）指南”项目任务。

2014 年 2 月 20 日，IEEE 计算机协会发布了软件工程知识体系 SWEBOK 指南第 3 版。SWEBOK 指南第 3 版标志着 SWEBOK 项目达到了一个新的里程碑。

SWEBOK V2 界定了软件工程的 10 个知识领域（Knowledge Area，KS）：软件需求（software requirements）、软件设计（software design）、软件构建（software construction）、软件测试（software testing）、软件维护（software maintenance）、软件配置管理（software configuration management）、软件工程管理（software engineering management）、软件工程过程（software engineering process）、软件工程工具和方法（software engineering tools and methods）、软件质量（software quality）。

在 SWEBOK V3 中，软件工程知识体被补充、细分为软件工程教育需求（the educational requirements of software engineering）和软件工程实践（the practice of software engineering）两大类，共 15 个知识域。其中软件工程教育需求包含 4 个知识域，软件工程实践包含 11 个知识域。软件工程教育需求包含的 4 个知识域分别是工程经济基础（engineering economy foundations）、计算基础（computing foundations）、数学基础（mathematical foundations）、工程基础（engineering foundations）。“软件工程实践”包含的 11 个知识域分别是软件需求、软件设计、软件构建、软件测试、软件维护、软件配置管理、软件工程管理、软件工程过程、软件工程模型与方法（software engineering models and methods）、软件质量、软件工程专业实践（software engineering professional practice）。

与 SWEBOK V2 相比，SWEBOK V3 的主要内容有以下几个方面变化：

- 更新了所有知识域的内容，反映出软件工程近 10 年的新成果，并与 CSDA、CSDP、SE2004、GSwE2009 和 SEVOCAB 等标准进行了知识体系的统一。
- 新增了 4 个基础知识域（软件工程经济基础、计算基础、数学基础和工程基础）和一个软件工程专业实践知识域。
- 在软件设计和软件测试中新增了人机界面的内容；把软件工具的内容从原先的“软件工程工具和方法”中移到其他各知识域中，并将该知识域重命名为“软件工程模型和方法”，使其更关注方法。
- 突出了架构设计和详细设计的不同，同时在软件设计中增加了硬件问题的新主题和面向方面（aspect-oriented）设计的讨论。
- 新增了软件重构、迁移和退役的新主题，更多地讨论了建模和敏捷方法。
- 在多个知识域中都增加了对保密安全性（security）的考虑。
- 合并了多个标准中的参考文献，并进行更新和遴选，减少了参考文献数量。

1.3 软件工程的三段论

软件工程是用工程科学的知识和技术原理来定义、开发和维护软件的一门学科。在不断探索软件工程的原理、技术和方法的过程中，人们研究和借鉴了工程学的某些原理和方法，并形成了软件工程学。软件工程的目标是提高软件的质量与生产率，最终实现软件的工业化生产。既然软件工程是“工程”，那么我们从工程的角度看一下软件项目的实施过程，如图 1-1 所示。

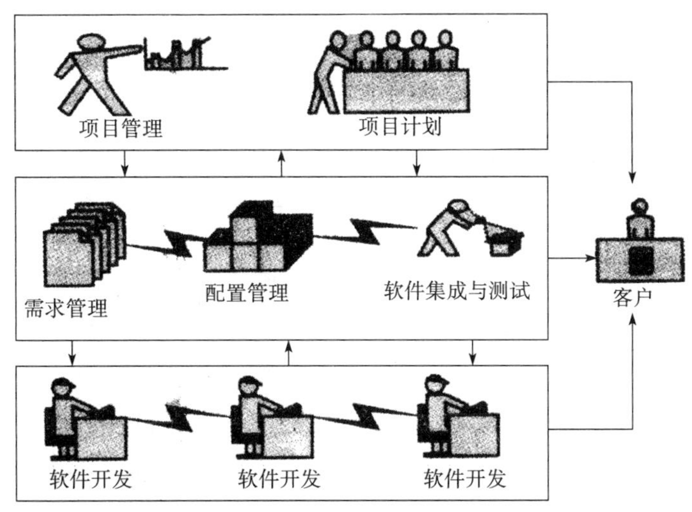

图 1-1 工程化软件开发

客户的需求启动了一个软件项目，为此我们需要先规划这个项目，即完成项目计划，然后根据这个项目计划实施项目。项目实施的依据是需求，这个需求类似工程项目的图纸，开发人员按照这个图纸生产软件，即设计、编码。在开发生产线上，将开发过程的半成品通过配置管理来存储和管理，然后进行必要的集成和测试，直到最后提交给客户。在整个开发过程中需要进行项目跟踪管理。软件工程活动是“生产一个最终满足需求且达到工程目标的软件产品所需要的步骤”。这些活动主要包括开发类活动、管理类活动和过程改进类活动，这里将它定义为“软件工程的三段论”，或者“软件工程的三线索”。一段论是“软件项目管理”，二段论是“软件项目开发”，三段论是“软件过程改进”。这个三段论可以用一个三角形表示，如图 1-2 所示，它们类似于相互支撑的三角形的三条边。我们知道三角形是最稳定的，要保证三角形的稳定性，三角形的三条边必不可少，而且要保持一定的相互关系。

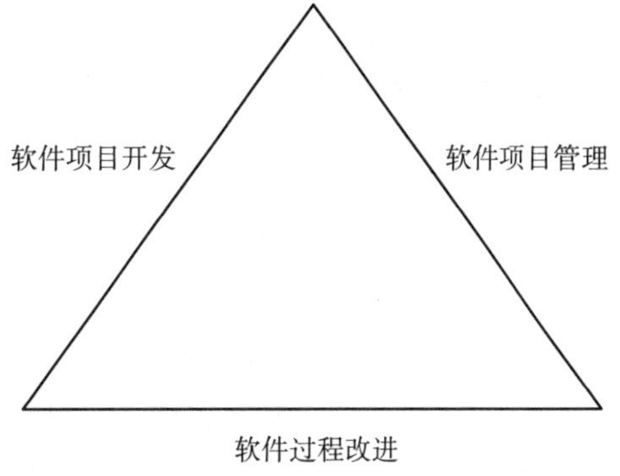

图 1-2 软件工程的三个线索

为了保证软件管理、软件开发过程的有效性，应该保证上述过程的高质量和过程的持续改进。

让软件工程成为真正的工程，就需要软件项目的开发、管理、过程改进等方面规范化、工程化、工艺化、机械化。

软件开发过程中脑力活动的“不可见性”大

大增加了过程管理的困难。因此软件工程管理中的一项指导思想就是千方百计地使这些过程变为“可见的”、事后可查的记录。只有从一开始就在开发过程中严格贯彻质量管理，软件产品的质量才会有保证。否则，开发工作一旦进行到后期，无论怎样测试和补漏洞，都无济于事。

1.4 软件工程模型

一个软件项目的基本流程和关联关系如图1-3所示。

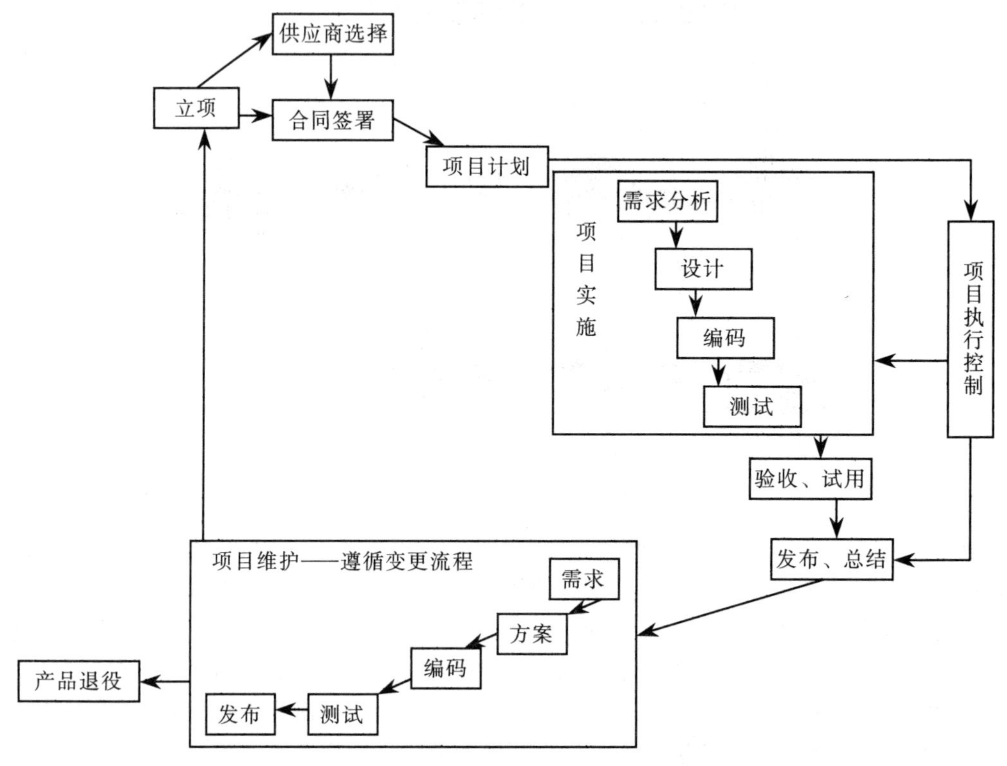

图1-3 软件工程各个阶段过程之间的关系

按照项目的初始、计划、执行、控制、结束五个阶段，可以总结出软件工程的相关过程如下：

1）初始阶段的过程。包括：立项，供应商选择，合同签署。

2）计划阶段的过程。包括：范围计划，时间计划，成本计划，质量计划，风险计划，沟通计划，人力资源计划，合同计划，配置管理计划。

3）执行阶段的过程。包括：需求分析，概要设计，详细设计，编码，单元测试，集成测试，系统测试，项目验收，项目维护。

4）控制阶段的过程。包括：范围计划控制，时间计划控制，成本计划控制，质量计划控制，风险计划控制，沟通计划控制，人力资源计划控制，合同计划控制，配置管理计划控制。

5）结束阶段的过程。包括：合同结束，项目总结。

这些过程活动分布在软件工程的软件项目管理、软件项目开发、软件过程改进三条线索中。

“软件工程”与其他行业的工程有所区别，其模式或者标准很难统一为一个模型，所以，软件工程的模型是弹性的，标准是一个相对的标准。按照软件项目的初始、计划、执行、控制、结束五个阶段，我们建立一个基于过程元素的软件工程模型，如图 1-4 所示。模型用虚线分割成两部分，第一部分是过程构建和过程改进，其中的过程库是软件项目的标准过程积累；第二部分为基于过程的软件项目实施过程。

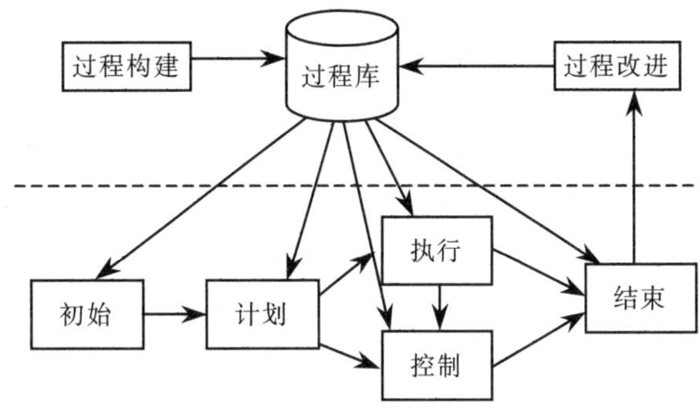

图 1-4　软件工程模型

我们将图 1-4 中的虚线下面部分展开为含有过程的流程模式，五个阶段中可以包含一些过程，这些过程元素存储在过程库中，这样就形成了一个基于过程的弹性软件工程模型，如图 1-5 所示。

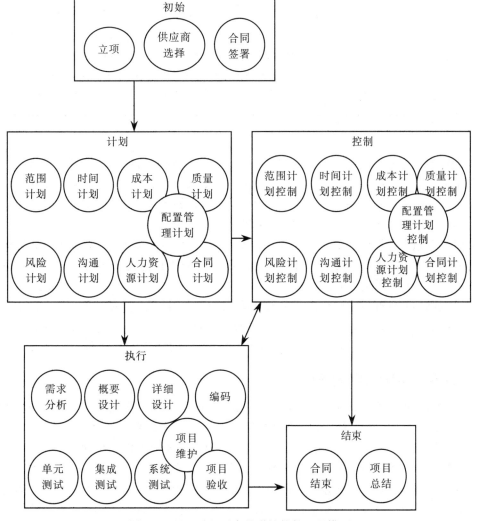

图 1-5　基于过程元素的弹性软件工程模型

这个弹性软件工程模型包含了软件工程的开发、管理、过程改进三个方面，对于一个具体的项目，可以选择软件项目开发过程组和软件项目管理过程组中的过程进行组合来完成项目。这里的“弹性”是指可以根据项目的需要选择过程，而软件过程又可以根据需要进行组合。也就是说，一个项目可以根据具体情况进行排列和取舍，形成特定项目的模型。

对于软件企业，软件项目周期过程可以按照软件工程流程分为开发环节、测试环节、生产环节和运维环节，分别对应企业的开发部门、测试部门、生产部门和运维部门，如图 1-6 所示。

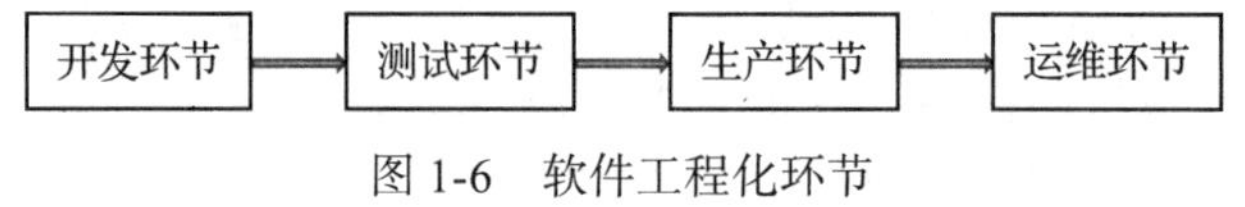

图 1-6 软件工程化环节

1.4.1 软件项目开发路线图

软件项目开发过程是软件工程的核心过程，通过这个生产线可以生产出用户满意的产品。软件工程提供了一整套工程化的方法来指导软件人员的工作。

图 1-7 是软件项目开发的路线图，这个路线图展示了从需求开始的软件开发的基本工艺流程。需求分析是项目开发的基础；概要设计为软件需求提供实施方案；详细设计是对概要设计的细化，它为编码提供依据；编码是软件的具体实现；测试是验证这个软件的正确性；产品交付是将软件提交给使用者；维护指软件在使用过程中进行完善和改进的过程。

图 1-7 软件项目开发路线图

如同传统工程的生产线上有很多工序（每道工序都有明确的规程），软件生产线上的工序主要包括需求分析、概要设计、详细设计、编码、测试、产品交付、维护等。采用一定的流程将各个环节连接起来，并用规范的方式操作全过程，如同工厂的生产线，这样就形成了软件工程模型，也称为软件开发生存期模型，即软件工程模型。

软件开发过程是随着开发技术的演化而改进的。从早期的瀑布（Waterfall）开发模型到迭代开发模型，再到敏捷（Agile）开发方法，展示了不同时代的软件产业对于开发过程的不同认识，以及对于不同类型项目的理解方法。

没有规则的软件开发过程带来的只可能是无法预料的结果，这是在经历了一次次的项目失败之后逐渐领悟到的道理。随着软件项目的规模不断加大，参与人员不断增多，对规范性的要求愈加严格，基于软件项目管理的、工程化的软件开发时代已经来临。

1.4.2 软件项目管理路线图

美国项目管理专家 James P. Lewis 说：项目是一次性、多任务的工作，具有明确规定的开始日期和结束日期、特定的工作范围和预算，以及要达到的特定性能水平。

项目经理首先必须要弄明白什么是项目。项目涉及 4 个要素：预期的绩效、费用（成本）、时间进度、工作范围。这 4 个要素相互关联、相互影响。

例如你去采购商品，原来想好要采购很多东西，回来却发现很多东西忘了买，为避免这种问题，当你再出去采购的时候会在一张纸上记录下所有需要购买的东西，即采购清单，你可以“完成一个采购项，在采购清单上打一个钩”，如果清单中每项都打钩了，就表示所有的采购任务完成了，这个采购清单就是你的计划，你通过不断在采购清单上打钩来控制“采购”这个项目很好地完成。再举一个我们熟悉的例子，假如让你负责一个聚会活动，那么你就是这个“聚会活动”的项目经理，如何使这个项目成功就是你的任务。为了很好地完成这个任务，你需要知道聚会中有哪些活动、费用如何、如何安排时间等，在聚会进行过程中，你需要控制哪些活动完成了，哪些活动没有完成，进度进展得如何，费用花费得如何等。经历几次没有计划的聚会后，你会觉得必须要事前制订好一个节目单——相当于一个计划，记录有哪些活动，安排时间，控制花费等。

同理，软件项目管理也是这样，软件项目管理就是如何管理好软件项目的范围、时间、成本、质量，也就是管理好项目的内容、花费的时间（进度）、花费的代价（规模成本）、产品质量，为此需要制订一个好的项目计划，然后控制好这个计划，即软件项目管理的实质是软件项目计划的编制和项目计划的跟踪控制。计划与跟踪控制是相辅相成的关系：计划是项目成功实施的指南和跟踪控制的依据，而跟踪控制又用来保证项目计划的成功执行。

实际上，要做到项目计划切合实际是一个非常高的要求，需要对项目的需求进行详细分析，根据项目的实际规模制订合理的计划。计划的内容包括进度安排、资源调配、经费使用等，为了降低风险，还要进行必要的风险分析与制订风险管理计划，同时要对自己的开发能力有非常准确的了解，制订切实可行的质量计划和配置管理计划等。这来源于项目经理的职业技能和实践经验的持续积累。

制订了合适的项目计划之后，才能进行有效的跟踪与监督。当发现项目计划的实际执行情况与计划不符时，要进行适当、及时的调整，确保项目按期、按预算、高质量地完成。项目成功与否的关键是能不能成功地实施项目管理。图 1-8 便是软件项目管理的路线图。

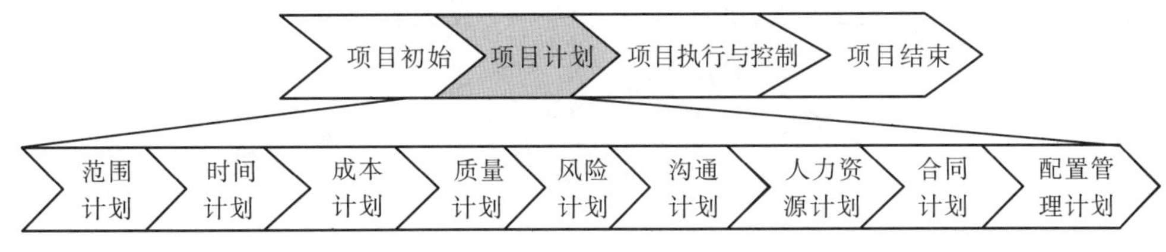

图 1-8　软件项目管理的路线图

1.4.3　软件过程改进路线图

自 20 世纪 70 年代软件危机以来，人们不断地展开新方法和新技术的研究与应用，但未取得突破性的进展。直到 20 世纪 80 年代末，人们得出这样一个结论：一个软件组织的软件能力取决于该组织的过程能力。一个软件组织的过程能力越成熟，该组织的软件生产能力就越有保证。

所谓过程，简单来说就是我们做事情的一种固有的方式，我们做任何事情都有过程存在，小到日常生活中的琐事，大到工程项目。对于做一件事，有经验的人对完成这件事的过程会很了解，他会知道完成这件事需要经历几个步骤，每个步骤都完成什么事，需要什么样的资源、什么样的技术等，因而可以顺利地完成工作；没有经验的人对过程不了解，就会有无从下手的感觉。图 1-9 和图 1-10 可以形象地说明过程在软件开发中的地位。如果项目人员将关注点只放在最终的产品上，如图 1-9 所示，不关注期间的开发过程，那么不同的开发队伍或者个人可能就会采用不同的开发过程，结果导致开发的产品有的质量高，有的质量差，完全依赖个人的素质和能力。

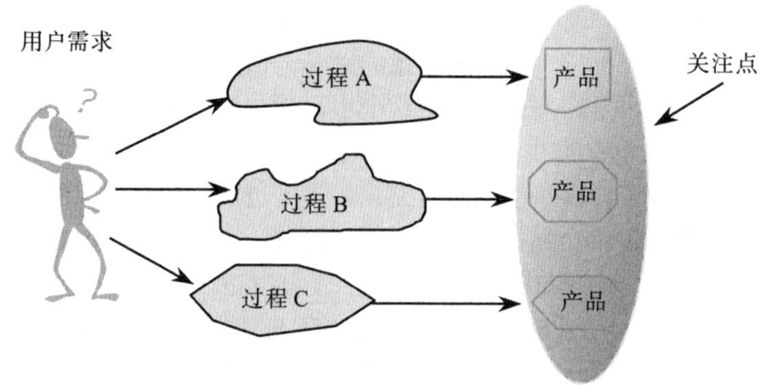

图 1-9 关注开发的结果

反之，如果将项目的关注点放在项目的开发过程，如图 1-10 所示，则不管谁来做，都采用统一的开发过程，也就是说，企业的关注点在过程。经过统一开发过程开发的软件，产品的质量是一样的。可以通过不断提高过程的质量来提高产品的质量，这个过程是公司能力的体现，而不是依赖于个人的。也就是说，产品的质量依赖于企业的过程能力，不依赖于个人能力。

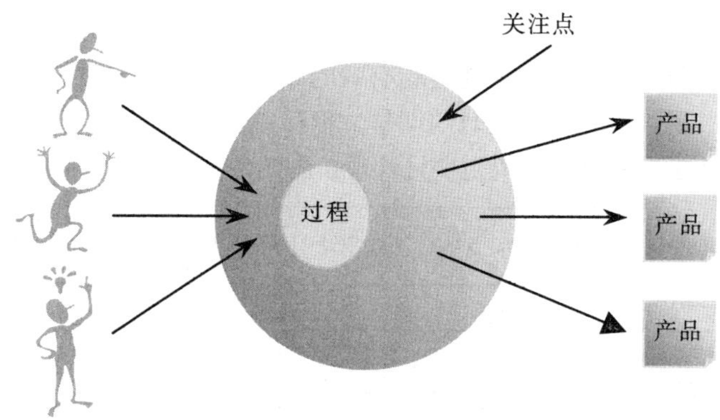

图 1-10 关注开发的过程

对于软件过程的理解，绝对不能简单地理解为软件产品的开发流程，因为我们要管理的并不只是软件产品开发的活动序列，而是软件开发的最佳实践，它包括流程、技术、产品、活动间关系、角色、工具等，是软件开发过程中的各个方面因素的有机结合。因此，在软件过程管理中，首先要进行过程定义，将过程以一种合理的方式描述出来，并建立起企业内部的过程库，使过程成为企业内部可以重用（也称复用）的共享资源。对于过程，要不断地进行改进，以不断地改善和规范过程，帮助提高企业的生产力。

软件过程是极其复杂的过程。软件是由需求驱动的，有了用户的实际需求才会引发一个软件产品的开发。软件产品从需求的出现到最终的产品出现要经历一个复杂的开发过程，软件产品在使用时要根据需求的变更进行不断的修改（这称为软件维护），我们把用于从事软件开发及维护的全部技术、方法、活动、工具以及它们之间的相互变换统称为软件过程。由此可见，软件过程的外延非常大，包含的内容非常多。对于一个软件开发机构来说，做过一个软件项目，无论成功与否，都能够或多或少地从中总结出一些经验。做过的项目越多，经验越丰富，特别是一个成功的开发项目是很值得总结的，从中可以总结出一些完善的过程，我们称之为最佳实践（best practices）。最佳实践开始是存放在成功者的头脑中的，很难在企业内部共享和重复利用，发挥其应有的效能。长期以来，这些本应从属于企业的巨大的财富被人们所忽视，这无形中给企业带来了巨大的损失，当人员流动时这种企业的财富也随之流失，并且也使这种财富无法被其他的项目再利用。过程管理，就是对最佳实践进行有效的积累，形成可重复的过程，使我们的最佳实践可以在企业内部共享。过程管理的主要内容包括过程定义与过程改进。过程定义是对最佳实践加以总结，以形成一套稳定的、可重复的软件过程。过程改进是根据实践中对过程的使用情况，对过程中有偏差或不够切合实际的地方进行优化的活动。通过实施过程管理，软件开发机构可以逐步提高其软件过程能力，从根本上提高软件生产能力。

美国卡内基·梅隆大学软件工程研究所（CMU/SEI）主持研究与开发的 CMM/PSP/TSP 技术，为软件工程管理开辟了一条新的途径。PSP（个人软件过程）、TSP（团队软件过程）和 CMM（能力成熟度模型）为软件产业提供了一个集成化的、三维的软件过程改进框架，它们提供了一系列的标准和策略来指导软件组织如何提升软件开发过程的质量和软件组织的能力，而不是给出具体的开发过程的定义，如图 1-11 所示。PSP 注重个人的技能，能够指导软件工程师保证自己的工作质量；TSP 注重团队的高效工作和产品交付能力；CMM 注重组织能力和高质量的产品，它提供了评价组织的能力、识别优先需求改进和追踪改进进展的管理方式。

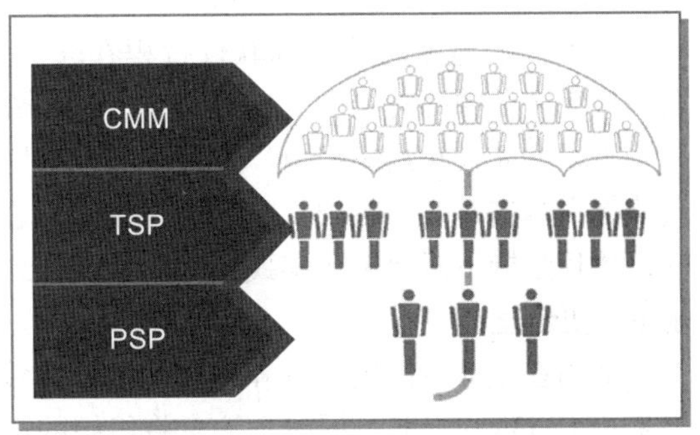

图 1-11　PSP/TSP/CMM 的关系

除了这个众所周知的 CMM/PSP/TSP 过程体系，目前“敏捷开发”（agile development）被认为是软件工程的一个重要的发展，它强调软件开发应当能够对未来可能出现的变化和不确定性做出全面反应。

事实上，只要软件企业在开发产品，它就一定有一个软件过程，不管这个过程是否被写出来。如果这个过程不能很好地适应开发工作的要求，就需要进行软件过程改进。软件过程只有不断地改善，才能增加项目成功的机会。

Watts S. Humphrey 服兵役的时候，训练用猎枪打泥鸽子，开始时 Watts 的成绩非常差，并且努力训练还是没有提高。教官对 Watts 观察了一段时间后，建议他用左手射击。作为一个习惯右手的人，开始 Watts 很不习惯，但练了几次后，Watts 的成绩几乎总是接近优秀。

这个事例说明了几个问题。首先，要通过测量来诊断一个问题，通过了解 Watts 击中了几只鸽子和脱靶的情况，很容易看出必须对 Watts 的射击过程做些调整。然后，必须客观地分析测量的数据，通过观察 Watts 的射击，教官就可以分析 Watts 射击的过程——上膛、就位、跟踪目标、瞄准，最后射击。教官的目的就是发现 Watts 哪些步骤存在问题，找到问题所在。

如果 Watts 不改进他的射击过程，他的成绩几年后都不会有什么变化，也不会成为一个优秀的枪手。仅仅进行测量并不会有什么提高，仅仅靠努力也不会有什么提高，在很大程度上是工作方式决定了所得到的结果。如果还是按照老办法工作，得到的结果还会是老样子。

同样，不管是个体的过程、团队的过程还是企业的过程，都需要进行软件过程改进。软件过程改进的路线图如图 1-12 所示。

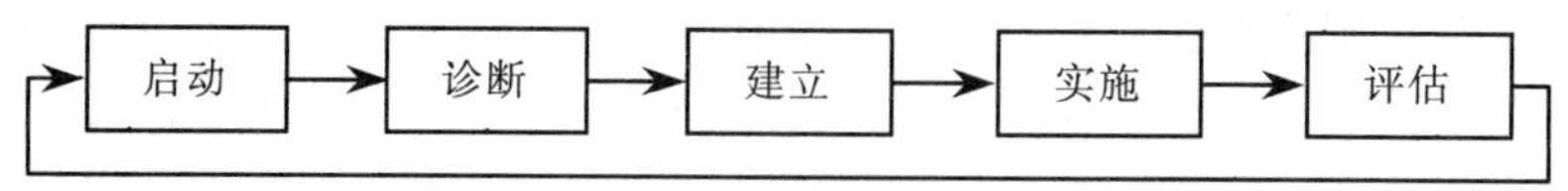

图 1-12 软件过程改进路线图

从图 1-12 中可以得知软件过程改进有五个步骤：

1）把目标状态与目前状态做比较，找出差距。

2）制订改进差距的分阶段计划。

3）制订具体的行动计划。

4）执行计划，同时在执行过程中对行动计划按情况进行调整。

5）总结本轮改进经验，开始下一轮改进。

现在人们越来越认识到软件过程在软件开发中的重要作用。目前国内还没有对软件开发的过程进行明确规定，文档不完整，也不规范，软件项目的成功往往归功于软件开发组的一些杰出个人或小组的努力。这种依赖于个别人员的成功并不能为全组织的软件生产率和质量的提高奠定有效的基础，只有通过建立全过程的改善机制，采用严格的软件工程方法和管理，并且坚持不懈地付诸实践，才能实现全组织的软件过程能力的不断提高，使软件开发更规范、更合理。

应当在企业范围内培育和建立起过程持续改进的文化氛围，通过过程体系的改进来不断积累关于过程的经验。同时，注意将组织的知识固化于过程之中。过程的丰富和积累有赖于人员的能力和经验，应当完善培训体系，充分保证项目组成员获得工作所需的必要技能。在项目的实践中，过程能力和人员能力相辅相成地发挥作用，才能形成提高、固化、再提高的过程持续改进的良性循环。

1.5 软件开发模型

围绕软件工程项目的开发活动，可以分化出很多软件开发模型。软件工程模型建议用一定的流程将各个开发环节连接起来，并用规范的方式操作全过程，就可以形成不同的软件开发模型，这个模型就是在项目规划过程中选择的策略。常见的软件开发模型有瀑布模型、V 模型、增量式模型、螺旋式模型、快速原型模型等。瀑布模型也称为线性模型，瀑布模型的出现就是将其他行业中进行工程项目的做法搬到软件行业中来，它要求项目目标固定不变、前一阶段的工作没有彻底做好之前决不进行下一阶段的工作。然而对于软件来说，项目目标固定不变很不现实。为了解决这一问题，在瀑布模型中添加了种种反馈机制。虽然瀑布模型太理想化，太单纯，已不再适合现代的软件开发模式，但我们应该认识到，线性是人们最容易掌握并能熟练应用的思想方法。当人们碰到一个复杂的非线性问题时，总是千方百计地将其分解或转化为一系列简单的线性问题，然后逐个解决。我们应该灵活应用线性的方式，例如，增量式模型就是一种分段的线性模型，螺旋式模型则是接连的弯曲了的线性模型。在其他模型中也都能够找到线性模型的影子。

1.5.1 瀑布模型

瀑布模型（waterfall model）是一个经典的模型，也称为传统模型（conventional model），

是一个理想化的软件开发模型，如图 1-13 所示。它要求项目所有的活动都严格按照顺序执行，一个阶段的输出是下一阶段的输入。在很多标准中都明确定义了瀑布模型，这是软件工程中经常涉及的模型。这个模型没有反馈，一个阶段完成后，一般就不返回了——尽管实际的项目中要经常返回上一阶段。虽然瀑布模型是一个比较“老”的模型，甚至有些过时，但在一些小的项目中还是经常用到。

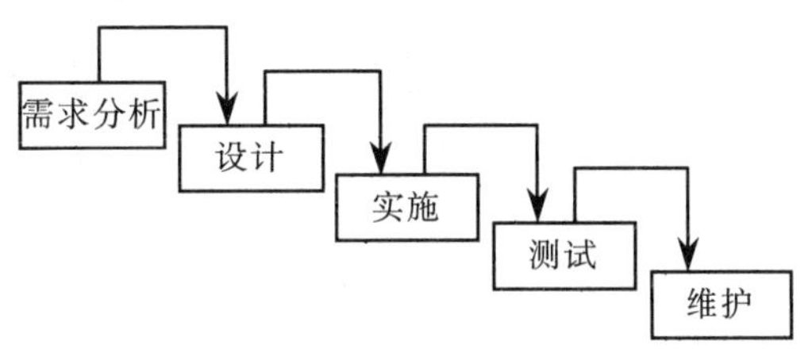

图 1-13　瀑布模型

1.5.2　V 模型

V 模型是瀑布模型的一个变种，如图 1-14 所示，它同样需要一步一步地进行，即前一阶段的任务完成之后才可以进行下一阶段的任务。这个模型强调测试的重要性，它将开发活动与测试活动紧密地联系在一起，每一步都将比前一阶段进行更加完善的测试。

实验证明，一个项目 50% 以上的时间花在测试上。一般大家对测试存在一种误解，认为测试是开发周期的最后一个阶段。其实，早期的测试对提高产品的质量、缩短开发周期起着重要作用。V 模型正好说明了测试的重要性，这个模型中测试与开发是并行的，体现了全过程的质量意识。

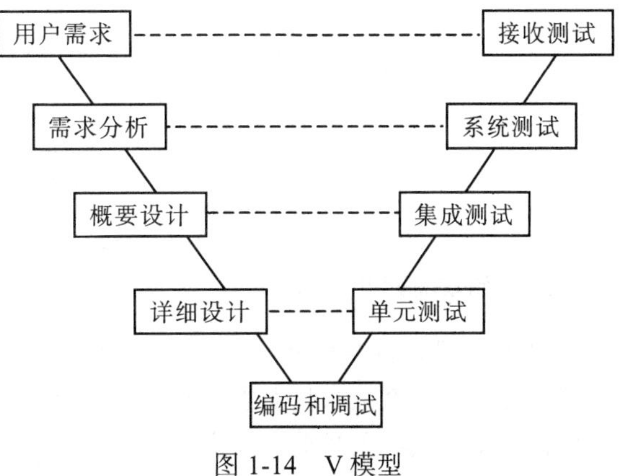

图 1-14　V 模型

1.5.3　原型模型

原型模型是在需求阶段快速构建一部分系统的软件开发模型，如图 1-15 所示。用户可以通过试用原型提出原型的优缺点，这些反馈意见可以作为进一步修改系统的依据。开发人员对开发的产品的看法有时与客户不一致，因为开发人员更关注设计和编码实施，而客户更关注需求。因此，如果开发人员快速构造一个原型将会很快与客户就需求达成一致。

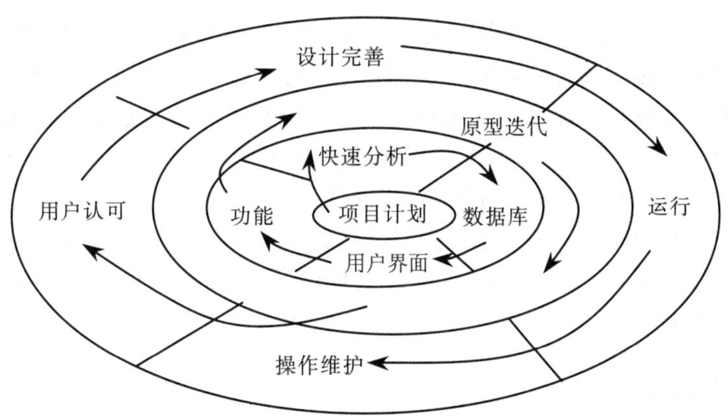

图 1-15　原型模型

1.5.4 增量式模型

增量式模型（incremental model）由瀑布模型演变而来，它假设需求可以分段，成为一系列增量产品，每一增量可以分别开发。首先构造系统的核心功能，然后逐步增加功能和完善性能的方法就是增量式模型。增量式模型如图 1-16 所示。

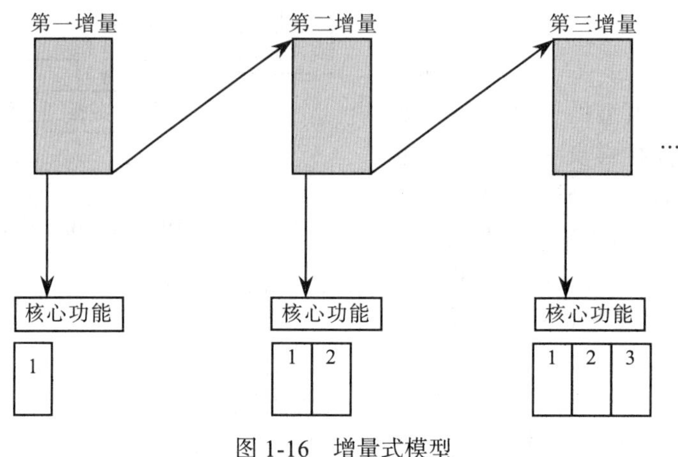

图 1-16 增量式模型

1.5.5 喷泉模型

喷泉模型如图 1-17 所示，该模型认为软件开发过程自下而上周期的各阶段是相互重叠和多次反复的，就像水喷上去、落下来，类似一个喷泉。该模型主要用于面向对象软件开发项目，其特点是各项活动之间没有明显的界限。而面向对象方法学在概念和表示方法上的一致性，保证了各个开发活动之间的无缝过渡。由于具有面向对象技术的优点，该模型的软件开发过程与开发者对问题认识和理解的深化过程同步。该模型重视软件研发工作的重复与渐进，通过相关对象的反复迭代并在迭代中充实扩展，实现了开发工作的迭代和无间隙。喷泉模型分为分析、设计、实现、确认、维护和演化，是一种以用户需求为动力、以对象作为驱动的模型，它克服了瀑布模型不支持软件重用和多项开发活动集成的局限性。

1.5.6 智能模型

智能模型也称为面向知识的模型，是基于知识的软件开发模型，它综合了若干模型，并把专家系统结合在一起。该模型应用基于规则的系统，采用归约和推理机制，每一个开发阶段需要用相关的智能软件专家系统等进行分析，它所要解决的问题是特定领域的复杂问题，涉及大量的专业知识，如图 1-18 所示。智能模型可以帮助软件人员完成开发工作，并使维护在系统规格说明一级进行，是今后软件工程的发展方向。

尽管有多种不同的模型，但是很多模型都有瀑布模型的影子，或者说它们是瀑布模型的组合，或者是对瀑布模型的改进，也就是说软件开发过程的模型是需求、设计（包括总体设计、详细设计）、编码、测试、产品交付、维护等过程活动的组合和安排。

1.5.7 敏捷生存期模型

由于高新技术的出现以及技术更迭越来越快，产品的生命周期日益缩短，企业要面对新的竞争环境，抓住市场机遇，迅速开发出用户所需要的产品，就必须实现敏捷反应。与此同时，业界不断探寻适合软件项目的开发模式，其中，敏捷软件开发（agile software development）模式越来越得到大家的关注，并被广泛采用。

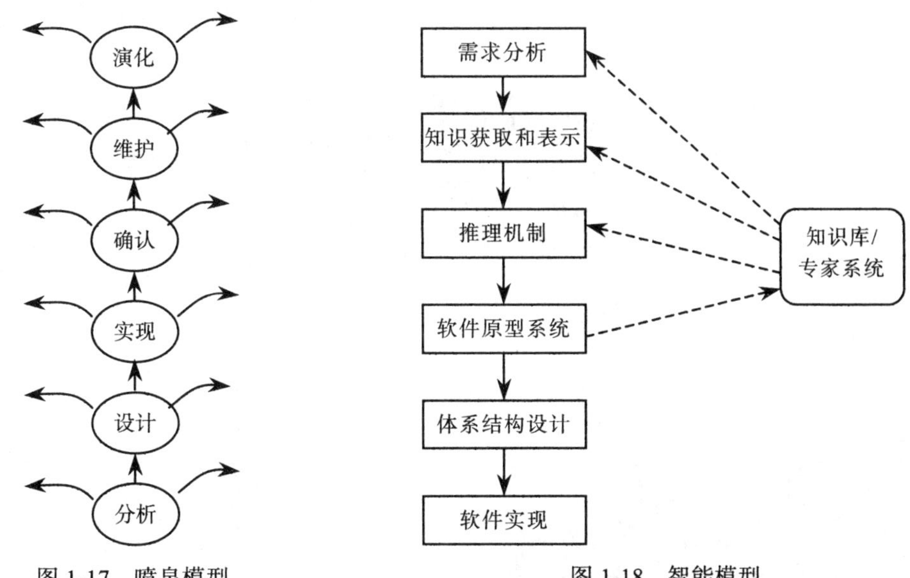

图 1-17　喷泉模型　　　图 1-18　智能模型

敏捷开发是一个灵活的开发方法，用于在一个动态的环境中向干系人快速交付产品。其主要特点是关注持续的交付价值，通过迭代和快速用户反馈管理不确定性和应对变更。

2001 年年初，许多公司的软件团队陷入了不断增长的过程的泥潭中，一批业界专家聚集在一起概括出了一些可以让软件开发团队具有快速工作、响应变化能力的价值观和原则，他们称自己为敏捷联盟。在随后的几个月中，他们创建出了一份价值观声明，也就是敏捷开发宣言：

- 个体和交互胜过过程和工具。
- 可以工作的软件胜过面面俱到的文档。
- 客户合作胜过合同谈判。
- 响应变化胜过遵循计划。

敏捷软件开发是一种面临迅速变化的需求快速开发软件的方法，是一种以人为核心、迭代、循序渐进的开发方法，是一种轻量级的软件开发方法。它是对传统生存期模型的挑战，也是对复杂过程管理的挑战。

图 1-19 是敏捷组织提出的敏捷开发模型的整体框架图，其核心价值观就是敏捷开发宣言。

下面重点介绍 Scrum、XP（eXtreme Programming）两个敏捷模型。

1. Scrum

Scrum 以英式橄榄球争球队形（Scrum）为名，Scrum 将软件开发团队比作橄榄球队，有明确的更高目标，具有高度自主权，它的核心是迭代和增量。紧密地沟通合作，以高度弹性解决各种挑战，确保每天、每个阶段都朝向明确的目标推进。

Scrum 是一个框架，由 Scrum 团队及其相关的角色、活动、工件和规则组成，如图 1-20

所示。在这个框架里可以应用各种流程和技术。Scrum 基于经验主义，经验主义主张知识源于经验，而决策基于已知的事物。Scrum 采用迭代增量式的方法来优化可预测性和管理风险。一个迭代就是一个 Sprint（冲刺），Sprint 的周期被限制在一个月左右。Sprint 是 Scrum 的核心，其产出是可用的、潜在可发布的产品增量。Sprint 的长度在整个开发过程中保持一致。新的 Sprint 在上一个 Sprint 完成之后立即开始。

图 1-19　敏捷开发模型的整体框架图

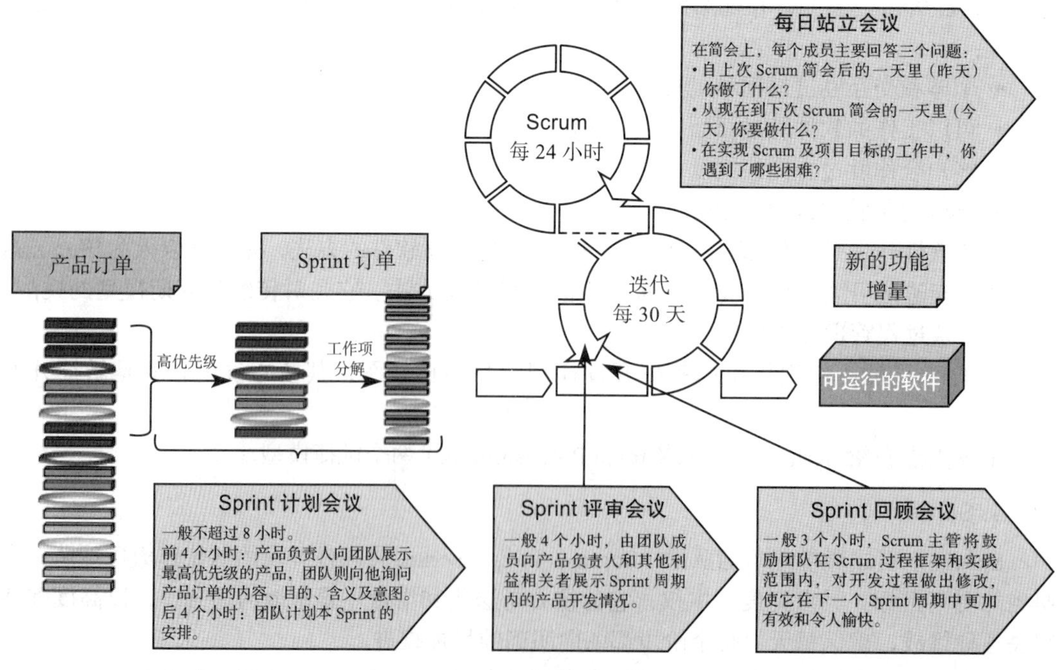

图 1-20　Scrum 模型架构

如果Sprint周期过长，对“要构建什么东西”的定义就有可能会改变，复杂度和风险也有可能会增加。Sprint通过确保至少每月一次对达成目标的进度进行检视和调整，来实现可预见性。Sprint也把风险限制在一个月的成本上。

Sprint由Sprint计划会议（Sprint plan meeting）、每日站立会议（daily meeting）、开发工作、Sprint评审会议（Sprint review meeting）和Sprint回顾会议（Sprint retrospective meeting）构成。Scrum提倡所有团队成员坐在一起工作，进行口头交流，以及强调项目有关的规范（disciplines），这些有助于创造自我组织的团队。

（1）团队角色

Scrum团队由产品负责人（product owner）、Scrum主管（Scrum master）和开发团队组成。Scrum团队是跨职能的自组织团队。Scrum团队迭代增量式地交付产品，最大化获得反馈的机会。增量式地交付“完成”的产品保证了可工作产品的潜在可用版本总是存在。

产品负责人：代表了客户的意愿，这保证Scrum团队在做从业务角度来说正确的事情；同时又代表项目的全体利益干系人，负责编写用户需求（用户故事），排出优先级，并放入产品订单（product backlog），从而使项目价值最大化。产品负责人利用产品订单，督促团队优先开发最具价值的功能，并在其基础上继续开发，将最具价值的开发需求安排在下一个Sprint迭代中完成。他对项目产出的软件系统负责，规划项目初始总体要求、ROI目标和发布计划，并为项目赢得驱动及后续资金。

Scrum主管：负责Scrum过程正确实施和利益最大化的人，确保Scrum过程既符合企业文化，又能交付预期利益。Scrum主管的职责是向所有项目参与者讲授Scrum方法和正确的执行规则，确保所有项目相关人员遵守Scrum规则，这些规则形成了Scrum过程。

开发团队：负责找出可在一个迭代中将Sprint订单转化为功能增量的方法。他们对每一次迭代和整个项目共同负责，在每个Sprint中通过实行自管理、自组织和跨职能的开发协作，实现Sprint目标和最终交付产品。开发团队一般由5~9名具有跨职能技能的人（设计者，开发者等）组成。

（2）工件

Scrum模型的工件以不同的方式表现工作任务和价值。Scrum中的工件就是为了最大化关键信息的透明性，因此每个人都需要有相同的理解。

增量是一个Sprint完成的所有产品待办列表项，以及之前所有Sprint所产生的增量价值的总和，它是在每个Sprint周期内完成的、可交付的产品功能增量。在Sprint的结尾，新的增量必须是“完成”的，这意味着它必须可用并且达到了Scrum团队“完成”的定义的标准。无论产品负责人是否决定真正发布它，增量必须可用。

产品待办事项列表也称**产品订单**，是Scrum里的一个核心工件。产品待办事项列表是包含产品想法的一个有序列表，所有想法按照期待实现的顺序来排序。它是所有需求的唯一来源。这意味着开发团队的所有工作都来自产品待办事项列表。

一开始，产品待办事项列表是一个长短不定的列表。它可以是模糊的或是不具体的。通常情况下，开始阶段它比较短小而模糊，随着时间的推移，逐渐变长，越来越明确。通过产品待办事项列表梳理活动，即将被实现的产品待办事项会得到澄清，变得明确，粒度也拆得更小。产品负责人为产品待办事项列表的维护负责，并保证其状态更新。产品待办事项可能来自于产品负责人、团队成员，或者其他利益干系人。

产品待办事项列表包含已划分优先等级的、项目要开发的系统或产品的需求清单，包括功能性需求和非功能性需求及其他假设和约束条件。产品负责人和团队主要按业务和依赖性的重要程度划分优先等级，并做出估算。估算值的精确度取决于产品待办事项列表中条目的优先级和细致程度，入选下一个 Sprint 的最高优先等级条目的估算会非常精确。产品的需求清单是动态的，随着产品及其使用环境的变化而变化，并且只要产品存在，它就随之存在。而且，在整个产品生命周期中，管理层不断确定产品需求或对之做出改变，以保证产品适用性、实用性和竞争性。

Sprint 待办事项列表也称 **Sprint 订单**（Sprint Backlog），是一个需要在当前 Sprint 完成的且梳理过的产品待办事项列表，包括产品待办事项列表中的最高优先等级条目。该列表反映了团队对当前 Sprint 里需要完成工作的预测，定义团队在 Sprint 中的任务清单，这些任务会将当前 Sprint 选定的产品待办事项列表转化为完整的产品功能增量。Sprint 待办事项列表在 Sprint 计划会议中形成，任务被分解为以小时为单位。如果一个任务超过 16 个小时，那么它就应该被进一步分解。每项任务信息将包括其负责人及其在 Sprint 中任一天时的剩余工作量，且仅团队有权改变其内容。在每个 Sprint 迭代中，团队强调应用“整体团队协作”的最佳实践，保持可持续发展的工作节奏和每日站立会议。

有了 Sprint 待办事项列表后，Sprint 就开始了，开发团队成员按照 Sprint 待办事项列表来开发新的产品增量。

燃尽图（burndown chart）是一个展示项目进展的图表，如图 1-21 所示，纵轴代表剩余工作量，横轴代表时间，显示当前 Sprint 中随时间变化而变化的剩余工作量（可以是未完成的任务数目）。剩余工作量趋势线与横轴之间的交集表示在那个时间点最可能的工作完成量。我们可以借助它设想在增加或减少发布功能后项目的情况，我们可能缩短开发时间，或延长开发期限以获得更多功能。它可以展示项目实际进度与计划之间的矛盾。

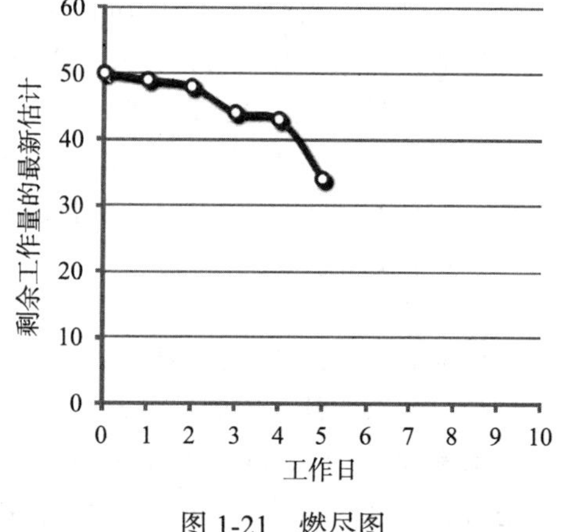

图 1-21 燃尽图

（3）Scrum 活动

Scrum 活动主要由产品待办事项列表梳理、Sprint 计划会议、迭代式软件开发、每日站立会议、持续集成、Sprint 评审会议和 Sprint 回顾会议组成。

产品待办事项列表梳理。产品待办事项通常会很大，也很宽泛，而且想法会变来变去，优先级也会变化，所以产品待办事项列表梳理是一个贯穿整个 Scrum 项目始终的活动。该活动包含但不限于以下的内容：

- 保持产品待办事项列表有序。
- 把看起来不再重要的事项移除或者降级。
- 增加或提升涌现出来的或变得更重要的事项。
- 将事项分解成更小的事项。
- 将事项归并为更大的事项。
- 对事项进行估算。

产品待办事项列表梳理的一个最大好处是为即将到来的几个 Sprint 做准备。为此，梳理时会特别关注那些即将被实现的事项。

Sprint 计划会议。Sprint 计划会议的目的就是要为这个 Sprint 的工作做计划。这份计划是由整个 Scrum 团队共同协作完成的。

Sprint 开始时，均需召开 Sprint 计划会议，产品负责人和团队共同探讨该 Sprint 的工作内容。产品负责人从最优先的产品待办事项列表中进行筛选，告知团队其预期目标；团队则评估在接下来的 Sprint 内，预期目标可实现的程度。Sprint 计划会议一般不超过 8 小时。在前 4 个小时中，产品负责人向团队展示最高优先级的产品，团队则向他询问产品订单的内容、目的、含义及意图。而在后 4 小时，进行本 Sprint 的具体安排。

Sprint 计划会议最终产生的待办事项列表就是 Sprint 待办事项列表（sprint backlog），它为开发团队提供指引，使团队明确构建增量的目的。

迭代式软件开发。通过将整个软件交付过程分成多个迭代周期，帮助团队更好地应对变更，应对风险，实现增量交付、快速反馈。通过关注保持整个团队可持续发展的工作节奏、每日站立会议和组织的工作分配，实现团队的高效协作和工作，实现提高整个团队生产力的目的。

每日站立会议。在 Sprint 开发中，每一天都会举行项目状况会议，被称为每日站立会议。每日站立会议有一些具体的指导原则：

- 会议准时开始：对于迟到者团队常常会制定惩罚措施。
- 欢迎所有人参加。
- 不论团队规模大小，会议被限制在 15 分钟。
- 所有出席者都应站立（有助于保持会议简短）。
- 会议应在固定地点和每天的同一时间举行。
- 在会议上，每个团队成员需要回答三个问题：
  - 今天你完成了那些工作？
  - 明天你打算做什么？
  - 完成目标的过程中是否存在什么障碍？（Scrum 主管需要记下这些障碍）

持续集成。通过进行更频繁的软件集成，实现更早的发现和反馈错误，降低风险，并使整个软件交付过程变得更加可预测和可控，以交付更高质量的软件。在每个 Sprint 都交付产品功能增量。这个增量是可用的，所以产品负责人可以选择立即发布它。每个增量的功能都添加到之前的所有增量上，并经过充分测试，以此保证所有的增量都能工作。

Sprint 评审会议。Sprint 评审会议一般需要 4 小时，由团队成员向产品负责人和其他利益干系人展示 Sprint 周期内完成的功能或交付的价值，并决定下一次 Sprint 的内容。在每个 Sprint 结束时，团队都会召开 Sprint 评审会议，团队成员在 Sprint 评审会议上分别展示他们开发出的软件，并得到反馈信息，并决定下一次 Sprint 的内容。

Sprint 回顾会议。每一个 Sprint 完成后，都会举行一次 Sprint 回顾会议，在会议上所有团队成员都要反思这个 Sprint。举行 Sprint 回顾会议是为了进行持续过程改进。会议的时间限制在 4 小时以内。这些任务会将当前 Sprint 选定的产品订单转化为完整的产品功能增量。开始下一个迭代。

2. XP

XP（eXtreme Programming，极限编程）是由 Kent Beck 提出的一套针对业务需求和软件开发实践的规则，它的作用在于将二者力量集中在共同的目标上，高效并稳妥地推进开发。

其力图在不断变化的客户需求的前提下，以持续的步调，提供高响应性的软件开发过程及高质量的软件产品，保持需求和开发的一致性。

XP 提出的一系列实践旨在满足程序员高效的短期开发行为和实现项目的长期利益，这一系列实践长期以来被业界广泛认可，实施敏捷的公司通常会全面或者部分采用。

这些实践如图 1-22 所示，按照整体实践（entire team practices）、开发团队实践（development team practices）、开发者实践（developer practices）三个层面，XP 提供如下 13 个核心实践：整体实践包括团队意识（whole team）、项目规划（planning game）、小型发布（small release）以及客户验收（customer tests）。开发团队实践包括集体代码所有（team code ownership）、程序设计标准 / 程序设计规约（coding standards/conventions）、恒定速率（sustainable pace，又名 40 小时工作）、系统隐喻（metaphor）、持续集成（continuous integration/build）。开发者实践包括简单的设计（simple design）、结对编程（pair programming）、测试驱动开发（test-driven development）、重构（refactoring）。具体介绍如下。

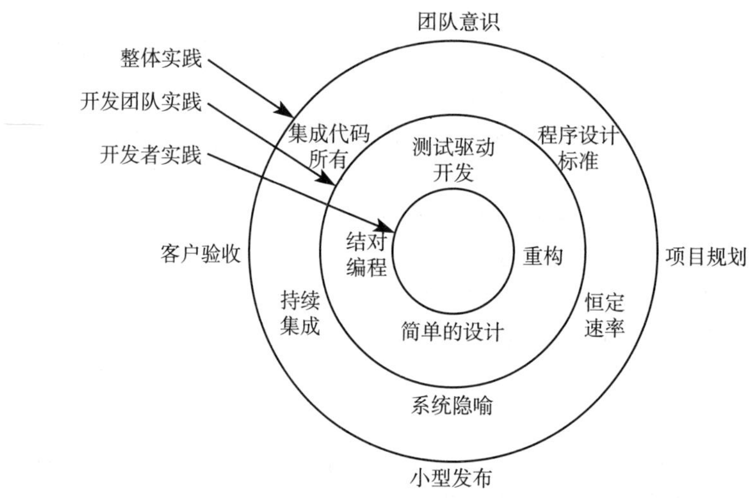

图 1-22 XP 最佳实践

团队意识。XP 项目的所有的贡献者坐在一起。这个团队必须包括一个业务代表——“客户”——提供要求，设置优先事项，如果客户或他的助手之一，是一个真正的最终用户，是最好的；该小组当然包括程序员；可能包括测试人员，帮助客户定义客户验收测试；分析师可帮助客户确定要求；通常还有一个教练，帮助团队保持在正确轨道上；可能有一个上层经理，提供资源，处理对外沟通，协调活动。一个 XP 团队中的每个人都可以以任何方式做出贡献。最好的团队，没有所谓的特殊人物。

项目规划。预测在交付日期前可以完成多少工作，现在和下一步该做些什么。不断地回答这两个问题，就是直接服务于如何实施及调整开发过程。与此相比，希望一开始就精确定义整个开发过程要做什么事情以及每件事情要花多少时间，则事倍功半。针对这两个问题，XP 有两个主要的相应过程：软件发布计划（release planning）和周期开发计划（iteration planning）。

小型发布。每个周期开发达成的需求是用户最需要的东西。在 XP 中，每个周期完成时发布的系统，用户都应该可以很容易地评估，或者已能够投入实际使用。这样，软件开发不再是看不见摸不着的东西，而是实实在在的价值。XP 要求频繁地发布软件，如果有可能，应每天都发布新版本；而且在完成任何一个改动、整合或者新需求后，就应该立即发布一个新版本。这些版本的一致性和可靠性，靠验收测试和测试驱动开发来保证。

客户验收。客户对每个需求都定义了一些验收测试。通过运行验收测试，开发人员和客户可以知道开发出来的软件是否符合要求。XP 开发人员把这些验收测试看得和单元测试一样重要。为了不浪费宝贵的时间，最好能将这些测试过程自动化。

集体代码所有。在很多项目中，开发人员只维护自己的代码，而且不喜欢其他人修改自己的代码。因此即使有相应的比较详细的开发文档，但一个程序员很少、也不太愿意去读其他程序员的代码；而且因为不清楚其他人的程序到底实现了什么功能，一个程序员一般也不敢随便改动其他人的代码。同时，由于自己维护自己的代码，可能因为时间紧张或技术水平的局限性，某些问题一直不能被发现或得到比较好的解决。针对这点，XP 提倡大家共同拥有代码，每个人都有权利和义务阅读其他代码，发现和纠正错误，重整和优化代码。这样，这些代码就不仅仅是一两个人写的，而是由整个项目开发队伍共同完成的，错误会减少很多，重用性会尽可能地得到提高，代码质量会非常好。

程序设计标准／程序设计规约。XP 开发小组中的所有人都遵循一个统一的编程标准，因此，所有的代码看起来好像是一个人写的。因为有了统一的编程规范，每个程序员更加容易读懂其他人写的代码，这是实现集体代码所有的重要前提之一。

恒定速率。XP 团队处于高效工作状态，并保持一个可以无限期持续下去的步伐。大量的加班意味着原来的计划是不准确的，或者是程序员不清楚自己到底什么时候能完成什么工作。开发管理人员和客户也因此无法准确掌握开发速度，开发人员也因此非常疲劳而降低效率及质量。XP 认为，如果出现大量的加班现象，开发管理人员（如 coach）应该和客户一起确定加班的原因，并及时调整项目计划、进度和资源。

系统隐喻。为了帮助每个人一致、清楚地理解要完成的客户需求、要开发的系统功能，XP 开发小组用很多形象的比喻来描述系统或功能模块是怎样工作的。

持续集成。在很多项目中，往往很迟才把各个模块整合在一起，在整合过程中开发人员经常发现很多问题，但不能肯定到底是谁的程序出了问题；而且，只有整合完成后，开发人员才开始稍稍使用整个系统，然后就马上交付给客户验收。对于客户来说，即使这些系统能够通过最终验收测试，因为使用时间短，客户们心里并没有多少把握。为了解决这些问题，XP 提出，在整个项目过程中，应该频繁地、尽可能早地整合已经开发完的 USERSTORY（每次整合一个新的 USERSTORY）。每次整合，都要运行相应的单元测试和验收测试，保证符合客户和开发的要求。整合后，就发布一个新的应用系统。这样，整个项目开发过程中，几乎每隔一两天，都会发布一个新系统，有时甚至会一天发布好几个版本。通过这个过程，客户能非常清楚地掌握已经完成的功能和开发进度，并基于这些情况和开发人员进行有效、及时的交流，以确保项目顺利完成。

测试驱动开发。反馈是 XP 的四个基本的价值观之一。在软件开发中，只有通过充分的测试才能获得充分的反馈。XP 中提出的测试在其他软件开发方法中都可以见到，如功能测试、单元测试、系统测试和负荷测试等。与其不同的是，XP 将测试结合到它独特的螺旋式增量型开发过程中，测试随着项目的进展而不断积累。另外，由于强调整个开发小组拥有代码，测试也是由大家共同维护的。即，任何人在往代码库中放程序（CheckIn）前，都应该运行一遍所有的测试；任何人如果发现了一个 bug，都应该立即为这个 bug 增加一个测试，而不是等待写那个程序的人来完成；任何人接手其他人的任务，或者修改其他人的代码和设计，改动完以后如果能通过所有测试，就证明他的工作没有破坏原系统。这样，测试才能真正起到帮助获得反馈的作用；而且，通过不断地优先编写和累积，测试应该可以基本覆盖全部的客户和开发需求，因此开发人员和客户可以得到尽可能充足的反馈。

重构。XP 强调简单的设计，但简单的设计并不是没有设计的流水账式的程序，也不是没有结构、缺乏重用性的程序设计。开发人员虽然对每个 USERSTORY 都进行简单设计，但同时也在不断地对设计进行改进，这个过程叫设计的重构。重构主要是努力减少程序和设计中重复出现的部分，增强程序和设计的可重用性。概念并不是 XP 首创的，它已被提出了近 30 年，一直被认为是高质量代码的特点之一。但 XP 强调把重构做到极致，应随时随地尽可能地进行重构，程序员不应该心疼以前写的程序，而要毫不留情地改进程序。当然每次改动后，都应运行测试程序，保证新系统仍然符合预定的要求。

简单的设计。XP 要求用最简单的办法实现每个小需求，前提是按照简单设计开发的软件必须通过测试。这些设计只要能满足系统和客户在当下的需求就可以了，不需要任何画蛇添足的设计，而且所有这些设计都将在后续的开发过程中被不断地重整和优化。在 XP 中，没有那种传统开发模式中一次性的、针对所有需求的总体设计。在 XP 中，设计过程几乎一直贯穿着整个项目开发：从制订项目的计划，到制订每个开发周期（iteration）的计划，到针对每个需求模块的简捷设计，到设计的复核，以及一直不间断的设计重整和优化。整个设计过程是一个螺旋式的、不断前进和发展的过程。从这个角度看，XP 把设计做到了极致。

结对编程。XP 中，所有的代码都是由两个程序员在同一台机器上一起写的。这保证了所有的代码、设计和单元测试至少被另一个人复核过，代码、设计和测试的质量因此得到提高。看起来这样像是在浪费人力资源，但是各种研究表明事实恰恰相反。——这种工作方式极大地提高了工作强度和工作效率。项目开发中，每个人会不断地更换合作编程的伙伴。结对编程不但提高了软件质量，还增强了相互之间的知识交流和更新，增强了相互之间的沟通和理解。这不但有利于个人，也有利于整个项目、开发队伍和公司。从这点看，结对编程不仅仅适用于 XP，也适用于所有其他的软件开发方法。

1.6 软件工程中的复用原则

如今，汽车企业不再自己制造轮胎，而是向擅长制造轮胎的企业购买轮胎；国际飞机制造公司可以没有下属的飞机制造厂；建筑设计院无须组建自己的建筑公司。软件开发的道理也一样：借助于唾手可得的组件，小型团队也可以开发出优秀的软件。所以，应该提倡软件工程的复用性。

基于复用（重用）的软件工程是比较理想的软件工程策略，在开发过程中可以最大化重用已经存在的软件。尽管复用的效益已经被认可很多年，但是，只是近几年才渐渐将传统的开发过程转向复用的开发过程。

复用可以提高质量和效率，可以真正实现软件的工程化，使软件开发人员把更多的时间用于规划。需要什么功能的软件，可以到软件超市购买，就如同可以按照需要的标准购买需要的元器件一样。

复用可以让我们不必从头做起，不会重走弯路，可以“踩着别人的肩膀往上走”。复用不仅可以降低开发成本，减少重新规划、设计、编程和测试新功能的工作量，而且还有很多其他的优势，如增加软件的可靠性、降低风险、增加专家的利用率、增强标准化的兼容性、加速开发时间等。

可以复用的软件单元有很多种，如应用系统的复用、模块的复用、对象类和函数的复用等。经过 20 年的发展，复用技术也得到很大的发展，复用可以是任何级别上的复用，包括从简单的函数到复杂的应用，表 1-1 展示了一些复用技术的主要方法。

表 1-1　主要的复用方法

复用方法	方法描述
设计模式	通过应用系统的设计模式表达抽象或具体的对象以及它们之间的接口，这是总体概要性的复用
基于模块的开发	系统的开发基于标准的模块集成
应用框架	在开发一个新的应用时，通过对一些抽象或者具体的类的集合进行修改和扩展来复用
系统级的复用	一些系统提供接口以及一系列访问系统的方法，这个系统可以作为一个黑盒进行复用
面向服务的复用	在开发过程中通过连接一些外部提供的服务来实现复用
应用产品线的复用	为了适用不同客户的要求，在开发系统的时候将应用类型归纳为一个通用的架构
集成商用的产品	在开发系统的时候在现有的系统基础上进行集成，如集成商用数据库系统
可配置的系统	在设计系统的时候通过配置文件满足不同客户的需要
程序库	一些类库和函数库在设计和实现的时候考虑了通用的情况，以便复用
程序生成器	利用程序生成器可以生成一些系统或者系统的框架
面向问题的开发	程序编译的时候可以将一些共享模块在不同的地方进行集成

尽管有多种复用的方法，但是是否采用复用技术是一个管理问题而不是技术问题。在进行复用规划的时候，应当考虑如下关键因素：

- *软件的开发进度要求*。如果软件开发进度要求比较紧，应当采用成熟的、商品化的系统，而不是一个个独立的模块。
- *软件的生存期*。如果开发的软件要求很长的使用期限，这时应当主要考虑系统的可维护性，不是考虑如何快速复用，而是考虑如何长期使用，因此应当对模块做一些变更处理，明白其中是如何使用的。
- *开发团队的背景、技能和经验*。所有的复用技术都是相当复杂而且需要花时间了解和掌握的，所以，如果团队在某些领域有很高的技能，可以考虑这方面的复用。
- *软件的风险和非功能需求等*。要验证复用软件的可靠性，同时要考虑系统的性能。如果软件系统有很高的性能要求，最好不要使用通过代码生成器生成的代码，因为通过代码生成器产生的代码有很多无效代码。
- *应用领域*。在一些应用领域，如生产和机械领域，有通用的产品可以复用，通过配置就可以复用。
- *系统运行的平台*。一些复用模块的模式，如 COM/ActiveX 是特定于微软平台的，所以如果你的系统是设计在这样的平台上，可以考虑基于特定平台下的复用可能。

软件人员一定要建立复用的概念，只有做到复用才可以大幅度降低项目的实施成本。复用可以分为 3 个层次：最低层次是人员的复用，中级层次是文档管理流程的复用，高级层次是系统完全复用。在项目立项初期，需要参考公司以前的资源，如做过的项目、产品以及这些部分的文档和人员列表，并根据现有的合同定义的框架找到最接近的可以使用的部分，这些就是项目的基础。通常反对一切从零开始的创新，任何技术人员都应充分利用已有的资源。

1.7 小结

本章讲述了软件工程的起源、软件工程知识体系、软件工程三个线索、软件工程模型，软件工程的三个线索是软件开发过程、软件管理过程、软件过程改进。要想实现软件工业的产业化，软件工程必须是真正意义上的工程化。本章给出了软件开发过程路线图、软件管理过程路线图和软件过程改进路线图。针对软件开发过程，阐述了传统生存期模型和敏捷生存期模型，以及每个生存期模型的特点。

1.8 练习题

一、填空题

1. 软件工程是一门综合性的交叉学科，它涉及计算机学科、________学科、________学科和________学科。
2. 软件工程研究的主要内容是________三个方面。
3. 由于软件生产的复杂性和高成本，使大型软件生产出现了很多问题，即出现________，软件工程正是为了克服它而提出的一种概念及相关方法和技术。
4. SWEBOK V3 中，软件工程知识体细分为________和________两大类。
5. ________模型假设需求可以分段，成为一系列增量产品，每一增量可以分别开发。
6. ________模型比较适用于面向对象的开发方法。
7. 软件工程是用工程科学的知识和技术原理来________软件的一门学科。

二、判断题

1. SWEBOK V3 分两大类，共有 15 个知识域。(　　)
2. 软件工程的提出起源于软件危机，其目的是最终解决软件的生产工程化。(　　)
3. 软件工程学一般包含软件开发技术和软件工程管理两方面的内容，软件开发方法学和软件工程环境属于软件开发技术的内容，软件工程经济学属于软件工程管理。(　　)
4. 软件开发中的最大的问题不是管理问题，而是技术问题。(　　)
5. XP（eXtreme Programming，极限编程）是由 Kent Beck 提出的一套针对业务需求和软件开发实践的规则，包括 13 个核心实践。(　　)

三、选择题

1. 下列所述不是敏捷生存期模型的是（　　）。
   A. Scrum　B. XP　C. V 模型　D. OPEN UP
2. 软件工程的出现主要是由于（　　）。
   A. 程序设计方法学的影响　B. 其他工程科学的影响
   C. 软件危机的出现　D. 计算机的发展
3. 以下（　　）不是软件危机的表现形式。
   A. 开发的软件不满足用户的需要　B. 开发的软件可维护性差
   C. 开发的软件价格便宜　D. 开发的软件可靠性差
4. 以下不是 SWEBOK V3 的软件工程实践中的知识域的是（　　）。
   A. 软件需求　B. 工程基础　C. 软件构造　D. 软件设计
5. 下列所述不是软件组成的是（　　）。
   A. 程序　B. 数据　C. 界面　D. 文档

6. 下列对“计算机软件”描述正确的是（　　）。

A. 是计算机系统的组成部分

B. 不能作为商品参与交易

C. 是在计算机硬件设备生产过程中生产出来的

D. 只存在于计算机系统工作时

7. 软件工程方法的提出起源于软件危机，其目的应该是最终解决软件的（　　）问题。

A. 软件危机　　B. 质量保证　　C. 开发效率　　D. 生产工程化

8. 软件工程学涉及软件开发技术和项目管理等方面的内容，下述内容中（　　）不属于开发技术的范畴。

A. 软件开发方法　　B. 软件开发工具

C. 软件工程环境　　D. 软件工程经济

第2章

软件工程方法学

软件工程是计算机学科中一个年轻并且充满活力的研究领域。20 世纪 60 年代末期以来，为克服软件危机，人们在这一领域做了大量工作，逐渐形成了系统的软件开发理论、技术和方法，这些在软件开发实践中发挥了重要作用。今天，现代科学技术将人类带入了信息社会，计算机软件扮演着十分重要的角色，软件工程已成为信息社会高技术竞争的关键领域之一。软件工程方法为建造软件提供了技术上的解决方案，覆盖了软件需求建模、设计建模、编码、测试、维护等方面。

2.1 软件工程方法比较

随着信息技术的发展，计算机的应用日益广泛，由计算机代替人完成的工作逐步增多，软件系统的应用也越来越广泛。软件开发的任务是构造软件系统，并将它们部署到现实世界中，通过软件系统与周围环境的交互，解决人们在现实世界中遇到的问题。软件系统和现实世界的关系如图 2-1 所示。在实际应用中，软件系统的作用范围有限，只能与现实世界中的某一小部分进行交互，这部分是人们希望软件系统能够影响的部分，也是人们产生问题的部分。要解决问题，就需要改变实现中的某些实体的状态，或者改变实体状态变化的演进顺序，使其达到期望的状态和理想的演进顺序。这些实体和状态构成了问题解决的基本范围，称为问题域。当软件系统被用来解决某些问题时，这些问题的问题域集合就是该软件系统的问题域。软件系统通过影响问题域来帮助人们解决问题，称为解系统。解系统是问题的解决手段，它不是问题域的组成部分。问题域与解系统之间存在可以互相影响的接口，用以实现交互活动，它们之间的关系如图 2-2 所示。

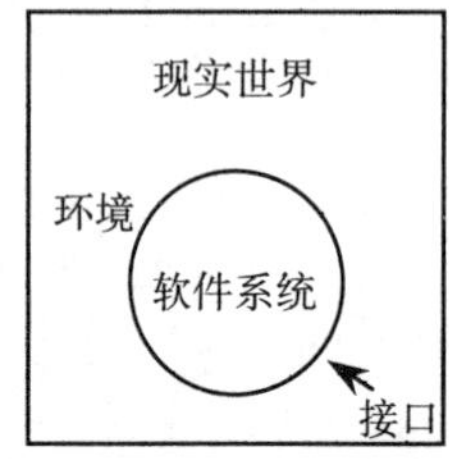

图 2-1 软件系统与外部世界的交互

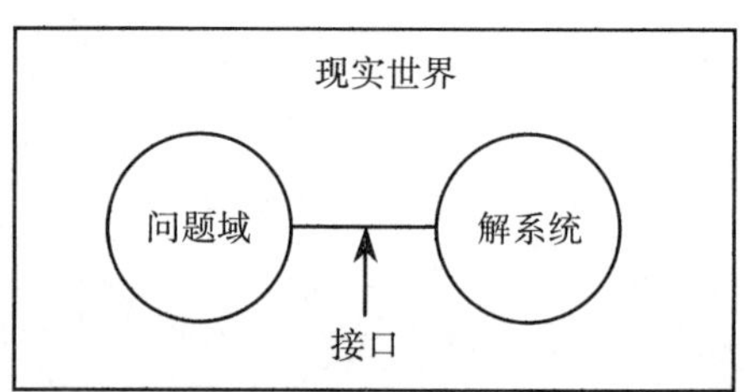

图 2-2 问题域与解系统的关系

软件开发就是对问题域的认识和描述，即软件开发人员对问题域产生正确的认识，并用一种编程语言将这些认识描述出来，提供软件产品。

开发人员借助自然语言对问题域进行正确认识，然后通过编程语言正确地表达出来。这两种语言之间存在一定的差距，即存在鸿沟，为此，开发人员需要做大量的工作以缩小这个鸿沟。在软件开发过程中，对问题域的理解要求比日常生活中对它的理解更深刻、更准确，这需要一些专业的方法，这些正是软件工程学需要解决的问题。

软件工程方法为构造软件提供技术上的解决方法，这些方法依赖于一组基本原则，这些原则涵盖了软件工程的所有技术领域，目前使用最广泛的方法是结构化方法和面向对象方法。从认识事物方面看，这些方法在分析阶段提供了一些对问题域进行分析、认识的途径；从描述事物方面看，它们在分析和设计阶段提供了一些从问题域逐步过渡到编程语言的描述手段，也就是为上面所说的语言鸿沟铺设了一些平坦的路段。

传统的结构化软件工程方法并没有完全填平语言之间的鸿沟，如图 2-3 所示。在面向对象的软件工程方法中，从面向对象分析到面向对象设计，再到面向对象编程、面向对象测试都是紧密衔接的，它们填平了语言之间的鸿沟，如图 2-4 所示。

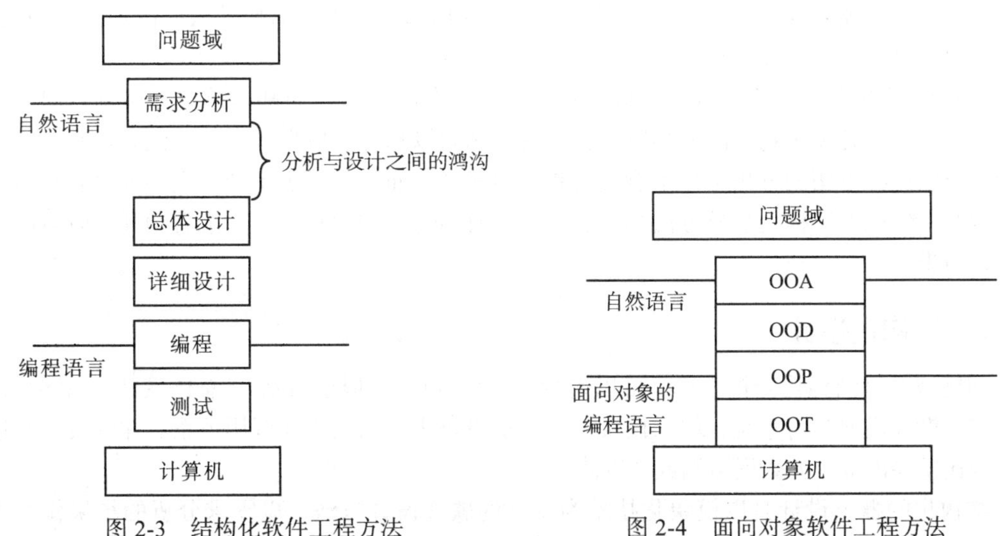

图 2-3 结构化软件工程方法

图 2-4 面向对象软件工程方法

在编程领域中，面向对象方法中基本的抽象物不是功能，而是一些真正存在的实体，通过设计一些对象完成工程；而结构化方法通过设计一些函数完成功能。对象通过信息传播进行沟通，一个对象可以通过询问得到另一个对象的信息；而结构化方法是通过全局数据、函数调用等方式传递信息的。

结构化方法和面向对象方法都首先在编程领域取得了成功，故其软件工程方法所用的概念和组织机制都从编程领域抽象而来。

随着 Internet 以及信息技术的迅猛发展，软件工程技术也得到迅猛发展，出现了很多新的软件工程方法。当然，目前最成熟的软件工程技术还是结构化软件工程（面向过程）技术和面向对象软件工程技术。

2.2 结构化软件工程方法

结构化方法是最早、最传统的软件开发方法，也称为“面向过程的软件工程技术”，从

20世纪60年代初提出的结构化程序设计方法，到20世纪70、80年代的结构化分析和结构化设计方法，直到现在，结构化方法仍然是软件开发的基础工具和方法。结构化方法是根据某种原理、使用一定的工具、按照特定步骤进行工作的一种软件开发方法，强调开发方法的结构合理性以及所开发软件的结构合理性。结构是指系统内各个组成要素之间的相互联系、相互作用的框架。结构化开发方法提出了一组提高软件结构合理性的准则，如分解与抽象、模块独立性、信息隐蔽等。针对软件生存周期各个不同的阶段，包括结构化分析（SA）、结构化设计（SD）和结构化编程（SP）等不同的方法。

2.2.1 结构化需求分析

结构化分析方法是一种发展成熟、简单实用、使用广泛的面向数据流的分析方法，于20世纪70年代中期由E. Yourdon、Tom Demarco等人提出，也称为E. Yourdon Tom Demarco方法。在结构化需求分析中主要解决的是“需要系统做什么”的问题。常用的描述软件功能需求的工具是数据流图和数据字典。需求规格说明将功能分解为很多子功能，然后用诸如数据流的方法分析这些子功能，并采用数据流图等形式表示出来。采用结构化分析方法，开发人员定义系统需要做什么，需要存储和使用哪些数据，需要什么样的输入和输出，以及如何将这些功能结合起来。

这种分析方法对问题的描述不是以问题域中固有的事物作为基本单位并保持它们的原貌，而是打破了各项事物之间的界限，在全局范围内以功能、数据或者数据流为中心来进行分析，所以这些方法的分析结果不能直接映射问题域，而是经过了不同程度的映射和重新组合。因此，传统的结构化分析方法容易隐蔽一些对问题域的理解偏差，给后续开发阶段的衔接带来困难。

2.2.2 结构化设计

问题域经过结构化分析之后，可以进行结构化设计，即概要设计（总体设计）和详细设计。概要设计主要是将系统分解为模块，并表示模块之间的接口和调用关系。详细设计则进一步描述模块内部，如数据结构或者算法。

结构化的概要设计是以模块化技术为基础的软件设计方法，以需求分析的结果作为出发点构造一个具体的软件产品。其主要任务是在结构化需求分析的基础上建立软件的总体结构，设计具体的数据结构，决定系统的模块结构，包括模块的划分、模块间的数据传送以及调用关系。在进行结构化软件设计时应该遵循的最主要的原理是模块独立。构成系统逻辑模型的是数据流图和数据字典。数据流图描述数据在软件中流动和被处理的过程，是软件模型的一种图示，一般包括4种图形符号：变换/加工、外部实体、数据流向和数据存储。

结构化设计的基本方法是从数据流图出发推导出软件的模块结构图，从数据字典推导出模块基本要求、数据存储要求、数据结构以及数据文件等。这种结构化的设计方法和结构化的需求分析方法是不同的表示体系。结构化需求分析的结果主要是数据流图（Data Flow Diagram，DFD）。结构化设计的主要方法是模块划分，其结果主要是模块结构图（Module Structure Diagram，MSD）。

结构化详细设计是对概要设计进行进一步的细化，在概要设计基础上描述每个模块的内部结构及其算法，最终将产生每个模块的程序流程图。其目标是为软件结构图中的每个模块提供程序员编程实现的具体算法。DFD 中的一个数据流不能对应 MSD 中的模块数据，也不能对应模块之间的调用关系。DFD 中的加工也不一定对应 MSD 中的一个模块，这种需求分析和设计之间表示体系的不一致是需求分析与设计之间的鸿沟。

2.2.3 结构化编码

经过概要设计和详细设计，开发人员对问题域的认识和描述越来越接近于系统的具体实现，即编码。编码阶段是利用一种编程语言产生一个能够被机器理解和执行的系统，是将软件设计的结果翻译成用某种程序设计语言书写的程序。作为软件工程的一个阶段，编码是软件设计的自然结果，这方面的技术相对成熟。

2.2.4 结构化测试

测试过程的目的在于识别存在于软件产品中的缺陷，然而一般情况下，执行完测试之后也不能确保系统中没有任何缺陷，因此，应该说测试提供了一种可以操作的方法来减少系统中的缺陷，并增加用户对系统的信心。测试程序时需要一组测试输入，然后看看程序是否按照预期结果运行。如果程序没有按照预期运行，需要记录缺陷结果，然后修复，重新测试。

2.2.5 结构化维护

软件产品被开发出来并交付用户使用后，就进入软件的运行与维护阶段，这个阶段是软件生命周期的最后一个阶段。

软件维护的最大难点是人们对软件的理解过程中所遇到的障碍。维护人员往往不是当初的开发人员，读懂并正确理解他人开发的软件不是容易的事情。结构化软件工程方法中，各个阶段的文档表示不一致，程序不能很好地映射问题域，从而使维护工作比较困难。

2.3 面向对象软件工程方法

Jacobson 于 1994 年提出了面向对象软件工程（OOSE）方法，这种开发方法是以 20 世纪 60 年代末的 SIMULA 语言的诞生为标志的，它已经深入到软件领域的很多分支，包括面向对象分析、面向对象设计、面向对象实现等。其最大特点是面向对象用例（use case），并在用例的描述中引入了外部角色的概念。用例概念是精确描述需求的重要武器，它贯穿于整个开发过程，包括对系统的测试和验证。

面向对象分析（OOA）、面向对象设计（OOD）、面向对象编程（OOP）、面向对象测试（OOT）是构造面向对象系统的活动，它们也构成了面向对象软件工程的主要活动。

目前，在整个软件开发过程中，面向对象方法是很常用的。采用面向对象方法时，在需求分析阶段建立对象模型，在设计阶段使用这个对象模型，在编码阶段使用面向对象的编程语言开发这个系统。

Coad 和 Yourdon 给出的面向对象定义为：对象 + 类 + 继承 + 通信。如果一个软件系统采用这四个概念设计和实现，就可以认为这个软件系统是面向对象的。面向对象有如下特点：

- 从问题域中客观存在的事物出发来构造软件系统，用对象作为这些事物的抽象表示，并以此作为系统的基本构成单位。

- 事物的静态特征用对象的属性表示，事物的动态特征用对象的服务表示。
- 对象的属性和服务结合为一个独立的实体，对外屏蔽其内部细节，称为封装。
- 将具有相同属性和相同服务的对象归为一类，类是对这些对象的抽象描述，每个对象是其类的一个实例。
- 通过在不同程度上运用抽象的原则，可以得到较一般的类和较特殊的类。特殊类继承一般类的属性与服务，面向对象软件工程方法支持对这种继承关系的描述和实现，从而简化系统的构造过程及其文档。
- 复杂的对象可以用简单的对象作为其构成部分，称为聚合。
- 对象之间通过消息进行通信，以实现对象之间的动态联系。
- 通过关联表达对象之间的静态关系。

为方便理解面向对象软件工程方法的特点，下面先简单介绍一下面向对象的基本概念：

- 对象。对象是系统中用来描述客观事物的一个实体，它是构成系统的基本单位，一个对象由一组属性和对这组属性进行操作的一组服务构成。属性和服务是构成对象的两个主要因素。属性是描述对象静态特征的一个数据项，服务是描述对象动态特征的一个操作序列。
- 类。类代表的是一种抽象，它代表对象的本质的、可观察的行为。类给出了属于该类全部对象的抽象定义，而对象则是符合这种定义的一个实体。对象既具有共同性，也具有特殊性。
- 继承。一个类可以定义为另外一个更一般的类的特殊情况，称一般类为特殊类的父类或者超类，特殊类是一般类的子类。
- 封装。封装是面向对象方法的一个重要原则，主要包括两层意思：一是指将对象的全部属性和全部操作结合在一起，形成一个不可分割的整体；二是指对象只保留有限的对外接口使之与外界发生联系，外界不直接访问和存取对象的属性，只能通过允许的接口操作，这样就隐蔽了对象的内部细节。
- 消息。消息传递是对象之间的通信手段，一个对象通过向另外一个对象发消息来请求其服务，一个消息通常包括接收对象名、调用的操作名和适当的参数。消息只告诉接收对象需要完成什么操作，并不指示接收者如何完成操作。
- 结构。在任何一个复杂的问题域，对象之间都不是相互独立的，而是相互关联的，因此构成一个有机的整体。
- 多态性。对象的多态性是指在一般类中定义的属性或者服务被特殊类继承之后，可以具有不同的数据类型或者表现出不同的行为，这使得同一个属性或者服务名在一般类及其各个特殊类中可以具有不同的语义。

面向对象方法认为数据和行为同等重要，是一种将数据和对数据的操作紧密结合起来的方法，这是其与传统结构化方法的主要区别。面向对象方法的出发点和基本原则是尽量模拟人类的习惯和思维方式，描述问题的问题空间与其解空间在结构上尽可能一致。面向对象方法的开发过程是多次重复和迭代的演化过程，在概念和表示方法上的一致性保证了各项开发活动之间的平滑过渡。喷泉模型就是有代表性的面向对象模型。

2.3.1　面向对象分析

面向对象分析（OOA）强调直接针对问题域中客观存在的各种事物建立 OOA 模型中的

对象。用对象的属性和服务分别描述事物的静态特征和行为。问题域有哪些值得考虑的事物，OOA 模型中就有哪些对象。而且对象及其服务的命名都强调与客观事物一致。另外，OOA 模型也保留了问题域中事物之间的关系，将具有相同属性和相同服务的对象归为一类，用继承关系描述一般类与特殊类之间的关系。OOA 针对问题域运用 OO 方法，建立一个反映问题域的 OOA 模型，不考虑与系统实现有关的问题。分析的过程是提取系统需求的过程，主要包括理解、表达和验证。

面向对象分析的关键是识别出问题域内的对象，并分析它们相互之间的关系，最终建立简洁、精确、可以理解的正确问题域模型。在用面向对象观点建立起来的模型中，对象模型是最基本、最重要、最核心的模型。

2.3.2 面向对象设计

面向对象设计（OOD）是将面向对象分析所创建的分析模型转换为设计模型，是针对系统的一个具体实现运用 OO 方法进行设计的过程。OOD 包括两个方面的工作：一方面是将 OOA 模型直接搬到 OOD，即不经过转换，仅做某些必要的修改和调整；另一方面是针对具体实现中的人机界面、数据存储、任务管理等因素补充一些与实现有关的部分。

OOA 与 OOD 采用一致的表示法是面向对象分析与设计优于传统结构化方法的重要因素之一。OOA 与 OOD 不存在转换的问题，只有局部的修改或者调整，并增加几个与实现有关的独立部分，因此 OOA 与 OOD 之间不存在鸿沟，二者能够紧密衔接，降低了从 OOA 到 OOD 的难度和工作量。

面向对象设计和面向对象分析采用相同的符号表示，两者没有明显的分界线，它们往往反复迭代进行。在面向对象分析中，主要考虑系统做什么，而面向对象设计主要解决系统如何做的问题。从面向对象分析到面向对象设计，是同一种表示方法在不同范围的运用，面向对象设计的问题域部分是从面向对象分析模型中直接拿来的，仅针对实现的要求进行必要的增补和调整。

2.3.3 面向对象编程

认识问题域与设计系统的工作已经在 OOA 和 OOD 阶段完成，面向对象编程（OOP）的工作就是用一种面向对象的编程语言针对 OOD 模型中的每个部分编写代码。理论上来说，在 OOA 和 OOD 阶段对于系统需要设立的每个对象类及其内部构成（属性和服务）与外部关系（结构和静态、动态联系）都应有透彻的认识和清晰准确的描述。面向对象编程主要是编程人员采用具体的数据结构来定义对象的属性，用具体的语句来实现服务流程图所表示的算法。

2.3.4 面向对象测试

面向对象测试（OOT）是指对于用 OO 技术开发的软件，在测试过程中继续运用 OO 技术进行以对象概念为中心的软件测试。OOT 以对象的类作为基本测试单位，查错范围主要是类定义之内的属性和服务，以及有限的对外接口（消息）所涉及的部分。由于对象的继承性，在对父类测试完成之后，子类的测试重点只是那些新定义的属性和服务。

2.3.5 面向对象维护

面向对象软件工程方法改进了传统的结构化软件工程维护过程，程序与问题域一致，各个阶段的表示一致，从而大大降低了理解的难度。无论是从程序中发现了错误而反向追溯到问题域，还是从问题域追踪到程序，都是比较顺畅的。另外，对象的封装性使一个对象的修改对其他对象影响较小，从而避免了波动效应。所以，面向对象的维护过程比结构化方法的维护过程要简单些。

2.3.6 面向对象建模工具 UML

UML（Unified Modeling Language，统一建模语言）是一种基于面向对象方法的图形建模语言，用于对软件系统进行说明。1994 年 10 月 Grady Booch 和 James Rumbaugh 将 Booch 和 OMT（这两个方法被公认为是面向对象方法的前驱）统一起来，并于 1995 年 10 月推出了 UM（Unified Method）草案 0.8 版，1995 年秋 Ivar Jacobson 加入研究，并将 OOSE 也合并进来，形成了 UML。Booch、Rumbaugh 和 Jacobson，人称“三剑客”，是三位著名的面向对象专家，UML 就是在他们的面向对象理论基础上发展起来的。1997 年 11 月国际对象管理组织（OMG）批准将 UML 作为基于面向对象技术的标准建模语言。UML 制定了一整套完整的面向对象的标记和处理方法，是一种通用的可视化建模语言，用于对软件进行描述和可视化处理，并构造和建立软件系统的文档。UML 适用于各种软件开发方法、软件生命周期的各个阶段、各种应用领域以及各种开发工具。

UML 的主要目标如下：

- 使用面向对象概念为系统（不仅是软件）建模。
- 在概念产品与可执行产品之间建立清晰的耦合。
- 创建一种人和机器都可以使用的语言。

UML 能够描述系统的静态结构和动态行为：静态结构定义了系统中重要对象的属性和操作以及这些对象之间的相互关系；动态行为定义了对象的时间特性和对象为完成目标任务而相互进行通信的机制。UML 不是一种程序设计语言，但我们可以用代码生成器将 UML 模型转换为多种程序设计语言代码，或使用反向生成器工具将程序源代码转换为 UML 模型。

UML 由基本构造块、规则以及公共机制组成。UML 的基本构造块（即用于 UML 建模的词汇）有三个：事务（thing）、关系（relationship）和图（diagram）。

UML 事务：对模型中最有代表性的成分的抽象。UML 模型中的事务包括 4 种，即结构事务（structural thing）、行为事务（behavioral thing）、分组事务（grouping thing）和注释事务（annotation thing）。结构事务是 UML 模型中的名词，如类（class）、接口（interface）、协作（collaboration）、用例（use case）、构件（component）、节点（node）等。行为事务是 UML 中的动词，如交互（interactive）、状态机（state machine）等。分组事务是 UML 模型中的组织部分，它们是一些由模型分解成的“盒子”，最主要的分组事务是包（package）。注释事务是 UML 模型中的解释部分，主要的解释事务为注解（note）。

UML 关系：用于将上述事务结合起来。主要有 4 种，即关联、依赖、泛化和实现。

UML 图：将各种事务和关系表示出来。有两类图，一类是结构视图（又称为静态模型图），强调系统的对象结构；一类是行为视图（动态模型图），关注的是系统对象的行为动作。类图（class diagram）、对象图（object diagram）、包图（package diagram）、构件图（component diagram）和部署图（deployment diagram）都是结构视图。用例图（use case diagram）、顺序图（sequence diagram）、协作图（collaboration diagram）、状态图（state diagram）和活动图（activity diagram）都是行为视图。

作为一种建模语言，UML 的定义包括 UML 语义和 UML 表示法两个部分。UML 语义用于描述基于 UML 的精确元模型定义。UML 表示法是定义 UML 符号的表示法。这些图形符号和文字所表达的是应用级的模型，在语义上它是 UML 元模型的实例。

下面对 UML 的图示做简单介绍：

用例图。用例图描述角色以及角色与用例之间的连接关系。说明的是谁要使用系统，以及他们使用该系统可以做些什么。一个用例图包含了多个模型元素，如系统、参与者和用例，并且显示了这些元素之间的各种关系，如泛化、关联和依赖。

类图。类图是描述系统中的类以及各个类之间的关系的静态视图。它能够让我们在正确编写代码以前对系统有一个全面的认识。类图是一种模型类型，确切地说，是一种静态模型类型。

对象图。与类图极为相似，对象图是类图的实例，对象图显示类的多个对象实例，而不是实际的类。它描述的不是类之间的关系，而是对象之间的关系。

包图。包图是在 UML 中用类似于文件夹的符号表示的模型元素的组合。系统中的每个元素都只能为一个包所有，一个包可嵌套在另一个包中。使用包图可以将相关元素归入一个系统。一个包中可包含附属包、图表或单个元素。其实，包图并非是正式的 UML 图。一个包图可以由任何一种 UML 图组成，通常是 UML 用例图或 UML 类图。包是一个 UML 结构，它使得你能够把诸如用例或类之类的模型元件组织为组。包被描述成文件夹，可以应用在任何一种 UML 图上。

活动图。活动图描述用例要求所要进行的活动，以及活动间的约束关系，有利于识别并行活动。它能够演示出系统中哪些地方存在功能，以及这些功能和系统中其他组件的功能如何共同满足前面使用用例图建模的商务需求。

状态图。状态图描述类的对象所有可能的状态，以及事件发生时状态的转移条件，还可以捕获对象、子系统和系统的生命周期。它能够呈现出对象的状态，以及事件（如消息的接收、时间的流逝、错误、条件变为真等）会怎么随着时间的推移来影响这些状态。状态图应该连接到所有具有清晰的可标识状态和复杂行为的类。该图可以确定类的行为，以及该行为如何根据当前的状态变化，也可以展示哪些事件将会改变类的对象的状态。状态图是对类图的补充。

序列图（顺序图）。序列图是用来显示参与者如何以一系列顺序的步骤与系统的对象交互的模型。顺序图可以用来展示对象之间是如何进行交互的。顺序图将显示的重点放在消息序列上，即强调消息是如何在对象之间被发送和接收的。

协作图。和序列图相似，协作图显示对象间的动态合作关系，可以看成类图和顺序图的交集。协作图建模对象或者角色，以及它们彼此之间是如何通信的。如果强调时间和顺序，则使用序列图；如果强调上下级关系，则选择协作图。这两种图合称为交互图。

构件图（组件图）。构件图描述代码构件的物理结构以及各种构件之间的依赖关系，用来建模软件的组件及其相互之间的关系。这些图由构件标记符和构件之间的关系构成。在构件图中，构件是软件单个组成部分，可以是一个文件、产品、可执行文件和脚本等。

部署图（配置图）。部署图用来建模系统的物理部署。例如计算机和设备，以及它们之间是如何连接的。部署图的使用者是开发人员、系统集成人员和测试人员。

以上 10 种模型图各有侧重，用例图侧重描述用户需求，类图侧重描述系统具体实现。它们描述的方面也不相同，类图描述的是系统的结构，序列图描述的是系统的行为；抽象的层次也不同，构件图描述系统的模块结构，抽象层次较高，类图是描述具体模块的结构，抽象层次一般，对象图描述了具体的模块实现，抽象层次较低。

与所有的语言一样，UML 不能将构造块任意放在一起，一个结构良好的模型应该是语义上前后一致的，而且要与相关模型协调一致，因此 UML 有一套规则。UML 用于描述事务的语义规则如下：

- 命名：为事务、关系和图起名字。
- 范围：给一个名称以特定含义的语境。
- 可见性：如何让人看见名称和如何使用。
- 完整性：事务如何能够正确和一致地相互联系。
- 执行：运行或者模拟动态模型的含义是什么。

2.4 面向构件软件工程方法

基于构件软件工程开发的整个过程从需求开始，由开发团队使用系统需求分析技术建立待开发软件系统需求规约。在完成体系结构设计后，并不立即开始详细设计，而是确定哪些部分可由构件组装而成。此时开发人员面临的决策问题包括“是否存在满足系统需求的构件”以及“这些可用构件的接口与体系结构的设计是否匹配”等。如果现有构件的组装无法满足需求，就只能采用传统的或面向对象的软件工程方法开发新构件。反之，可以进入基于构件的开发过程，该过程大致包含如下活动。

构件识别。通过接口规约以及其他约束条件判断构件是否能在新系统中复用。构件识别分为发现和评估两个阶段。发现阶段的首要目标是确定构件的各种属性，如构件接口的功能性特征（构件能够向外提供什么服务）及非功能性属性（如安全性、可靠性等）等。由于构件的属性往往难以获取、无法量化，因此导致构件的发现难度较大。评估阶段根据构件属性以及新系统的需求判断构件是否满足系统的需求。评估方法常常涉及分析构件文档、与构件已有用户交流经验和开发系统原型。构件识别有时还需要考虑非技术因素，如构件提供商的市场占有率、构件开发商的过程成熟度等级等。

构件适配。针对不同的应用需求，用户可以选择独立开发构件或选择可复用的构件进行组装。这些构件对运行环境做出了某些假设。软件体系结构定义了系统中所有构件的设计规则、连接模式、相交互模式。如果被识别或自主开发的构件不符合目标系统的软件体系结构就可能导致该构件无法正常工作，甚至影响整个系统的运行，这种情形称为失配（mismatch）。调整构件使之满足体系结构要求的过程就是构件适配。构件适配可通过白盒、灰盒或黑盒的方式对构件进行修改或配置。白盒方式允许直接修改构件源代码；灰盒方式不允许直接修改构件源代码，但提供了可修改构件行为的扩展语言或编程接口；黑盒方式不允许直接修改构件源代码且没有提供任何扩展机制。如果构件无法适配，就不得不寻找其他适合的构件。

构件组装。构件必须通过某些良好定义的基础设施才能组装成目标系统。体系结构风格决定了构件之间连接或协调的机制，是构件组装成功与否的关键因素之一。典型的体系风格包括黑板、消息总线、对象请求代理等。

构件演化。基于构件的系统演化往往表现为构件的删除、替换或增加，其关键在于如何充分测试新构件以保证其正确工作且不对其他构件的运行产生负面影响。对于由构件组装而成的系统，其演化的工作往往由构件提供商完成。

2.5 面向代理软件工程方法

面向代理软件工程（Agent-Oriented Software Engineering，AOSE）是近年来软件工程领域出现的一个前沿研究方向，它是在面向过程技术、面向对象技术、面向构件技术的基础上发展起来的。它试图将代理理论和技术与软件工程的思想、原理和原则相结合，从而为基于代理系统的开发提供工程化手段。近年来，随着 Internet 上的 Web 应用以及软件开发社会化的发展，面向代理的软件工程受到了学术界和工业界的高度关注和重视，研究活跃，发展迅速。

面向代理（agent）软件工程的核心思想是将代理作为工程化软件系统的主要设计观念。

代理技术最初是由美国 M. Minsky 教授提出的，用来描述具有自适应和自治能力的硬件、软件或其他任何自然物和人造物。随着该项技术的提出，在人工智能各领域中掀起了研究代理技术和基于代理的系统的高潮。尽管目前对代理的定义有很多讨论和争议，但普遍认同代理一般具有如下特性：

- *自治性*：代理在进行运作时，不需要人或其他个体的直接介入或干预，其自身就具有一定的控制能力。但不否认在启动运作或在运作过程中，代理会得到必要的信息输入。
- *开放性*：研究代理之间的交互语言是很重要的，因为它可以通过某种工具实现与人类或非人类的代理进行交互。
- *反应能力*：代理具有适应环境变化的能力，能够对环境的变化做出及时的反应。

此外，代理软件具有功能的连续性及自主性（autonomy）。也就是说，代理能够连续不断地感知外界发生的变化或者自身状态的改变，并自主产生相应的动作。

随着代理越来越受到重视，研究人员把这一概念也引入到了软件开发的方方面面，其目的是增强软件之间的可协作性。采用这种方法开发出的应用程序被视为软件代理。软件代理的研究是一项综合性的理论与技术研究，涉及人工智能、网络通信、工程数据交换标准、软件工程和操作系统等多个方面。它的实际应用将极大地提高在异质计算环境中各种软件的协作能力，增强软件的可重用性，这在计算机网络广泛应用的今天有着非常重要的意义。

尽管目前对软件代理尚缺乏统一的定义，但其基本思想是使软件实体能够模拟人类社会的组织形式、协作关系、进化机制以及认知、思维和解决问题的方式。所以可以将软件代理作为一个对象驱动的智能软件包，它通过与其他代理及用户的通信感知外部世界，并根据感知结果（外部事件）及内部状态的变化独立地决定和控制自身的行为，其结构如图 2-5 所示。

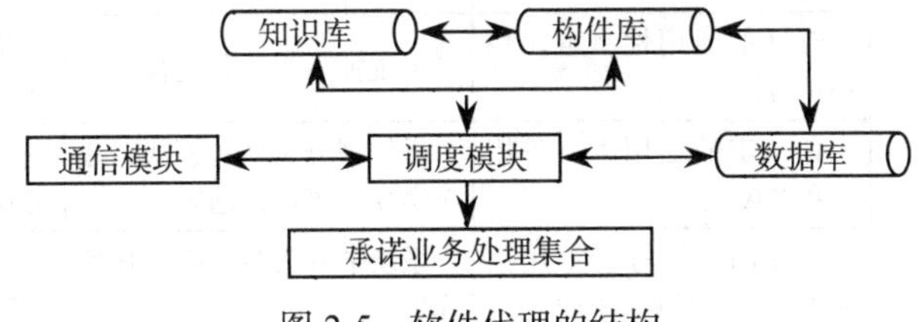

图 2-5 软件代理的结构

软件代理由以下几个部分组成。

通信模块。通信模块不仅是感知外部世界的接口，而且具有与其他软件代理进行联系的通信机制。通信模块不断地监测来自外界或其系统中其他软件代理的信息流，并对外部信息流进行合法性检测，以确定其消息类型和内容。对于有效的消息，通信模块将其提交给调度模块做进一步处理。

承诺业务处理集合。承诺业务处理集合是软件代理可处理的所有业务集合，它描述了软

件代理向用户和其他软件代理所能提供的服务。它是调度模块决定是否接收通信模块传递来的消息的重要依据。

调度模块。调度模块接收到消息后，将根据消息的内容检索承诺业务处理集合。对于那些不在承诺业务处理集合范围内的消息，调度模块将予以拒绝；对于那些承诺的业务处理，调度模块将根据消息的类型和内容从知识库中获取问题求解规则，然后依据规则的定义，调用构件库中的一个或多个构件来处理外界请求，调度模块处理完成以后，将处理结果传递给通信模块，再由通信模块传递给外界。

数据库。在业务处理过程中，软件代理自身状态的变化记录在数据库中，业务处理所需要的所有内部数据也都存储在数据库中。

知识库。知识库记录了软件代理求解问题所需要的所有知识，包括描述性知识和判断性知识。描述性知识描述了应用领域内各对象的特征及结构，而判断性知识是与应用领域有关的业务处理规则。

构件库。构件库的思想就是从业务处理过程中提取具有共性的数据和操作，并按照对象的属性和特点设计成一个个构件，然后封装成一个个处理动作，最后由调度模块组成某个软件代理所需要的业务处理流程。

此外在系统中，可存在多个软件代理，这些软件代理将以协同工作的方式实现。

目前，面向代理软件工程还有很多发展障碍。由于代理的结果是从人工智能的角度进行研究的，因此缺少实践工作的支持；而且对开发人员的专业要求比较高，针对性强，只可以在限制领域内进行研究。面向代理软件工程中缺少统一性是阻碍代理软件工程发展的主要原因。

2.6 软件工程方法总结

综合以上软件工程相关技术，我们分别就特点、分析方法、适用范围进行总结，如表 2-1 所示。

表 2-1 软件工程方法比较

方　法	主要特点	分析方法	适用范围
面向过程（结构化）方法	通用性、重用性、扩展性差	利用面向过程程序语言和程序设计流程图	开发小规模的专用软件
面向对象方法	较好的通用性、重用性和扩展性	系统抽象为对象集合	开发广泛应用领域的大规模软件系统
面向构件方法	有一定的通用性、重用性和扩展性	系统划分为功能模块，逐个实现，再连接起来	模块化、结构化程序，可开发较大规模的系统
面向代理方法	较好的通用性、重用性和扩展性，且具有智能性	系统抽象为具有拟人化的代理集合	各种大型复杂系统

2.7 软件逆向工程

软件逆向工程是根据对软件代码的分析恢复其设计和需求的过程。逆向工程的目的是通过改进一个系统的可理解度来推进测试或者维护工作，并产生一个非主流系统所需的文档。逆向工程的第一个阶段通常是对代码进行修饰性改动，改进其可读性、结构和可理解性，执行这些修饰性改动的过程如图 2-6 所示。通过改动重新定义程序格式，所有的变量、数据结构和函数被分配了有意义的名字，使得原来的程序成为规范化的程序。然后可以开始提取代码、设计和需求，有些工具可以根据代码生成数据流和控制流图，结构图也可以提取。对全部代码有了透彻了解后，就可以提取设计和编写需求规格说明了。

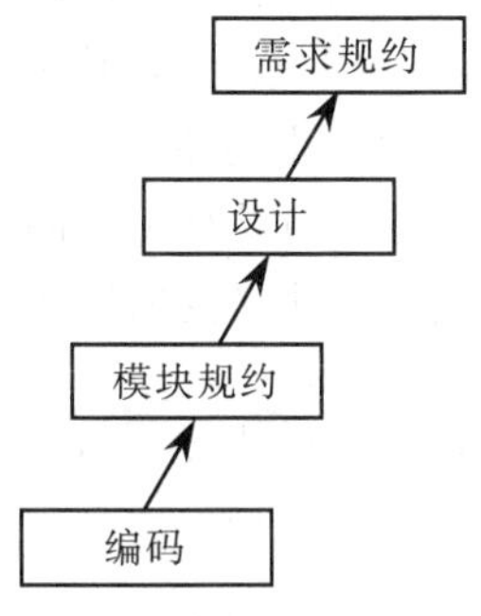

图 2-6　软件逆向工程

2.8　基于容器技术的软件工程化管理

由图 1-6 可知，软件项目的工程化流程主要分为四大阶段：开发、测试、生产、运维。而软件环境是各个阶段顺利交接的基础和瓶颈。如何解决环境统一和轻量级交付，即“隔离”+“运行环境打包”，是软件人员一直在思考的问题。而容器（Container）技术是最近很火热的概念，它可以为解决此类问题提供技术支持。有人预言：容器技术将统治世界，并将改变开发规则。目前，Docker 在三大容器技术（Docker Swarm/SwarmKit、Apache Mesos、Kubernetes）中占有率最高。Docker 是 PaaS 提供商 dotCloud 于 2013 年进行的一个开源项目，旨在解决各种应用程序运行环境的部署和发布问题。Docker 的最终目的是实现对应用组件的封装、分发、部署、运行等生命周期的管理，达到应用组件级别的“一次封装，随处运行”。由于 Docker 具有这样的特性，因此它的主要应用是在云平台上，用户可以便捷地开发和部署应用程序，将应用程序托管在 PaaS 管理的云基础设施中，从而大大缩短开发周期，降低运维成本。通过结合轻量型应用隔离和基于镜像的部署方法，容器将应用及其依赖项一同打包，从而有效降低开发和操作间出现不一致的概率，进而简化应用部署，缩短交付周期，更快地为客户创造价值。

容器允许开发人员将所有组件和相关软件包放入一个“盒子”中，使得应用程序能从基本操作系统中抽取出来，并在一个隔离的环境中运行。毫无疑问，要使容器工作，操作系统必须要有相关的软件包。这解决了应用程序开发人员正在处理的一个主要问题——把应用程序从它运行的环境中分离出来，这是自开发和实现应用程序以来一直在困扰开发人员的问题。使用容器之后，在部署应用程序时，开发人员不必再担心应用程序所处的运行环境。

容器不是虚拟机，虚拟机的确可以做到“隔离”+“运行环境打包”，但虚拟机是一个很笨重的解决方案。它的缺点很明显：每个应用镜像里需要包含一个操作系统，体积过大；另外，一个机器运行多个不同环境的应用需要多个操作系统虚拟机，管理和运行的效率成问题。容器精简了操作系统这一层。Docker 是一个非常轻量级的方案，而且还拥有虚拟机没有的一些功能，利用 Docker 可以运行非常多的容器，而且对内存、磁盘和 CPU 的消耗相比传统的虚拟机要低许多。使用 Docker 部署一个应用是非常简单的，多数情况下我们可以使用相同的镜像（Image）。在容器设计过程有一个名为 Dockerfile 的文件，这个文件相当于用户 Docker 的设计，在 Dockerfile 完成后，build 命令可以理解为编译过程，实际上就是通过 Dockerfile 的描述生成 Docker 镜像，然后把镜像交付给测试者，测试者测试通过后再把镜像提交给使用者。其对应的阶段如表 2-2 所示。这样可以顺利完成开发、测试、生产、运维的轻量级交接。

表 2-2　Docker 镜像的各个阶段

阶　段	开　发	交　付	运　维
容器的形式	Dockerfile 描述文件	Docker Image 镜像文件	Container 动态进程
执行的命令	build	run，commit	stop，start，restart

上述表格可以理解为通过描述文件 Dockerfile 生成了镜像文件 Docker Image，加载 Docker Image 运行就形成了动态进程容器 Container。

但是，容器技术还有很多问题需要解决，例如安全、标准等问题。货运公司之所以可以轻松实现集装箱在船舶、铁路、公路运输间的传送，正是因为集装箱是采用符合国际统一的标准尺寸构建的。同样，软件容器及其应用也应制定类似的标准规范。但是，目前软件行业的确缺少必要的标准。

2.9 项目案例说明

本书以“软件项目管理课程平台”项目（以下简称 SPM 项目）为贯穿始终的案例，详细介绍这个项目案例的需求分析、概要设计、详细设计、编码实施、系统测试、软件交付、系统维护等过程，如图 2-7 所示。本案例结合软件开发各个阶段，理论联系实践，不但有详细的介绍说明，还提供案例文档和代码下载以及部分视频教学。

通过本书中的案例，可以基本实现软件工程化流程中开发、测试、生产和运维环节的实践过程。

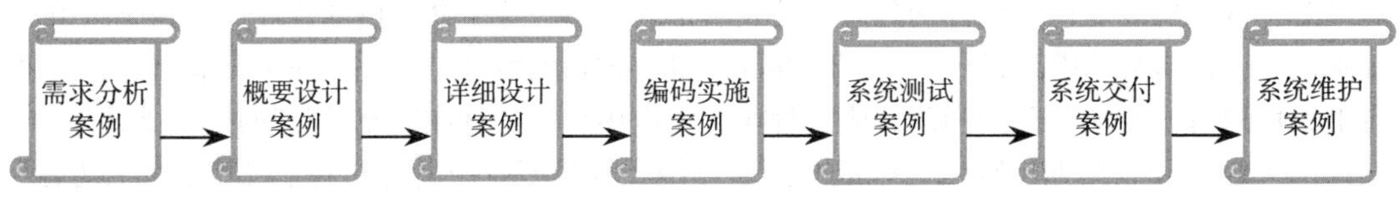

图 2-7 SPM 项目案例路线图

2.10 小结

本章从方法学上讲述了软件工程的相关技术方法，包括结构化软件工程方法、面向对象软件工程方法、面向代理软件工程方法以及面向构件软件工程方法。这些方法覆盖了软件需求建模、设计建模、编码、测试、维护等方面，它们的目的都是帮助人们解决问题，称为解系统。结构化方法主要包括结构化分析、结构化设计、结构化编程，它们采用的方法是不一致的。面向对象方法的需求、设计、编码等开发过程是多次重复和迭代的演化过程，在概念和表示方法上的一致性保证了各项开发活动之间的平滑过渡。面向代理软件工程方法将代理作为一个对象驱动的智能软件包，它通过与其他代理及用户的通信感知外部世界，并根据感知结果及内部状态的变化独立地决定和控制自身的行为。面向构件软件工程方法是基于模块或者构件的思路来开发软件的。

2.11 练习题

一、填空题

1. UML 的三个基本构造块是________、________和________。
2. 在软件开发的结构化方法中，采用的主要技术是 SA，即________和 SD，即________。
3. 数据流图描述数据在软件中的流动和处理过程，是软件模型的一种图示，它一般包括 4 种图形符号：变换 / 加工、外部实体、数据流向和________。
4. ________是将数据和对数据的操作紧密地结合起来的方法，这是其与传统结构化方法的主要区别。

5. 软件代理一般具有________、________、________特性。

二、判断题

1. 面向对象开发过程是多次重复和迭代的演化过程，在概念和表示方法上的一致性保证了各项开发活动之间的平滑过渡。(　　)
2. 基于构件软件工程开发的整个过程从需求开始，在完成体系结构设计后，并不立即开始详细设计，而是确定哪些部分可由构件组装而成。(　　)
3. 软件逆向工程是根据对软件需求的分析恢复其设计和软件代码的过程。(　　)

三、选择题

1. 结构化分析方法是面向（　　）的自顶向下逐步求精的分析方法。

   A. 目标　　B. 数据流　　C. 功能　　D. 对象

2. 结构化的概要设计是以（　　）技术为基础的软件设计方法。

   A. 抽象　　B. 模块化　　C. 自下而上　　D. 信息隐蔽

3. 在结构化分析方法中，常用的描述软件功能需求的工具是（　　）。

   A. 业务流程图、处理说明　　B. 软件流程图、模块说明

   C. 数据流程图、数据字典　　D. 系统流程图、程序编码

4.（　　）不是 UML 的图示。

   A. 流程图　　B. 用例图　　C. 活动图　　D. 序列图

第 3 章

软件项目的需求分析

当现实世界发生问题时，用户会希望通过在问题域中引入一个解系统来解决问题，需求就是用户期望解系统能够在问题域中产生的理想效果。从本章开始，我们就按照软件开发过程路线图分阶段讲解。本章开始路线图的第一站——需求分析，如图 3-1 所示。

图 3-1　路线图——需求分析

3.1　软件项目需求概述

需求是用户对问题域中的实体状态或者事件的期望描述，如图 3-2 所示。软件需求是软件项目的一个关键输入。软件需求具有模糊性、不确定性、变化性和主观性的特点，它不像硬件需求，是有形的、客观的、可描述的、可检测的。软件需求是软件项目最难把握的，同时又是关系到项目成败的关键因素，因此对于需求分析和需求变更的处理十分重要。

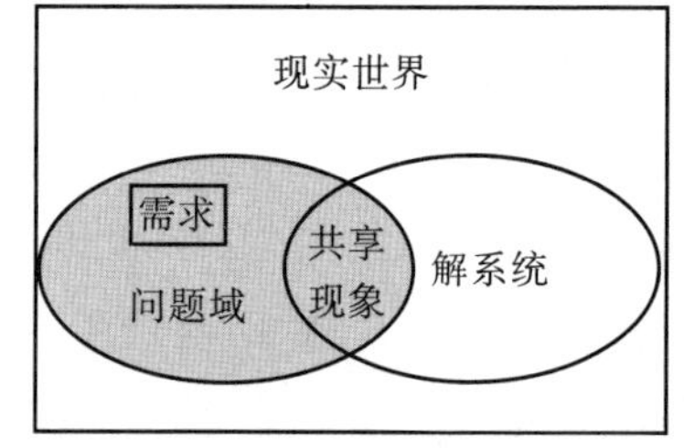

图 3-2　需求与问题域的关系

软件需求的重要性是不言而喻的，如何获取真实需求以及如何保证需求的相对稳定是每个项目组都必须面临的问题。

尽管项目开发中的问题不一定都是由需求问题导致的，但是需求通常是最主要、最普遍的问题源。软件需求是用户对目标软件系统在功能、行为、性能、设计约束等方面的期望。通过对问题及其环境的理解与分析，为问题涉及的信息、功能及系统行为建立模型，将用户需求精确化、完全化，最终形成需求规格说明，这一系列的活动即构成需求分析阶段的任务。

3.1.1　需求定义

软件需求是指用户对软件的功能和性能的要求，就是用户希望软件能做什么事情，完成什么样的功能，达到什么样的性能。软件人员要准确理解用户的要求，进行细致的调查分析，将用户非形式化的需求陈述转化为完整的需求定义，再由需求定义转化到相应形式的需求规格说明。

有时也可以将软件需求按照层次来说明，包括业务需求（business requirement）、用户需求（user requirement）、功能需求（functional requirement）、软件需求规格说明（Software Requirement Specification，SRS）等层次。

业务需求反映了组织机构或客户对系统、产品高层次的目标要求，由管理人员或市场分析人员确定。

用户需求描述了用户通过使用该软件产品必须要完成的任务，一般由用户协助提供。

功能需求定义了开发人员必须实现的软件功能，使得用户通过使用此软件能完成他们的任务，从而满足业务需求。对于一个复杂产品来说，功能需求也许只是系统需求的一个子集。

软件需求规格说明充分描述了软件系统应具有的外部行为，描述了系统展现给用户的行为和执行的操作等。它包括产品必须遵从的标准、规范和合约，外部界面的具体细节，非功能性需求（如性能要求等），设计或实现的约束条件及质量属性。所谓约束条件是指对开发人员在软件产品设计和构造上的限制。质量属性是通过多种角度对产品的特点进行描述，从而反映产品功能。多角度描述产品对用户和开发人员都极为重要。需求规格说明是解系统为满足用户需求而提供的解决方案，规定了解系统的行为特征。

在需求分析过程中，我们使用最多的文档就是软件需求规格说明，该文档中所说明的功能需求充分描述了软件系统所应具有的外部行为。软件需求规格说明在开发、测试、质量保证、项目管理以及相关项目功能中都起了重要的作用。

用户需求必须与业务需求一致。用户需求使需求分析者能从中总结出功能需求，以满足用户对产品的期望，从而完成其任务；而开发人员则根据软件需求规格说明设计软件，以实现必要的功能。

3.1.2 需求类型

需求有多个类别，不同的类别有不同的特性和不同的处理要求。根据不同的分类标准，可以将需求分成不同的种类。IEEE 1998 将需求分为 5 类：

- 功能需求（functional requirement）：用户希望系统所能够执行的活动，这些活动可以帮助用户完成任务，是与系统主要工作相关的需求。
- 性能需求（performance requirement）：系统整体或者系统组成部分应该拥有的性能特征，如内存使用率等。
- 质量属性（quality attribute）：系统完成工作的质量，即系统需要在一个“好的程度”上实现功能需求，如可靠性程度、可维护性程度。
- 对外接口（external interface）：系统和环境中其他系统之间需要建立的接口，包括硬件接口、软件接口、数据库接口等。
- 约束（constraint）：进行系统构造时需要遵守的约束，如编程语言、硬件设施等。

从项目开发的角度看，软件需求中的功能需求是最主要的需求，它规定了系统必须执行的功能。需要计算机系统解决的问题就是对数据处理的要求。其他需求为非功能需求，是一些限制性要求，是对实际使用环境所做的要求，如性能要求、可靠性要求、安全性要求等。非功能需求比功能需求要求更严格，更不易满足，因为如果非功能需求不能满足的话，系统将无法运行。

数据需求是功能需求的补充，如果软件功能不涉及数据支持，或者在功能需求部分明确定义了相关数据结构，就不需要单独定义数据需求。数据需求是在数据库、文件或者其他介质中存储的数据描述，如功能使用的数据信息、使用频率、完整性约束、数据保持要求等。

3.1.3 需求的重要性

需求实践面临很多问题，例如，需求有隐含的错误，需求不明确或者含糊，用户不断增加、变更需求，用户不配合需求调研，等等。所以，需求管理很重要，其重要性可以通过图3-3来说明。

图3-3 需求在项目中的重要性

图3-3说明开发软件项目就像和用户一起从河的两边开始修建桥梁，如果没有很好地理解和管理用户的需求，开发出来的软件不是用户希望的，那么这个桥永远不可能相接。没有合理的需求管理，很难达到用户的真正要求。即使设计和实现得再正确可靠，也不是用户真正想要的东西。

软件需求研究的对象是软件项目的用户要求。需要注意的是必须全面理解用户的各项要求，但又不能全盘接受用户所有的要求，因为并非用户提出的所有要求都是合理的。对于其中模糊的要求，需要向用户澄清，然后才能决定是否可以采纳；对于那些无法实现的要求，应向用户做充分的解释，以求得用户的谅解。

3.2 需求工程

20世纪80年代中期，形成了软件工程的子领域——需求工程（RE）。需求工程是指应用已证实有效的技术、方法进行需求分析，确定客户需求，帮助分析人员理解问题并定义目标系统的所有外部特征的一门学科。它通过合适的工具和记号系统地描述待开发系统及其行为特征和相关约束，形成需求文档，并对用户不断变化的需求演进给予支持。需求工程可分为系统需求工程（针对由软硬件共同组成的整个系统）和软件需求工程（专门针对纯软件部分）。软件需求工程是一门分析并记录软件需求的学科，它把系统需求分解成一些主要的子系统和任务，把这些子系统或任务分配给软件，并通过一系列重复的分析、设计、比较研究、原型开发过程，把这些系统需求转换成软件的需求描述和一些性能参数。

需求工程是一个不断反复的需求定义、文档记录、需求演进的过程，并最终在验证的基础上冻结需求。20 世纪 80 年代，Herb Krasner 定义了需求工程的五阶段生命周期：需求定义和分析、需求决策、形成需求规格说明、需求实现与验证、需求演进管理。近来，Matthias Jarke 和 Klaus Pohl 提出了三阶段周期的说法：获取、表示和验证。综合以上几种观点，我们把软件需求工程的管理划分为以下 5 个独立的过程：需求获取、需求分析、需求规格说明编写、需求验证、需求变更。

3.2.1 需求获取

需求获取就是进行需求收集的活动，从人员、资料和环境中得到系统开发所需要的相关信息。在以往的软件开发过程中，需求获取常常被忽视，而且随着软件系统规模和应用领域的不断扩大，人们在需求获取中面临的问题越来越多，由于需求获取不充分导致项目失败的现象越来越突出。为此，需要研究需求获取的方法和技术。

开发软件系统最为困难的部分，就是准确说明开发什么。这就需要在开发的过程中不断地与用户进行交流与探讨，使系统更加详尽，准确到位。需求获取是通过与用户的交流、对现有系统的观察及对任务进行分析，从而开发、捕获和修订用户的需求。俗话说，良好的开端是成功的一半。需求获取作为项目伊始的活动是非常重要的，如图 3-4 所示。

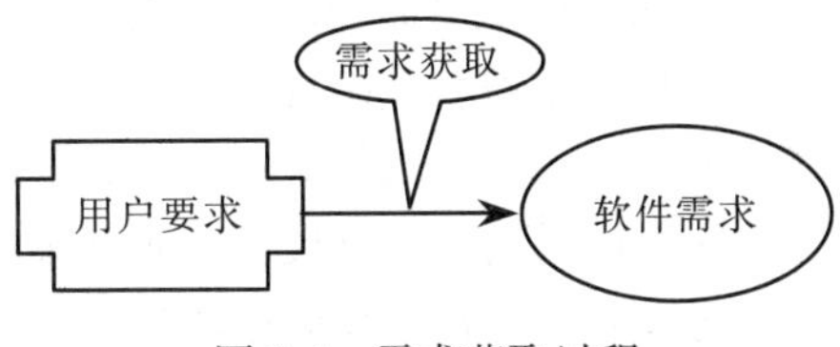

图 3-4　需求获取过程

从图 3-4 可以看出，需求获取的过程就是将用户的要求变为项目需求的初始步骤，是在问题及其最终解决方案之间架设桥梁的第一步，是软件需求过程的主体。一个项目的目的就是致力于开发正确的系统，要做到这一点就要足够详细地描述需求，也就是系统必须达到的条件或能力，使用户和开发人员在系统应该做什么、不应该做什么方面达成共识。

获取需求就是为了解决这些问题，它必不可少的成果就是对项目中描述的用户需求的普遍理解，一旦理解了需求，分析者、开发者和用户就能探索出描述这些需求的多种解决方案。这一阶段的工作一旦做错，将会给系统带来极大损害，由于需求获取失误造成的对需求定义的任何改动，都将导致设计、实现和测试的大量返工，而这时花费的资源和时间将大大超过仔细精确获取需求的时间和资源。

需求获取的主要任务是和用户方的领导层、业务层人员做访谈式沟通，目的是把握用户的具体需求方向和趋势，了解现有的组织架构、业务流程、硬件环境、软件环境、现有的运行系统等具体情况和客观的信息。

1. 需求获取活动

需求获取需要执行的活动如下。

1）需求获取阶段一般需要建立需求分析小组，与用户进行充分交流，同时要实地考察、访谈，收集相关资料，必要时可以采用图形、表格等工具。

2）了解客户方的所有用户类型以及潜在的类型，然后根据他们的要求来确定系统的整体目标和系统的工作范围。

3）对用户进行访谈和调研。交流的方式可以是会议、电话、电子邮件、小组讨论、模拟演示等不同形式。需要注意的是，每一次交流一定要有记录，对于交流的结果还可以进行分类，便于后续的分析活动。例如，可以将需求细分为功能需求、非功能需求（如响应时间、平均无故障工作时间、自动恢复时间等）、环境限制、设计约束等类型。

4）需求分析人员对收集到的用户需求做进一步的分析和整理：

- 对于用户提出的每个需求都要知道“为什么”，并判断用户提出的需求是否有充足的理由。
- 将“如何实现”的表述方式转换为“实现什么”的表述方式，因为需求分析阶段关注的目标是“做什么”，而不是“怎么做”。
- 分析由用户需求衍生出的隐含需求，并识别用户没有明确提出来的隐含需求（有可能是实现用户需求的前提条件），这一点往往容易忽略掉，经常因为对隐含需求考虑得不够充分而引起需求变更。

5）需求分析人员将调研的用户需求以适当的方式呈交给用户方和开发方的相关人员，大家共同确认需求分析人员所提交的结果是否真实地反映了用户的意图。需求分析人员在这个任务中需要执行下述活动：

- 明确标识出那些未确定的需求项（在需求分析初期往往有很多这样的待定项）。
- 使需求符合系统的整体目标。
- 保证需求项之间的一致性，解决需求项之间可能存在的冲突。

输出成果包括调查报告、业务流程报告等。可以采用问卷调查法、会议讨论法等方式得到上述成果，问卷调查法是指开发方就用户需求中的一些个性化的、需要进一步明确的需求（或问题），通过向用户发问卷调查表的方式，达到彻底弄清项目需求的一种需求获取方法。会议讨论法是指开发方和用户方召开若干次需求讨论会议，达到彻底弄清项目需求的一种需求获取方法。

2. 需求获取注意事项

进行需求获取的时候应该注意如下问题。

缺乏用户的参与。软件人员往往受技术驱动，习惯性地跳到模块的划分，导致需求本身验证困难。

沟通失真。这也是一个主要问题，要通过即时的验证来减少沟通失真。

识别真正的客户。识别真正的客户不是一件容易的事情，项目总要面对多方客户，不同类型客户的素质、背景和要求都不一样，有的时候没有共同的利益，例如，销售人员希望使用方便，会计人员最关心的是销售的数据如何统计，人力资源关心的是如何管理和培训员工等。有时他们的利益甚至有冲突，所以必须认识到客户并非平等的，有些人比其他人对项目的成功更为重要，要清楚地识别出那些影响项目的人，对多方客户的需求进行排序。

正确理解客户的需求。客户有时并不十分明白自己的需要，可能提供一些混乱的信息，而且有时会夸大或者弱化真正的需求，所以需要我们既要懂一些心理知识，也要懂一些其他行业的知识，了解客户的业务和社会背景，有选择地过滤需求，理解和完善需求，确认客户真正需要的东西。

变更频繁。为了响应变化，通过对变更分类来识别哪些变更可以通过复用和可配置解决。

具备较强的忍耐力和清晰的思维。进行需求获取的时候，应该能够从客户凌乱的建议和观点整理出真正的需求，不能对客户需求的不确定性和过分要求失去耐心，甚至造成不愉

快，要具备良好的协调能力。

使用符合客户语言习惯的表达。与客户沟通最好的方式就是采用客户熟悉的术语进行交流，这样可以快速了解客户的需求，同时也可以在谈论的过程中为客户提供一些建议和有针对性的问题。可适当请客户提供一些需求模型（如表格、流程图、旧系统说明书等），这样能够更加方便双方的交流，也便于我们提出建设性的意见和避免需求存在隐患。对于客户的需求要做到频繁沟通，不怕麻烦，只有经过多次交流才能更好地了解客户的目的。

提供需求开发评估报告。无论需求开发的可行性是否存在，都需要给客户一套比较完整的需求开发评估报告。通过这种直观的表现，让客户了解到需求执行下去所需要花费的成本和代价，同时帮助客户对需求进行重新评估。

尊重开发人员和客户的意见，妥善解决矛盾。如果用户与开发人员之间不能相互理解，那关于需求的讨论将会有障碍。参与需求开发过程的客户和开发人员要相互尊重，就项目成功达成共识，否则会导致需求延缓或搁浅，如果没有有效的解决方案，会使得矛盾升级，最后导致双方都不满意。

划分需求的优先级。绝大多数项目没有足够的时间或资源实现功能性的每个细节，决定哪些特性是必要的，哪些是重要的，是需求开发的主要部分，这只能由客户负责设定需求优先级。在必要的时候懂得取舍是很重要的，尽管没有人愿意看到自己所希望的需求在项目中未被实现，但毕竟要面对现实，业务决策有时不得不依据优先级来缩小项目范围，或延长工期，或增加资源，或在质量上寻找折中。

说服和教育客户。需求分析人员可以同客户密切合作，帮助他们找出真正的需求，这可通过说服、引导或培训等手段来实现。同时要告诉客户需求可能会不可避免地发生变更，这些变更会给持续的项目正常化增加很大的负担，使客户能够认真对待。

3.2.2 需求分析

需求分析是指对要解决的问题进行详细的分析，弄清楚问题的要求，包括需要输入什么数据，要得到什么结果，最后应输出什么。需求分析的过程也是需求建模的过程，即为最终用户所看到的系统建立一个概念模型，是对需求的抽象描述，并尽可能多地捕获现实世界的语义。根据需求获取中得到的需求文档，分析系统实现方案。需求分析的任务就是借助于当前系统的逻辑模型导出目标系统的逻辑模型，解决目标系统“做什么”的问题，如图 3-5 所示。

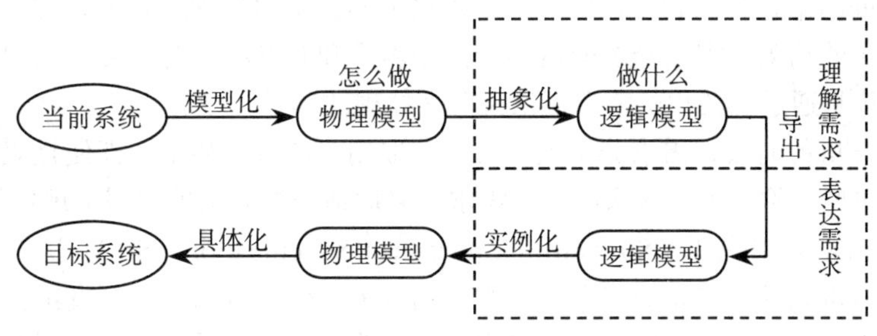

图 3-5　需求分析模型

需求是技术无关的，在需求阶段讨论技术没有任何意义，那只会让你的注意力分散。技术的实现细节是后面设计阶段需要考虑的事情。在很多情形下，分析用户需求是与获取用户需求并行的，主要通过建立模型的方式来描述用户的需求，为客户、用户、开发方等不同参与方提供一个交流的渠道。这些模型是对需求的抽象，以可视化的方式提供一个易于沟通的桥梁。需求分析与需求获取有着相似的步骤，区别在于需求分析过程使用模型来描述用户需求，以获取用户更明确的需求。

需求分析的基本策略是采用脑力风暴、专家评审、焦点会议组等方式进行具体的流程细化以及数据项的确认，必要时可以提供原型系统和明确的业务流程报告、数据项表，并能清晰地向用户描述系统的业务流设计目标。用户方可以通过审查业务流程报告、数据项表以及操作开发方提供的原型系统来提出反馈意见，并对可接受的报告、文档签字确认。

为了更好地理解复杂事物，人们常常借助于模型。模型是为了理解事物而对事物做出的一种抽象，通常模型由一组图形符号和组织这些符号的规则组成。

软件工程始于一系列的建模工作，需求分析建模是逐层深入解决问题的办法，需求分析模型是系统的第一个技术表示。分析模型必须实现三个主要目标：

- 描述客户需要什么。
- 为软件设计奠定基础。
- 定义在软件完成后可以被确认的一组需求。

分析模型在系统级描述和软件设计之间建立了桥梁，它们的关系如图 3-6 所示。分析模型的所有元素可以直接跟踪到设计模型。分析模型通常在特定业务领域内分析。

需求分析主要是针对需求做出分析并提出方案模型。需求分析的模型正是产品的原型样本，优秀的需求管理提高了这样的可能性：它使最终产品更接近于解决需求，提高了用户对产品的满意度，从而使产品成为真正优质合格的产品。从这层意义上说，需求管理是产品质量的基础。

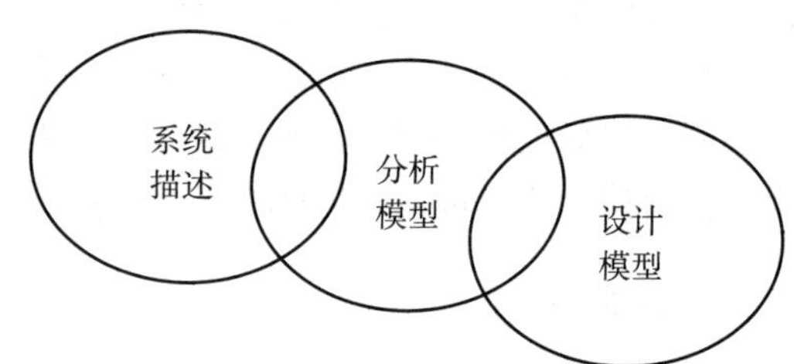

图 3-6 分析模型在系统描述和设计模型之间建立桥梁

需求建模的主要方法是结构化分析方法和面向对象分析方法。结构化分析方法注重考虑数据和处理，面向对象分析方法关注定义类和类之间的协作方式。

3.2.3 需求规格说明编写

需求分析的结果是产生软件操作特征的规格说明，指明软件和其他系统元素的接口，建立软件必须满足的约束。需求分析的最终结果是客户和开发小组对将要开发的产品达成一致协议，这一协议是通过文档化的需求规格说明来体现的。

进行需求分析的时候，需求分析人员首先获取用户的真正要求，即使是双方画的简单的流程草案也很重要，然后根据获取的真正需求，采取适当的方法编写需求规格说明。

编制软件需求规格说明（Software Requirement Specification，SRS）是为了使用户和软件开发者双方对该软件的初始规定有一个共同的理解，使之成为整个开发工作的基础。需求分析完成的标志是提交一份完整的软件需求规格说明。建立了需求规格说明文档，才能描述要开发的产品，并将它作为项目演化的指导。需求规格说明以一种开发人员可用的技术形式陈述了一个软件产品所具有的基本特征和性质以及期望和选择的特征和性质。SRS 为客户和开发者之间建立一个约定，准确地陈述了要交付给客户什么。

3.2.4 需求验证

在构造设计开始之前验证需求的正确性及其质量，就能大大减少项目后期的返工现象。需求验证是为了确保需求说明准确、完整，表达必要的质量特点。需求将作为系统设计和最终验证的依据，因此一定要保证它的正确性。需求验证务必确保需求符合完整性、正确性、可行性、必要性、一致性、可跟踪性及可验证性这些良好特征。

需求验证是一种质量活动，需求规格说明提交后，开发人员需要与客户对需求分析的结果进行验证，以需求规格说明为输入，通过符号执行、模拟或快速原型等途径，分析需求的正确性和可行性。需求验证包括以下内容。

需求的正确性。开发人员和用户都进行复查，以确保将用户的需求充分、正确地表达出来。每一项需求都必须准确地陈述其要开发的功能，做出正确判断的依据是需求的来源，如用户或高层的系统需求规格说明。软件需求与对应的系统需求相抵触是不正确的。只有用户代表才能确定用户需求的正确性，这就是一定要有用户的积极参与的原因。

需求的一致性。一致性是指需求与其他软件需求或高层（系统，业务）需求不矛盾。在开发前必须解决所有需求间的不一致，验证需求没有任何的冲突和含糊，没有二义性。

需求的完整性。验证是否所有可能的状态、状态变化、转入、产品和约束都在需求中描述，不能遗漏任何必要的需求信息，遗漏需求将很难查出。注重用户的任务而不是系统的功能将有助于避免不完整性。如果知道缺少某项信息，用 TBD（“待确定”）作为标准标识来标明这项缺漏，在开始开发之前，必须解决需求中所有的 TBD 项。

需求的可行性。验证需求是否实际可行，每一项需求都必须在已知系统和环境的权能和限制范围内可以实施。为避免不可行的需求，最好在需求获取（收集需求）过程中始终有一位软件工程小组的组员与需求分析人员或考虑市场的人员在一起工作，由他负责检查技术可行性。

需求的必要性。验证需求是客户需要的，每一项需求都应把客户真正所需要的和最终系统所需遵从的标准记录下来。“必要性”也可以理解为每项需求都是用来授权你编写文档的“根源”，要使每项需求都能回溯至某项客户的输入。

需求的可验证性。验证是否能写出测试用例来满足需求，检查每项需求是否能通过设计测试用例或其他的方法来验证，如用演示、检测等来确定产品是否确实按需求实现了。如果需求不可验证，则确定其实施是否正确就成为主观臆断，而非客观分析了。一份前后矛盾、不可行或有二义性的需求也是不可验证的。

需求的可跟踪性。验证需求是否是可跟踪的，应能在每项软件需求与它的“根源”和设计元素、源代码、测试用例之间建立起链接，这种可跟踪性要求每项需求以一种结构化的、粒度好（fine-grained）的方式编写并单独标明，而不是大段大段的叙述。

验证最后是否经过了签字确认。

3.2.5 需求变更

根据以往的历史经验，随着客户方对信息化建设的认识和自己业务水平的提高，他们会在不同的阶段和时期对项目的需求提出新的要求和需求变更。需求的变更可以发生在任何阶段，即使到项目后期也会存在，后期的变更会对项目产生很负面的影响。所以必须接受“需求会变动”这个事实，在进行需求分析时要懂得防患于未然，尽可能地分析清楚哪些是稳定的需求，哪些是易变的需求，以便在进行系统设计时，将软件的核心建筑在稳定的需求上，同时留出变更空间。其实，需求变更也是软件开发过程中开发人员和管理者们最为头疼的一件事情，而且有的项目由于需求的频繁变更，又没有很好的变更管理，最后导致项目失败。

需求变更管理是组织、控制和文档化需求的系统方法。需求开发的结果经验证批准就定义了开发工作的需求基线，这个基线在客户和开发人员之间构筑了一个需求约定。需求变更管理包括在项目进展过程中维持需求约定一致性和精确性的活动，现在很多商业化的需求管理工具都能很好地支持需求变更管理活动。需求变更管理活动需要完成下面几个任务：

- *确定变更控制过程*。即确定一个选择、分析和决策需求变更的过程，所有的需求变更都需遵循此流程。
- *建立一个由项目风险承担者组成的软件变更控制委员会*（Software Change Control Board，SCCB）。该委员会负责评估和确定需求变更。
- *进行变更影响分析*。评估需求变更对项目进度、资源、工作量和项目范围以及其他需求的影响。
- *跟踪变更影响的产品*。当进行某项需求变更时，根据需求跟踪矩阵找到相关的其他需求、设计文档、源代码和测试用例，这些相关部分可能也需要修改。
- *建立基准和控制版本*。需求文档确定一个基线，这是一致性需求在特定时刻的快照，之后的需求变更就遵循变更控制过程即可。
- *维护变更的历史记录*。记录变更需求文档版本的日期以及所做的变更、原因，还包括由谁负责更新和更新的新版本号等情况。
- *跟踪每项需求的状态*。其中状态包括“确定”“已实现”“暂缓”“新增”“变更”等。
- *衡量需求稳定性*。记录基线需求的数量和每周或每月的变更（添加、修改、删除）数量。

3.3 结构化需求分析方法

结构化分析方法（Structured Analysis，SA）是20世纪70年发展起来的最早的开发方法，其中有代表性的是美国的Coad/Yourdon的面向数据流的开发方法、欧洲Jackson/Warnier-Orr的面向数据结构的开发方法，以及日本小村良彦等人的PAD开发方法，尽管当今面向对象开发方法兴起，但是如果不了解传统的结构化方法，就不可能真正掌握面向对象的开发方法，因为面向对象中的操作仍然以传统的结构化方法为基础，结构化方法是很多其他方法的基础。

结构化分析方法将现实世界描绘为数据在信息系统中的流动，以及数据在流动过程中向信息的转化，帮助开发人员定义系统需要做什么，系统需要存储和使用哪些数据，需要什么样的输入和输出，以及如何将这些功能结合在一起来完成任务。

结构化方法为进行详细的系统建模提供了框架，很多的结构化模型有一套自己的处理规则。结构化分析方法是一种比较传统、常用的需求分析方法，采用结构化需求分析，一般会采用结构化设计（Structured Design，SD）方法进行系统设计。结构化分析和结构化设计是结构化软件开发中最关键的阶段。

数据流图（Data Flow Diagram，DFD）、数据字典（Data Dictionary，DD）、系统流程图

等都是结构化分析技术。

3.3.1 数据流图方法

数据流图（DFD）作为结构化系统分析与设计的主要方法，直观地展示了系统中的数据是如何加工处理和流动的，是一种广泛使用的自上而下的方法。数据流图采用图形符号描述软件系统的逻辑模型，使用四种基本元素来描述系统的行为，它们是过程、实体、数据流和数据存储。数据流图直观易懂，使用者可以方便地得到系统的逻辑模型和物理模型，但是从数据流图中无法判断活动的时序关系。

数据流图已经得到了广泛的应用，尤其适用于管理信息系统（MIS）的表述。图 3-7 是一个旅行社订票的简易需求的数据流图，它描述了从订票到得到机票，到最后将机票给旅客的数据流动过程，其中包括查询航班目录、费用的记账等过程。

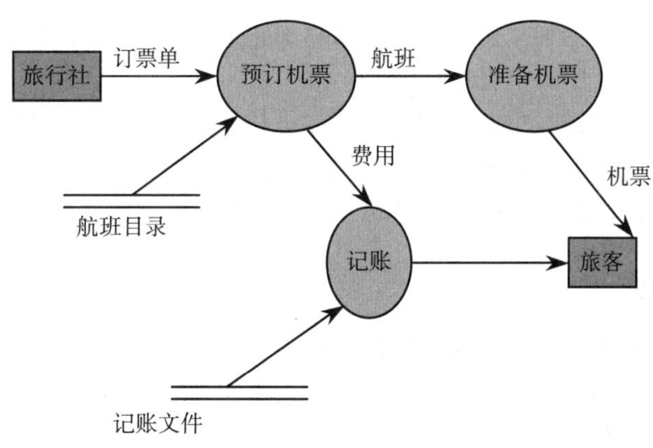

图 3-7　订票过程

数据流图确定后，还需要确定每个数据流和变化（加工）的细节，也就是数据词典和加工说明，这是一个很重要的步骤，是软件开发后续阶段的工作基础。

对于较为复杂问题的数据处理过程，用一个数据流图往往不够，一般按问题的层次结构进行逐步分解，并以分层的数据流图反映这种结构关系。根据层次关系一般将数据流图分为顶层数据流图、中间数据流图和底层数据流图。对于任何一层数据流图来说，称它的上一层数据流图为父图，称它的下一层数据流图为子图。

- 顶层数据流图只含有一个加工，表示整个系统。输入数据流和输出数据流为系统的输入数据和输出数据，表明了系统的范围以及与外部环境的数据交换关系。
- 底层数据流图是指其加工不能再分解的数据流图，其加工称为“原子加工”。
- 中间数据流图是对父层数据流图中的某个加工进行细化，而它的某个加工也可以再次细化，形成子图。中间层次的多少，一般视系统的复杂程度而定。
- 任何一个数据流子图必须与它上一层父图的某个加工对应，两者的输入数据流和输出数据流必须保持一致，此即父图与子图的平衡。父图与子图的平衡是数据流图中的重要性质，保证了数据流图的一致性，便于分析人员阅读和理解。

在父图与子图平衡中，数据流的数目和名称可以完全相同，也可以在数目上不相等，但是可以借助数据字典中的数据流描述，确定父图中的数据流是由子图中几个数据流合并而成的，即子图是对父图中的加工和数据流同时进行分解，因此也属于父图与子图的平衡，如图 3-8 所示。

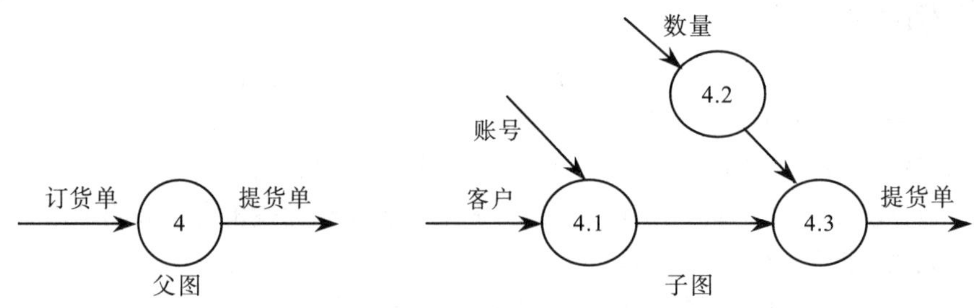

图 3-8　父图与子图的平衡

一个加工的所有输出数据流中的数据必须能从该加工的输入数据流中直接获得，或者是通过该加工能产生的数据。每个加工必须有输入数据流和输出数据流，反映此加工的数据来源和加工变换结果。一个加工的输出数据流只由它的输入数据流确定。数据流必须经过加工，即必须进入加工或从加工中流出。

数据字典描述系统中涉及的每个数据，是数据描述的集合，通常配合数据流图使用，用来描述数据流图中出现的各种数据和加工，包括数据项、数据流、数据文件等。其中，数据项表示数据元素，数据流是由数据项组成的，数据文件表示对数据的存储。

3.3.2　系统流程图

系统流程图是一种表示操作顺序和信息流动过程的图表，是描述物理系统的工具，其基本元素或概念用标准化的图形符号来表示，相互关系用连线表示。流程图是有向图，其中每个节点代表一个或一组操作。

在数据处理过程中，不同的工作人员使用不同的流程图。大多数设计单位、程序设计人员之间进行学术交流时，都习惯用流程图表达各自的想法。流程图是交流各自思想的一种强有力的工具，其目的是把复杂的系统关系用一种简单、直观的图表表示出来，以便帮助处理问题的人员更清楚地了解系统；也可以用它来检查系统的逻辑关系是否正确。

绘制流程图的法则是优先关系法则，其基本思想是：先把整个系统当作一个“功能”来看待，画出最粗略的流程图，然后逐层向下分析，加入各种细节，直到达到所需要的详尽程度为止。

利用一些基本符号，按照系统的逻辑顺序以及系统中各部分的制约关系绘制成的一个完整图形，就是系统流程图。系统流程图的设计步骤如下：

1）分析实现程序必需的设备。

2）分析数据在各种设备之间的交换过程。

3）用系统流程图或程序流程图的基本符号描述其交换过程。

图 3-9 是采用系统流程图法，针对外事部门出访业务需求的一个描述。

3.3.3　实体关系图

实体关系图（Entity Relationship Diagram，ERD）使用实体、属性和关系三个基本的构建单位来描述数据模型，它的发展经历了多次扩展，发展了很多分支，这些分支的表示图示各不相同，目前没有标准的表示法。较常见的表示法是 Peter Chen 表示法（如图 3-10 所示）

和 James Martin 表示法（如图 3-11 所示），在项目实践中，混合使用这两个表示法以及其他表示法的情况也很常见。

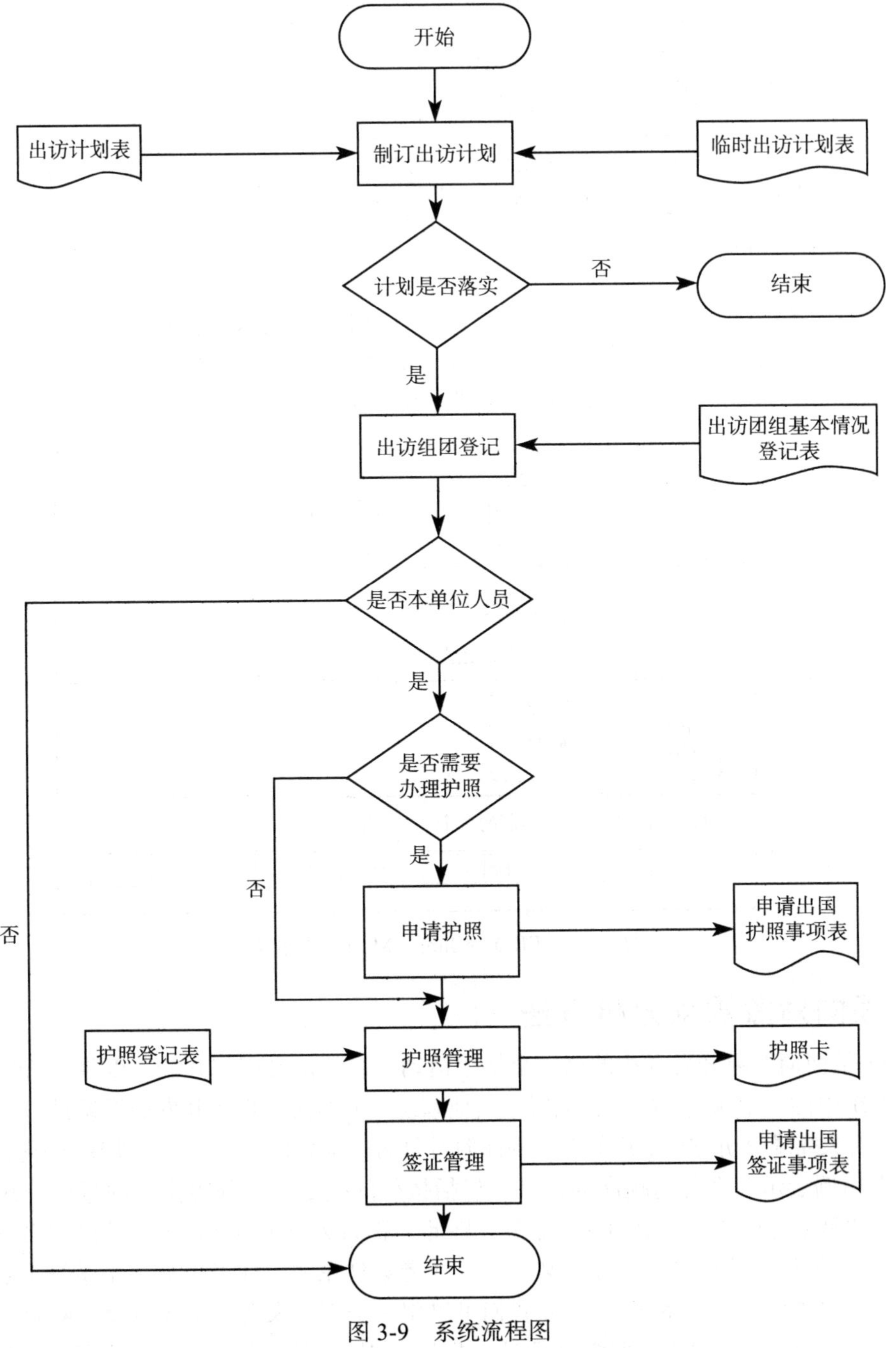

图 3-9　系统流程图

ERD 方法用于描述系统实体间的对应关系，需求分析阶段使用实体关系图描述系统中实体的逻辑关系，设计阶段则使用实体关系图描述数据库物理表之间的关系。ERD 只关注系统中数据间的关系，而缺乏对系统功能的描述。如果将 ERD 与 DFD（数据流图）两种方法相结合，则可以更准确地描述系统的需求。

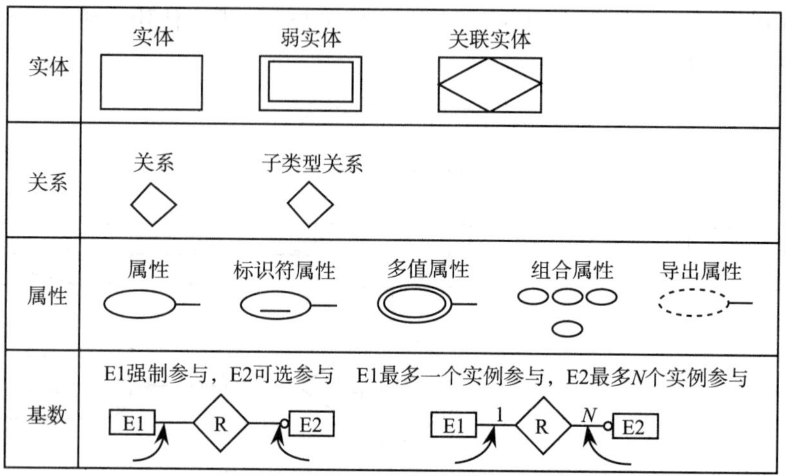

图 3-10 ERD 的 Peter Chen 表示法

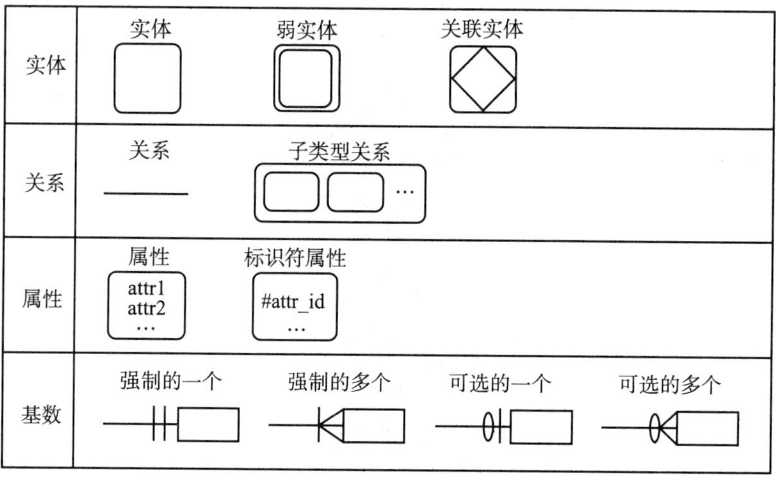

图 3-11 ERD 的 James Martin 表示法

3.4 面向对象需求分析方法

OOA 是面向对象开发方法的第一个技术活动，它从定义用例开始，以基于情景的方式描述了系统中的一个角色（如人、机器、其他系统等）如何与将要开发的系统进行交互。所以，面向对象需求分析方法采用的是一种面向对象的情景分析方法，即一种基于场景的建模。

一个用例表示一个行动顺序的定义，包括执行的变量和与外界交互的过程。开发软件系统的目的是要为该软件系统的用户服务，因此，我们必须明白软件系统的潜在用户需要什么。“用户”包括与系统发生交互的某个人，或者某件东西，或者另外一个系统（如在所要开发的系统之外的另一个系统）。下面我们可以用一个例子来解释上述概念，例如，使用自动取款机的一个人插入磁卡，回答显示器上提出的问题，然后就得到了一笔现金，在响应用户的磁卡和回答问题时，系统完成一系列的动作，这个动作序列为用户提供了一个有意义的结果，也就是提取了现金的一个交互式“用例”。

采用面向对象方法开发软件是尽可能自然地给出解决方法，在构造问题空间时，强调使用人们理解问题的常用方法和习惯思维方式。进行面向对象分析的基本步骤如下：

1）获取客户系统需求。可以采用用例的方法来收集客户的需求，由分析人员识别使用该系统的不同行为者，根据这些行为者如何使用系统，或者根据其希望系统提供什么功能形成用例集合，每个用例就是实现系统功能的独立子功能，所有行为者要求的所有用例就构成了系统的完整需求。

2）确定对象和类。从问题域或者用例描述中抽取相应的对象，并从中抽象出类，一组具有相同属性和操作的对象可以定义为一个类。确定对象和类的基本过程如下：

2.1）查找对象。

2.2）筛选对象并确定关联。

2.3）标识对象的属性并定义操作。

2.4）识别类之间的关系。

面向对象分析方法认为系统是对象的集合，这些对象之间相互协作，共同完成系统的任务，而结构化分析方法是以功能和数据为基础的。

3.4.1 UML 需求建模图示

在面向对象的需求分析中常用的 UML 图示有用例图、顺序图、状态图、协作图和活动图等。表 3-1 是用例图图符，表 3-2 是顺序图图符，表 3-3 是活动图图符。图 3-12 ~ 图 3-16 是用例图、顺序图、状态图、协作图和活动图的图示。

表 3-1 用例图图符

编号	可视化图符	名称	描 述
U-1	用例 1	用例	用于表示用例图中的用例，每个用例用于表示所建模（开发）系统的意向外部功能需求，即从用户的角度分析所得的需求
U-2	类名	执行者	用于描述与系统功能有关的外部实体，它可以是用户，也可以是外部系统
U-3		关联	连接执行者和用例，表示该执行者所代表的系统外部实体与该用例所描述的系统需求有关，这也是执行者和用例之间的唯一合法连接
U-4	<<uses>>	使用	由用例 A 连向用例 B，表示用例 A 中使用了用例 B 中的行为或功能
U-5		注释体	用于对 UML 实体进行文字描述
U-6		注释连接	将注释体与要描述的实体相连。说明该注释体是针对该实体所进行的描述

表 3-2 顺序图图符

标号	可视化图符	名称	描 述
S-1	实例名：类名	带有生命线的执行者	用于表示顺序图中参与交互的对象，每个对象的下方都带有生命线，用于表示该对象在某段时间内是存在的

（续）

标号	可视化图符	名称	描　述
S-2		简单消息	表示简单的控制流，用于描述控制如何在对象间进行传递，而不考虑通信的细节
S-3		回授消息	表示对象发向自身的消息，在本文档中表示对象自己完成的活动
S-4		激活	用于表示对象正在执行某一动作，在对象的生命线之间发送消息的同时即创建激活
S-5		注释体	用于对 UML 实体进行文字描述
S-6		注释连接	将注释体与要描述的实体相连，说明该注释体是针对该实体所进行的描述

表 3-3　活动图图符

编号	可视化图符	名称	描　述
A-1		起点	用于表示活动图中所有活动的起点。一般每幅活动图有且仅有一个起点
A-2		终点	用于表示活动图中的所有活动的终点。一般每幅活动图有一个或多个终点
A-3	活动	活动	用于表示活动图所描述的过程（或算法）的某一步活动
A-4	状态	状态	表示简单的状态
A-5		判断	特殊活动的一种，用于表示活动流程中的判断、决策。通常有多个信息流从它引出，表示决策后的不同活动分支
A-6		同步条	特殊活动的一种，用于表示活动之间的同步。一般有一个或多个信息流向它引入，或者有一个或多个信息流从它引出，表示引入的信息流同时到达，或者引出的信息流被同时触发
A-7	泳道	泳道	用于对活动图中的活动进行分组，同一组的活动由一个或多个对象负责完成。这是活动图引入的一个面向对象机制，可为提取类及分析各个对象之间的交互提供方便
A-8		信息流	用于连接各活动，特殊活动（如同步条、判断）和状态、特殊状态（如起点、终点等），表示各活动间的转移
A-9		注释体	用于对 UML 实体进行文字描述
A-10		注释连接	将注释体与要描述的实体相连，说明该注释体是针对该实体所进行的描述

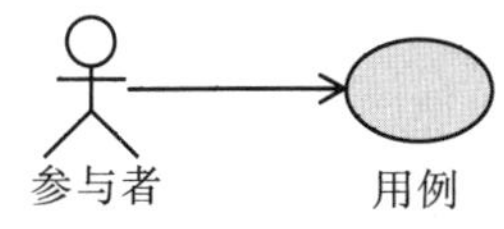

图 3-12　用例图

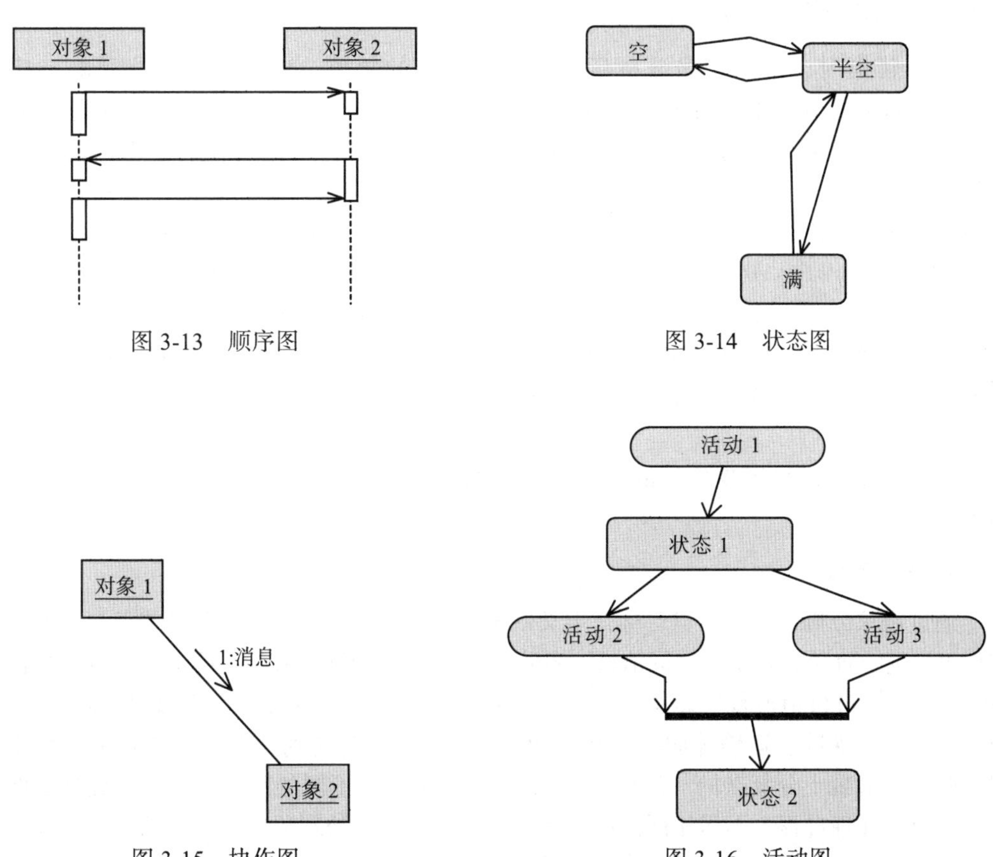

图 3-13　顺序图

图 3-14　状态图

图 3-15　协作图

图 3-16　活动图

用例图是 UML 中最简单也是最复杂的。说它简单，是因为它采用了面向对象的思想，又是基于用户视角的，绘制非常容易，简单的图形表示让人一看就懂；说它复杂，是因为用例图往往不容易控制，要么过于复杂，要么过于简单。一个系统的用例图太泛不行，太精不行，太多不行，太少也不行。用例的控制可以说是一门艺术。用例图表示了角色（actor）和用例（use case）以及它们之间的关系，用例描述了系统、子系统和类的一致的功能集合，表现为系统和一个或多个外部交互者（角色）的消息交互动作序列，其实就是角色（用户或外部系统）和系统（要设计的系统）的一个交互，角色可以是用户、外部系统，甚至是外部处理，通过某种途径与系统交互。

如图 3-13 所示，顺序图展示了几个对象之间的动态协作关系，主要用来显示对象之间发送消息的顺序以及对象之间的交互，即系统执行某一特定时间点所发生的事件。一个事件可以是另一个对象向它发送的一条消息，或者是满足了某些条件触发的动作。一个事件包括：

- 角色之间的交互。

- 消息传递的时序、使用的参数。
- 消息发起人和送达人。

活动图主要用来描述工作流中需要做的活动和执行这些活动的顺序，如图 3-16 所示。活动图中包括活动、系统状态和执行活动的条件。

3.4.2 UML 需求建模过程

需求建模时，首先根据分析目标，确定系统的角色，即参与者，然后确定相应的用例。用例在需求分析中的作用是很大的，它从用户的角度，而不是程序员的角度看待系统，因此用例驱动的系统能够真正做到以用户为中心，用户的任何需求都能够在系统开发链中完整地体现。用户和程序员间通过用例沟通会很方便。从前，系统开发者总是通过情节来获取需求，问用户“希望系统为他做什么”。通过用例需求分析方法，需求获取就变成问用户“要利用系统做什么”。这是立场不同导致的结果。用户通常并不关心系统是如何实现的，对于他们来说，更重要的是要达到他们的目的。相反，大部分的程序员的工作习惯就是考虑计算机应该如何实现用户的要求。所幸的是，用例方法能够调和双方的矛盾，因为虽然用例来源于用户，服务于用户，但是它同样可以用于开发的流程。

下面以某进出口贸易项目的需求分析为例，说明采用 UML 方法建立需求模型的基本步骤。

1. 分析目标

通过需求分析，确定项目目标，定义系统特征。进出口贸易的业务环节很多，涉及配额与许可申请、询价、报价、合同洽谈、备货（出口）、信用证、商检、报关、运输、投保、付汇 / 结汇、出口核销退税等多个环节，并分别隶属于外贸、内贸、生产部门、海关、商检、银行、税务、保险、运输等职能机构和业务主管部门。这种跨部门、跨单位的“物流”过程，同样伴随着十分复杂的“信息流”。在实际业务中，不同的交易，不同的交易条件，其业务内容和处理过程也不尽相同。在具体运作方面，贸易处理程序及产生的单证交换，又常常是“并发”与“顺序”交叉进行的。贸易程序的简化一直是贸易效率化和低成本交易的“瓶颈”。

2. 确定角色（参与者）

角色即参与者，是指在系统之外，与系统进行交互的任何事物，在此处指用户在系统中所扮演的角色，如此模型中，出口商即为一个参与者，参与者与用例的关系描述了“谁使用了那个用例”。进出口贸易设计的参与者（角色）众多，但是角色之间存在共性，在建模过程中，依据封装和抽象的原则，将角色进行了归并，降低了模型的复杂度。例如，出口商角色可以派生出口商和工厂 2 个角色，如图 3-17 所示。这个工厂角色是经过国家部门批准授权，可以从事经营生产产品进出口贸易的工业企业。存储角色可以派生 3 个角色，分别是码头、集装箱场地、仓库，如图 3-18 所示。海关角色可以派生如图 3-19 所示的 4 个子类。检验部门角色可以派生如图 3-20 所示的 2 个子类。进口商角色可以派生如图 3-21 所示的 2 个子类。贸易管理部门角色可以派生如图 3-22 所示的 15 个子类。银行角色可以派生如图 3-23 所示的 2 个子类。运输角色可以派生如图 3-24 所示的运输代理公司、进口港、外运公司、船代理公司、船大副 5 个子类。

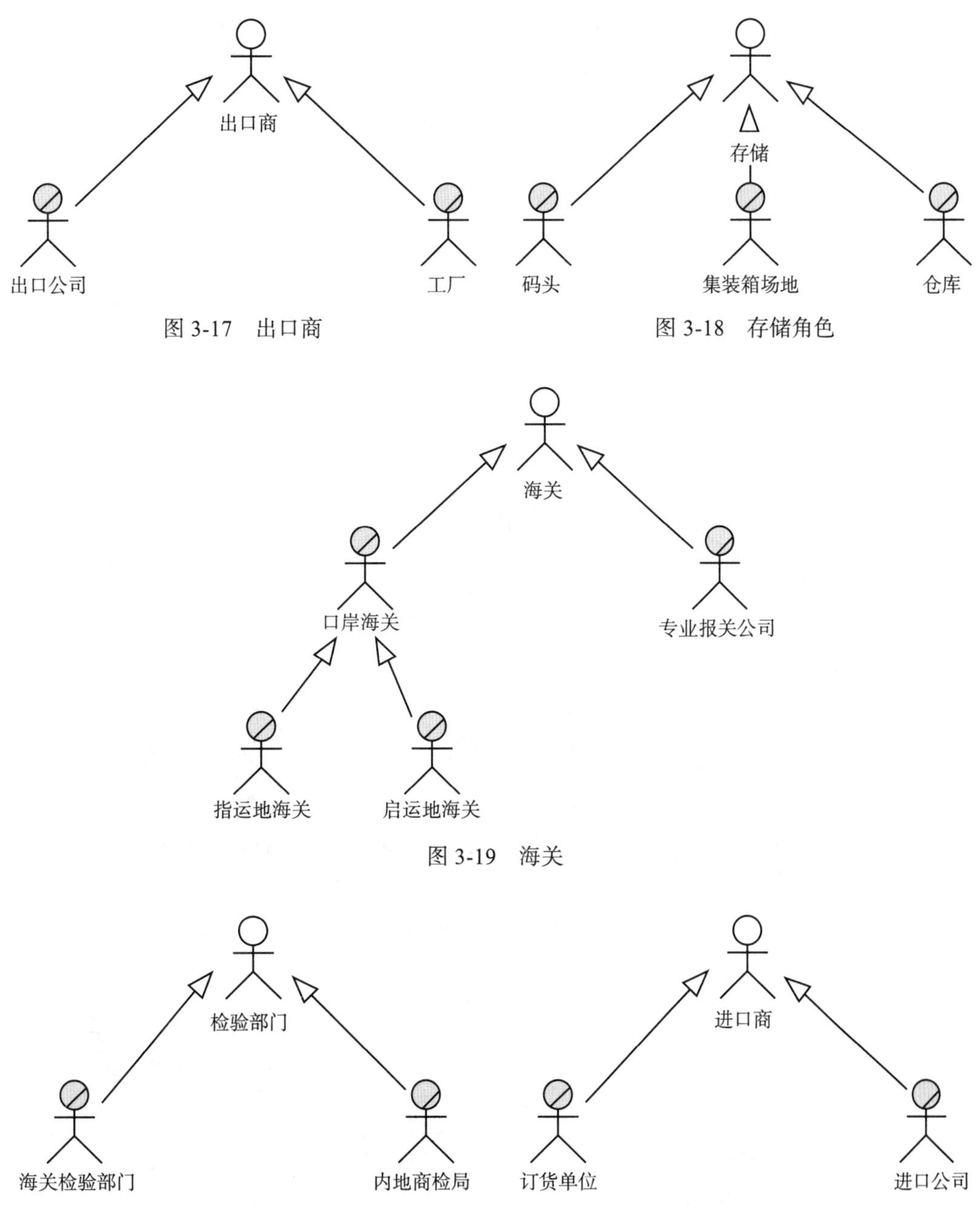

图 3-17　出口商

图 3-18　存储角色

图 3-19　海关

图 3-20　检验部门

图 3-21　进口商

3. 确定需求用例

根据角色确定用例，一个用例就是系统向用户提供一个有价值的结果的某项功能。用例捕捉的是功能性需求，所有用例结合起来就构成了用例模型，该模型描述了系统的全部功能。用例模型取代了传统的功能规范说明。一个功能规范说明可以描述为对“需要该系统做什么”这个问题的回答，而用例分析则可以通过在该问题中添加几个字来描述：需要该系统“为每个用户”做什么？这几个字有着重大意义，它们迫使开发人员从用户的利益角度出发进行考虑，而不仅仅是考虑系统应当具有哪些良好功能。

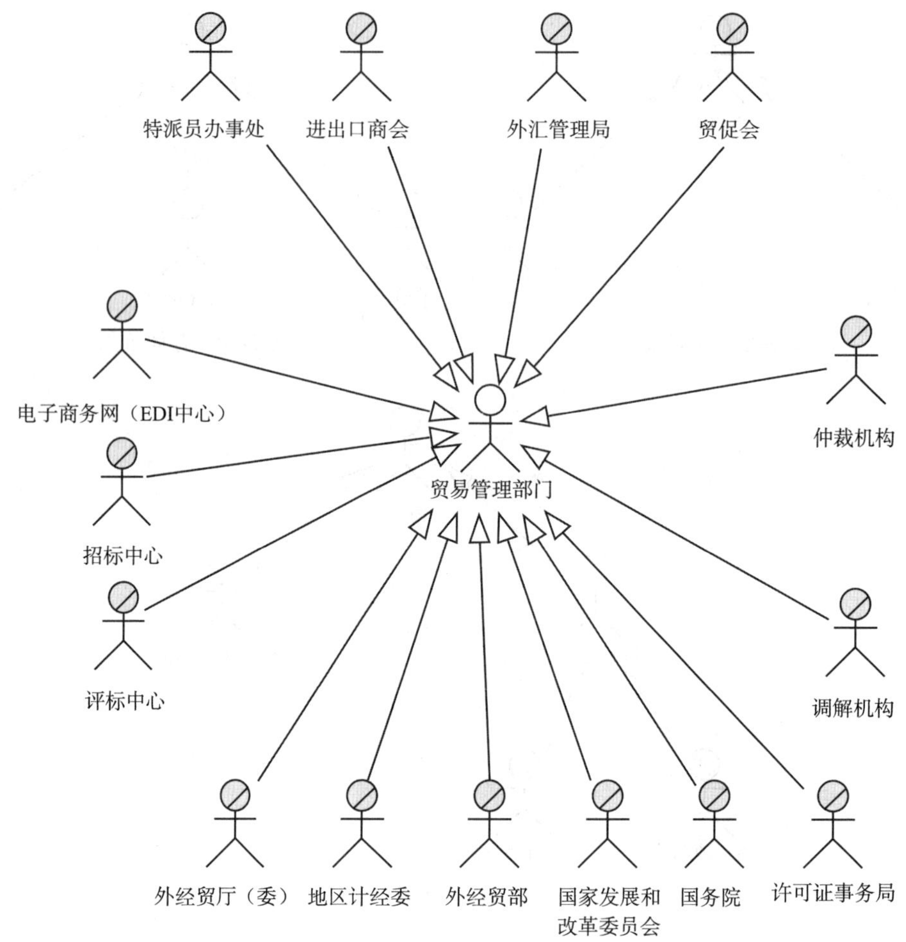

图 3-22　贸易管理部门

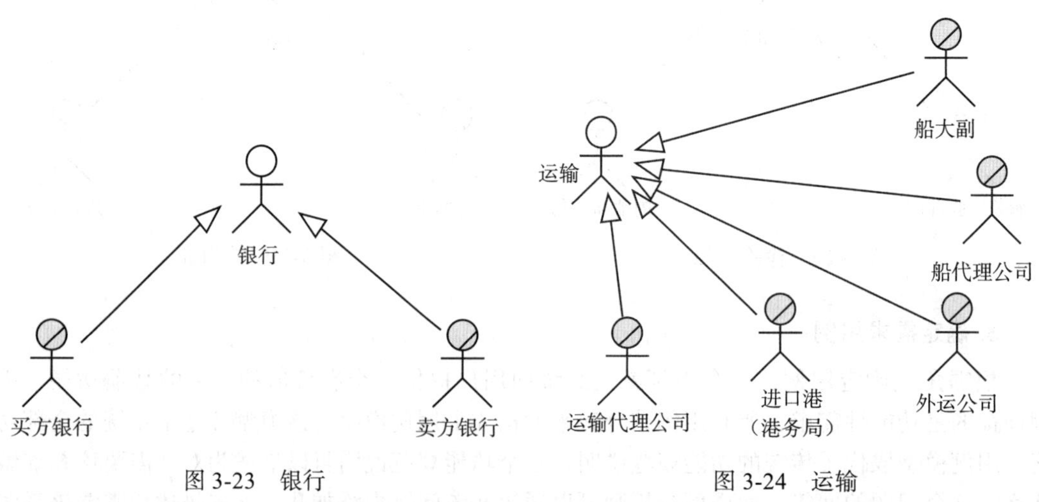

图 3-23　银行

图 3-24　运输

针对上面的进出口贸易项目的需求以及角色来确定用例，进出口贸易按照阶段可分为两个阶段：合同签订阶段和合同执行阶段。这里，以这个项目的出口贸易链的一些业务为例进行说明。

合同签订阶段：合同签订阶段涉及国家对出口商品监管的要求，出口企业需要申请出口商品配额、办理许可证、选定客户并建立业务关系和洽谈成交等，这里主要分析出口商品的配额申请和洽谈成交过程。图 3-25 便是出口贸易链合同签订阶段的用例图，其中的用例是“出口配额申请”和“合同洽谈”，参与者是“出口商”“贸易管理部门”和“进口商”。

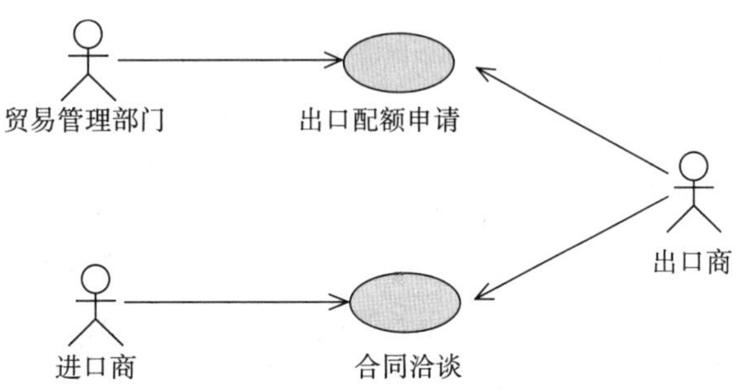

图 3-25　出口贸易链合同签订阶段的用例图

合同执行阶段：合同执行阶段主要是合同的履约过程，其过程主要包括国际结算、备货、产地证申请、许可证申请、商检、投保、出口报关、出口核销退税、付款 / 结汇、理赔及运输。图 3-26 是出口贸易链合同执行阶段的用例图。

4. 分解细化用例

在具体的需求分析过程中，有大的用例（如业务用例），也有小的用例，这主要是由用例的范围决定的。用例像是一个黑盒，它没有包括任何与实现有关的信息，也没有提供任何内部信息，很容易就被用户（也包括开发者）所理解（简单的谓词短语）。如果用例表达的信息不足以支持系统的开发，就有必要把用例黑盒打开，审视其内部结构，找出黑盒内部的系统角色和用例。通过这样不断地打开黑盒，分析黑盒，再打开新的黑盒，直到整个系统可以被清晰地了解为止。

现以出口贸易链合同签订阶段中的“出口配额申请”为例，进一步描述其用例的功能。图 3-25 中的“出口配额申请”用例对于很多人来说是一个黑盒子，不清楚其具体功能，为了进一步描述其内部功能和相关信息，有必要将这个黑盒子打开。这个黑盒子可以进一步通过“计划分配配额”和“招标配额”这两个用例描述，如图 3-27 所示。

5. 用例描述

针对每个用例，可以采用顺序图、活动图、协作图，以及文字等方式进行更加详细的描述，将用例的角色、目标、场景等信息描述出来。

（1）“计划分配配额”用例描述

图 3-27 中的“计划分配配额”用例对于很多人来说仍然是一个黑盒子，有必要进一步描述其内部信息。“计划分配配额”描述出口公司向省级的地区经贸委外经贸部门提交“计划分配配额申请”并通过审核领取“计划分配配额书”的活动。图 3-28 为计划分配配额申请的顺序图，图中“出口公司”作为“出口商”的实例，指生产、销售待出口商品的单位，计划配额的分配一般为指定的公司。图 3-29 为计划分配配额申请的活动图。

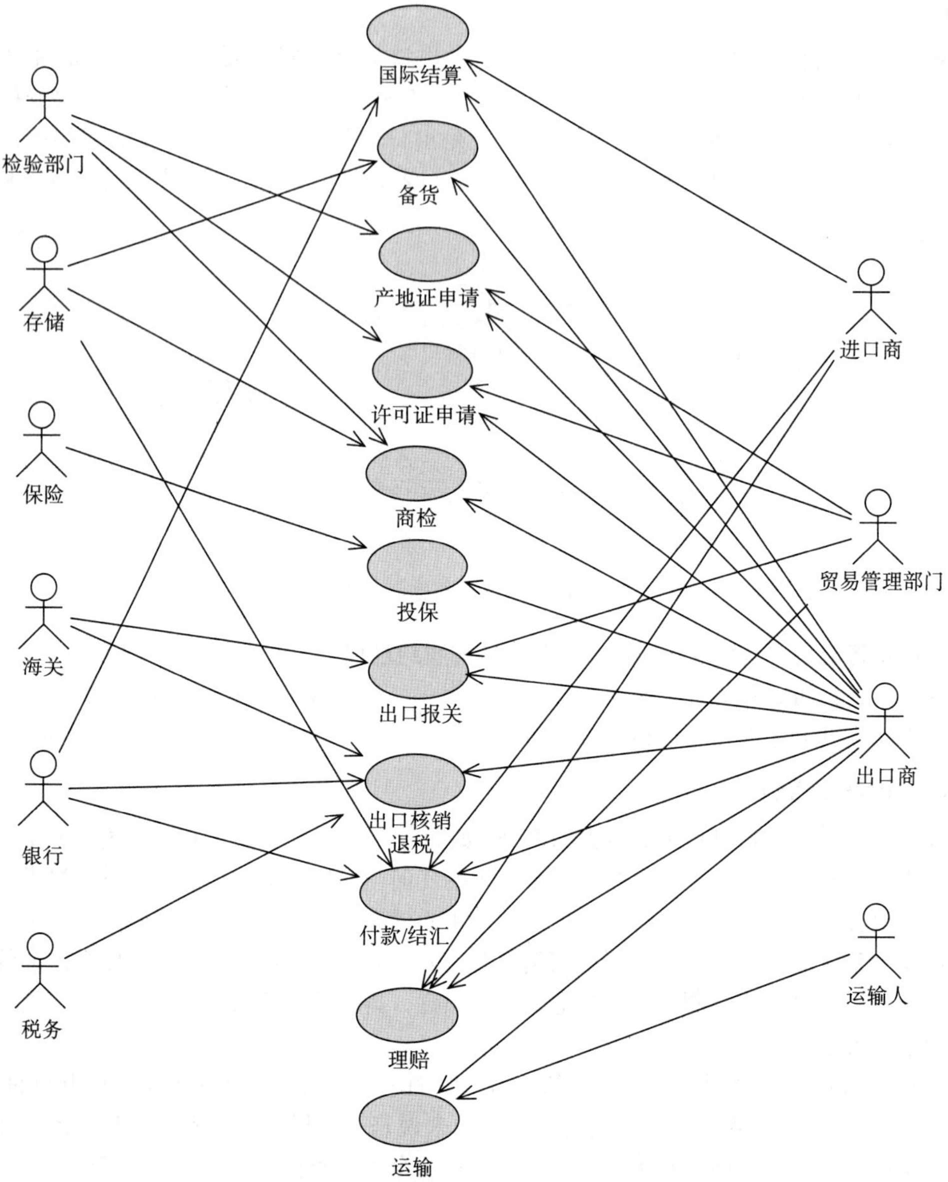

国际结算
检验部门
备货
产地证申请
存储
进口商
许可证申请
保险
商检
贸易管理部门
投保
海关
出口报关
出口商
出口核销退税
银行
付款/结汇
运输人
税务
理赔
运输

图 3-26　出口贸易链合同执行阶段的用例图

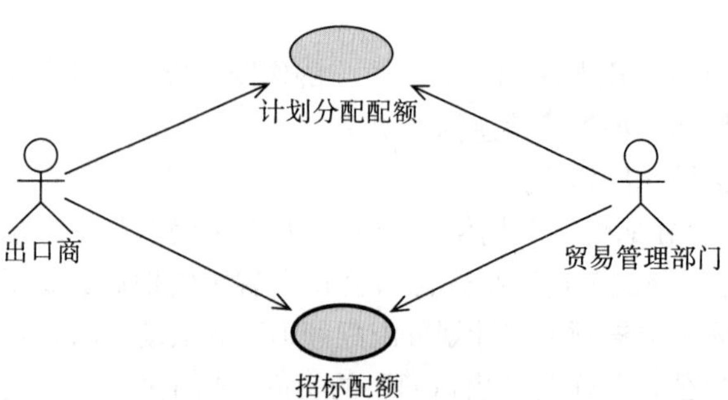

图 3-27　出口配额申请用例展开

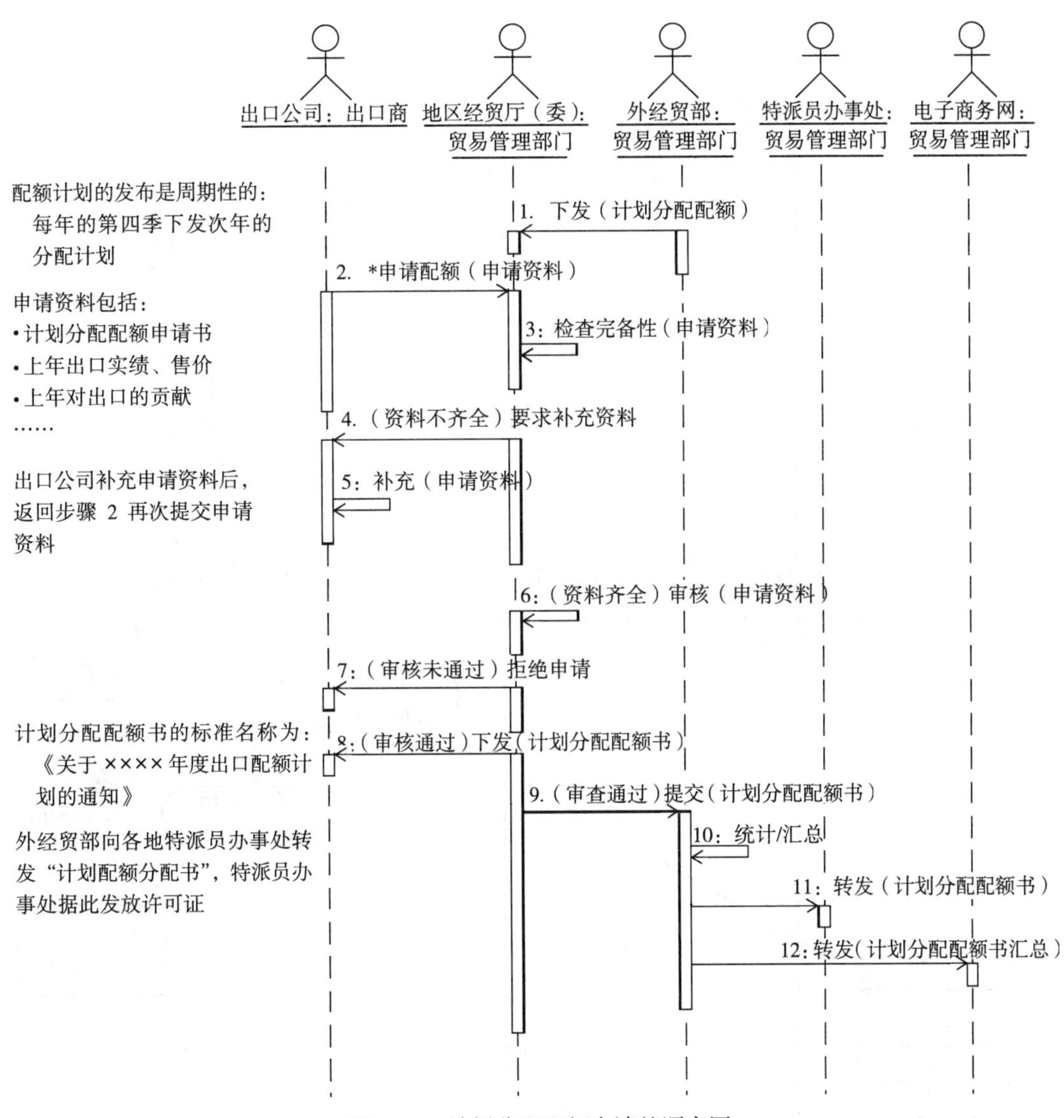

图 3-28 计划分配配额申请的顺序图

注：标准的 UML 语法规定，参与者由“实例：类名”组成，此处我们使用了“子类：类名”作为标记。例如，“出口公司”是参与者“出口商”的子类，标记为“出口公司：出口商”。

（2）“招标配额”用例描述

图 3-27 中的“招标配额”用例也需要展开描述，以进一步说明其内部信息。“招标配额”用例描述了出口配额申请中贸易管理部门采用公开、公正原则实行配额招标的活动。在招标和投标中，双方当事人之间是买卖关系，投标人只能按照招标人提出的条件和要求向招标人做一次性递价，而且递出的必须是实盘，没有讨价还价的余地，没有交易磋商过程，能否中标，主要取决于投标人所提出的投标条件是否优于其他竞争者。图 3-30 和图 3-31 分别为招标配额的顺序图和活动图。

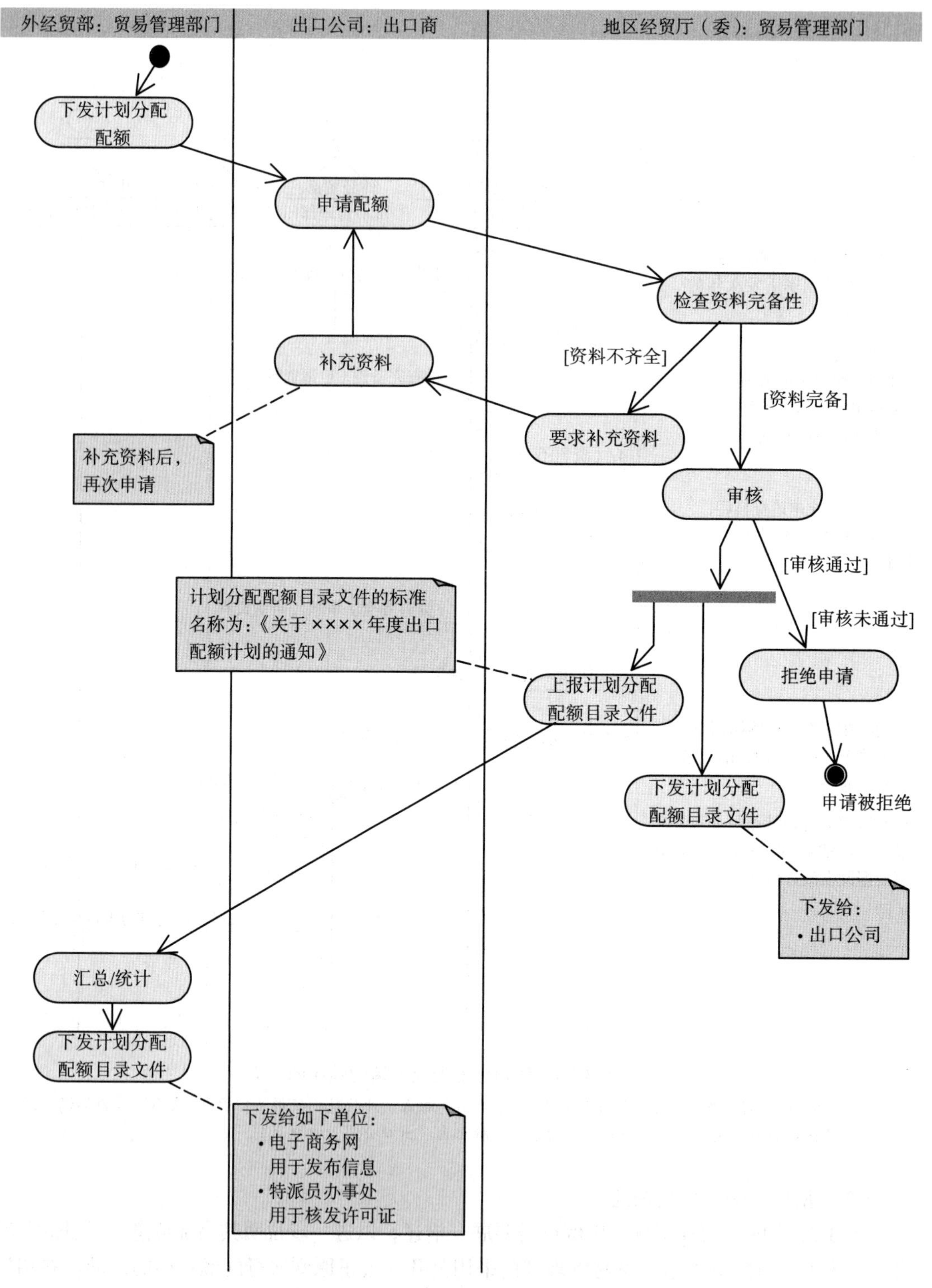

图 3-29　计划分配配额申请的活动图

注：1. 活动图中起点（●）、终点（◉）作为一种特殊的状态，分别表示活动开始和结束。

2. 同步条（▬▬▬）也仅表示此处需进行同步，而不关心这种同步是由谁执行的，同步条实际上是一种“与”的关系。

3. 标准的 UML 语法规定，参与者由“实例：类名”组成，此处我们使用了“子类：类名”作为标记。

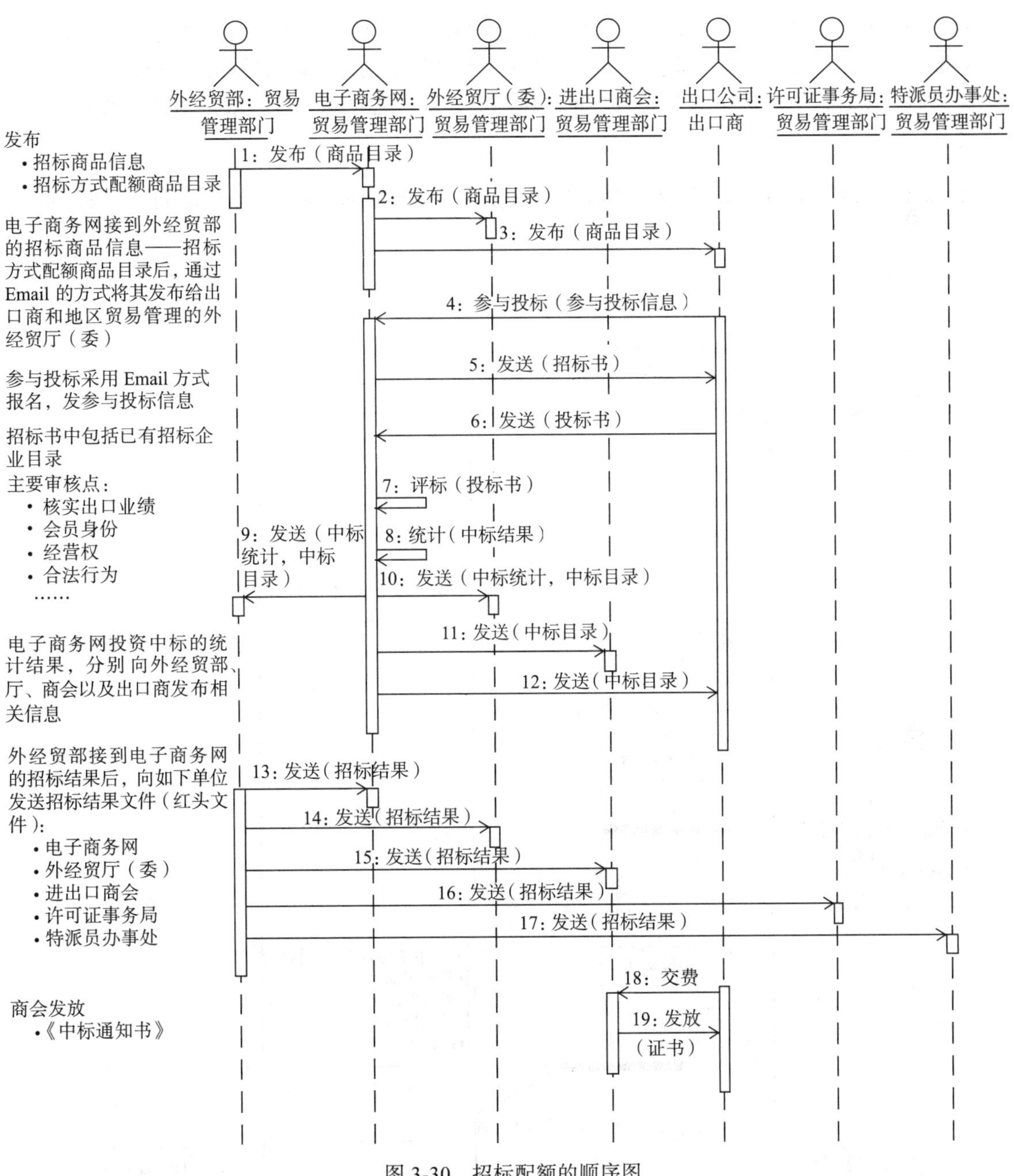

图 3-30　招标配额的顺序图

用例需求分析方法最主要的优点在于它是用户导向的，用户可以根据自己所对应的用例来不断细化自己的需求。此外，使用用例还可以方便地得到系统功能的测试用例。如表 3-4 所示，每个测试用例与需求用例有一定的对应关系。

然而，用例需求分析方法并不仅仅是一个定义系统需求的工具，它们还驱动系统的设计、实现和测试，也就是说，它们驱动整个开发过程。基于用例模型，软件开发人员可以创建一系列的设计和实现模型来实现各种用例。开发人员审查每个后续模型，以确保它们符合用例模型。测试人员将测试软件系统的实现，以确保实现模型中的组件正确实现了用例。这样，用例不仅启动了开发过程，而且与开发过程结合在一起。“用例驱动”意指开发过程将遵循一个流程：它将按照一系列由用例驱动的工作流程来进行。首先是定义用例，然后是设计用例，最后，用例是测试人员构建测试用例的来源。这个开发过程就是用例驱动的开发过程。

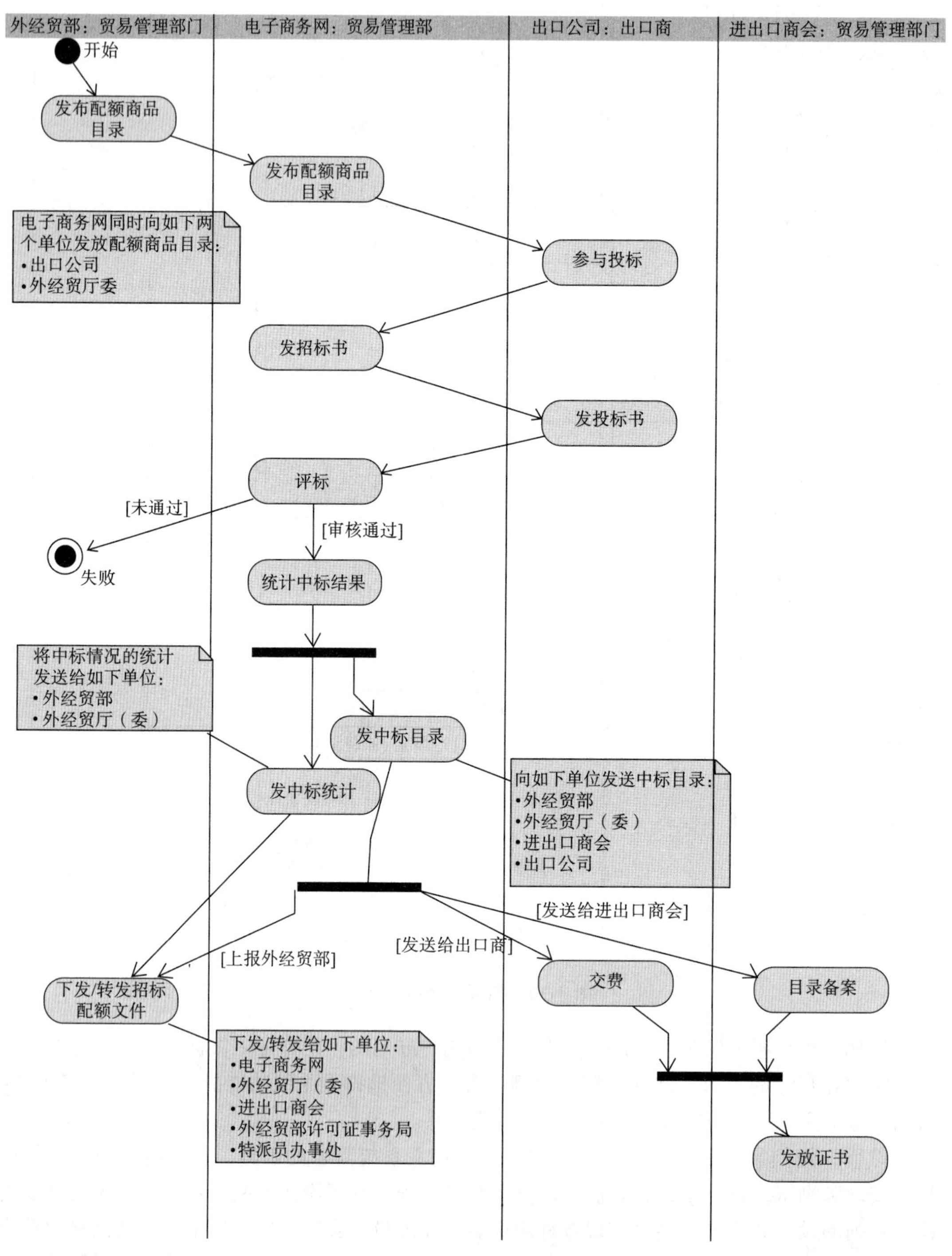

图3-31 招标配额的活动图

表 3-4 测试用例与用例的关系

测试用例 需求项	测试用例 1	测试用例 2	测试用例 3	……	测试用例 *m*
用例 1	V	V	V		
用例 2			V		V
用例 3	V				
用例 4			V		V
……					
用例 *n*		V			

3.5 其他需求建模方法

在需求分析建模中还有很多其他的方法和策略，例如，功能列表法也经常被采用。

功能列表法是对项目的功能需求进行详细说明的一种方法，表 3-5 是该方法的一个样表，具体格式可以因项目而异。

表 3-5 功能 / 性能列表

需求类别（功能 / 性能）	名称 / 标识	描述
特性 A	A. 1	
	……	
	A. *n*	
特性 B	B. 1	
	……	
	B. *n*	
特性 C	C. 1	
	……	
	C. *n*	

表 3-6 是一个网站项目的部分功能列表。按类别给出功能项，对于每个功能项，说明参与的角色，各个角色对应的功能项，即角色和功能列表的关系，以及功能项的详细表述。

表 3-6 功能列表

编号	名 称	类别	子类别	子角色	角 色	描 述
1	组织成员注册	用户	注册	管理者	组织	为组织提供注册申请功能，注册申请需按照 XXX.com 的要求说明组织的基本信息及联系方式以供 XXX.com 与之联系
2	协会 / 学会成员注册	用户	注册	管理者	协会 / 学会	为协会 / 学会提供注册申请功能，注册申请需按照 XXX.com 的要求说明协会 / 学会的基本信息及联系方式以供 XXX.com 与之联系
3	个人成员注册	用户	注册	非成员	个人	为个人提供注册申请功能。注册申请需按照 XXX.com 的要求填写个人的基本信息。与组织成员注册不同的是须在此填写用户名及口令
4	组织成员注册协议	用户	注册	管理者	组织	对厂商、经销商有不同的注册使用协议，注册前必须同意该协议

（续）

编号	名　称	类别	子类别	子角色	角　色	描　述
5	协会/学会成员注册使用协议	用户	注册	管理者	协会/学会	针对协会/学会的注册使用协议，注册前必须同意该协议
6	个人成员注册使用协议	用户	注册	非成员	个人	个人用户使用 XXX.com 前必须同意个人注册使用协议
7	组织成员注册响应	用户	注册	市场部经理	XXX.com	组织用户发出注册请求后，经 XXX.com 市场人员与组织协商，签订合同后，XXX.com 为组织建立组织管理者用户，用 Email 通知用户注册成功，同时将组织管理者的默认用户名和密码通知用户
8	协会/学会成员注册响应	用户	注册	市场部经理	XXX.com	协会/学会用户发出注册请求后，经 XXX.com 市场人员与协会/学会协商，签订合同后，XXX.com 为协会/学会建立协会/学会管理者用户，用 Email 通知用户注册成功，同时将协会/学会管理者的默认用户名和密码通知用户
9	个人成员注册响应	用户	注册		XXX.com	个人用户发出注册请求后（需填写用户名和口令），经 XXX.com 检查个人注册信息符合要求后即刻通知用户注册成功
10	修改成员信息	用户	管理	成员	组织，协会/学会，个人	成员注册成功后，可以对本人的口令、联系地址等信息进行修改

3.6 原型设计工具

软件原型（Prototype）是指在项目前期阶段，系统分析人员根据对用户需求的理解和用户希望实现的结果，快速地给出一个实实在在的产品雏形，然后与用户反复协商修改。软件原型是项目需求的部分实现或者可能的实现，可以是工作模型或者静态设计、详细的屏幕草图或者简单草图。最终可以据此形成实际系统。原型的重点在于直观体现产品的主要界面风格及结构，并展示主要功能模块以及它们之间的相互关系，不断确认模糊部分，为后期的设计和代码编写提供准确的产品信息。原型可以明确并完善需求，减少风险，优化系统的易用性，研究设计选择方案，为最终的产品提供基础。原型设计是软件人员与用户沟通的最好工具，下面我们介绍一些常用的原型设计工具

3.6.1 Axure RP

Axure RP 是美国 Axure Software Solution 公司的旗舰产品，该原型设计工具可以专业、快速地完成需求规格的定义，准确地创建基于 Web 的网站流程图、原型页面、交互体验设计，还可以标注详细开发说明，并导出 HTML 原型或规格的 Word 开发文档（通过扩展才能支持更多的输出格式）。

用 Axure RP 设计线框图和原型可以有效提高工作效率，同时方便团队成员一起完成协同设计。利用这款工具，开发人员可以向用户演示动态模型，通过交流确认用户需求，还可自动产生规格说明书，极大地优化了工作方式。在 Axure RP 的可视化工作界面中，用户用鼠标拖曳的方式便可创建带有注释的各种线框图，无须编程就可以在线框图上定义简单链接和高级交互。同时，该工具支持在线框图的基础上自动生成 HTML 原型和 Word 格式的规格说明书。

关于 Axure RP 原型的使用过程，可以访问视频 https://pan.baidu.com/s/cJ0qWA 或扫描二维码。

3.6.2 Balsamiq Mockups

Balsamiq Mockups 是一款原型快速设计软件，由美国加利福尼亚的 Balsamiq 工作室推出，它真正抓住了原型设计的核心与平衡点——既能快速设计草图，又能较好地兼顾平时团队工作的流程和工具。它能够流畅地在不同浏览器、不同操作系统平台下完美运行，可以在线使用，亦可离线使用。我们能够很顺利地将其安装在 Windows7、FreeBSD、Ubuntu 等平台中，高效率地完成每个原型设计任务。

Balsamiq Mockups 具有极其丰富的表现形式，设计效果非常美观。它支持几乎所有的 HTML 控件原型图，比如按钮（基本按钮、单选按钮等）、文本框、下拉菜单、树形菜单、进度条、多选项卡、日历控件、颜色控件、表格、Windows 窗体等。除此以外，它还支持 iPhone 手机元素原型图，极大地方便了开发 iPhone 应用程序的软件工程师。

3.6.3 Prototype Composer

Prototype Composer 是一款由 Serena 出品的免费软件，非技术型的用户也可以利用它来进行原型设计。它还包括商业过程、活动、用户界面、需求和数据，不但可以制作界面原型，方便用户在编写代码之前直观预览网站的运行流程，同时还可以用来做项目管理，包括需求管理、数据管理。

Prototype Composer 提供了完整的集成环境，可轻松进行设计和建模。该软件能够以可视化的形式描述软件的工作模型，提供可定制的 Word 格式说明书模板库，还可自动组装从模型中产生的数据，一键创建需求、功能、技术规格说明。

3.6.4 GUI Design Studio

GUI Design Studio（GDS）是面向应用软件设计图形用户界面的专业工具，特别适合客户端软件设计。该软件能够快速将设计思路以可视化的方式表现出来，并实现基本的交互，便于演示及与客户的有效沟通。GUI Design Studio 是不需要软件开发和编码的完整的设计工具，它支持所有基于微软 Windows 平台的软件，提供的了大部分 C/S、B/S 组件的示意图，可组合使用，是一款非常款适合界面原型设计者和界面原型开发人员的软件，能够满足一般软件界面模型的设计需要。

3.7 需求规格说明文档

需求规格说明相当于软件开发的图纸，一般说，软件需求规格说明可以根据项目的具体情况采用不同的格式。下面是一个可以参照的软件需求规格说明模板。

1. 导言

1.1 目的

说明编写这份项目需求规格说明的目的，指出预期的读者。

1.2 背景

说明：

- 待开发的产品的名称。

- 本项目的任务提出者、开发者、用户及实现该产品的单位。
- 该系统同其他系统的相互来往关系。

1.3 缩写说明

列出本文件中用到的外文首字母组词的原词组。

[缩写]

[缩写说明]

1.4 术语定义

列出本文件中用到的专门术语的定义。

[术语]

[术语定义]

1.5 参考资料

列出相关的参考资料。

[编号]《参考资料》[版本号]

1.6 版本更新信息

具体版本更新记录如下表所示：

修改编号	修改日期	修改后版本	修改位置	修改内容概述

2. 任务概述

2.1 系统定义

本节描述内容包括：

- 项目来源及背景。
- 项目要达到的目标，如市场目标、技术目标等。
- 系统整体结构，如系统框架、系统提供的主要功能，以及涉及的接口等。
- 各组成部分结构，如果所定义的产品是一个更大的系统的一个组成部分，则应说明本产品与该系统中其他各组成部分之间的关系，为此可使用一张框图来说明该系统的组成和本产品同其他各部分的联系和接口。

2.2 应用环境

本节应根据用户的要求对系统的运行环境进行定义，描述内容包括：

- 设备环境。
- 系统运行硬件环境。
- 系统运行软件环境。
- 系统运行网络环境。
- 用户操作模式。
- 当前应用环境。

2.3 假定和约束

列出进行本产品开发工作的假定和约束（如经费限制、开发期限等），列出本产品的最终用户的特点，充分说明操作人员、维护人员的教育水平和技术专长，以及本产品的预期使用频度等重要约束。

3. 需求规定

3.1 对功能的规定

本节依据合同中定义的系统组成部分分别描述其功能，描述应包括：

- 功能编号。
- 所属产品编号。
- 优先级。
- 功能定义。
- 功能描述。

3.2 对性能的规定

本节描述用户对系统的性能需求，可能的系统性能需求有：

- 系统响应时间需求。
- 系统开放性需求。
- 系统可靠性需求。
- 系统可移植性和可扩展性需求。
- 系统安全性需求。
- 现有资源利用性需求。

3.2.1 精度

说明对该产品的输入、输出数据精度的要求，可能包括传输过程中的精度。

3.2.2 时间特性要求

说明对于该产品的时间特性要求，如对响应时间、更新处理时间、数据的转换和传送时间、计算时间等的要求。

3.2.3 灵活性

说明对该产品的灵活性的要求，即当需求发生某些变化时，该产品对这些变化的适应能力，如操作方式上的变化、运行环境的变化、同其他系统的接口的变化、精度和有效时限的变化、计划的变化或改进。对于为了提供这些灵活性而进行的专门设计部分应该加以标明。

3.3 输入 / 输出的要求

解释各输入 / 输出数据类型，并逐项说明其媒体、格式、数值范围、精度等。对软件的数据输出及必须标明的控制输出量进行解释并举例，包括对硬拷贝报告（正常结果输出、状态输出及异常输出）以及图形或显示报告的描述。

3.4 故障处理要求

列出可能的软件、硬件故障以及对各项性能而言所产生的后果和对故障处理的要求。

3.5 其他要求

例如：用户单位对安全保密的要求，对使用方便性的要求，对可维护性、可补充性、易读性、可靠性、运行环境可转换性的特殊要求等。

4. 运行环境规定

4.1 设备

列出该产品所需要的硬件环境，说明其中的新型设备及其专门功能，包括：

- 处理器型号及内存容量。
- 外存容量，联机或脱机，媒体及其存储格式，设备的型号及数量。

- 输入及输出设备的型号和数量，联机或脱机。
- 数据通信设备的型号和数量。
- 功能键及其他专用硬件。

4.2 支持软件

列出支持软件，包括要用到的操作系统、编译程序、测试软件等。

4.3 双方签字

需求方（需方）：

开发方（供方）：

日期：

3.8 项目案例分析[㊀]

项目案例名称：软件项目管理课程平台（SPM）

项目案例文档：需求规格说明书

完整文档下载：https://pan.baidu.com/s/1pLLE9lx

原型开发视频：https://pan.baidu.com/s/1kUAbleJ

本章案例针对 SPM 项目，通过面向对象的需求分析方法确定了项目的需求，包括功能需求和非功能需求。首先确定项目的问题域主模型，然后针对每个子系统，按照角色分别给出子模型，再通过特征列表描述各个详细需求。简要说明如下。

---

1. 系统目标

本项目是针对“软件项目管理”课程需求建设的课程网站，系统主要分为客户端子系统和管理端子系统。

2. 系统角色

角色或者执行者是指与系统产生交互的外部用户或者外部系统。本系统的角色主要分为游客、学生、教师和系统管理员四种角色。

3. 主要用例

系统主要分为客户端子系统和管理端子系统，前者参与人员有教师、学生和游客，后者参与人员为管理员，具体系统主用例图如图 A-1 所示。

4. 用例分解

为了更清晰地描述项目需求，需要对需求用例进行分解。客户端子系统由游客、学生和教师等角色执行课程相关操作，游客仅可以对网站内容进行浏览，没有上传、删除、下载、留言等功能；学生可查看、下载相应信息并进行测试和获取成绩；教师可编辑、上传相应信息并增删测试和浏览成绩。管理端主要是系统管理员角色的功能，包括对用户的管理，以及相关信息的维护。图 A-2 是客户端子系统的用例图，图 A-3 是客户端子系统的用例图。

㊀ 可访问书中提供的网址或扫描二维码下载项目案例文档或代码。

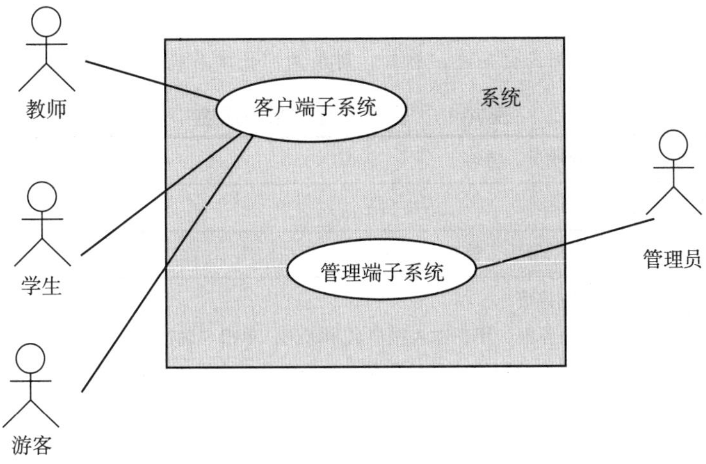

图 A-1 系统主用例图

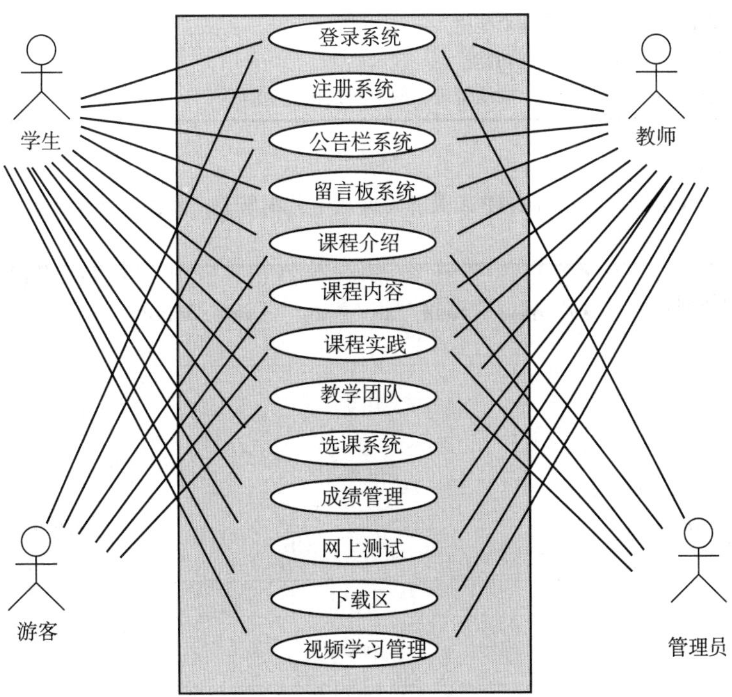

图 A-2 客户端子系统的用例图

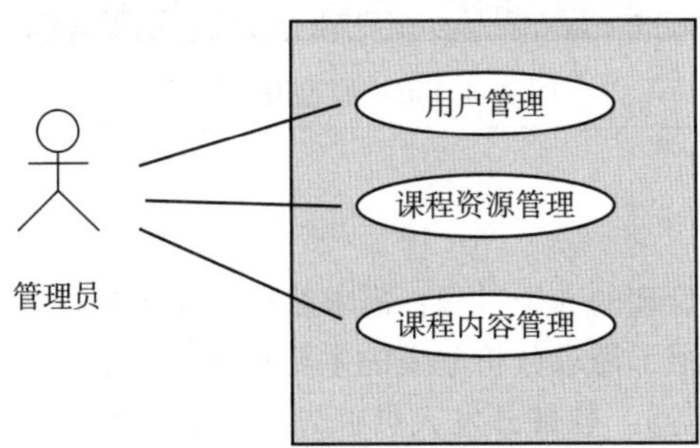

图 A-3 管理端子系统的用例图

5. 用例描述

需求规格需要对相应的用例进行描述，例如，对用例“登录系统”的描述内容如表 A-1 所示。

表 A-1 “登录系统”用例描述

角色	教师、学生、管理员、游客
目的	用户登录系统
前置条件	用户身份为教师、学生、管理员、游客
用例描述	1）用户进入系统首页。 2）系统显示登录界面，用户输入用户名和密码，单击“确定”按钮。 3）系统检查是否有此用户信息，若存在此用户，用户进入系统；若不存在此用户，本页面显示相应的错误信息。 4）不同身份登录详细说明： **游客**：不出现人员管理功能栏，在视频浏览区域只能查看视频列表，不能播放浏览视频内容，没有对网站内容进行增、删、改、查的相关操作权限。 **学生**：不出现人员管理功能栏。 **教师**：不出现人员管理功能栏。 **管理员**：不出现选课、成绩管理、网上测试相关功能栏

6. 需求原型设计开发

在需求阶段，本项目采用 Axure RP 工具开发完成了系统原型，如图 A-4 所示。

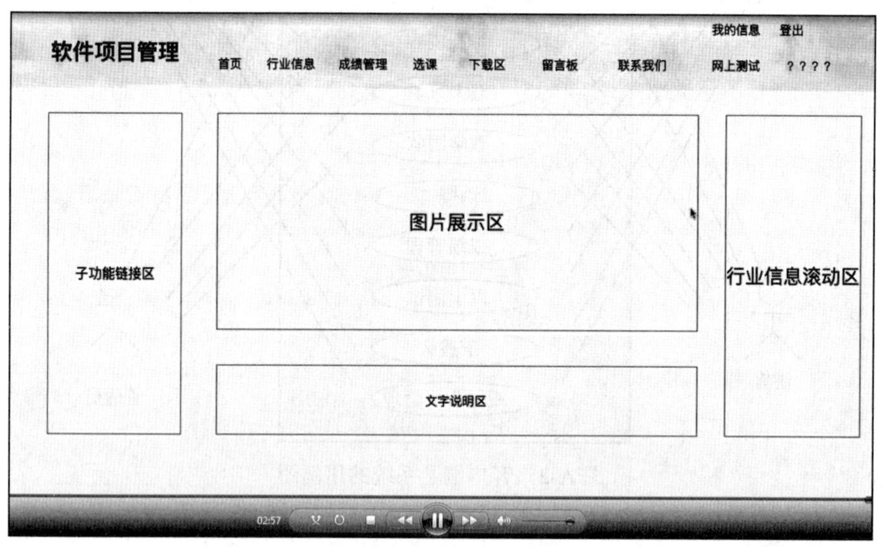

图 A-4 系统原型开发过程

3.9 小结

本章重点介绍了需求管理的 5 个过程：需求获取、需求分析、需求规格说明编写、需求验证、需求变更；详细介绍了需求分析建模的主要技术、需求分析建模的主要方法（包括面向对象方法、结构化方法等）。软件开发人员首先应该明确用户的意图和要求，正确获取用户的需求，然后形成一个软件需求规格说明文档，它是软件开发的重要基础。

3.10 练习题

一、填空题

1. 分析模型在系统级描述和________之间建立了桥梁。
2. 最常见的实体关系图的表示法是________表示法和________表示法。
3. 结构化分析方法是面向________进行需求分析的方法。结构化分析方法使用________等来描述。
4. 在需求分析中，可从有关问题的简述中提取组成数据流图的基本成分。通常问题简述中的动词短语将成为数据流图中的 ________成分。
5. 面向对象的需求分析中常用的UML图示有________、________、________、________和________等。

二、判断题

1. 系统流程图表达了系统中各个元素之间信息的流动情况。(　　)
2. 用例需求分析方法采用的是一种结构化的情景分析方法，即一种基于场景建模的方法。(　　)
3. 面向对象分析方法认为系统是对象的集合，是以功能和数据为基础的。(　　)
4. 结构化分析方法适合于数据处理类型软件的需求分析。(　　)
5. 需求变更管理是需求管理过程中很重要的过程。(　　)
6. 软件需求规格说明的内容包括算法的详细描述。(　　)

三、选择题

1. 软件开发过程中，需求活动的主要任务是(　　)。
   A. 给出软件解决方案　　B. 定义需求并建立系统模型
   C. 定义模块算法　　D. 给出系统模块结构
2. 软件需求规格说明文档中包括多方面的内容，下述(　　)不是软件需求规格说明文档中应包括的内容。
   A. 安全描述　　B. 功能描述
   C. 性能描述　　D. 软件代码
3. 软件需求分析一般应确定的是用户对软件的(　　)。
   A. 功能需求　　B. 非功能需求
   C. 性能需求　　D. 功能需求和非功能需求
4. 结构化分析方法中，描述软件功能需求的常用工具有(　　)。
   A. 业务图，数据字典　　B. 软件流程图，模块说明
   C. 用例图，数据字典　　D. 系统流程图，程序编码
5. 软件需求分析阶段建立原型的主要目的是(　　)。
   A. 确定系统的功能和性能要求　　B. 确定系统的性能要求
   C. 确定系统是否满足用户要求　　D. 确定系统是否满足开发人员需要
6. 在需求分析阶段，需求分析人员需要了解用户的需求，认真仔细地调研、分析，最终应建立目标系统的逻辑模型并写出(　　)。
   A. 模块说明书　　B. 需求规格说明
   C. 项目开发设计　　D. 合同文档

7. 软件需求阶段要解决的问题是（　　）。
   A. 软件做什么　　B. 软件提供哪些信息
   C. 软件采用什么结构　　D. 软件怎样做
8. 软件需求管理过程包括需求获取、需求分析、需求规格说明编写、需求验证以及（　　）。
   A. 用户参与　　B. 需求变更
   C. 总结　　D. 都不正确
9. 在原型法中开发人员根据（　　）需求不断修改原型，直到满足用户要求为止。
   A. 用户　　B. 开发人员
   C. 系统分析员　　D. 程序员
10. 结构化分析方法以数据流图、（　　）和加工说明等描述工具，即用直观的图和简介的语言来描述软件系统模型。
   A. DFD 图　　B. PAD 图
   C. HIPO 图　　D. 数据字典

第 4 章

软件项目的概要设计

对软件进行需求分析和建模后，便开始了软件设计，需求规格说明是软件设计的重要输入，它为软件设计提供了基础。软件设计过程是将需求规格说明转化为软件实现方案的过程。软件设计包括概要设计和详细设计，本章介绍概要设计过程。下面进入路线图的第二站——概要设计，如图 4-1 所示。

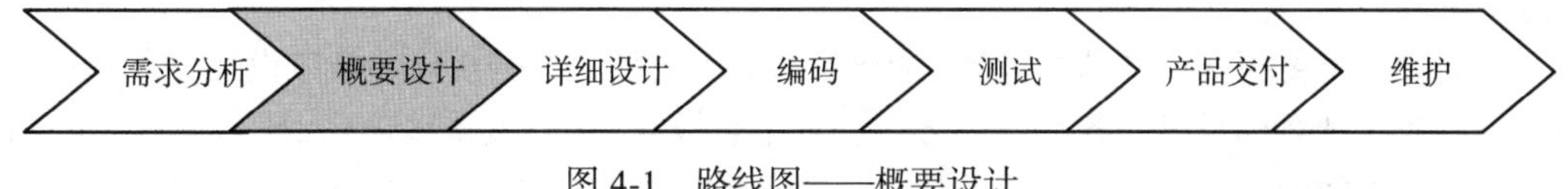

图 4-1　路线图——概要设计

4.1　软件设计简介

需求分析阶段是提取和整理用户需求并建立问题域模型的过程。设计是指根据需求开发的结果，对产品的技术实现由粗到细进行规划的过程。需求模型为它们提供了信息流，通过一定的设计方法可以实现这些模型。

软件需求讲述的是“做什么”，而软件设计解决的是“怎么做”的问题。软件设计是将需求描述的“做什么”问题变为一个实施方案的创造性过程，使整个项目在逻辑上和物理上能够得以实现。软件工程中主要有三类开发活动——设计、编码、测试，而设计是第一个开发活动，也是最重要的活动，是软件项目实现的关键阶段，设计质量的高低直接决定了软件项目的成败，缺乏或者没有软件设计开发的系统是一个不稳定的甚至失败的软件系统。需求工程已经从软件工程中分离出来，成为一个独立的分支，但是设计工程还不是软件工程的独立分支，而是软件工程的工程活动，但以后也必将成为一个独立的分支。

良好的软件设计是快速软件开发的根本，如果没有良好的设计，时间就将花在不断的调试上，新功能无法添加，修改时间越来越长，随着给程序打上一个又一个的补丁，新的功能需要更多的代码实现，形成恶性循环。

4.1.1　软件设计的定义

软件设计包括一套原理、概念和实践，是一个迭代过程。通常，根据设计粒度和目的的不同可以将设计分为概要设计和详细设计两个级别。通过设计过程，需求被转换为用于构建软件的“蓝图”，初始蓝图描述了软件的整体视图，即设计模型，因此，设计是在高抽象层次上的表达，称为“高级设计”“概要设计”或者“总体设计”（本书统称为概要设计），该层次的设计可以直接跟踪到特定的系统目标、功能需求和行为需求。但是随着设计迭代的开始，后续的细化导致更低抽象层次的设计表示，称为“低级设计”或者“详细设计”，这个层次的表示也可以跟踪到需求。

概要设计从需求出发，从总体上描述了系统架构应该包含的组成要素（模块），同时描述各个模块之间的关联。详细设计主要描述各个模块的算法和数据结构，以及用特定计算机语言实现的初步描述，如变量、指针、进程、操作符号以及一些实现机制。本章主要讲述概要设计，下章讲述详细设计。

4.1.2 概要设计的定义

软件概要设计的核心内容是依据需求规格说明，合理、有效地设计产品规格说明中定义的各项需求。概要设计注重框架设计、总体结构设计、构件设计、数据设计、接口设计、网络环境设计等，将产品分割成一些可以独立设计和实现的部分，保证系统的各个部分可以和谐地工作。

设计模型从（需求）分析模型转化而来，主要包括体系结构设计模型、数据设计模型、接口设计模型和构件设计模型。需求模型为它们提供了信息流，通过一定的设计方法可以实现这些模型。

概要设计主要包括体系结构设计、构件（模块）设计、数据设计、接口设计（界面设计），相当于寻找实现目标系统的各种不同方案。这个阶段建立软件系统结构，划分模块，定义模块功能、模块间的调用关系、模块的接口，进行数据结构和数据库的设计，必要时也进行界面设计等。

体系结构设计模型定义软件中各个主要的结构元素之间的关系，确定一种架构模式。体系结构设计是一个系统的高层次策略，架构模式的好坏可以影响到总体布局和框架性结构。体系结构的设计从分析模型开始，这些分析模型表示了软件体系结构中涉及的应用领域内的实体。体系结构设计是概要设计的基础，是最高层次的设计，以此可以展开构件（模块）设计、数据设计、接口设计等，如图 4-2 所示。

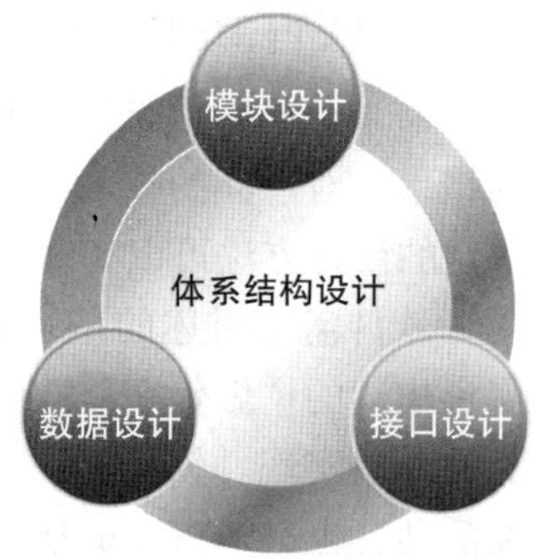

图 4-2 概要设计模式

构件（模块）设计将一个复杂系统按功能进行模块划分，建立模块的层次结构及调用关系，确定模块间的接口及人机界面等。

数据设计是将需求分析阶段产生的信息模型转化为实现软件的数据结构的过程。数据对象、数据之间的关系以及数据的内容是数据设计活动的基础。

接口设计定义软件内部的通信、与系统的交互以及人机操作界面等，接口设计可以通过信息流、一些特定的操作方式体现。

4.2 体系结构设计

当建筑师开始一个建筑项目的时候，首先要设计该建筑的框架结构，有了这个蓝图，接下来的实际建筑过程才会有条不紊地进行。同样，软件开发者开始一个项目的时候，首先也应该构思软件应用的框架结构，即软件的体系结构设计。

软件体系结构与软件架构的英文都是 software architecture。两者都使用一样的定义，目前，没有文献表明软件体系结构与软件架构的差别。如果强调方法论，应使用软件体系结构；如果强调软件开发实践，应使用软件架构。例如，IEEE 对 architecture 的定义是“一个系统的基础组织，包含各个构件、构件互相之间与环境的关系，还有指导其设计和演化的原则。”（Architecture: <system> fundamental concepts or properties of a system in its environment embodied in its elements, relationships, and in the principles of its design and evolution. [ISO/IEC/IEEE 42010:2011]）

软件体系结构为我们提供了软件的整体视图，即系统的一个或者多个结构，结构中包括软件的构件、构件的外部可见属性以及它们之间的相互关系。软件体系结构相当于一个建筑房屋的平面图，描绘了房间的整体布局，包括各个房间的尺寸、形状、相互之间的联系、房屋的门窗等。

Jerrold Grochow 说：“系统的体系结构是描述风格和结构的一个可以理解的框架，包括了它的组成模块以及模块之间的联系。”正如每建造一座房子就反映出一种体系结构风格，构造软件也存在一个体系结构风格，这个风格包括模块、模块的接口、模块连接的约束等。随着项目复杂度的提高，体系结构设计对项目的最后成功起着重要作用。

软件体系结构经历了多个发展阶段：从主机 / 终端（Host/Terminal，H/T）体系结构，到客户机 / 服务器（Client/Server，C/S）体系结构、浏览器 / 服务器（Browser/Server，B/S）体系结构、多层体系结构，再到面向服务的体系结构（Service-Oriented Architecture，SOA）以及面向工作流引擎（Business Process Management，BPM）等。

4.2.1 H/T 体系结构

早期的软件大多采用 H/T 体系结构，如图 4-3 所示，20 世纪五六十年代，计算机基本上是单机系统，也就是软件所有的功能都在一台计算机上实现，系统只有一台计算机。20 世纪 70 年代出现了主机 / 多用户系统，尽管本质上还是一台计算机在工作，但是多个终端用户可以同时上机，并行操作，每个终端都有独占主机资源的感觉。但是我们知道这个终端不是一台完整的计算机，而是一台分时共享主机的输入 / 输出设备。主机 / 多用户应用系统是一层结构，也就是所有的负担都由主机承担，当这个负担过重的时候，终端用户的数量就要受到限制。

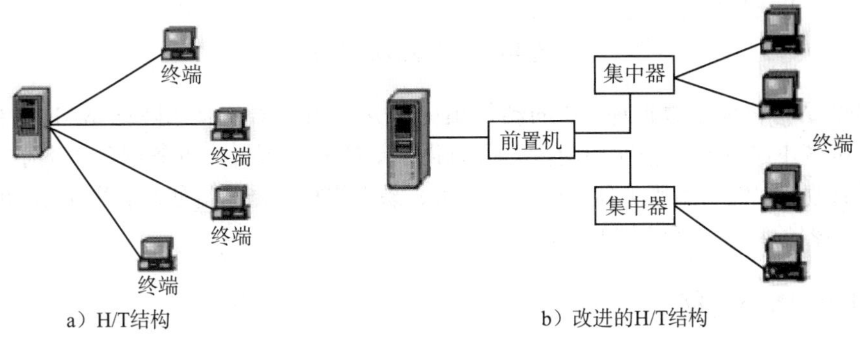

图 4-3 H/T 体系结构

4.2.2 C/S 体系结构

随着计算机技术的不断发展与应用，计算机模式从集中式转向了分布式，20 世纪 80 年代出现了 C/S（Client/Server，客户机 / 服务器）模式，在 20 世纪 80 年代及 90 年代初得到了大量应用，其中最直接的原因是可视化开发工具的推广。C/S 模式应用系统包括客户端的机器及其运行系统，也包括服务器端的机器及其运行系统，所以是二层结构。在这个系统中，客户端机器是一台完整的计算机，可以独立地执行运算操作和磁盘存取，服务器上运行数据库和文件系统操作，客户端运行事务处理和输入 / 输出操作。

在这种 C/S 体系结构中存在“胖客户机”或者“胖服务器”，“胖客户机”结构将事务处理放在客户端，“胖服务器”结构将事务处理集中放到服务器上。大量的数据在客户端和服务器端流动，为编程和维护带来了困难，而且其中的事务处理原则不能与其他应用共享。

C/S 体系结构通过将任务合理分配到客户机端和服务器端，降低了系统的通信开销，需要安装客户端才可进行管理操作。客户端和服务器端的程序不同，用户的程序主要在客户端，服务器端主要提供数据管理、数据共享、数据及系统维护和并发控制等，客户端程序主要完成用户的具体业务。该结构开发比较容易，操作简便，但应用程序的升级和客户端程序的维护较为困难。

C/S 体系结构将复杂网络应用的用户交互界面（GUI）和业务应用处理与数据库访问处理相分离，服务器与客户端之间通过消息传递机制进行对话，由客户端向服务器发出请求，服务器进行相应的处理后经传递机制送回客户端。这使得在处理复杂应用时，客户端应用程序显得“臃肿”，限制了对业务处理逻辑变化的适应和扩展能力，当访问量增大、业务处理复杂时，客户端与后台数据库服务器数据交换频繁，易造成网络瓶颈。为解决这类问题，出现了采用三层式程序结构的趋势，如图 4-4 所示。

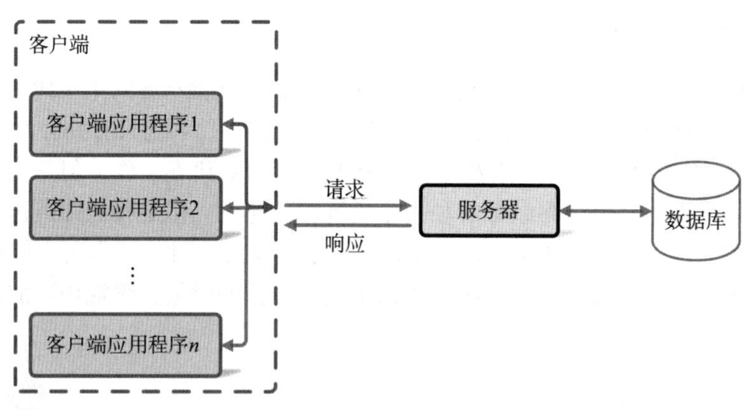

图 4-4　C/S 三层结构图

这样的结构将大量数据库 I/O 的动作集中于 App 服务器，有效降低 WAN 的数据传输量，客户机端不必安装数据库中间件，可简化系统的安装部署。事务逻辑集中于 App 服务器，如要修改，仅需更新服务器端的组件即可，易于维护。当前端使用者数量增加时，可扩充 App 服务器的数量，系统扩展性好。

4.2.3 B/S 体系结构

近年来，随着网络技术的不断发展，尤其是基于 Web 的信息发布和检索技术、Java 计算技术以及网络分布式对象技术的飞速发展，导致很多应用系统的体系结构从 C/S 结构向更加灵活的多级分布结构演变，使得软件系统的网络体系结构跨入一个新阶段，在当今以 Web 技术为核心的信息网络应用中被赋予更新的内涵，这就是 B/S 体系结构。

基于 Web 的 B/S 方式其实也是一种 C/S 方式，只不过它的客户端是浏览器，是随着 Internet 技术的兴起，对 C/S 体系结构的一种变化或者改进。为了区别于传统的 C/S 模式，我们才特意将其称为 B/S 模式。认识到这些结构的特征，对于系统的选型是很关键的。

在 B/S 体系结构下，用户界面完全通过 WWW 浏览器实现，一部分事务逻辑在前端实现，但是主要事务逻辑在服务器端实现。B/S 体系结构主要利用不断成熟的 WWW 浏览器技术，结合浏览器的多种脚本语言，用通用浏览器就实现了原来需要复杂的专用软件才能实现的强大功能，并节约了开发成本。基于 B/S 体系结构的软件，系统安装、修改和维护全在服务器端解决。用户在使用系统时，仅仅需要一个浏览器就可运行全部的模块，真正达到了“零客户端”，很容易在运行时自动升级。B/S 体系结构还提供了异种机、异种网、异种应用服务的联机、联网、统一服务的开放性基础。

C/S 的两层结构存在灵活性差、升级困难、维护工作量大等缺陷，已较难适应当前信息技术与网络技术发展的需要。随着 Web 技术的日益成熟，B/S 结构已成为一种取代 C/S 结构的技术。软件采用该结构的优势在于：无须开发客户端软件，维护和升级方便；可跨平台操作，任何一台机器只要装有 WWW 浏览器软件，均可作为客户机来访问系统；具有良好的开放性和可扩充性；可采用防火墙技术来保证系统的安全性，有效地适应了当前用户对管理信息系统的新需求。因此该结构在管理信息系统开发领域中获得飞速发展，成为应用软件研制中一种流行的体系结构。任何时间、任何地点、任何系统，只要可以使用浏览器上网，就可以使用 B/S 系统的终端。

在 B/S 体系结构系统中，用户通过浏览器向分布在网络上的许多服务器发出请求，服务器对浏览器的请求进行处理，将用户所需信息返回到浏览器。B/S 结构简化了客户机的工作，客户机上只需配置少量的客户端软件，对数据库的访问和应用程序的执行将在服务器上完成。浏览器发出请求，而其余的数据请求、加工、结果返回以及动态网页生成等工作全部由服务器完成。

C/S 系统的各部分模块中只要有一部分改变，就要关联到其他模块的变动，使得系统升级成本比较大。与 C/S 处理模式相比，B/S 则大大简化了客户端，只要客户端机器能上网就可以。对于 B/S 而言，开发、维护等几乎所有工作都集中在服务器端，当企业对网络应用进行升级时，只需更新服务器端的软件，减轻了异地用户系统维护与升级的成本。如果客户端的软件系统升级比较频繁，那么 B/S 架构的产品优势明显——所有的升级操作只需要针对服务器进行，这对那些点多面广的应用是很有价值的。

实际上 B/S 体系结构是把两层 C/S 结构的事务处理逻辑模块从客户机的任务中分离出来，由 Web 服务器单独组成一层来负担其任务，这样客户机的压力减轻了，把负荷分配给了 Web 服务器。不过采用 B/S 结构时，客户端只能完成浏览、查询、数据输入等简单功能，绝大部分工作由服务器承担，这使得服务器的负担很重。但是，应用程序的升级和维护都可以在服务器端完成，升级维护方便。由于客户端使用浏览器，使得用户界面“丰富多彩”，但数据的打印输出等功能受到了限制。为了克服这个缺点，一般把利用浏览器方式实现困难的功能单独开发成可以发布的控件，在客户端利用程序调用来完成。

由于 B/S 结构通信协议采用统一的 TCP/IP 协议，信息传输采用标准的超文本传输协议

HTTP，客户端逻辑表示采用HTML语言，使得其建立了一种平台无关性的应用机制。相对于C/S而言，B/S结构不需要针对某一操作系统（如Windows、Linux等）进行专门的终端程序开发及维护，也无须客户进行任何软件的安装，只需对服务器端进行开发，实现了应用程序的共享。总之，B/S结构简化了客户端计算机负载，增加了系统访问的灵活性，便于系统进行维护升级，同时也降低了系统的维护成本和开发成本。

20世纪90年代，随着Web技术的飞速发展，产生了互联网技术，两层的结构越发显示出弊端，尤其在服务器负担过重、客户机异地操作不容易的情况下，有必要在客户端和服务器端新建立一个层负责事务处理，我们称这一层为应用逻辑层，从而形成了三层结构（表示层、应用逻辑层、数据库服务层），如图4-5所示，这样可以帮助“胖客户机”或者“胖服务器”进行“减肥”，随着软件系统规模的增大，也可以将应用逻辑层分为很多层，这样就演变为多层体系结构，这个中间层也衍生了很多的中间件产品。三层结构是一种逻辑上的结构，物理上分多少层可以根据需求来决定。对三层（多层）结构中的任意层进行修改时，对其他层的影响很少。

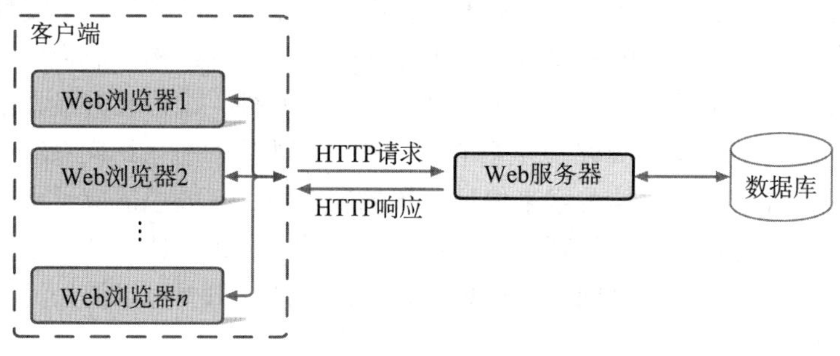

图4-5 B/S三层结构图

4.2.4 多层体系结构

每个体系结构可以演化出更多的体系结构，例如，B/S体系架构可以演化为多层模式，好的架构是项目顺利开发的基础。MVC就是影响深远的多层软件结构之一，MVC架构即模型－视图－控制器（图4-6），是B/S架构下的Web应用架构，Struts、SpringMVC开源框架、

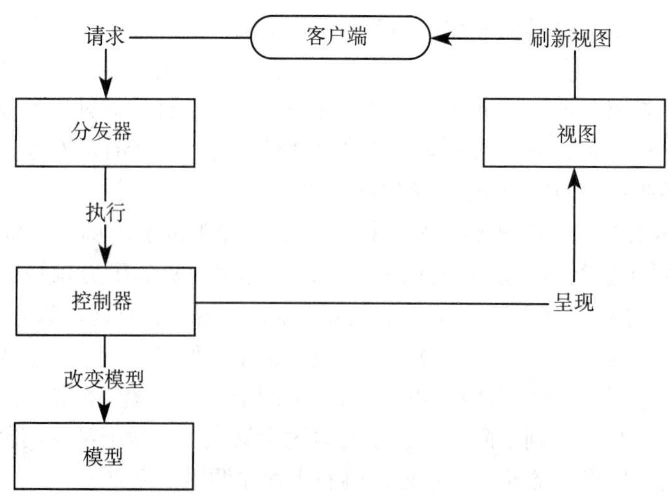

图4-6 Web环境下的MVC模式流程图

Backbone 也都提供 MVC 框架。PHP、Perl、MFC 等语言都有 MVC 的实现模式。这些年来，基于 B/S 结构的分布式应用平台得到了迅猛发展，当前主要的分布式应用模型有 CORBA 模型、NET 模型和 J2EE（JavaEE）模型等。其中，J2EE 以其良好的可移植性、可重用性、可伸缩性、可维护性和面向电子商务等诸多优点而独具优势。

图 4-7 是典型分层体系结构的基本结构，整个系统被组织成一个分层的结构，每一层为上层提供服务，并作为下一层的客户。在一些层次系统中，除了一些特定输出函数外，内部的层只对相邻的层可见，从外层到内层，每层的操作逐渐接近机器的指令集。在最外层，构件完成界面层的操作；在最内层，构件完成与操作系统的连接，执行操作系统的指令；中间层提供很多的服务和应用，包括各种实用程序和应用软件功能。由于每层至多和相邻的上下层交互，因此，功能的改变最多影响相邻的内外层。而且只要提供的服务接口定义不变，同层的不同实现可以交互使用，这样，就可以定义一组标准接口，允许各种不同的实现方法，从而实现复用。但是，并不是每个系统都可以很容易地划分为分层结构，而且即使一个系统的逻辑结构是层次化的，出于对系统性能的考虑，设计师也不得不将一些低级或者高级的功能综合起来。另外，为系统找到一个合适的、正确的层次抽象也是很难的。

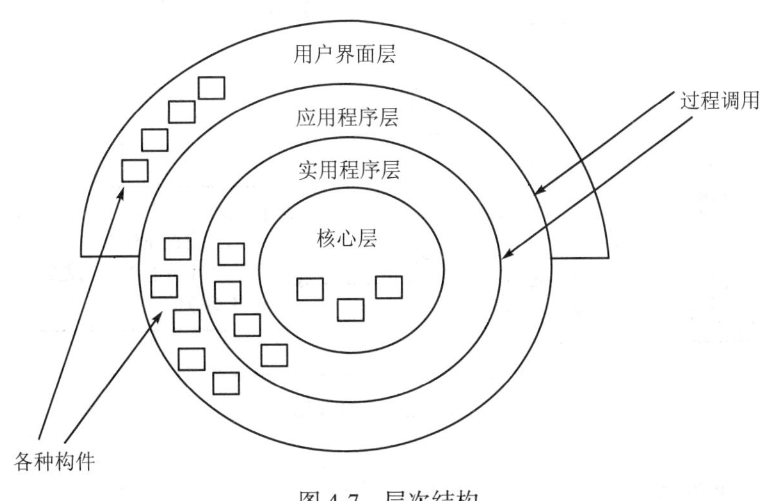

图 4-7　层次结构

下面介绍几个比较典型的多层框架模式。

1. MVC

MVC 模式通常用于人机交互软件的开发，这类软件的最大特点就是用户界面容易改变，例如，当你要扩展一个应用程序的功能时，通常需要修改菜单来反映这种变化。如果用户界面和核心功能紧紧交织在一起，要建立这样一个灵活的系统通常是非常困难的，因为很容易产生错误。为了更好地开发这样的软件系统，系统设计师必须考虑下面两个因素：

- 用户界面应该是易于改变的，甚至在运行期间也是有可能改变的。
- 用户界面的修改或移植不会影响软件的核心功能代码。

为了解决这个问题，可以采用将模型（Model)、视图（View）和控制器（Controller）相分离的思想。在这种设计模式中，模型用来封装核心数据和功能，它独立于特定的输出表示和输入行为，是执行某些任务的代码，至于这些任务以什么形式显示给用户则并不是模型所关注的问题。模型只有纯粹的功能性接口，也就是一系列的公开方法，这些方法有的是取值方法，让系统其他部分可以得到模型的内部状态，有的则是置值方法，允许系统的其他部分修改模型的内部状态。

视图用来向用户显示信息，它获得来自模型的数据，决定模型以什么样的方式展示给用户。同一个模型可以对应于多个视图，这样对于视图而言，模型就是可复用的代码。一般来说，模型内部必须保留所有对应视图的相关信息，以便在模型的状态发生改变时可以通知所有的视图进行更新。

控制器是和视图联合使用的，它捕捉鼠标移动、鼠标点击和键盘输入等事件，将其转化成服务请求，然后再传给模型或者视图。软件用户是通过控制器来与系统交互的，他们通过控制器来操纵模型，从而向模型传递数据，改变模型的状态，最后实现视图的更新。

MVC 设计模式将模型、视图与控制器三个相对独立的部分分隔开来，如图 4-8 所示，这样可以改变软件的一个子系统而不至于对其他子系统产生重要影响。例如，在将一个非图形化用户界面软件修改为图形化用户界面软件时，不需要对模型进行修改，而添加一个对新的输入设备的支持时，通常也不会对视图产生任何影响。

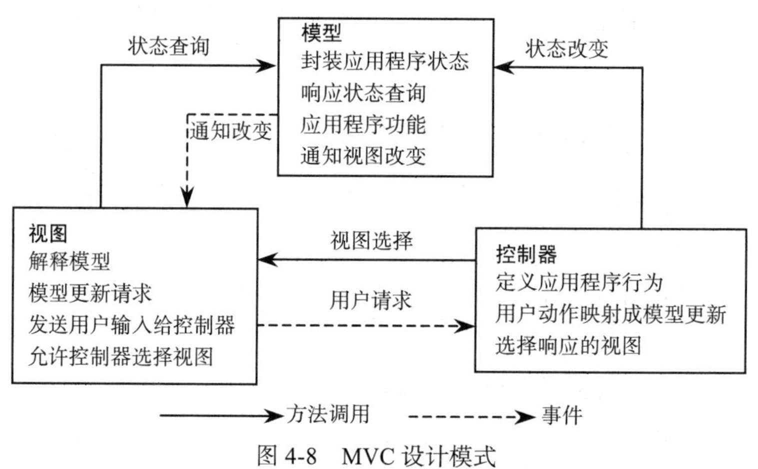

图 4-8 MVC 设计模式

2. J2EE（JavaEE）

J2EE 的核心体系结构是在 MVC 框架的基础上扩展得到的，属于分层的结构。J2EE 是 Sun 公司开发的一组技术规范与指南，其中包含的各类组件、服务架构及技术层次均有共同的标准及规格，因此各种依循 J2EE 架构的不同平台之间存在良好的兼容性，解决了过去企业后端使用的信息产品彼此之间无法兼容，企业内部或外部难以互通的问题。J2EE 开发框架主要有 Hibernate、Spring、Struts2、EXTJS、Json。

J2EE 体系框架把绝大部分的应用逻辑和数据处理都集中在应用服务器上（应用服务层可以由几台或几十台机器组成，采用负载均衡理论对应用逻辑进行分解）。这种体系结构提高了系统的处理效率，降低了系统的维护成本（当业务逻辑发生改变时，只需要维护应用服务器上的逻辑构件），保证了数据的安全和完整统一，同时还简化了体系结构设计和应用开发，具有良好的可扩展性，可满足各种需求，可自由选择应用服务器、开发工具、组件，并提供了灵活可靠的安全模型。

J2EE 是从 Java1.2 沿用下来的名字，从 Java1.5 开始更名为 JavaEE 5.0。JavaEE 是 J2EE 的一个新的名称，之所以改名，目的是让大家清楚 J2EE 只是 Java 企业应用。随着 Web 和

EJB 容器概念的诞生，软件应用业开始担心 Sun 公司的伙伴们是否还在 Java 平台上不断推出翻新的标准框架，致使软件应用业的业务核心组件架构无所适从，这种彷徨从一直以来关于是否需要 EJB 的讨论声中便可体会到。

JavaEE 是一种集成化的系统开发框架，JavaEE 是在 Java SE 的基础上构建的，它可以为系统开发人员提供 Web 服务、组件模型、管理和通信、API 等多个功能，可以用来实现企业级的面向服务体系结构，以便能够有效地降低企业分布式管理系统的开发成本，并且能够迅速地进行部署和使用，缩短了开发周期。JavaEE 技术经过多年的实践和论证，适用于企业的各类型自动化管理系统开发，如金融服务系统、通信管理系统等。

JavaEE 体系架构按照功能划分为不同的组件，这些组件可以在不同服务器上，并且处于各自的系统层次中。JavaEE 体系架构包含的层次有客户层组件、Web 层组件、业务层组件、企业信息系统（Enterprise Information System，EIS）层组件等。JavaEE 架构应用的层次图如图 4-9 所示。

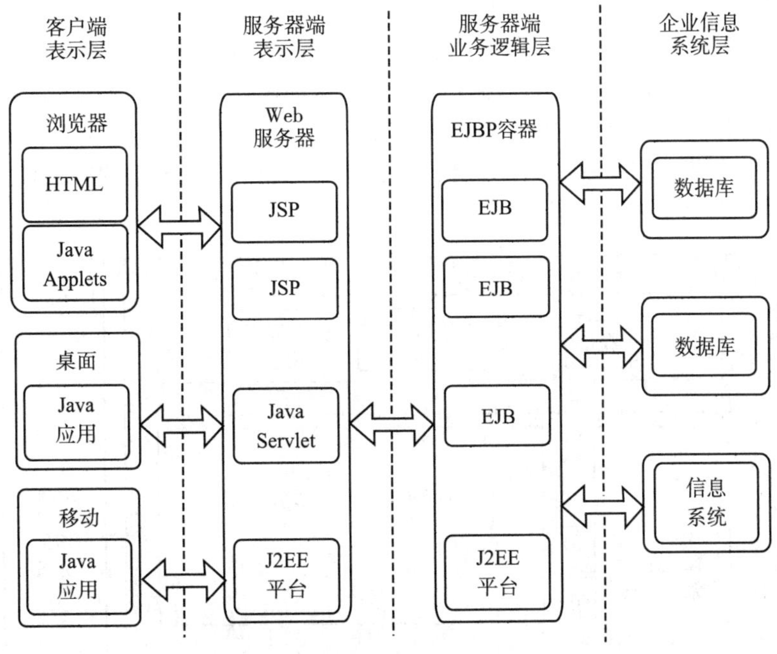

图 4-9 J2EE 架构应用的层次图

客户层组件。JavaEE 客户端可以是 Web 客户端、Java 应用程序客户端、移动 Java 应用客户端。基于 B/S 架构的 JavaEE 应用通常的客户端是 Web 客户端。Web 客户端包含动态 Web 页面（其中容纳由 Web 层组件生成的 HTML、XML 等各种标记语言）和浏览网页的 Web 浏览器两部分。客户层组件负责展现与用户交互的界面，并与服务器端表示层进行上下行通信。

Web 层组件。JavaEE 的 Web 层组件包括 JSP 页面、Java Servlet 等。Web 层与客户层通信，通过某些 JavaBeans 对象来处理用户输入，并把输入发送给业务层上运行的 EJB 组件来进行处理。

业务层组件。JavaEE 的业务层代码用于实现业务逻辑，以满足银行、零售、金融等领域的需求，由运行在业务层上的 EJB 进行处理。EJB 从客户层程序接收数据，进行处理并发

送到 EIS 层储存。

企业信息系统组件。企业信息系统层包含各类企业信息系统软件，包括企业基础建设系统、事务处理大型机、数据库系统和其他的遗留信息系统等。

Web 层和业务层共同组成了三层 JavaEE 体系架构的中间层，其他两层是客户端层和存储层（企业信息系统层）。

此外，JavaEE 体系架构中还包括很多供分布式通信的技术：JDBC（Java Database Connectivity，Java 数据库连接）、EJB（Enterprise JavaBean，企业组件）、Java RMI（Remote Method Invoke，远程方法调用）、JNDI（Java Naming and Directory Interface，Java 命名和目录接口）、JMS（Java Message Service，Java 消息服务）、XML（Extensible Markup Language，可扩展标记语言）等。

4.2.5　面向服务的体系结构

面向服务的架构（SOA）被誉为下一代 Web 服务的基础架构。SOA 是一个组件模型，它将应用程序的不同功能单元（称为服务）通过这些服务之间定义良好的接口和契约联系起来。接口是采用中立的方式进行定义的，独立于实现服务的硬件平台、操作系统和编程语言。这使得构建在各种这样的系统中的服务可以以一种统一和通用的方式进行交互。SOA 是将由多层服务组成的一个节点应用看作单一服务的结构体系，使得多层架构的发展有了更为喜人的进步，如图 4-10 所示。

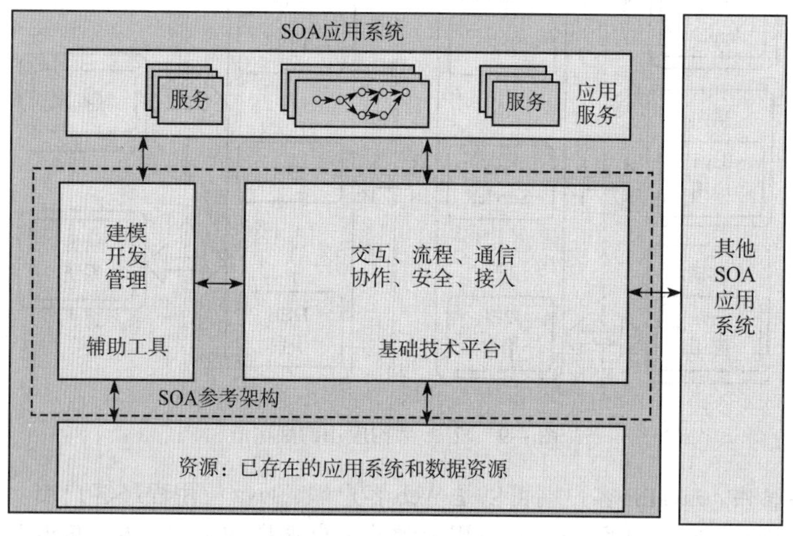

图 4-10　SOA 架构

SOA 是按需连接资源的系统，是一种用于构建分布式系统的构架方法和理念，它的核心是依据这种方法构建的引用可以将功能作为服务交付给用户。SOA 的实现可以基于 Web 服务，但是也可以使用其他技术来代替。与过去的组件化模式相比，SOA 的不同之处还在于：变过去的技术组件为业务组件（又叫服务），强调的是技术无关性，关注的是实现怎样的业务功能——在业务请求与响应之间随时搭建快速通道；变过去的紧耦合为松耦合，既保证系统弹性，又不失系统效率，它可以根据需求通过网络对松散耦合的粗粒度应用组件进行分布式部署、组合和使用，从而实现重复利用软件资源、快速响应市场需求变化、提高生产力等目标。

SOA 可以利用现有资源实现跨平台的整合，增加程序功能部件的重复利用，减少开发成本，加快新应用的部署，降低实施风险，促进流程的不断优化。因此，SOA 成为软件技术的重大发展方向之一。

SOA 支持将业务作为链接服务或可重复业务任务进行集成，可在需要时通过网络访问这些服务和任务。这个网络可能完全包含在公司总部内，也可能分散于各地且采用不同的技术，通过对来自纽约、伦敦和香港等各地的服务进行组合，可让最终用户感到这些服务就像安装在本地桌面上一样。需要时，这些服务可以将自己组装为按需应用程序——相互连接的服务提供者和使用者集合，彼此结合以完成特定业务任务，使业务能够适应不断变化的情况和需求。

从业务角度来看，SOA 是对企业的一些旧软件体系进行重新利用和整合，构建一套松散耦合的软件系统，同时也能方便地结合新的软件共同服务于企业的一个体系，使系统能够随着业务的变化而更加灵活、适用。

从技术角度来看，SOA 实际上是系统分析设计思想的进一步发展，它超出了对象的概念，一切都以服务为核心，而服务由组件构成，组件是若干操作的集合，操作对应具体实现的程序函数。服务是通过对业务过程模型的分析而识别出来的。每个服务能够实现若干功能，这些功能由组件而不是操作来实现。组件是操作的调用集合，是服务功能实现的最小单位，而不是程序实现的最小单位。

在具体实现上，只要能提供服务的技术都可以实现 SOA 思想，如 Web Service、RMI、Remoting、CORBA、JMS、MQ，甚至 JSP、Servlet 等，另外还可以通过分布式事务处理和分布式软件状态管理来进一步改善它。但是如果想让这些服务得到更广泛的使用、被更多人认可或在互联网上发布，那么就要遵循一定的规则标准了。这一类的标准有 SOAP、JAX-RPC（Java API for XML-based RPC）、WSDL 和 WS-* 规范等。另外它的实现还需要安全性、策略管理、可靠消息传递以及会计系统的支持。

直观地理解，可以把 SOA 看作模块化组件，每个模块实现独立功能，不同的组合提供不同的服务。利用 SOA 可以将一个杂乱无章的系统规整成一个个模块，方便地实现 IT 的最大利用率，并提高重用度。普元软件曾用千变万化自由拼接的乐高玩具做比喻，可见一斑。

说到 SOA，不能不说说 ESB。ESB 是在 SOA 体系结构的框架中加入的一个新的软件对象。这个对象就是企业服务总线（Enterprise Service Bus，ESB），它使用许多可能的消息传递协议来负责适当的控制流，甚至还可能是服务之间所有消息的传输。虽然 ESB 并不是绝对必需的，但它是在 SOA 中正确管理业务流程至关重要的组件。ESB 本身可以是单个引擎，甚至还可以是由许多同级和下级 ESB 组成的分布式系统，这些 ESB 一起工作，以保持 SOA 系统的运行。在概念上，它是从早期的消息队列和分布式事务计算等计算机科学概念所建立的存储转发机制发展而来的。

与 SOA 相关的还有 SCA 与 SOD。随着面向服务的体系结构的不断发展和成熟，开发人员和架构师将面临不断增多的编程接口、传输协议、数据源和其他细节内容。服务组件体系结构（SCA）和服务数据对象（SDO）可以为各种服务和数据源提供单一编程接口。

4.2.6 面向工作流引擎

BPM（Business Process Management，业务流程管理）是一种以规范化的构造端到端的卓越业务流程为中心，以持续提高组织业务绩效为目的的系统化方法。BPM 需求产生于 20 世纪 90 年代，Michael Hammer 和 James Champy 的成名之作《公司再造》(Reengineering the Corporation）一书在全美引发了一股有关业务流程改进的汹涌浪潮。随着 BPM 在软件系统中的应用，软件系统逐渐发展成了业务规则引擎或者业务规则管理系统。业务规则引擎在纯 BPM 系统中的规模将变得更大。

jBPM（Java Business Process Management，业务流程管理）是一个开源的、灵活的、易扩展的框架，作为目前较为常用的工作流产品广泛地集成在各应用系统中，覆盖了业务流程管理、工作流等领域。jBPM 的业务流程定义是用 jPDL 来描述的，拖曳式的可视化流程开发工具使得业务流程的定义方便快捷，在运维阶段，系统现有流程也一目了然。jBPM 是轻量级框架，其工作原理是：由流程管理人员将工作流模板导入数据库，系统在运行时，按照流程模板中定义的步骤执行，同时还可以监控流程状态、日志以及流程轨迹等。

jBPM 工作流引擎管理模型如图 4-11 所示，流程就是多个人在一起合作完成某件事情的步骤，把步骤变成计算机能理解的形式就是工作流。jBPM 是一种基于 J2EE 的轻量级工作流管理系统。

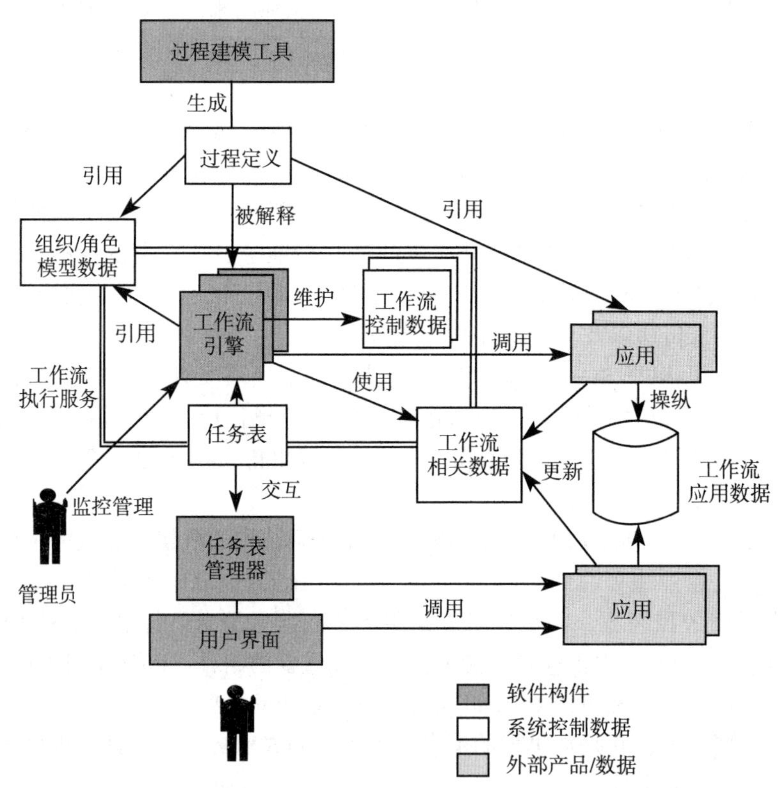

图 4-11 工作流引擎管理模型

jBPM 是公开源代码项目。jBPM 在 2004 年 10 月 18 日发布了 2.0 版本，并在同一天加入 JBoss，成为 JBoss 企业中间件平台的一个组成部分，名称也改成了 JBoss jBPM。

jBPM 最大的特色就是它的商务逻辑定义没有采用目前的一些规范，如 WfMC's XPDL、BPML、ebXML、BPEL4WS 等，而是采用了它自己定义的 JPDL（JBoss jBPM Process Definition Language)。jPDL 认为一个商务流程可以被看作一个 UML 状态图。jPDL 详细定义了这个状态图的每个部分，如起始、结束状态，以及状态之间的转换等。

jBPM 的另一个特色是使用 Hibernate 来管理数据库。Hibernate 是目前 Java 领域最好的一种数据持久层解决方案。通过 Hibernate，jBPM 将数据的管理职能分离出去，自己专注于商务逻辑的处理，并兼容多种数据库。

JBoss jBPM 是一个面向流程的工作流 /BPM 框架和工具集，它使业务分析人员能够与软件组件进行交互，有助于获得有效的业务解决方案。

JBoss jBPM 3.0 提供使用业务流程执行语言（BPEL）、灵活且可插入的应用编程接口（API）、本地流程定义语言以及图形建模工具，利用基于行业标准的编制机制开发新的自动化业务流程和工作流。

JBoss jBPM 是采用开放源代码（LGPL 许可证）的框架，包括 Java API、工具和定义语言，可以充当 Web 应用或者独立的 Java 应用。JBoss jBPM 相当于业务分析人员和开发人员之间的中介，为他们提供了名为 jPDL 的通用流程定义语言。

在 jBPM 中，流程定义被封装成流程档案。流程档案被传送到 jPDL 流程引擎加以执行。jPDL 流程引擎负责遍历流程图、执行定义的动作、维持流程状态，并且记录所有流程事件。

JBoss jBPM 在以下组件中进行封装：

- 流程引擎：该组件通过委托组件（请求处理程序、状态管理程序、日志管理程序、定义加载程序、执行服务）来执行定义的流程动作、维持流程状态，并记录所有流程事件。
- 流程监管器：该模块跟踪、审查及报告流程在执行时的状态。
- 流程语言：流程定义语言（jPDL）基于 GOP。
- 交互服务：这些服务将遗留应用以流程执行时所用的功能或者数据的形式提供。

JBoss jBPM 为设计及开发工作流和业务流程管理系统提供了平台。由 API、特定领域的语言和图形建模工具组成的框架使得开发人员和业务分析人员能够使用通用平台进行沟通及操作，简单易用、灵活、可扩展，同一需求有多种解决策略。

JBPM 套件的组成如下：

- jPDL Designer：流程定义设计器、流程建模工具，并有 Eclipse 插件。
- jPDL Library：流程执行引擎。
- WebConsole：参与者和流程执行环境的交互界面、流程运行期间的监控工具。

面向工作流引擎体系结构，可以认为是组件式体系结构。图 4-12 是某项目的分层设计架构，分层设计的总体原则是组件化设计，各子功能均由各功能组件集合而成。

此项目在集成层面进行了有效的分层，以求能够达到结构清晰、面向组件的架构设计。

- 集成流程集：通过流程引擎将可独立的支撑单元（也可称为功能模块）按需连接起来，连接的过程中大量地运用规则引擎提高规则的集约性和可管理性，以达到流程的高度按需可变及变化的可管理。
- 支撑单元集：支撑单元用以描述面向独立业务领域的模型，如投保管理、核保管理等，一般支撑单元内部会独自定义可管理的单元实例，整个支撑单元的管理规划均面向单元实例进行。
- 组件库：组件的划分更加具有明确的目的性，通过动作目标的分类抽象可统一得出组件模型。组件一般不包含业务流程，但包含基于正序的业务逻辑顺序实现，同时根据组件的用途大致可分为业务组件、技术组件等。

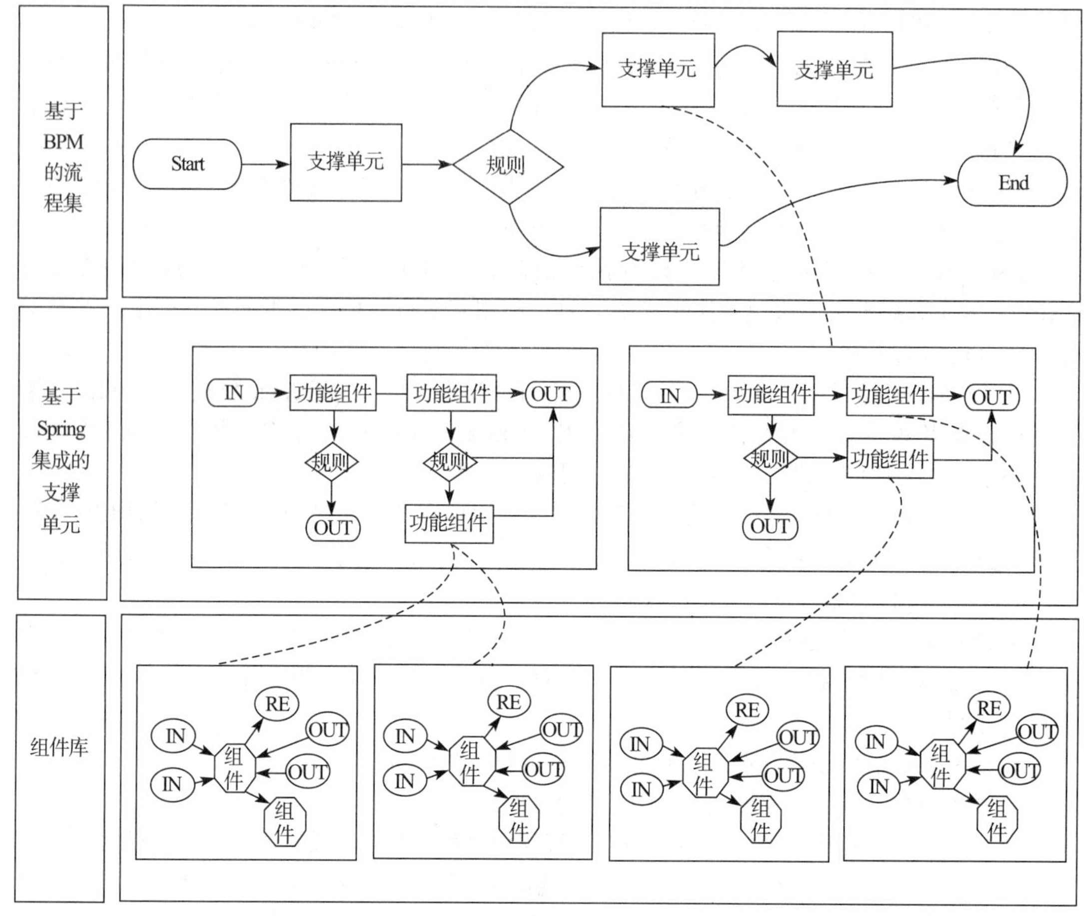

图 4-12 组件式架构示意图

4.2.7 云架构

云计算（cloud computing）是一种 IT 基础设施的交付和使用模式，指通过网络以按需、易扩展的方式获得所需的资源（硬件、平台、软件）。提供资源的网络被称为“云”。“云”中的资源在使用者看来是可以无限扩展的，并且可以随时获取，按需使用，按使用付费。Amazon、Google、IBM、Microsoft 和 Yahoo 等大公司是云计算的先行者。云计算领域的众多成功公司还包括 Salesforce、Facebook、Youtube、Myspace 等。

一般来说，目前大家比较公认的云架构包含基础设施层、平台层和软件服务层三个层次，对应的名称分别为 IaaS、PaaS 和 SaaS，如图 4-13 所示。

IaaS（Infrastructure as a Service，基础设施即服务）。IaaS 主要包括计算机服务器、通信设备、存储设备等，能够按需向用户提供计算能力、存储能力或网络能力等 IT 基础设施层面的服务。今天，IaaS 能够得到成熟应用的核心在于虚拟化技术，通过虚拟化技术可以将形形色色的计算设备统一虚拟化为虚拟资源池中的计算资源，当用户订购这些资源时，数据中心管理者直接将订购的份额打包提供给用户，从而实现了 IaaS。

PaaS（Platform as a Service，平台即服务）。如果以传统计算机架构中“硬件 + 操作系统 / 开发工具 + 应用软件”的观点来看，那么云计算的平台层应该提供类似操作系统和开发工具的功能。实际上也的确如此，PaaS 定位于通过互联网为用户提供一整套开发、运行和运营应用软件的支撑平台。就像在个人计算机软件开发模式下，程序员可能会在一台装有 Windows 或 Linux 操作系统的计算机上使用开发工具开发并部署应用软件一样。微软公司的 Windows Azure 和谷歌公司的 GAE 可以算是目前 PaaS 平台中最为知名的两个产品了。

图 4-13　云计算架构示意图

SaaS（Software as a Service，软件即服务）。简单地说，SaaS 是一种通过互联网提供软件服务的软件应用模式。在这种模式下，用户不需要再花费大量投资用于硬件、软件和开发团队的建设，只需要支付一定的租赁费用，就可以通过互联网享受相应的服务，而且整个系统的维护都由厂商负责。

SaaS 是一个典型的云端服务架构，主要是通过共享数据库表、独立数据库实例或独立数据库系统，以及采用 NoSQL（mangodb）等方式实现多租户的软件架构，即每个企业或团队用户都是作为一个租户来使用云端软件服务的。随着互联网技术的发展和应用软件的成熟，SaaS 作为一种创新的软件应用模式逐渐兴起。

作为一种有效的软件交付机制，SaaS 的出现为 IT 部门创造了机会，使他们可以将工作重心从部署和支持应用程序转移到管理这些应用程序所提供的服务上来。SaaS 不仅可以通过 Portal 为用户提供服务，还可以通过其他方式，如 API、WSDL 等。

SaaS 提供商为企业搭建信息化所需要的所有网络基础设施及软件、硬件运作平台，并负责所有前期的实施、后期的维护等一系列服务，企业无须购买软硬件、建设机房、招聘 IT 人员，即可通过互联网使用信息系统。就像打开自来水龙头就能用水一样，企业根据实际需要，向 SaaS 提供商租赁软件服务。

对于广大中小型企业来说，SaaS 是采用先进技术实施信息化的最好途径。但 SaaS 不仅仅适用于中小型企业，所有规模的企业都可以从 SaaS 中获利。

SaaS 方便、节省成本，受到很多企业尤其是中小企业的青睐，但 SaaS 的权限控制、安全问题可能会让用户有所顾忌。

SOA 和 SaaS 的区别大概可以概括为以下几点：

- SOA 关注软件是如何架构起来的，而 SaaS 关注软件是如何应用的。
- 在 SaaS 当中，应用程序可以像任何服务一样被传递，就像你家中电话的语音一样，看起来似乎就是为你的需求而量体裁衣的。而 SOA 的定义与此无丝毫联系。SOA 支持的服务都是一些离散的、可以再使用的事务处理，这些事务处理合起来就组成了一个业务流程，是从基本的系统中提取出来的抽象代码。

- SOA 是一个框架方法，而 SaaS 是一种传递模型。
- 通过 SaaS 传递 Web 服务并不需要 SOA。
- SaaS 主要是指一个软件企业向其他企业提供软件服务，而 SOA 一般是企业内部搭建系统的基础；SaaS 注重的是提供服务的思维，而 SOA 注重的是实现服务的思维。

4.2.8 应用程序框架结构

应用程序框架结构是一个可以重复使用的、大致完成的应用程序，可以通过对其进行定制，开发出一个客户需要的真正的应用程序。框架结构给程序员提供可以复用的骨干模块，程序员使用这些模块来构造自己的应用，复用的骨干模块具有如下特征：

- 它们已被证明可以与其他应用程序一起很好地工作。
- 它们可以立即在下一个程序中使用。
- 它们可以被其他项目使用。

框架结构可以提高软件开发的速度和效率，并且使软件更便于维护。对于开发 Web 应用，要从头设计并开发出一个可靠、稳定的框架不是一件容易的事情，随着 Web 开发技术的日趋成熟，在 Web 开发领域出现了一些现成的优秀框架，开发者可以直接使用它们。Struts 就是一个很好的框架结构，它是基于 MVC 的 Web 应用框架，使得人们不必从头开始开发全部组件，对于大项目更是有利。流行的 J2EE 开发框架，如 JSF、Struts、Spring、Hibernate 等及它们之间的组合，如 Struts+Spring+Hibernate（SSH）、JSP+Spring+Hibernate 等都是面向 MVC 架构的。另外，框架结构可以提高软件开发的速度和效率，并且使软件更便于维护。下面介绍几种有代表性的体系结构框架。

1. Struts2

Struts 是 Apache Software Foundation（ASF）支持 Jakarta 项目的一部分，主要设计师和开发者是 Craig R. McClanahan。Struts 对于公众是免费的，在构造自己的框架结构时，可以如同使用自己开发的组件那样来使用 Struts 提供的组件。

Struts 就如同造房子一样，建筑工人使用一些基础组件，而不必关心这些组件的内部构造（因为他们只是使用者），他们使用那些基础组件对每一层房屋提供支持。同样，基于 Struct 开发一个 Wed 应用的时候，软件工程师使用 Struct 来对应用程序的每一层提供支持。

Struts1 基本遵循了 MVC 模式，它基于的标准技术有 Java Bean、Servlet 和 JSP，在软件开发过程中通过使用标准组件，并采用填空式的开发方法，可以帮助程序员避免每个新项目都重复进行那些既耗时又烦琐的工作。程序员开发的程序既要求具有完整、正确的功能，也要求有很好的维护性。Struts1 为基于 Wed 应用程序框架结构解决了很多常见的问题，程序员可以关注那些和应用程序的特定功能相关的方面。

Struts 的中心部分是 MVC 的控制层，控制层可以将模型层和视图层连接起来，程序员利用这些功能完成一个可以伸缩、包含一定功能的应用，帮助程序员将原始的素材组合为一个真正的实际应用系统。

Struts 控制层是一组可编程的组件，程序员可以通过它们来定义自己的应用程序如何与用户打交道，这些组件可以通过逻辑名字来隐藏那些麻烦和比较讨厌的细枝末节，可以通过配置文件一次处理这些问题。

如果在 Web 应用开发中套用现成的 Struts 框架，可以简化每个开发阶段的工作，开发人员可以更加有针对性地分析应用需求，不必重新设计框架，只需在 Struts 框架的基础上，设计 MVC 各个模块包含的具体组件，在编码过程中，可以充分利用 Struts 提供的各种实用类和标签库，简化编码工作。

Struts 框架可以方便迅速地将一个复杂的应用划分成模型、视图和控制器组件，而 Struts 的配置文件 Struts-config.xml 可以灵活地组装这些组件，简化开发过程。

MVC 几乎是所有现代体系结构框架的基础，后来进一步扩展到企业和电子商务系统中。

Struts 已经由 Struts1 发展到 Struts2，Struts1 是 Web 应用中的第一个 MVC 框架，Struct2 是以 WebWork 为核心的，它对 Struts1 进行了很大的改进了，引进了新的思想、概念和功能。Struts2 是一个高度可扩展性的框架，其大部分核心组件都不是以直接编码的方式写在代码中的，而是通过一个配置文件来注入框架中的，这样，核心组件具有可插拔的功能，增加耦合性。对于 Struts2，开发者通过配置文件将业务注册给框架，这样开发者将专心业务，可以脱离复杂的管理工作。

2. Spring

Spring 是一个开源框架，是为了解决企业应用开发的复杂性问题而创建的，采用基本的 JavaBean 来完成以前只能由 EJB 完成的工作，并提供了许多企业应用功能。Spring 致力于 J2EE 应用各层的解决方案，是企业应用开发的一站式选择，Spring 贯穿表现层、业务层和持久层，以高度的开放性与已有的框架整合。然而，Spring 的用途不仅限于服务器端的开发。从简单性、可测试性和松耦合的角度而言，任何 Java 应用都可以从 Spring 中受益。

Spring 框架是一个分层架构，由 7 个定义好的模块组成，Spring 的各个模块构建在核心容器之上，核心容器定义了创建、配置和管理 Bean 的方式，如图 4-14 所示。

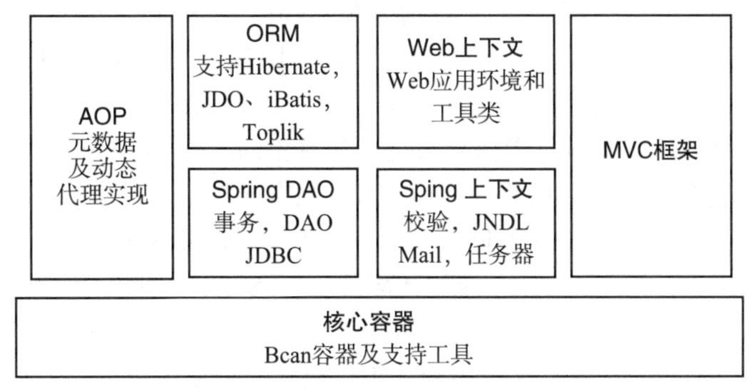

图 4-14　Spring 框架的 7 个模块

简单来说，Spring 是一个轻量级的控制反转（IoC）和面向切面（AOP）的容器框架。

轻量——从大小与开销两方面而言，Spring 都是轻量的。完整的 Spring 框架可以在一个大小只有 1MB 多的 Jar 文件里发布。并且 Spring 所需的处理开销也是微不足道的。此外，Spring 是非侵入式的：典型地，Spring 应用中的对象不依赖于 Spring 的特定类。

控制反转——Spring 通过控制反转（IoC）技术促进了松耦合。当应用了 IoC，一个对象依赖的其他对象会通过被动的方式传递进来，而不是这个对象自己创建或者查找依赖对象。

可以认为 IoC 与 JNDI 相反——不是对象从容器中查找依赖，而是容器在对象初始化时不等对象请求就主动将依赖传递给它。

面向切面——Spring 提供了面向切面编程的丰富支持，允许通过分离应用的业务逻辑与系统级服务（如审计（auditing）和事务（transaction）管理）进行内聚性的开发。应用对象只实现它们应该做的——完成业务逻辑——仅此而已。它们并不负责（甚至是意识）其他的系统级关注点，如日志或事务支持。

容器——Spring 包含并管理应用对象的配置和生命周期，在这个意义上它是一种容器，你可以配置你的每个 bean 如何被创建——基于一个可配置原型（prototype），你的 bean 可以创建一个单独的实例或者每次需要时都生成一个新的实例——以及它们是如何相互关联的。然而，Spring 不应该被混同于传统的重量级的 EJB 容器，它们经常是庞大与笨重的，难以使用。

框架——Spring 可以将简单的组件配置、组合成为复杂的应用。在 Spring 中，应用对象被声明式地组合，典型地是在一个 XML 文件里。Spring 也提供了很多基础功能（事务管理、持久化框架集成等），将应用逻辑的开发留给了程序员。

所有 Spring 的这些特征使程序员能够编写更干净、更可管理且更易于测试的代码。它们也为 Spring 中的各种模块提供了基础支持。

3. Hibernate

Hibernate 是一个开放源代码的对象关系映射框架，对 JDBC 进行了轻量级的对象封装，使得 Java 程序员可以使用对象编程思维来操作数据库，可以应用在任何使用 JDBC 的场合，可以在 Java 客户端程序中使用，也可以在 Servlet/JSP 的 Web 应用中使用，还可以在应用 EJB 的 J2EE 框架中取代 CMP（Container-managed Persistence，容器管理持续化），完成数据持久化。

Hibernate 是一个开放源代码的对象关系映射框架，它对 JDBC 进行了非常轻量级的对象封装，使得 Java 程序员可以随心所欲地使用对象编程思维来操纵数据库。

Hibernate 的核心接口一共有 5 个，分别为 Session、SessionFactory、Transaction、Query 和 Configuration。这 5 个核心接口在任何开发中都会用到。通过这些接口，不仅可以对持久化对象进行存取，还能够进行事务控制。下面对这 5 个核心接口分别加以介绍。

Session 接口。Session 接口负责执行被持久化对象的 CRUD 操作（CRUD 的任务是完成与数据库的交互，包含了很多常见的 SQL 语句）。但需要注意的是，Session 对象是非线程安全的。同时，Hibernate 的 Session 不同于 JSP 应用中的 HttpSession。这里，Session 这个术语其实指的是 Hibernate 中的 Session，而以后会将 HttpSession 对象称为用户 Session。

SessionFactory 接口。SessionFactory 接口负责初始化 Hibernate。它充当数据存储源的代理，并负责创建 Session 对象。这里用到了工厂模式。需要注意的是，SessionFactory 并不是轻量级的，因为一般情况下，一个项目通常只需要一个 SessionFactory，当需要操作多个数据库时，可以为每个数据库指定一个 SessionFactory。

Transaction 接口。Transaction 是 Hibernate 的数据库事务接口，它对底层事务接口进行了封装，Hibernate 应用可以通过一致 Transaction 接口来声明事务边界，这有助于应用在不同的环境或容器中移植。具体的事务实现使用在 Hibernate.properties 中进行指定。

Query 接口。Query 是 Hibernate 的查询接口，用于向数据库查询对象，以及控制执行查询的过程。Query 实例包装了一个 HQL（Hibernate Query Language）来查询。另外，Criteria

接口也是 Hibernate 的查询接口，它完全封装了基于字符串形式的查询语句，比 Query 更面向对象。Criteria 更擅长执行动态查询。

Configuration 接口。Configuration 接口负责配置并启动 Hibernate，创建 SessionFactory 对象。在 Hibernate 的启动过程中，Configuration 类的实例首先定位映射文档位置、读取配置，然后创建 SessionFactory 对象。

4. SSH

SSH 为 Struts+Spring+Hibernate 的集成框架，是一种 Web 应用程序开源框架。集成 SSH 框架的系统从职责上分为表示层、业务逻辑层、数据持久层和域模块层，以帮助开发人员在短期内搭建结构清晰、可复用性好、维护方便的 Web 应用程序，如图 4-15 所示。其中使用 Struts 作为系统的整体基础架构，负责 MVC 的分离，在 Struts 框架的模型部分，控制业务跳转，利用 Hibernate 框架对持久层提供支持，Spring 负责管理，管理 Struts 和 Hibernate。具体做法如下：用面向对象的分析方法根据需求提出一些模型，将这些模型实现为基本的 Java 对象，然后编写基本的 DAO（Data Access Objects）接口，并给出 Hibernate 的 DAO 实现，采用 Hibernate 架构实现的 DAO 类来实现 Java 类与数据库之间的转换和访问，最后由 Spring 负责管理。

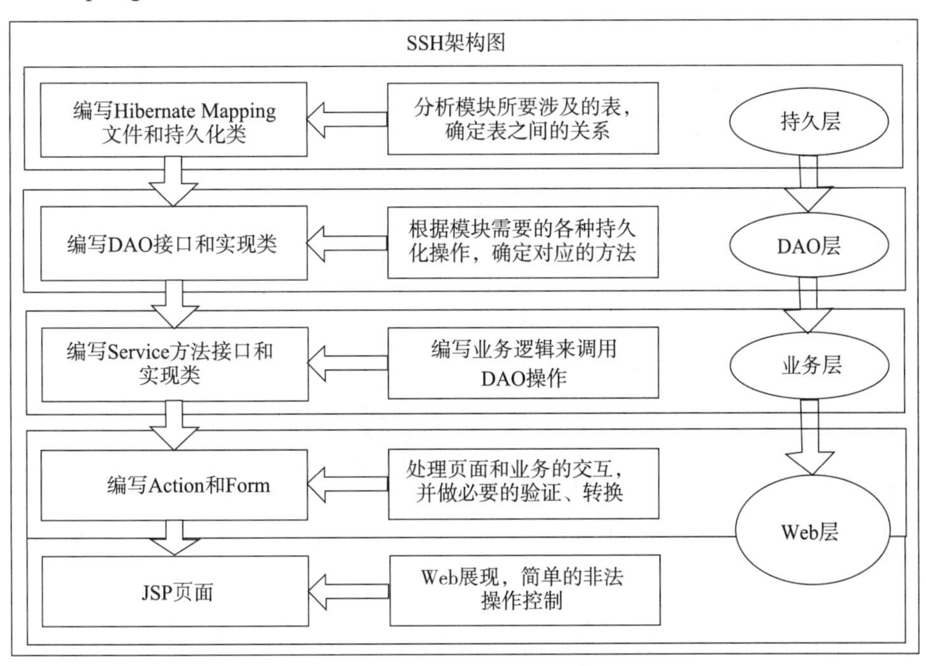

图 4-15 SSH 架构示意图

系统的基本业务流程如下：在表示层中，首先通过 JSP 页面实现交互界面，负责接收请求（Request）和传送响应（Response），然后 Struts 根据配置文件（struts-config.xml）将 ActionServlet 接收到的 Request 委派给相应的 Action 处理。在业务层中，管理服务组件的 Spring IoC 容器负责向 Action 提供业务模型（model）组件和该组件的协作对象数据处理（DAO）组件完成业务逻辑，并提供事务处理、缓冲池等容器组件以提升系统性能和保证数据的完整性。而在持久层中，则依赖于 Hibernate 的对象化映射和数据库交互，处理 DAO 组件请求的数据，并返回处理结果。

4.3 模块（构件）设计

模块（构件）设计是将软件架构的结构元素变换为软件模块（构件）的处理陈述。当软件体系结构细化为构件时，系统的结构开始显现。模块设计也称为构件设计，把软件按照一定的原则分解为模块层次，赋予每个模块一定的任务，并确定模块间的调用关系和接口。

一个构件就是程序的一个功能要素，也称为模块。程序由处理逻辑及实现处理逻辑所需要的内部数据以及能够保证构件被调用和实现数据传递的接口构成。软件构件来自于分析模型。

4.3.1 模块分解

在这个阶段，设计者会大致考虑并照顾模块的内部实现，但不过多纠缠于此，主要集中于划分模块、分配任务、定义调用关系。模块间的接口与传参在这个阶段要定得十分细致明确。概要设计一般不是一次就能做到位的，而是反复地进行结构调整。典型的调整是合并功能重复的模块，或者进一步分解出可以复用的模块。在概要设计阶段，应最大限度地提取可以重用的模块，建立合理的结构体系。

在进行体系结构设计时，迭代式设计过程将体系结构不断精化为构件，所以，在体系结构设计第一次迭代完成之后，就开始了构件设计。体系结构设计相当于描绘了一个建筑房屋的房间的整体布局，构件（模块）设计类似于房屋中每个房间的一组详细绘图，这些绘图描述了每个房间内的布线和管道。

构件（模块）存在于软件体系结构中，它们需要与其他构件和软件边界之外的实体进行通信和合作，这就涉及内部接口和外部接口设计。

构件设计主要是根据需求规格说明完成软件构件（模块）的划分，以及构件（模块）之间关系的确定，所以，构件设计是从高层到低层不断分解系统构件（模块）的过程，如图 4-16 所示。

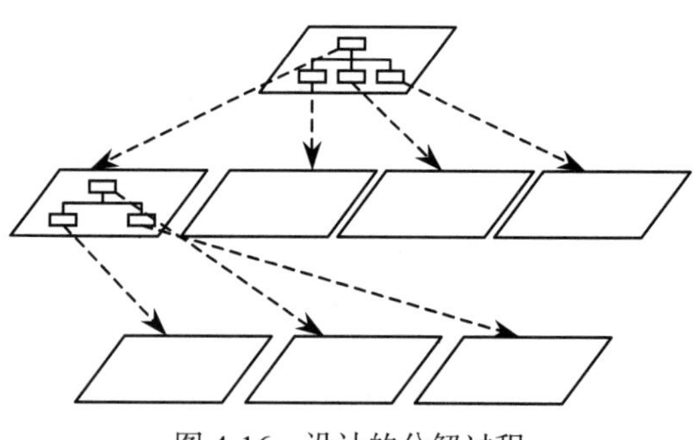
图 4-16 设计的分解过程

模块化是软件设计和开发的基本原则和方法。模块的划分应遵循一定的要求，以保证模块划分合理，并进一步保证以此为依据开发出的软件系统可靠性强，易于理解和维护。根据软件设计的模块化、抽象、信息隐蔽和局部化等原则，可直接得出模块化独立性的概念。所谓模块独立性（module independence），即不同模块相互之间联系尽可能少，尽可能减少公共的变量和数据结构。一个模块应尽可能在逻辑上独立，有完整单一的功能。

模块独立性是软件设计的重要原则。具有良好独立性的模块划分，模块功能完整独立，数据接口简单，程序易于实现，易于理解和维护。独立性限制了错误的作用范围，使错误易于排除，因而可使软件开发速度快，质量高。

为了进一步测量和分析模块独立性，软件工程学引入了两个概念，从两个方面来定性地度量模块的独立性，这两个概念是模块的耦合度和模块的内聚度。

4.3.2 耦合度

耦合度从模块外部考察模块的独立性，用来衡量多个模块间的相互联系。

模块间的耦合类型有以下几种：独立耦合、数据耦合、控制耦合、公共耦合、内容耦合。

（1）独立耦合

独立耦合指两个模块彼此完全独立，没有直接联系。它们之间的唯一联系仅仅在于它们同属于一个软件系统或共有一个上层模块。这是耦合程度最低的一种。当然，系统中只可能有一部分模块属于这种联系，因为一个程序系统中不可能所有的模块都完全没有联系。

（2）数据耦合

数据耦合指两个模块彼此交换数据。例如，一个模块的输出数据是另一个模块的输入数据，或一个模块带参数调用另一个模块，下层模块又返回参数。在一个软件系统中，这种耦合是不可避免的，且有其积极意义。因为任何功能的实现都离不开数据的产生、表示和传递。数据耦合的联系程度也较低。

（3）控制耦合

在调用过程中，若两个模块间传递的不是数据参数而是控制参数，则模块间的关系为控制耦合。控制耦合属于中等程度的耦合，较之数据耦合，其模块间的联系更为紧密。控制耦合不是一种必须存在的耦合。

当被调用模块接收到控制信息作为输入参数时，说明该模块内部存在多个并列的逻辑路径，即有多个功能，控制变量用以从多个功能中选择所要执行的部分，因而控制耦合是完全可以避免的。排除控制耦合可按如下步骤进行：

1）找出模块调用时所用的一个或多个控制变量。

2）在被调模块中根据控制变量找出所有的流程。

3）将每一个流程分解为一个独立的模块。

4）将原被调模块中的流程选择部分移到上层模块，变为调用判断。

通过以上变换，可以将控制耦合变为数据耦合。由于控制耦合增加了设计和理解的复杂程度，因此在模块设计时要尽量避免使用这种耦合。当然，如果模块内每一个控制流程规模相对较小，彼此共性较多，使用控制耦合还是合适的。

（4）公共耦合

公共耦合又称公共环境耦合或数据区耦合。若多个模块对同一个数据区进行存取操作，那么它们之间的关系称为公共耦合。公共数据区可以是全程变量、共享的数据区、内存的公共覆盖区、外存上的文件、物理设备等。当两个模块共享的数据很多，通过参数传递可能不方便时，可以使用公共耦合。公共耦合中共享数据区的模块越多，数据区的规模越大，则耦合程度越强。公共耦合最弱的一种形式是：两个模块共享一个数据变量，一个模块只向其中写数据，另一个模块只从其中读数据。

当公共耦合程度很强时，会造成关系错综复杂，难以控制，错误传递机会增加，系统可靠性降低，可理解性、可维护性差。

（5）内容耦合

内容耦合是耦合程序最高的一种形式。若一个模块直接访问另一个模块的内部代码或数据，即出现内容耦合。内容耦合的存在严重破坏了模块的独立性和系统的结构化，代码互相纠缠，运行错综复杂，程序的静态结构和动态结构很不一致，其恶劣结果往往不可预测。

内容耦合往往表现为以下几种形式：

- 一个模块访问另一个模块的内部代码或数据。
- 一个模块不通过正常入口而转到另一个模块的内部（如使用GOTO语句或JMP指令直接进入另一个模块内部）。
- 两个模块有一部分代码重叠（可能出现在汇编程序中，在一些非结构化的高级语言如COBOL中也可能出现）。
- 一个模块有多个入口（这意味着一个模块有多种功能）。

一般来讲，在模块划分时，应当尽量使用数据耦合，少用控制耦合（尽量转成数据耦合），限制公共耦合的范围，完全不用内容耦合。

4.3.3 内聚度

内聚度（cohesion）是模块内部各成分（语句或语句段）之间的联系。显然，模块内部各成分联系越紧，即其内聚度越大，模块独立性就越强，系统越易理解和维护。具有良好内聚度的模块应能较好地满足信息局部化的原则，功能完整单一。同时，模块的高内聚度必然导致模块的低耦合度。理想的情况是，一个模块只使用局部数据变量，完成一个功能。

按由弱到强的顺序，模块的内聚度可分为以下7类。

（1）偶然内聚

块内的各个任务（通过语句或指令来实现的）之间没有什么有意义的联系，它们之所以能构成一个模块完全是偶然的原因。如图4-17所示，模块T中有三条语句，至少从表面上看不出这三条语句之间有什么联系，只是由于P、Q、R、S这四个模块中都有这三条语句，为了节省空间才把它们作为一个模块放在一起，这完全是偶然性的。偶然内聚的模块有很多缺点：由于模块内没有实质性的联系，很可能在某种情况下一个调用模块需要对它修改而别的模块不需要，这时就很难处理。同时，这种模块的含义也不易理解，甚至难以为它取一个合适的名字，偶然内聚的模块也难于测试。所以，在空间允许的情况下，不应使用这种模块。

（2）逻辑内聚

一个模块完成的任务在逻辑上属于相同或相似的一类（例如，用一个模块产生各种类型的输出），则该种模块内的联系称为逻辑内聚。

在图4-18a中，模块A、B、C的功能相似但不相同，如果把它们合并成一个模块ABC，如图4-18b所示，则这个模块就为逻辑内聚，因为它们是由于逻辑上相似而发生联系的。逻辑内聚是一种较弱的联系。实际执行时，当X、Y、Z调用合成的模块ABC时，由于原A、B、C模块并不完全相同，所以还要判别执行不同功能的哪一部分。

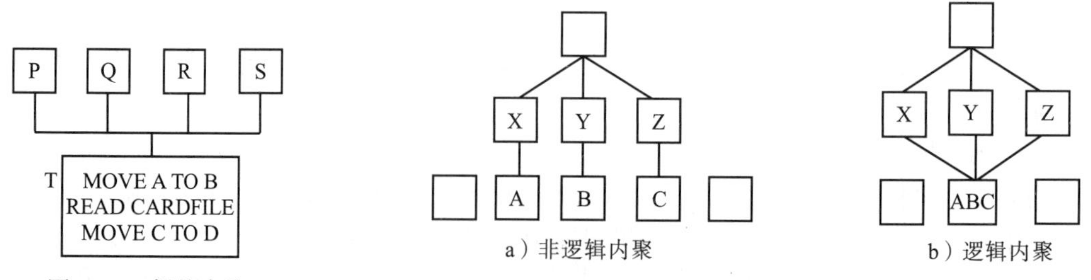

图4-17 偶然内聚

图4-18 逻辑内聚与非逻辑内聚

逻辑内聚存在的问题如下：

- 修改困难，调用模块中有一个要对其改动时，还要考虑到其他调用模块。
- 模块内需要增加开关，以判别是谁调用，因而增加了块间联系。
- 实际上每次调用只执行模块中的一部分，而其他部分也一同被装入内存，因而效率不高。

（3）时间内聚

时间内聚是指一个模块中包含的任务需要在同一时间内执行（如初始化、结束等所需操作），如图 4-19 所示。与偶然内聚和逻辑内聚相比，这种内聚类型要稍强些，因为至少在时间上这些任务是可以一起完成的。但时间内聚和偶然内聚、逻辑内聚一样，都属于低内聚度类型。

姓名检索缓冲区冲空 单位检索缓冲区冲空 年龄检索缓冲区冲空 打开姓名索引 打开单位索引 打开年龄索引

图 4-19 时间内聚

（4）过程内聚

如果一个模块内的各个处理元素是相关的，而且必须按固定的次序执行，这种内聚就称为过程内聚。过程内聚的各模块内往往体现为有次序的流程，如图 4-20 所示。

接收考试成绩 成绩排序 选择前十名

图 4-20 过程内聚

（5）通信内聚

若一个模块中的各处理元素需引用共同的数据（同一数据项、数据区或文件），则称其元素间的联系为通信内聚。通信内聚的各部分间是借助共同使用的数据联系在一起的，故有较好的可理解性，如图 4-21 所示。通信内聚和过程内聚都属于中内聚度型模块。

记录考试成绩 打印成绩通知书

图 4-21 通信内聚

（6）顺序内聚

若一个模块内的各处理元素关系密切，必须按规定的处理次序执行，则这样的模块为顺序内聚型。在顺序内聚模块内，后执行的语句或语句段往往依赖先执行的语句或语句段，以先执行的部分为条件。由于模块内各处理元素间存在着这种逻辑联系，所以顺序内聚模块的可理解性很强，属于高内聚度型模块，如图 4-22 所示。

接收身份证号 身份证号校验 身份证号查询

图 4-22 顺序内聚

（7）功能内聚

功能内聚是内聚度最高的一种模块类型。如果模块仅完成一个单一的功能，且该模块的所有部分是实现这一功能所必需的，没有多余的语句，则该模块为功能内聚型。功能内聚模块的结构紧凑，界面清晰，易于理解和维护，因而可靠性强；又由于其功能单一，故复用率高。所以它是模块划分时应追求的一种模块类型，图 4-23 所示是模块划分时得到的功能内聚模块。

身份证号校验

图 4-23 功能内聚

在模块设计时应力争做到高内聚，并且能够辨别出低内聚的模块，加以修改使之提高内聚度并降低模块间的耦合度。具体设计时，应注意以下几点：

- 设计功能独立单一的模块。
- 控制使用全局数据。
- 模块间尽量传递数据型信息。

构件（模块）设计的最终目的是将数据模型、架构模型、界面模型变为可以操作的软件。构件（模块）设计的详细程度可以根据项目的具体情况而定。在概要设计的时候，可以根据具体要求对各个模块内部进行详细设计。如果某项目开发过程中不存在详细设计过程，则可以将构件（模块）设计得尽可能详细，这样概要设计和详细设计合为一个过程。

4.4 数据模型设计

数据是软件系统的重要组成部分，在设计阶段必须对要存储的数据及其结构进行设计。数据设计首先在高层建立（用户角度的）一个数据（信息）模型，然后逐步将这个数据模型变为将来进行编码的模型。这个数据模型对软件的体系结构有很大的影响，它是软件设计中非常重要的一部分。

数据模型是系统内部的静态数据结构，它包括3种相互关联的信息，即数据对象、数据属性和关系。其中：

- 数据对象表示目标系统中的各种信息，可以是外部实体、事物、角色、行为或者事件、组织单位、地点或者结构。
- 数据属性定义了数据对象的特征，包括数据对象的实例命名，描述这个实例，建立对另一个数据对象的其他实例的引用。例如，“学生”数据对象可以命名为student，其属性可以有“学号”“姓名”“性别”“年龄”等。
- 关系是指各个数据对象实例之间的关联。例如，一个学生“张三”选课“数学”“物理”，这个学生与“课程”实例通过“选课”关联起来。实例之间的关联类型有3种，即一对一、一对多和多对多。

图4-24是某项目实体关系图示，它表示模块各项功能相关的数据属性和各自独有的数据属性，其中名称加下划线的属性是主键，名称是斜体的属性是外键。

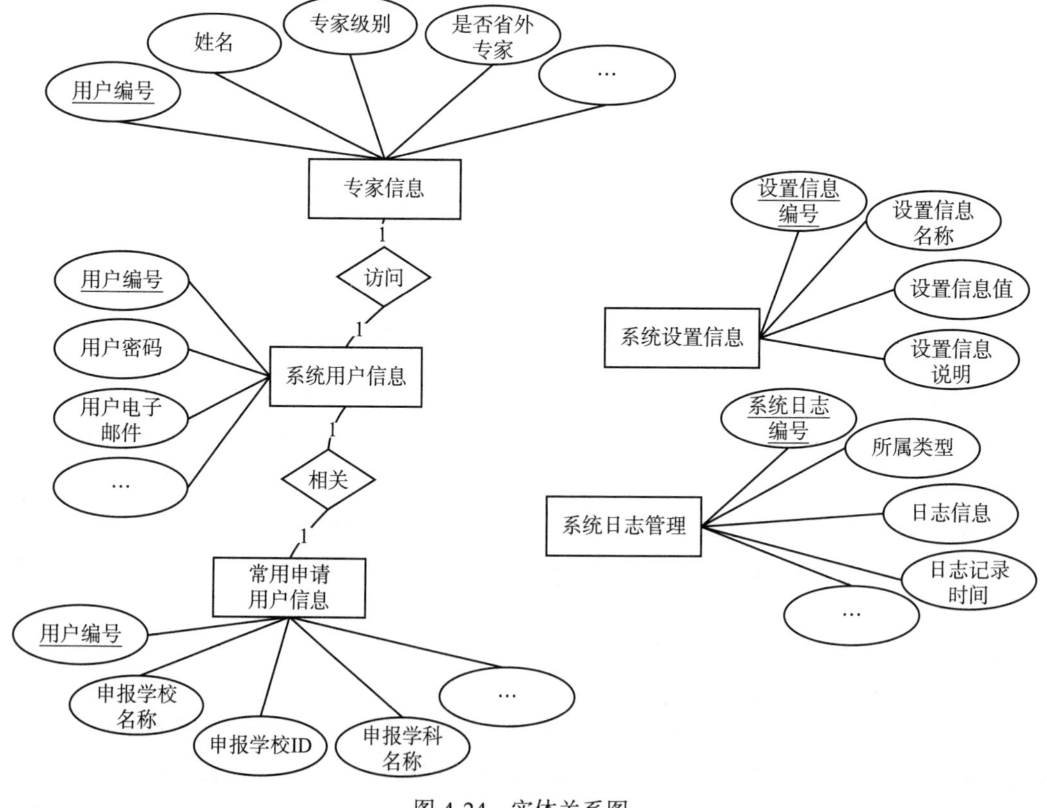

图4-24 实体关系图

数据模型可以分为概念数据模型、物理数据模型和逻辑数据模型。概念数据模型以问题域的语言解释数据模型，反映了用户对共享事物的描述和看法，由一系列应用领域的概念组成。物理数据模型以解系统的语言解释数据模型，它描述的是共享事物的解系统中的实现形式，是形式化的定义。逻辑数据模型使用一种中立语言进行数据模型的描述。概念数据模型与物理数据模型之间存在较大的差异，软件开发人员将概念数据模型转换为物理数据模型是存在困难的，所以可以采用逻辑数据模型缓解这个困难。

目前的数据模型主要有两种，即数据库管理系统（DBMS）和文件存储模式。其中数据库管理系统已经是比较成熟的技术，尤其是关系数据库管理系统，这也是很多软件设计者采用的数据存储和管理工具。

4.4.1 数据库设计

理论上，数据库可以分为网状数据库、关系数据库、层次数据库、面向对象数据库、文档数据库、多维数据库。其中关系数据库是最成熟的，应用也是最广泛的，这也是大多数设计者选择它的理由。关系数据库的设计与结构化方法可以很方便地衔接，具有一致性，因为可以很容易将结构化分析阶段建立的实体 - 关系模型映射到关系数据库中。

数据库设计分为三个阶段：概念结构设计阶段，逻辑结构设计阶段，物理结构设计阶段。概念结构设计的目标是产生反映系统信息需求的整体数据库概念结构，是构建一个实际应用中的概念模型的过程，不考虑任何物理因素。概念结构设计用到的描述工具是 E-R 图，这在前面已经介绍过。逻辑结构设计是将概念模型转换成逻辑模型的过程，不针对特定 DBMS 和其他物理限制。物理结构设计的目标是将给定的逻辑数据模型转换为特定 DBMS 所支持的数据模型，描述基本关系、文件组织、索引，以及相关的完整性设计和安全设计。同时，还要选取一个适合应用环境的物理结构。三个阶段的基本设计过程如下。

概念结构设计步骤：

1）标识实体类型。

2）标识实体关系类型，如图 4-25 所示。

3）标识实体属性以及关系属性。

4）确定属性的取值范围。

5）确定实体的关键属性、可选属性等。

6）优化概念模型。

7）检测模型的冗余度。

8）按照用户的实际应用验证概念模型。

9）与用户一起评审概念模型

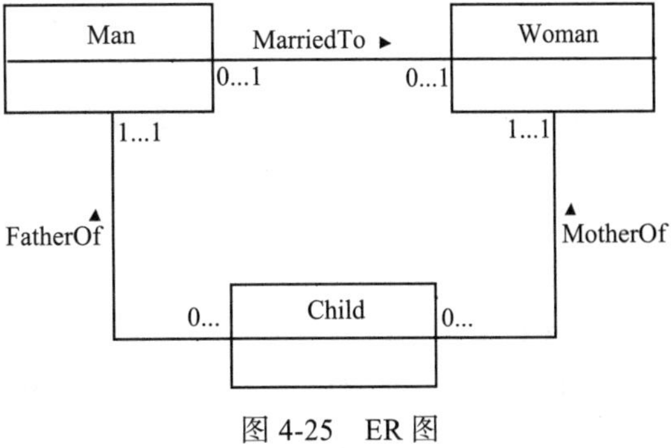

图 4-25　ER 图

逻辑结构设计步骤：

1）导出逻辑模型的各种关系。

2）根据数据库设计规范来检查关系，规范包括 1 范式、2 范式、3 范式、BCNF 范式、4 范式等。

3）根据用户应用场景验证关系。

4）检查完整性。

5）与用户一起评审逻辑模型。

6）考虑未来数据增加的情况。

物理结构设计步骤：

1）将逻辑模型转换为特定 DBMS 数据库的数据表。

2）分析具体的事务、选择文件组织方式、选择检索、估计磁盘的需求量等。

3）设计用户视图。

4）设计安全机制。

5）考虑数据冗余处理情况。

6）监控和调优系统。

下面以“软件实训管理平台”项目为例来说明这个项目数据库的建模情况。

软件实训管理平台

本项目的主要任务是实现软件实训基地管理流程的信息化，通过为软件实训基地提供一个控制管理平台，对学员在实训过程中的信息进行记录与检阅，及时了解每名学员在实训各阶段的软件水平，最终对每名学员的总体实训水平给出客观真实的评价，提供学生平台和教师管理平台两个独立的平台。具体要求如下：

1. 通过学生平台，学员可以进行信息注册，填写学生基本情况调查表，包括班年级、学号、姓名、性别、年龄、所学专业、是否有软件开发经历、联系信息（座机、手机、邮箱）等。

2. 通过学生平台，学员可以查看在教师管理端发布的课程信息，包括课程名称、课程编号、课程描述、授课老师和配套的培训课程。

3. 通过学生平台，学员可以根据课程信息介绍选择自己感兴趣的实训课程（每人仅限选择一门实训课程）。如果由于某种原因学员希望退课，也可以退课。

4. 当面试结束后，学员应能通过学生平台查看自己的面试结果，了解是否已入选所选课程。

5. 通过学生平台，学员可以查看自己参与的项目的信息，包括项目度量跟踪记录、项目跟踪评审记录（具体内容见教师管理端“项目跟踪记录评分与查看”）。

6. 通过教师管理平台，教师可以进行实训课程设置与培训课程设置，实现课程管理功能。

7. 通过教师管理平台，教师可以对学生进行面试管理。

8. 通过教师管理平台，教师可以对学员的项目信息进行跟踪，包括输入与查看。它完成了项目度量跟踪信息记录、项目开发评审跟踪信息记录和学员实训后软件水平评定功能。

9. 通过教师管理平台，教师可以查询实训学生的各种信息及实训情况。

1. 概念结构设计

概念数据模型就是根据需求反映的现实世界中的实体建立的抽象的数据模型。概念结构设计将反映现实世界中的实体、属性和它们之间的关系，建立原始数据形式，包括各数据项、记录、系、文卷的标识符、定义、类型、度量单位和值域，建立数据库的每一幅用户视图。

图 4-26 描述了“软件实训管理平台”系统的整体 E-R 图（不包括系统中独立实体）。

图 4-27 描述了实训课程与培训课程之间的关系，每门实训课程可配备多门培训课程。

实训课程实体的属性有：实训课程 ID，实训课程名称，实训课程描述，课程期，（课程）开始时间，（课程）结束时间，课程人数，（课程）指导老师，（课程）学分。

培训课程实体的属性有：培训课程 ID，培训课程名称，授课老师，培训课程描述。

图 4-28 描述了学员与实训课程之间的关系。每名学员仅仅可以选择一门实训课程。

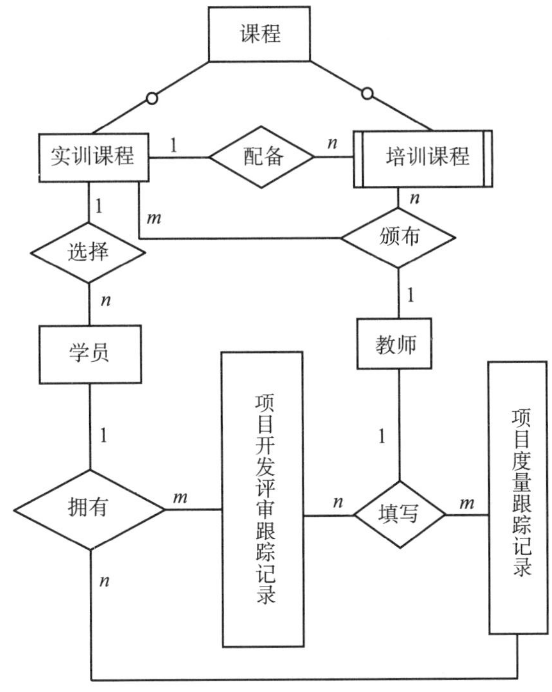

图 4-26　系统 E-R 图

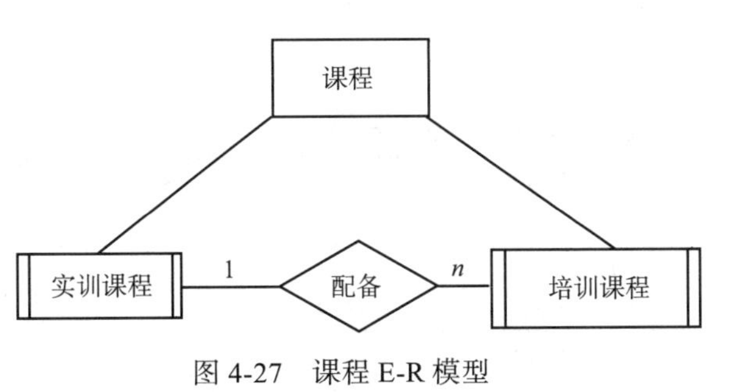

图 4-27　课程 E-R 模型

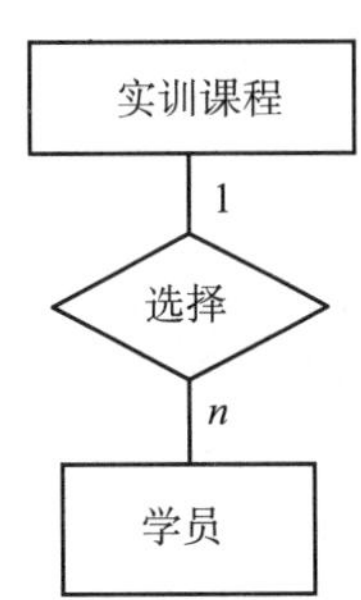

图 4-28　学生 E-R 模型

学员实体的属性有：学员 ID，姓名，班年级，性别，年龄，联系信息，专业，是否有软件开发经历，掌握的基本软件开发技能，基本工作经验，实训前的软件水平，实训后的软件水平，面试老师，面试时间，是否通过面试，是否参加实训，实训总分，学员登录密码，是否完成基本信息填写，是否完成面试，所选实训课程 ID 等。

图 4-29 描述了学员与项目度量跟踪记录以及学员与项目开发评审跟踪记录之间的关系。每名学员可以拥有多条项目度量跟踪记录与多条项目开发评审跟踪记录。

项目度量跟踪记录实体的属性有：学员 ID，配置管理成绩，周报检查成绩，周例会检查成绩，实际开发时间，检查时间。

项目开发评审跟踪记录实体的属性有：学员 ID，评审项编号，评审项名称，标准分，评分结果，备注。

图 4-30 描述了教师与项目度量跟踪记录以及教师与项目开发评审跟踪记录之间的关系。每名教师可以填写多条项目度量跟踪记录与多条项目开发评审跟踪记录。

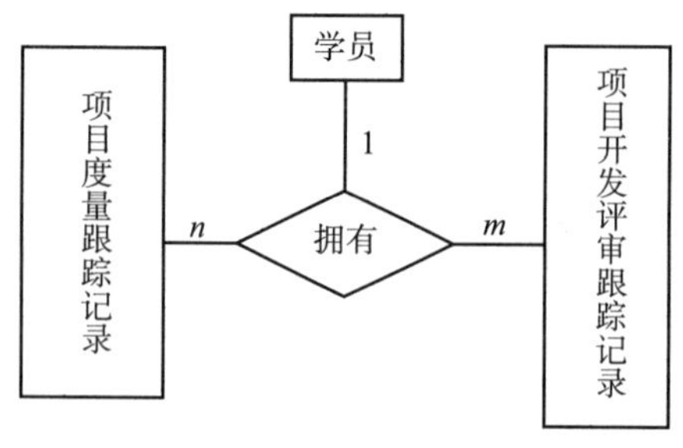

图 4-29 学员与跟踪记录的关系

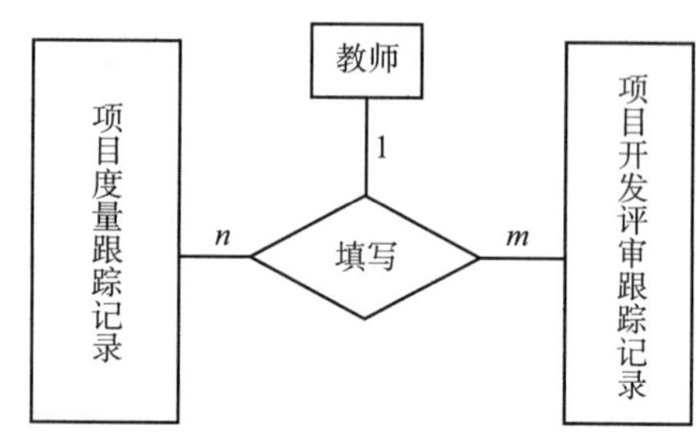

图 4-30 教师与跟踪记录的关系

图 4-31 描述了教师与实训课程、培训课程之间的关系。每名教师可以发布多门实训课程和培训课程。

2. 逻辑结构设计

逻辑结构设计主要是将现实世界的概念数据模型设计成数据库的一种逻辑模式。这一步设计的结果就是“逻辑数据库”。数据库逻辑结构设计可以将概念设计阶段的 E-R 图进行分解、合并后重新组织起来形成数据库全局逻辑结构，包括所确定的关键字和属性、重新确定的记录结构、所建立的各个文卷之间的相互关系。逻辑设计将实体转换为关系，将实体间的联系也转换为关系。其中数据对象可以映射为一个表或者多个表。以下是实训管理系统用到的数据库表。

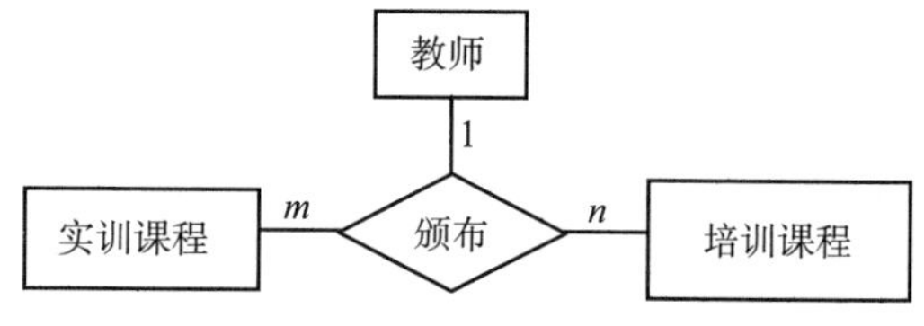

图 4-31 教师与课程之间的关系

表 4-1 学员信息表（StudentsInfo）

字段中文描述	字 段	类型与长度	空与非空	主键	其他
学员 ID	StudentID	char，10	非空	是	
姓名	Name	nvarchar，20	允许空		
班年级	GradeClass	nvarchar，20	允许空		
性别	Gender	bit，1	允许空		
年龄	Age	int，4	允许空		
联系信息（座机，手机，邮箱）	ContactInfo	nvarchar，100	允许空		
专业	Major	nchar，30	允许空		
是否有软件开发经历	HasWorkingExp	bit，1	允许空		
掌握的基本软件开发技能	BasicSkills	nvarchar，100	允许空		
基本工作经验	BasicWorkingExp	nvarchar，350	允许空		
实训前的软件水平	AbilityLevelBef	nchar，1	允许空		
实训后的软件水平	AbilityLevelAft	nchar，1	允许空		
面试老师	Interviewer	nchar，10	允许空		
面试时间	InterviewTime	smalldatetime	允许空		
是否通过面试	PassInterv	bit，1	非空		默认值（0）
是否参加实训	Training	bit，1			
实训总分	TotalScore	float，8			
有效标志位	Avail	bit，1	非空		默认值（1）
学员登录密码	Password	char，15	允许空		

（续）

字段中文描述	字　段	类型与长度	空与非空	主键	其他
是否完成基本信息填写	Done	int，1	非空		默认值（0）
是否完成面试	DoneInterv	int，1	非空		默认值（0）
所选课程 ID	CourseID	char，10	非空		默认值（#）

说明：表 4-1 记录了学员的所有信息，与此对应的功能需求有：学员填写基本信息，学员查看选课结果，学员进行个人设置，学员查看和修改个人基本信息，面试管理，简单的数据查询功能。

在学员信息表中需要特殊说明的属性是有效标志位，当老师在面试管理功能模块中对学员信息进行删除时并没有真的将数据从数据库中删除，而是将此学员信息的有效标志位设置成无效。在显示学员数据的时候将根据此属性确定是否显示此数据。只有在教师管理子系统中的系统管理功能模块中的"学员信息清理"子功能模块中才能真正从数据库中删除学员信息。

表 4-2　实训课程信息表（CoursesInfo）

字段中文描述	字　段	类型与长度	空与非空	主键	其他
实训课程 ID	CourseID	char，10	非空	是	
实训课程名称	CourseName	nchar，20	允许空		
实训课程描述	CourseDesc	nvarchar，200	允许空		
课程期	CourseTerm	bigint，8	允许空		
开始时间	StartTime	smalldatetime	允许空		
课程人数	StudentInCourse	bigint，8	允许空		
结束时间	EndTime	smalldatetime	允许空		
有效标志位	Avail	bit，1			默认值（1）
指导老师	Teacher	nchar，15	允许空		
学分	Credits	float，8	允许空		

说明：表 4-2 记录了所有实训课程的信息，与此对应的功能需求有：学员查看发布的课程信息，学员查看选课结果，实训课程设置，课程清理。

表 4-3　培训课程信息表（LessonsInfo）

字段中文描述	字　段	类型与长度	空与非空	主键	其他
培训课程 ID	LessonID	uniqueidentifier，16	非空	是	
培训课程名称	LessonName	nvarchar，20	允许空		
培训课程描述	LessonDesc	nvarchar，100	允许空		
授课老师	Teacher	nvarchar，15	允许空		
有效标志位	Avail	bit，1			默认值（1）

说明：表 4-3 记录了所有培训课程的信息，与此表对应的功能需求有：学员查看发布的课程信息，培训课程设置，课程清理。

表 4-4　培训课程与实训课程关系连接表（CourseLessons）

字段中文描述	字　段	类型与长度	空与非空	主键	其他
实训课程 ID	CourseID	uniqueidentifier，16	允许空		
培训课程 ID	LessonID	char，10	允许空		

说明：由于每一门实训课程都会配备一门或一门以上的培训课程，所以实训课程与培训课程之间的关系是一对多的关系。与表 4-4 对应的功能需求有：学员查看发布的课程信息，培训课程设置，课程清理。

表 4-5　系统用户信息表（UsersInfo）

字段中文描述	字　段	类型与长度	空与非空	主键	其他
系统用户登录名	UserName	nchar，10	非空	是	
系统用户登录密码	UserPass	char，15	允许空		
系统用户级别	UserLevel	smallint，2	允许空		

说明：表 4-5 用来存储系统所有用户的信息，与此表对应的功能需求有：系统管理，用户管理。在系统用户信息表中需要说明的是“系统用户级别”属性，此属性为整型数据，用户级别分为两级，1 代表普通用户，2 代表系统管理员。

表 4-6　项目度量跟踪信息表（MeasurementTracking）

字段中文描述	字　段	类型与长度	空与非空	主键	其他
学员 ID	StudentID	char，10	允许空		
配置管理成绩	ConfigurationManage	float，8	允许空		
周例会检查成绩	WeeklyMeeting	float，8	允许空		
实际开发时间（小时 / 周）	HoursInWork	float，8	允许空		
检查时间	Date	smalldatetime	允许空		
周报检查成绩	ZhouBaoJianCha	smallint，2	允许空		

说明：表 4-6 记录了某个学员的项目度量跟踪的情况，与此表对应的功能需求有：学员查看个人项目信息，项目跟踪记录评分与查看，简单的数据查询功能。此表中的 StudentID 字段为 StudentsInfo 表的主键，因此为 MeasurementTracking 表的外键。

表 4-7　项目开发评审跟踪信息表（DevelopeInspection）

字段中文描述	字　段	类型与长度	空与非空	主键	其他
学员 ID	StudentID	char，10	允许空		
评审项编号	ItemID	char，10	允许空		
标准分	StandardMark	int，4	允许空		
评分结果	Result	float，8	允许空		
备注	PS	nvarchar，100	允许空		
评审项名称	ItemName	nvarchar，10	允许空		

说明：表 4-7 记录了某个学员的项目开发评审跟踪的情况，与此表对应的功能需求有：学员查看个人项目信息，项目跟踪记录评分与查看，简单的数据查询功能。此表中的 StudentID 字段为 StudentsInfo 表的主键，因此为 DevelopeInspection 表的外键。

表 4-8　数据库备份记录信息表（BackupDBInfo）

字段中文描述	字　段	类型与长度	空与非空	主键	其他
备份文件名称	BackupName	nvarchar，50		是	
备份描述	BackupDesc	nvarchar，200	允许空		
备份日期	BackupDate	smalldatetime	允许空		
备份文件路径	BackupPath	nvarchar，200	允许空		

说明：表 4-8 记录了用户在备份数据库时所提供的信息，包括备份文件名称、备份文件的描述和备份文件在服务器上的物理路径，供以后需要时查看。此表与系统的其他表存放在不同的数据库中。与此表对应的功能需求有：数据备份，备份信息查询。

数据库表间的关系如图 4-32 所示。

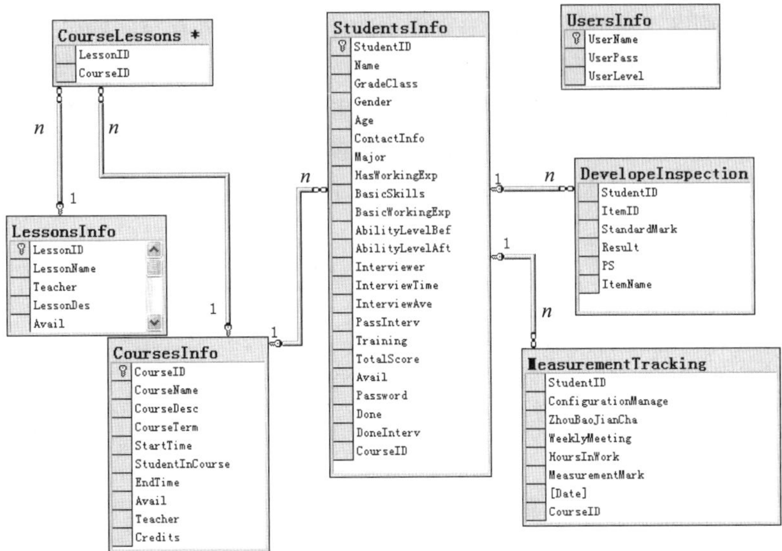

图 4-32 数据库表间关系图

说明：

1）由图 4-32 可知，LessonsInfo 表与 CoursesInfo 表通过 CourseLessons 表建立了关系。这样，通过 CourseLessons 表就能够实现在 CoursesInfo 表中的一条记录在 LessonsInfo 表中有多条与之对应。通过将 CoursesInfo 表与 CourseLessons 表连接，再与 LessonsInfo 表连接就可以得到与某一特定培训课程所对应的实训课程的信息了。

2）StudentsInfo 表中的 CourseID 字段为 CoursesInfo 表的主键，通过将 StudentsInfo 表与 CoursesInfo 表连接就可得到某一学员所选的课程，再通过上述方式，就可得到某一学员所选实训课程的信息及课程对应的培训课程的信息。

3）MeasurementTracking 表中的 StudentID 为 StudentsInfo 表中的主键，通过将 StudentsInfo 表与 MeasurementTracking 表连接就可得到某一学员的项目度量跟踪信息及学员的基本信息。

4）DevelopeInspection 表中的 StudentID 为 StudentsInfo 表中的主键，通过将 StudentsInfo 表与 DevelopeInspection 表连接就可得到某一学员的项目开发评审跟踪信息及学员的基本信息。

数据库表中的关系映射主要包括：

- 一对一关系：对于一对一关系，可以在两个表中都引入外键，这样两个表之间可以进行双向导航，也可以根据具体情况，将两个数据对象组合成一张单独的表。
- 一对多关系：在这种映射关系中，可以将关联中的“一”端映射到一张表中，将关联中的“多”端上的数据对象映射到带有外键的另外一张表中，使得外键满足关系引用的完整性。
- 多对多关系：由于记录的一个外键最多只能引用另外一条记录的一个主键值，因此，关系数据库模型不能在表之间直接维护一对多关系。为了表示多对多关系，关系模型必须引入一个关联表，将两个数据实体之间的多对多关系转换为一对多关系。

3. 物理结构设计

数据库的物理结构设计主要考虑在特定 DBMS 下具体的实现过程，例如数据在内存中的安排，包括对索引区、缓冲区的设计；对使用的外存设备及外存空间的组织，包括索引区、数据块的组织与划分；设置访问数据的方式方法。

例如，上面例子中的实训管理系统项目需在非系统卷（操作系统所在卷以外的其他卷）上安装 MySQL 程序及数据库文件。然后就可以按照设计好的数据库表用 SQL 语言建立数据库表。例如，以下为学生基本信息表（stud_info）的 SQL 脚本，可以通过执行 SQL 脚本完成数据库的物理建立，如图 4-33 所示。

```
CREATE TABLE stud_info
    ( stud_id CHAR(10) NOT NULL,
      name NVARCHAR(4) NOT NULL,
      birthday DATETIME,
      gender NCHAR(1),
      address NVARCHAR(20),
      telcode CHAR(12),
      zipcode CHAR(6),
      mark DECIMAL(3,0)
     )
```

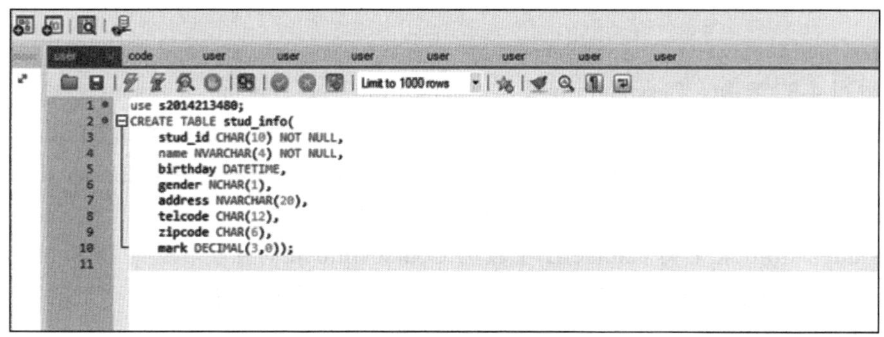

图 4-33　数据库的物理建立

数据库的设计是数据设计的核心，可以采用面向数据的方法，为此需要掌握数据库设计原理和规范，熟悉某些数据库管理系统以及数据库的优化技术，应用这些知识和技术，可以进行 E-R 图设计、数据字典设计、基本数据表设计、中间数据表设计、临时数据表设计、视图设计、索引设计、存储过程设计、触发器设计等。

为了提高系统的运行速度，增加代码的重用性，在数据库服务器上，提倡将一些公用的数据操作设计为存储过程，并尽量用存储过程代替触发器功能，减少触发器的数目，因为触发器数量的增加将严重降低系统的运行效率。

4.4.2　文件设计

文件设计的主要工作是根据使用要求、处理方式、存储的信息量、数据的灵活性以及所能提供的设备条件等，确定文件类型，选择文件媒体，决定文件组织方法，设计文件记录格式并估算文件的容量。要根据文件的特征来确定文件的组织方式。

顺序文件：主要包括连续文件和串联文件两种类型。连续文件的全部记录顺序地存放在外存的一片连续区域中。这种文件组织的优点是存取速度快，处理简单，存储利用率高；缺点是事先需要定义该区域的大小，而且不能扩充。串联文件的记录成块地存放在外存中，在每一块中，记录顺序地连续存放，但是块与块之间可以不邻接，通过一个块拉链指针将它们顺序地链接起来。这种文件组织的优点是文件可以按需求扩充，存储利用率高；缺点是影响了存取和修改的效率。顺序文件记录的逻辑顺序与物理顺序相同，它适合于所有的文件存储媒体，通常最适合于顺序（批）处理，处理速度很快，但是记录的插入和删除很不方便，通常打印机、只读光盘上的文件都采用顺序文件形式。

直接存取文件：直接存取文件记录的逻辑顺序与物理顺序不一定相同，但是记录的关键字值直接指定了该记录的地址，可以根据记录的关键字值，通过计算直接得到记录的存放地址。

索引顺序文件：其基本数据记录按照顺序文件组织，记录排列顺序必须按照关键字值升序或者降序安排，而且具有索引部分，索引部分也按照同一关键字进行索引。在查找记录时，可以先在索引中按照该记录的关键字值查找有关的索引项，待找到后，从该索引项取到记录的存储地址，再按照该地址检索记录。

分区文件：这类文件主要是存放程序，它由若干称为成员的顺序组织的记录组和索引组成。每一个成员是一个程序，由于各个程序的长度不同，所以各个成员的大小也不同，需要利用索引给出各个成员的程序名、开始存放位置和长度。只要给出一个程序名，就可以在索引中查找到该程序的存放地址和程序长度，从而取出该程序。

虚拟存储文件：这是基于操作系统的请求页式存储管理功能而建立的索引顺序文件，它的建立使用户能够统一处理整个内存和外存空间，从而方便了用户使用。

4.5 接口设计

软件接口设计相当于一组房屋门、窗和外部设施的详细描绘图（或者规格说明），主要包括三部分：

- *用户界面设计*：人机接口的设计。
- *外部接口设计*：与其他系统、设备、网络或者其他的信息产生者或使用者的外部接口的设计。
- *内部接口设计*：各种构件（模块）之间的内部接口的设计，通过这些内部接口，使得软件体系结构中的构件（模块）之间能够进行内部通信和协作。

4.5.1 用户界面设计

用户界面也称为人机界面，是人与计算机之间传递、交换信息的媒介和对话接口，实现信息的内部形式与人类可以接受的形式之间的转换。界面设计的目标是定义一组界面对象和动作，它们使得用户能够以满足系统所定义的每个使用目标的方式完成所有定义的任务。

用户界面设计是为人和计算机之间创建一个有效的沟通媒介，设计时遵循一定的原则标识界面和相应的操作，设计屏幕布局，以此作为用户界面原型的基础。Mandel 总结了界面设计的三个“黄金原则”：

- 控制用户的想法。

- 尽可能减少用户记忆量。
- 界面最好有连续性。

这些原则形成了用户界面设计原理的基础，指导软件界面设计。用户界面设计的过程是循序渐进的递归过程，如图 4-34 所示。界面设计完成之后，进行第一次的原型构造，然后由用户评估这个原型。用户可以对界面进行直接评价和提出建议，设计者根据用户的评价和建议修改设计，然后再进行下一个原型的构造，循环这个过程，直到不需要对原型进行修改为止。根据这个设计流程，(采用一定的工具）开发一个操作原型界面，然后据此评估界面，以便验证是否满足了用户的要求，必要时进行修改，然后再评估，直到用户满意为止。

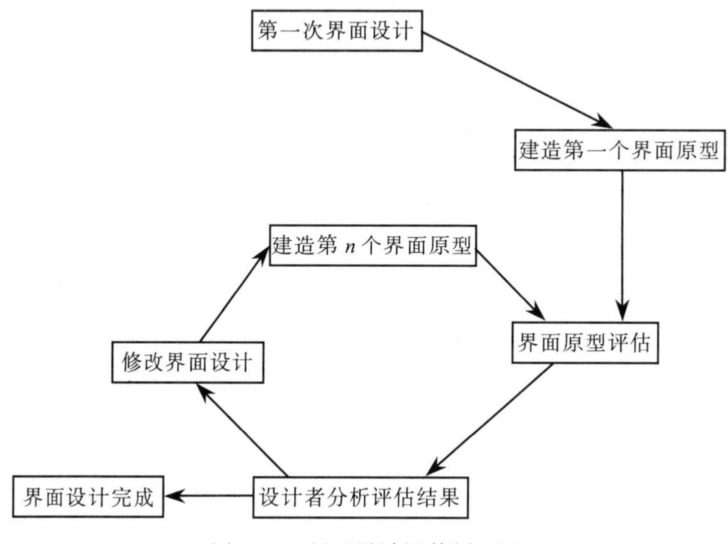

图 4-34 界面设计评估循环链

广义上讲，用户界面可以分三大类：

- 基于命令语言的界面：这种界面基于用户能够用来发布命令的一种命令语言。
- 基于菜单的界面：这种界面以命令名称的认知为基础，输入的工作量变得最少，大多数的交互通过使用一个指点设备进行菜单选择来完成。
- 直接操作界面：这种界面以可视化模型的方式将界面呈现给用户，用户通过在对象的视觉呈现上执行动作来发布命令。

界面设计的初始过程可以创建可评估使用场景的原型，然后随着迭代设计过程的继续，可以采用界面开发工具完成界面的构造，基本步骤如下：

1）确定任务的目标。

2）将每个目标映射为一系列特定动作。

3）说明这些动作将来在界面上执行的顺序。

4）指明上述各动作序列中每个动作在界面上执行时界面呈现的形式。

5）定义便于用户修改系统状态的一些设置和操作。

6）说明控制机制怎样作用于系统状态。

7）指明用户应该怎样根据界面上反映出来的信息解释系统的状态。

人机界面设计的具体要求如下。

1）交互性方面的要求。包括：

- 一致性。
- 对任何有破坏性的操作需要确认。
- 任何操作允许退回原来界面。
- 减少操作中需记忆的信息量。
- 尽量减少击键次数。
- 进行出错处理。
- 合理布局。
- 提供上下文的帮助设施。

2）信息显示方面的要求。包括：

- 简单明了的信息表达。
- 采用统一的标号以及约定俗成的缩写和颜色。
- 用窗口将不同种类的信息分开。
- 只显示有意义的出错信息。

3）数据输入/输出的要求。包括：

- 尽量减少用户的输入动作。
- 允许用户自主定制输入。
- 信息显示与输入的一致性。
- 交互方式应符合用户要求。
- 提供输入帮助。
- 让用户控制交互流程的主动权。

4.5.2 外部接口和内部接口设计

外部接口设计也称为部署设计，描述软件功能和子系统如何在支持软件的物理计算环境（如系统的网络环境、软件环境、硬件环境）内分布，以及系统如何部署，这也与系统模块相关。

内部接口设计与构件（模块）设计是紧密联系的，需要设计各个构件（模块）之间的通信、协作，这部分可以结合构件（模块）设计部分给予描述。

4.6 结构化设计方法

在结构化软件工程环境中，结构化设计是从需求分析模型出发，通过需求分析结果（如数据流程图、实体关系图等），采用自上而下、逐步求精的思路，对功能进行分解、划分，细化数据流程图，必要的时候可以通过事务分析、转换分析，将数据流变换为结构。结构化设计方法主要基于数据流的设计，以分析模型中的数据流要素作为导出构件的基础，数据流图最底层的每个变换被映射为某一层次的模块。

例如，我们要为某打印室构建一个软件系统，其目的是收集客户的需求。如果采用结构化设计方法，在分析模型建立过程中，导出了一组数据流图，在设计过程中，将这些数据流映射到图 4-35 所示的体系结构图中，图中每个方框表示一个模块。还要明确定义模块之间的接口，即每个接口的数据或者控制对象需要明确加以说明。可以根据情况对模块内部采用逐步求精的方法设计，更详细的部分可以作为详细设计。

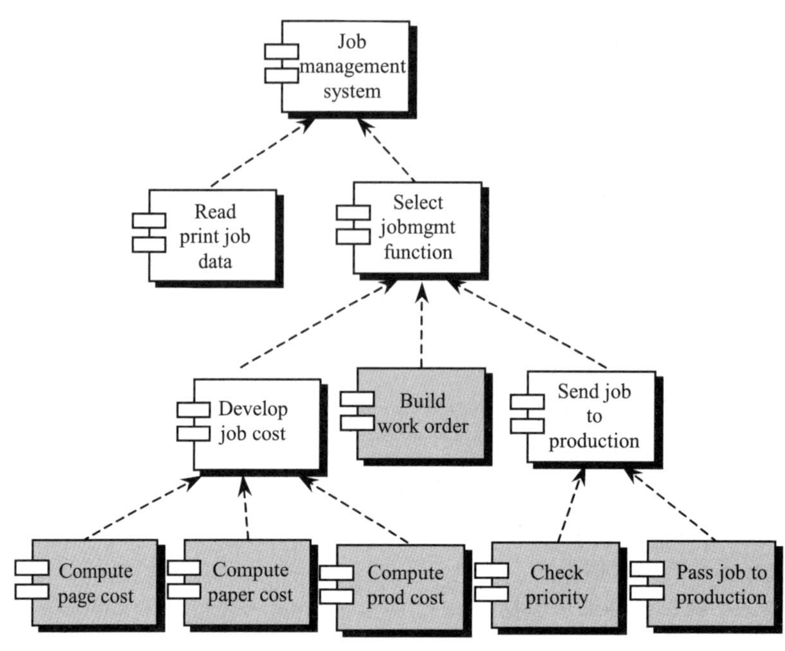

图 4-35 传统的结构化设计的体系结构图

在需求分析阶段，通过数据流图描绘了信息在系统中的加工和流动的情况，面向数据流的设计方法可以将数据流图中表示的数据流映射成软件结构，基本设计过程如图 4-36 所示。

基本过程如下：

1）精化数据流，对需求分析阶段得出的数据流图复查，确保模型正确，同时使数据流图中每个处理代表一个规模适中、相对独立的子功能。

2）确定数据流图中数据流的类型。

3）导出初始的软件结构图。

4）对软件结构图进行逐级分解。

5）精化软件结构。

6）导出接口描述和全局数据结构，对于每个模块，定义该模块的信息、接口信息以及全局数据结构的描述。

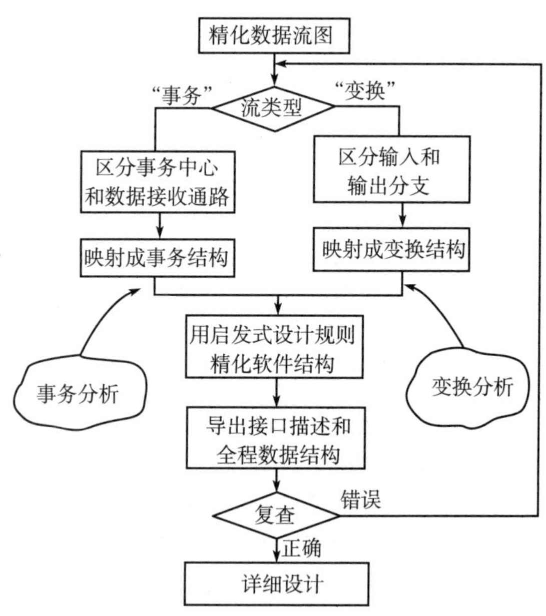

图 4-36 面向数据流方法的设计过程

4.6.1 变换流与事务流

变换流的基本原理是系统的信息以“外部世界”的形式进入软件系统，经过处理之后再以“外部世界”的形式离开系统。如图 4-37 所示，信息沿着输入通道进入系统，同时由外部形式变化为内部形式，进入系统的信息变换中心，经过加工处理以后，再沿着输出通道变化为外部形式，离开软件系统。这就是变换流的定义。

所谓事务流就是沿传入路径进入系统，由外部形式变换为内部形式后到达事务中心，事务中心根据数据项计值结果从若干动作路径中选定一条执行。其实，所有的信息流都可以称为事务流。事务流是一类特殊的数据流，如图 4-38 所示，这种数据流以事务为中心，当数据流沿着输入通路到达一个事务处理 T 后，处理根据输入数据的类型从若干动作序列中选择一个来执行。图 4-38 中的 T 称为事务中心，它接收输入数据（事务），分析每个事务，确定事务类型，根据事务类型选择一条活动通路。

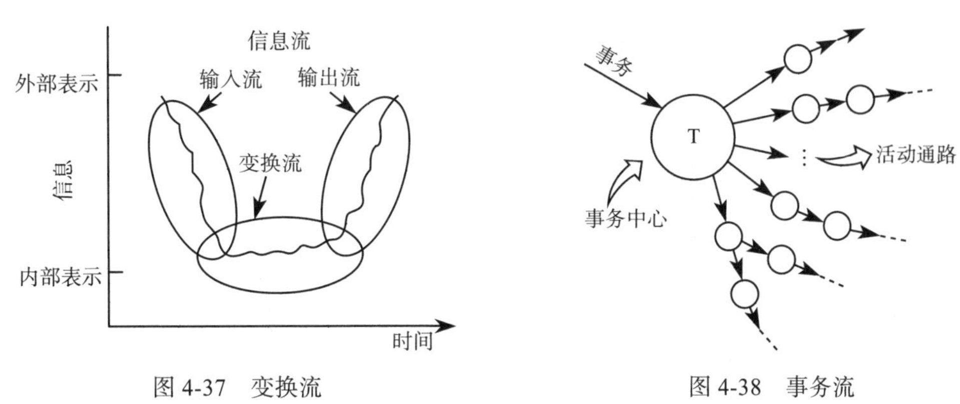

图 4-37　变换流　　　　图 4-38　事务流

4.6.2　功能模块划分

结构化设计方法是在模块化、自顶向下逐步细化及结构化程序设计技术基础上发展起来的。典型的结构化设计方法是把一个系统视为一系列能够执行各项功能的函数，每一个函数也可以被分解为更加详细的子函数，并可以一直分解下去。这就是模块的基本含义。模块划分的两个基本图示是模块层次图和模块结构图。

（1）模块层次图

模块层次图是根据功能进行分解，分解出一些模块，设计者从高层到低层一层一层进行分解，每层都有一定的关联关系，每个模块具有特定、明确的功能，每个模块的功能是相对独立的，同时是可以集成的。图 4-39 所示就是一个模块层次图，每个方框代表一个模块，而且通过调用其下层模块完成功能。方框之间的连线代表调用关系，这个图示方法在传统的软件工程中已经被普遍接受。模块划分应该体现信息隐藏、高内聚、松耦合的特点。

（2）模块结构图

模块结构图是结构化设计的主要工具，它是由美国的 Yourdon 在 1974 年提出来的，并用于描述软件系统的组成结构及其相互关系，它既反映了整个系统的结构（即模块划分），也反映了模块之间的关系。图 4-40 是一个模块结构图，基本图形符号包括模块、调用、模块之间的通信。

- 模块：用矩形来表示软件系统中的一个模块，框中写模块的名字。
- 调用：使用带箭头的线段表示模块之间的调用关系，它连接调用和被调用模块，箭头指向被调用模块，箭头出发模块为调用模块。根据调用关系，模块可相对地分为上层模块和下层模块。具有直接调用关系的模块之间相互称为直接上层模块和直接下层模块。通过调用，各个模块可以有机地组织在一起，协调完成系统功能。

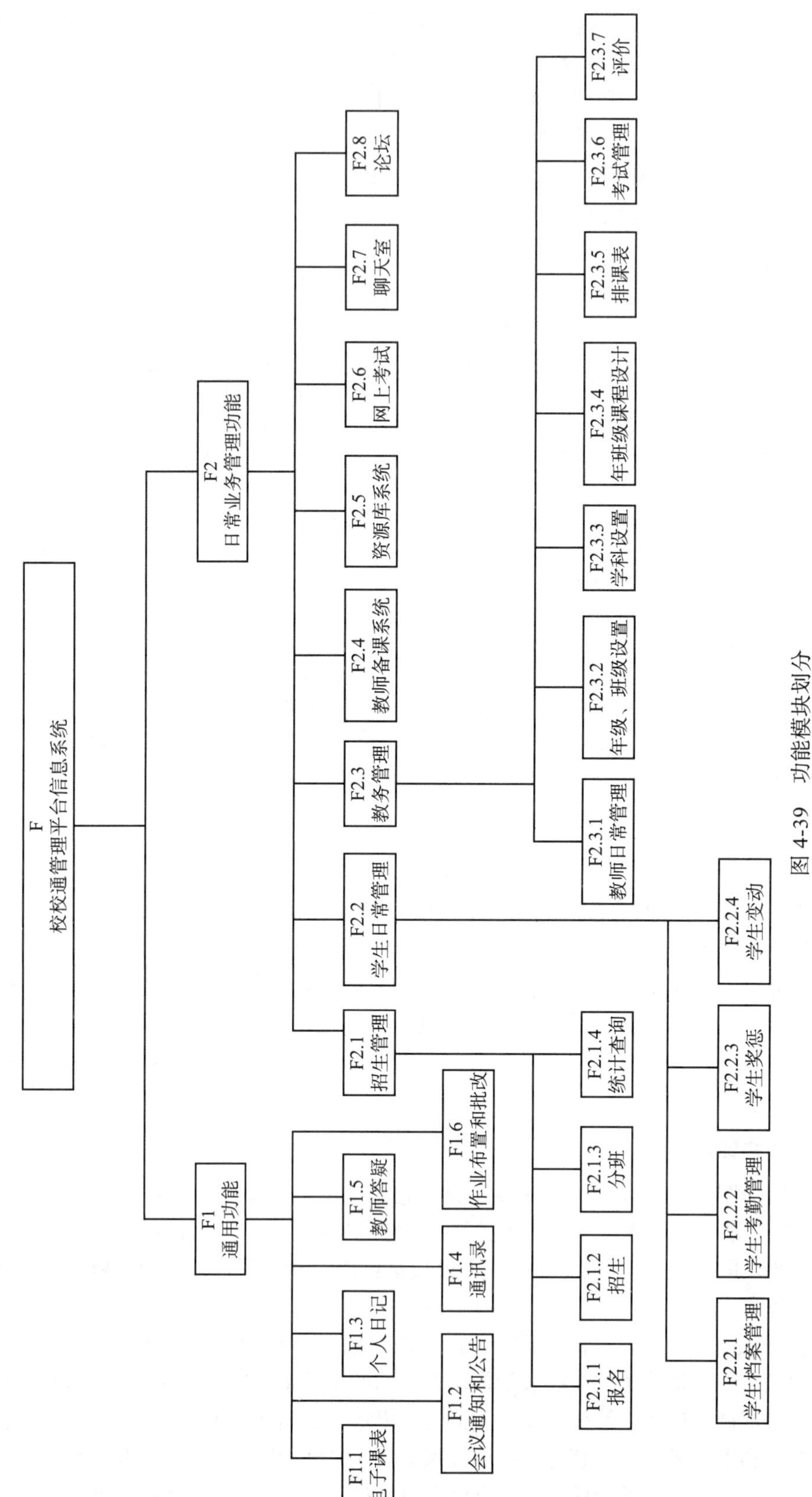
F
校校通管理平台信息系统
F1
通用功能
F2
日常业务管理功能
F1.1
电子课表
F1.2
会议通知和公告
F1.3
个人日记
F1.4
通讯录
F1.5
教师答疑
F1.6
作业布置和批改
F2.1
招生管理
F2.2
学生日常管理
F2.3
教务管理
F2.4
教师备课系统
F2.5
资源库系统
F2.6
网上考试
F2.7
聊天室
F2.8
论坛
F2.1.1
报名
F2.1.2
招生
F2.1.3
分班
F2.1.4
统计查询
F2.2.1
学生档案管理
F2.2.2
学生考勤管理
F2.2.3
学生奖惩
F2.2.4
学生变动
F2.3.1
教师日常管理
F2.3.2
年级、班级设置
F2.3.3
学科设置
F2.3.4
年班级课程设计
F2.3.5
排课表
F2.3.6
考试管理
F2.3.7
评价

图 4-39 功能模块划分

- 模块之间的通信：用箭头表示在调用过程中模块之间传递的信息。箭头的方向和名字分别表示调用模块和被调用模块之间信息的传递方向和内容。
- 库模块：一个库模块通常由一个有双重边的长方形表示，当一个模块经常被其他模块调用时，它就变成了一个库模块。
- 反复：环绕控制流箭头的环回显示了不同的模块会被反复调用。

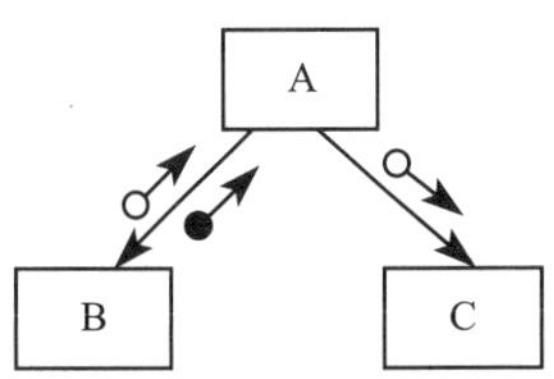

图 4-40 模块之间的调用

模块结构图也称调用返回结构，调用返回结构系统可以使得软件设计人员开发一个比较容易修改和扩展的程序结构，包括主程序、子程序架构和远程调用模式。主程序、子程序架构将程序分割为一系列可以控制的树形模块。主程序调用很多其他的程序模块，然后每个程序模块可能又调用其他的模块，图 4-41 就是这种结构。

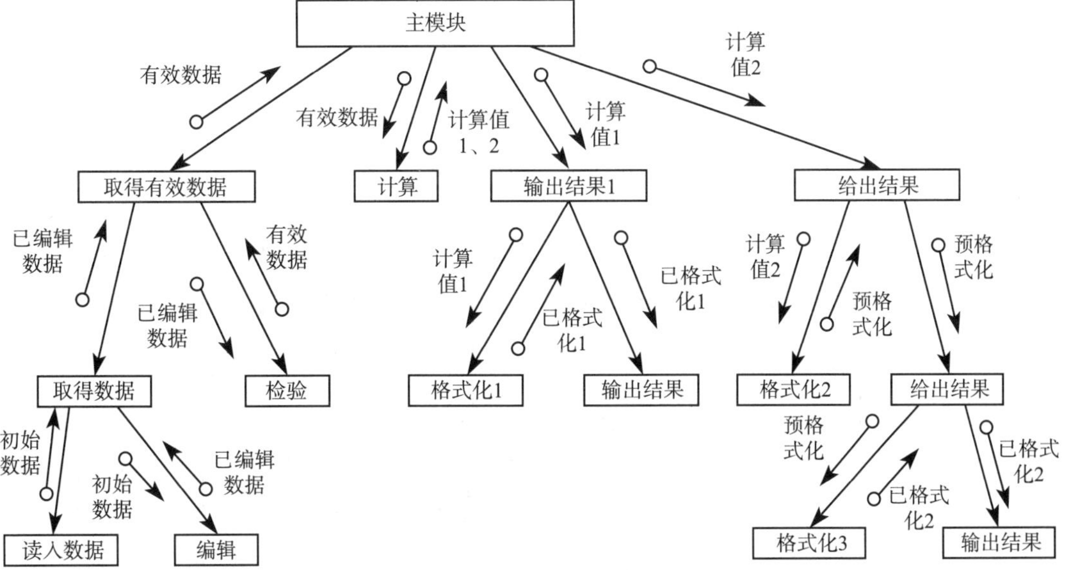

图 4-41 调用返回结构

4.6.3 数据流映射为结构图

面向数据流的设计方法定义了一些“映射”，利用这些“映射”可以将数据流图变换成软件结构。因为任何软件系统都可以用数据流图表示，所以这个方法理论上可以设计任何软件的结构。这个映射就是将事务流或者变换流等数据流“映射”为软件结构，即相应的软件模块。图 4-42 是将一个事务流映射为软件结构的过程，从事务中心的边界开始，将沿着接收流通路的处理映射为模块。

4.6.4 输入 / 输出设计

这个方法类似于黑盒设计方法，它基于用户的输入进行设计。高层描述用户的所有可能输入，低层描述针对这些输入的系统完成什么功能。可以采用 IPO（输入 / 处理 / 输出）图表示设计过程。IPO 图使用的基本符号既少又简单，因此初学者很容易学会使用这种图形工具。它的基本形式是在左边的框中列出有关的输入数据，在中间的框中列出主要的处理，在右边的框中列出产生的输出数据。处理框中列出的处理次序暗示了执行的顺序，但是用这些基本符号还不足以精确描述执行处理的详细情况。在 IPO 图中还用粗大箭头清楚地指出数据通信的情况，图 4-43 就是一个文件更新的例子，通过这个例子不难了解 IPO 图的用法。

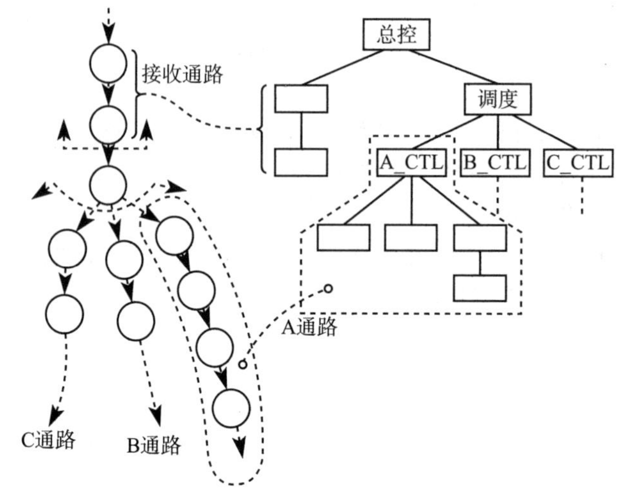

图 4-42 事务流映射为软件模块

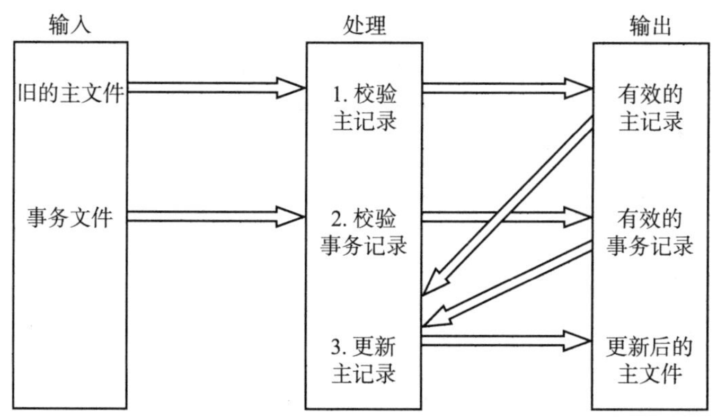

图 4-43 IPO 图的例子

4.7 面向对象的设计方法

面向对象的设计（OOD）是将面向对象分析（OOA）的模型转换为设计模型的过程，是一个逐步扩充模型、建立求解域模型的过程。面向对象概要设计的主要任务是把需求分析得到的系统用例图转换为软件结构和数据结构。

面向对象的体系结构，在构造模块的时候是依据抽象的数据类型，每个模块是一个抽象数据类型的实例。所以，面向对象的体系结构有两个重要的特点：①对象必须封装所有的数据；②每个对象的数据对其他对象是黑盒子。这个架构封装了数据和操作。

对象管理体系结构（Object Management Architecture，OMA）是对象管理组织（Object Management Group，OMG）在 1990 年提出来的，它定义了分布式软件系统的参考模型。OMA 参考模型描述对象之间的交互。其中，公共对象请求代理体系结构（Common Object Request Broker Architecture，CORBA）是 OMG 所提出的一个标准，它以对象管理体系结构为基础。这个体系结构的优点是对象对其他对象隐藏它的表示，所以可以改变一个对象的表示，而不影响其他对象。设计者可以将一些数据存取操作的问题分解成一些交互的代理程序集合。但是为了使一个对象和另外一个对象通过过程调用等进行交互，必须知道对象的标识，只要一个对象的标识修改了，就必须修改所有其他明确调用它的对象。

决定软件设计质量非常重要的一个方面是模块，所有模块最后组成了一个完整的程序。面向对象方法将对象定义为模块，当然也可以对这个对象中复杂的部分进行再模块化，同时我们还要定义对象之间的接口和对象的总体结构。模块和接口设计应当用类似编程语言的伪代码语言表达出来。

面向对象开发的概念很多，如类、对象、属性、封装性、继承性、多态性、对象之间的引用等，以及体系结构、类的设计、用户界面设计等面向对象设计方法。在面向对象的设计方法中，系统可以视为一个对象的集合，系统的状态在对象中是分散的，并且每个对象可以控制自己的状态信息。

对象是真实世界映射到软件领域的一个构件，当用软件来实现对象时，对象由私有的数据结构和被称为操作的过程组成，操作可以合法地改变数据结构。面向对象的设计方法可表示出所有的对象类和相互之间的关系。最高层描述每个对象类，然后（低层）描述对象的属性和活动，描述各个对象之间的关联关系。面向对象是软件开发很重要的一个方法，它将问题和解决方案通过不同的对象集合在一起，包括对数据结构和操作方法的描述。面向对象方法有 7 个属性：同一性、抽象性、分类性、封装性、继承性、多态性以及对象之间的引用。

在面向对象软件工程环境中，构件包括了一个协作类集合，构件中的每一个类都被详细阐述，包括所有的属性和与其实现相关的操作。所有与其他类相互通信协作的接口（消息）必须予以定义。

例如，打印室项目采用面向对象方法构建，在需求分析阶段，得到一个 PrintJob 分析类，如图 4-44 所示，在设计阶段将其设计为一个构件，即一个类 PrintJob，它有两个接口——computeJob 和 initiateJob，为了进一步对类进行描述，需要细化构件设计（类设计），即需要对构件 PrintJob 进一步描述，需要补充作为类的全部属性和操作。在设计阶段，体系结构中的每个构件都需要进行细化，即需要对每一个属性、每一个操作和每一个接口进行更进一步的细化，也就是详细设计（这部分的详细程度，可以根据具体情况而定）。

面向对象的设计结果是产生大量的不同级别的模块（构件），一个主系统级别的模块可以组成很多子系统级别的模块。数据和对数据操作的方法封装在一个对象中，这个对象就是前面的模块，它们构成了这个面向对象系统。另外，面向对象的设计还要对数据的属性和相关的操作进行详细的描述。

面向对象设计的主要特点是建立了非常重要的四个软件设计概念：抽象性、信息隐藏性、功能独立性和模块化。尽管所有的设计方法都极力体现上面四个特性，但是只有面向对象方法提供了实现这四个特性的机制。

在进行面向对象设计的时候，可以按照如下的步骤进行：

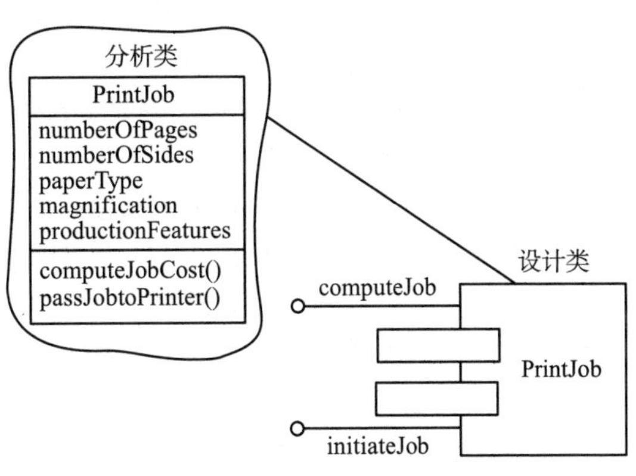

图 4-44 PrintJob 分析类的设计

1）识别对象。

2）确定属性。

3）定义操作。

4）确定对象之间的通信。

5）完成对象定义。

4.7.1 UML 的设计图示

UML 设计中的常用的图示是类图、对象图、包图等。

1. 类图

UML 中的类图和对象图是静态图示，类图描述系统中类的静态结构，不仅定义系统中的类，表示类之间的联系，如关联、依赖、聚合等，也包括类的属性和操作。类图描述的是一种静态关系，在系统的整个生命周期都是有效的。对象图是类图的实例，几乎使用与类图完全相同的标识。一个对象图是类图的一个实例。由于对象存在生命周期，因此对象图只能在系统某一时间段存在。

类图（class diagram）是面向对象系统建模中最常用和最重要的图，是定义其他图的基础。类图主要是用来显示系统中的类、接口以及它们之间的静态结构和关系的一种静态模型。

首先定义类：

- 类（class）封装了数据和行为，是面向对象的重要组成部分，它是具有相同属性、操作、关系的对象集合的总称。
- 在系统中，每个类具有一定的职责，职责指的是类所担任的任务，即类要完成什么样的功能，要承担什么样的义务。一个类可以有多种职责，设计得好的类一般只有一种职责，在定义类的时候，将类的职责分解成为类的属性和操作（即方法）。
- 类的属性即类的数据职责，类的操作即类的行为职责。

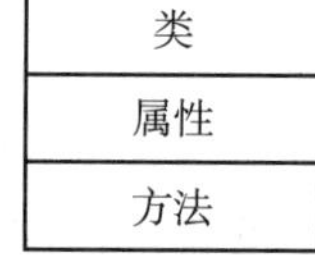

图 4-45　类图

类图的 3 个基本组件是类名、属性、方法，如图 4-45 所示。

假设一个 Rabbit(兔子) 类，经过分析，最后设计此类如图 4-46 所示，其属性包括名字、尾巴类型、颜色、速度、毛类型，方法（操作）包括跑、睡眠、游泳。

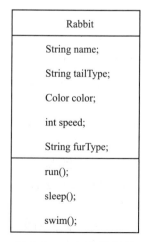

Rabbit
String name; String tailType; Color color; int speed; String furType;

run();
sleep();
swim();

图 4-46　Rabbit 类定义

类的关系有依赖（dependency）、泛化（generalization）、关联（association）和实现（realization）。其中关联又分为一般关联关系、聚合（aggregation）关系和合成关系（Composition）。

（1）依赖关系

假设 A 类的变化引起了 B 类的变化，则说明 B 类依赖于 A 类。

依赖关系是一种使用关系，特定事物的改变有可能会影响到使用该事物的其他事物，在需要表示一个事物使用另一个事物时使用依赖关系。大多数情况下，依赖关系体现在某个类的方法使用另一个类的对象作为参数。

在 UML 中，依赖关系用带箭头的虚线表示，由依赖的一方指向被依赖的一方，如图 4-47 所示。

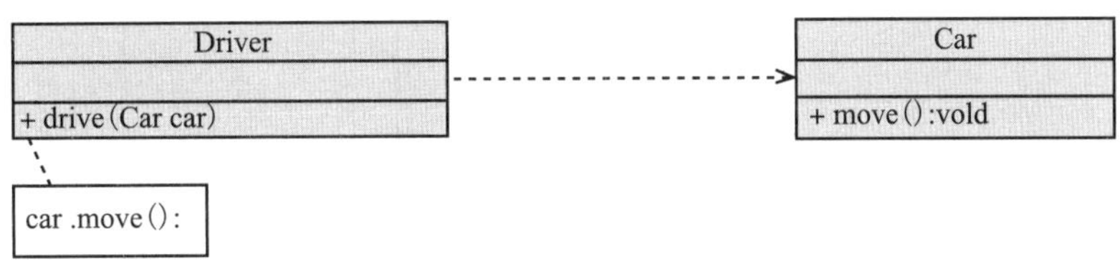

图 4-47 依赖关系

依赖关系有如下三种情况：

- A 类是 B 类中的（某种方法的）局部变量。
- A 类是 B 类方法当中的一个参数。
- A 类向 B 类发送消息，从而影响 B 类发生变化。

（2）泛化关系

假设 A 是 B 和 C 的父类，B、C 具有公共类（父类）A，说明 A 是 B、C 的泛化（一般化）。

泛化关系也就是继承关系，也称为 is-a-kind-of 关系。泛化关系用于描述父类与子类之间的关系，父类又称作基类或超类，子类又称作派生类。在 UML 中，泛化关系用带空心三角形的直线来表示。

在代码实现时，使用面向对象的继承机制来实现泛化关系，例如，在 Java 语言中使用 extends 关键字，在 C++/C# 中使用冒号“:”来实现。

在 UML 当中，对泛化关系有三个要求：

- 子类与父类应该完全一致，父类所具有的属性、操作，子类应该都有。
- 子类中除了与父类一致的信息以外，还包括额外的信息。
- 可以使用父类的实例的地方，也可以使用子类的实例。

（3）关联关系

关联关系是类之间的联系，如客户和订单，每个订单对应特定的客户，每个客户对应一些特定的订单，再如图 4-48 是篮球队员与球队之间的关联。

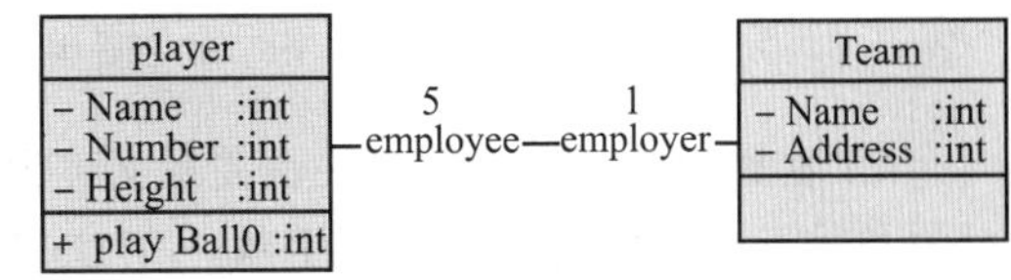

图 4-48 队员与球队之间的关联

其中，关联两边的 employee 和 employer 表示两者之间的关系，而数字表示两者的关系的限制，是关联两者之间的多重性，通常有“*”(表示所有，不限)、“1”(表示有且仅有一个)、“0...”(表示 0 个或者多个)、“0，1”(表示 0 个或者 1 个)、“*n*...*m*”(表示 *n* ~ *m* 个都可以)“*m*...*”(表示至少 *m* 个)。

关联关系是类与类之间最常用的一种关系，它是一种结构化关系，用于表示一类对象与另一类对象之间有联系。

在 UML 类图中，用实线连接有关联的对象所对应的类，在使用 Java、C# 和 C++ 等编程语言实现关联关系时，通常将一个类的对象作为另一个类的属性。

在使用类图表示关联关系时可以在关联线上标注角色名。

1）双向关联：默认情况下，关联是双向的，如图 4-49 和图 4-50 所示。

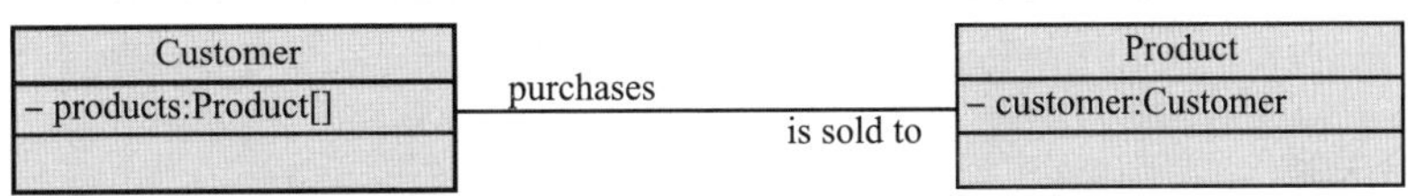

图 4-49 双向关联

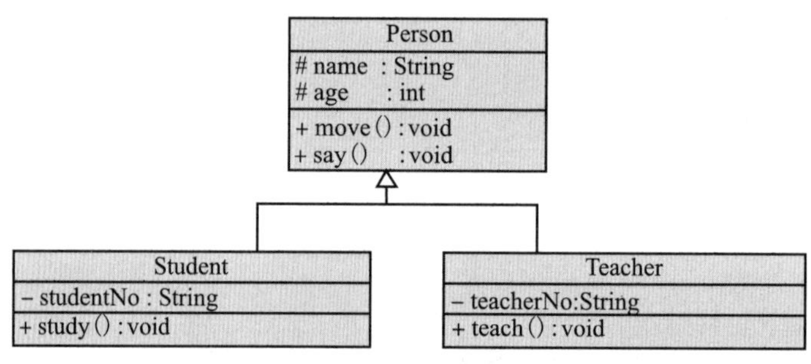

图 4-50 双向关联实例

2）单向关联：类的关联关系也可以是单向的，单向关联用带箭头的实线表示，如图 4-51 所示。

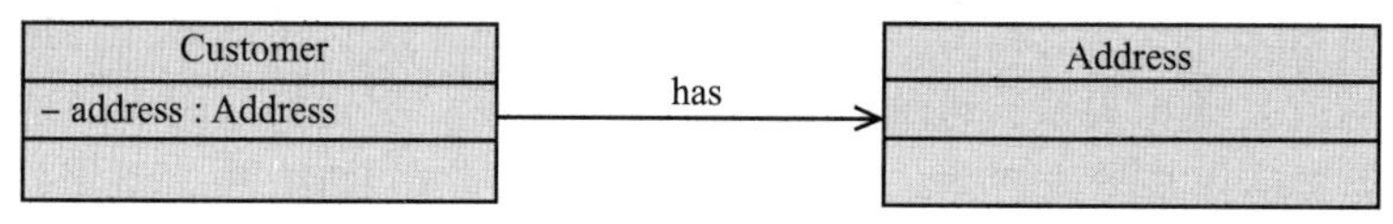

图 4-51 单向关联

3）自关联：在系统中可能会存在一些类的属性对象类型为该类本身，这种特殊的关联关系称为自关联，如图 4-52 所示。

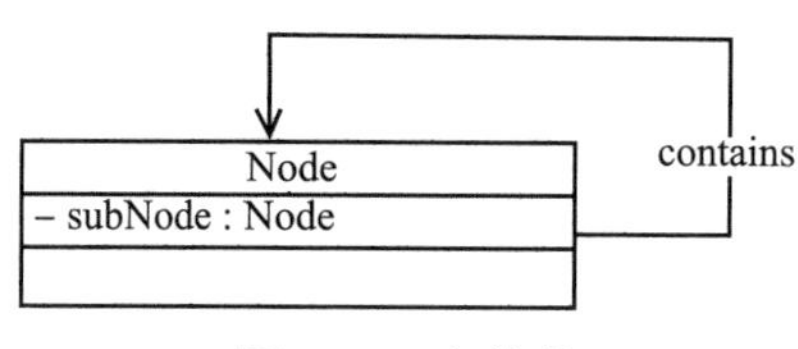

图 4-52 自关联

4）重数性关联：重数性关联关系又称为多重性关联（multiplicity）关系，表示一个类的对象与另一个类的对象连接的个数。在 UML 中，多重性关联可以直接在关联直线上增加一个数字表示与之对应的另一个类的对象的个数，如表 4-9 和图 4-53 所示。

表 4-9 重数性关联

表示方式	多重性说明
1..1	表示另一个类的一个对象只与一个该类对象有关系
0..*	表示另一个类的一个对象与零个或多个该类对象有关系
1..*	表示另一个类的一个对象与一个或多个该类对象有关系
0..1	表示另一个类的一个对象没有或只与一个该类对象有关系
m..n	表示另一个类的一个对象与最少 *m*、最多 *n* 个该类对象有关系（$m \leqslant n$）

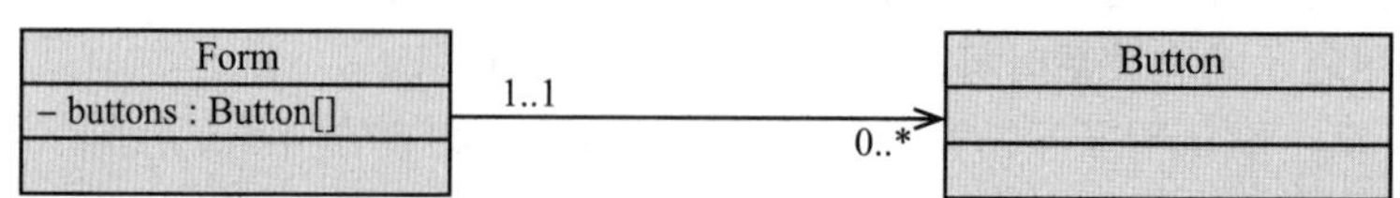

图 4-53 多重性关联关系

（4）聚合关系

聚合关系表示一个整体与部分的关系，而且整体与部分可以分开。通常在定义一个整体类后，再去分析这个整体类的组成结构，从而找出一些成员类，该整体类和成员类之间就形成了聚合关系。

在聚合关系中，成员类是整体类的一部分，即成员对象是整体对象的一部分，但是成员对象可以脱离整体对象独立存在。在 UML 中，聚合关系用带空心菱形的直线表示，如图 4-54 所示。

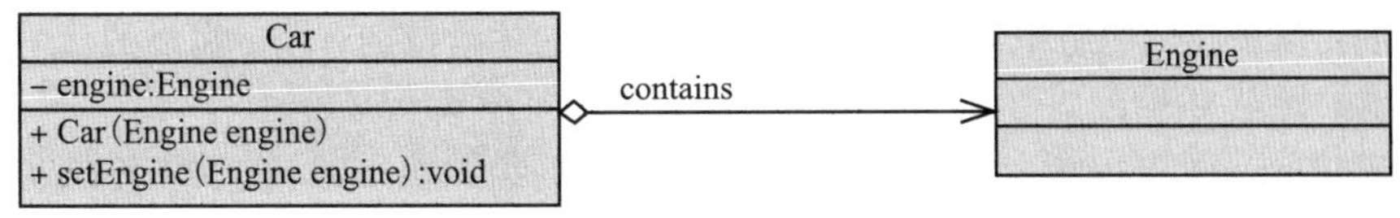

图 4-54　聚合关系

（5）组合关系

组合关系也表示类之间整体和部分的关系，但是整体与部分不可以分开。组合关系中的部分和整体具有统一的生存期。一旦整体对象不存在，部分对象也将不存在，部分对象与整体对象之间具有同生共死的关系。

在组合关系中，成员类是整体类的一部分，而且整体类可以控制成员类的生命周期，即成员类的存在依赖于整体类。在 UML 中，组合关系用带实心菱形的直线表示，如图 4-55 所示。

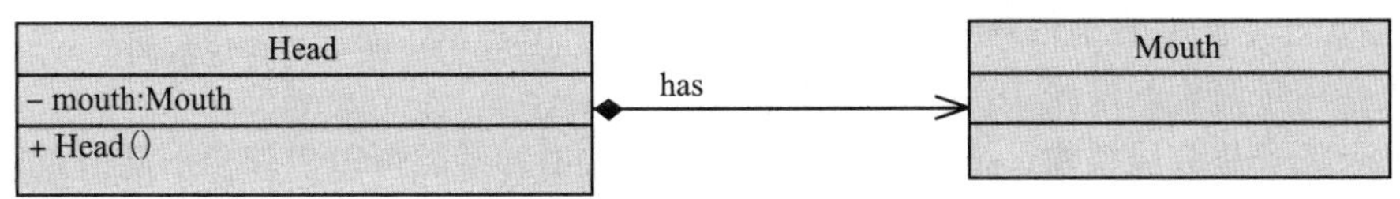

图 4-55　组合关系

（6）实现关系

实现关系用来规定接口和实现接口的类或者构建结构的关系。接口是操作的集合，而这些操作用于规定类或者构建的一种服务。

接口之间也可以有与类之间关系类似的继承关系和依赖关系，但是接口和类之间还存在一种实现关系，在这种关系中，类实现了接口，类中的操作实现了接口中所声明的操作。在 UML 中，类与接口之间的实现关系用带空心三角形的虚线来表示，如图 4-56 所示。

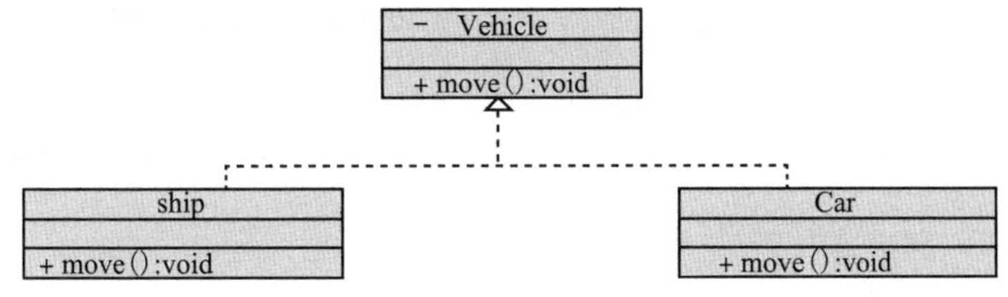

图 4-56　实现关系

2. 对象图

对象图（object diagram）描述的是参与交互的各个对象在交互过程中某一时刻的状态。对象图可以被看作类图在某一时刻的实例。在 UML 中，对象图使用的是与类图相同的符号和关系，因为对象就是类的实例。

对象是一个存在于时间和空间中的具体实体，而类仅代表一个抽象，抽象出对象的“本质”。类是共享一个公用结构和一个公共行为对象集合。类是静态的，对象是动态的；类是一般化，对象是个性化；类是定义，对象是实例；类是抽象的，对象是具体的。

3. 包图

相较于类图（class diagram），包图（package diagram）从更宏观的角度来展示软件的架构设计，主要体现在代码组织方面。包图对一些大型的项目特别有用。良好的代码组织，对软件的可维护性至关重要。

包（package）可以理解为文件夹（folder）。代码的组织从大到小分为三个层次：文件夹层、文件层以及文件内部的块（block）层（函数块之类的）。包体现的就是文件夹层。Java 里面的一串文件夹，如 java.lang、java.util 等，也称为包；C++ 里面，包对应的是 namespace，虽然不能完全等同于文件夹；其他的如 Node.js、Python 等大多体现在文件夹层。

包在 UML 里面用一个 Tab 框表示，Tab 里面写上包的名字，框里面可选地填充一些其他子元素，如类、子包等。包的名字可以写全称，也可以简写，图 4-57 是一个简单的包示例。

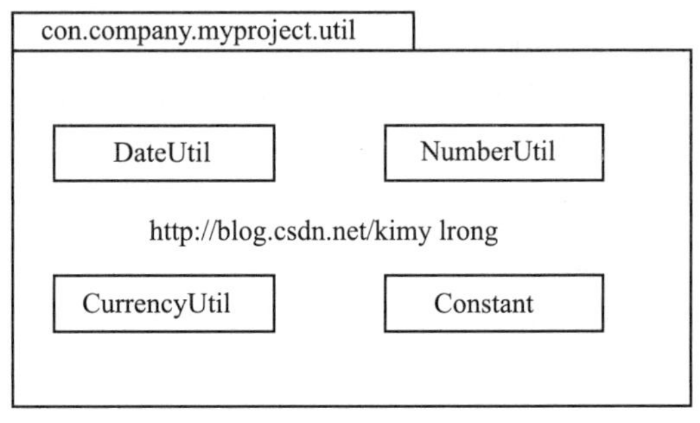

图 4-57　包示例

包之间的关系主要是依赖关系，UML 中的依赖关系用带箭头的虚线表示。依赖关系最常见的一个例子是分层架构，把代码分布到多个层次中，某层可以依赖于下层以及同层，但是不能依赖于上层。其他的组织方式还包括按照模块划分、按照功能划分等。图 4-58 是一个 Java 项目的简单三层架构包图图例。

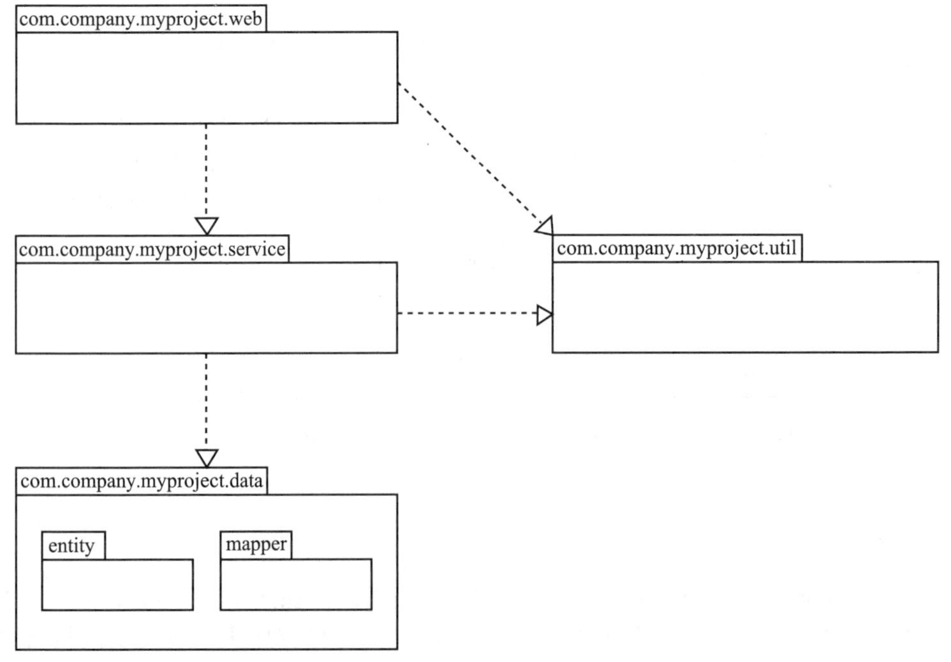

图 4-58　三层架构包图图例

图 4-58 中有三个主要的包：data 用于访问数据库，也叫 Dao，Mybatis 项目里面分为 entity 和 mapper 两个子包；service 是业务逻辑的组件；web 用于接收 HTTP 请求。util 为通用组件。

4.7.2 识别对象类

识别对象首先需要对系统进行描述，然后对系统描述进行语法分析，找出名词或者名词短语，根据这些名词或者名词短语确定对象，对象可以是外部实体（external entity）、物（thing）、发生（occurrence）或者事件（event）、角色（role）、组织单位（organizational unit）、场所（place）、结构（structure）等。

下面举例说明如何确定对象。假设我们需要设计一个家庭安全系统，这个系统的描述如下：

家庭安全系统可以让业主在系统安装时为系统设置参数，可以监控与系统连接的全部传感器，可以通过控制板上的键盘和功能键与业主交互。

在安装中，控制板用于为系统设置程序和参数，每个传感器被赋予一个编号和类型，设置一个主口令使系统处于警报状态或者警报解除状态，输入一个或者多个电话号码，当发生一个传感器事件时就拨号。

当一个传感器事件被软件检测到时，连在系统上的一个警铃鸣响，在延迟一段时间（业主在系统参数设置阶段设置这一延迟时间的长度）之后，软件拨一个监控服务的电话号码，提供位置信息，报告侦查到的事件的状况。电话号码每 20 秒重拨一次，直到电话接通为止。

所有与家庭安全系统的交互都是由一个用户交互作用子系统完成的，它读取由键盘及功能键提供的输入，在 LCD 显示屏上显示业主住处和系统状态信息。

通过语法分析，提取名词，提出潜在的对象：房主、传感器、控制板、安装、安全系统、编号、类型、主口令、电话号码、传感器事件、警铃、监控服务等。

这些潜在对象需要满足一定的条件才可以称为正式对象，当然在确定对象的时候有一定的主观性。Coad 和 Yourdon 提出了 6 个特征来考察潜在的对象是否可以作为正式对象，这 6 个特征如下：

- 包含的信息。该对象的信息对于系统运行是必不可少的情况下，潜在对象才是有用的。
- 需要的服务。对象必须具有一组能以某种方式改变其属性值的操作。
- 多重属性。一个只有一个属性的对象可能确实有用，但是将它表示成另外一个对象的属性可能会更好。
- 公共属性。可以为对象定义一组公共属性，这些属性适用于对象出现的所有场合。
- 公共操作。可以为对象定义一组公共操作，这些操作适用于对象出现的所有场合。
- 基本需求。出现在问题空间里，生成或者消耗对系统操作很关键的信息的外部实体，几乎总是被定义为对象。

当然可以根据一定的条件和需要设定潜在的对象为正式的对象，必要的时候需要增加对象。

4.7.3 确定属性

为了找出对象的一组有意义的属性，可以再研究系统描述，选择合理的与对象相关联的信息。例如对象“安全系统”，其中房主可以为系统设置参数，如传感器信息、报警响应信息、起动/撤销信息、标识信息等。这些数据项表示如下：

传感器信息＝传感器类型＋传感器编号＋警报临界值

报警响应信息＝延迟时间＋电话号码＋警报类型

起动/撤销信息＝主口令＋允许尝试的次数＋暂时口令

标识信息＝系统表示号＋验证电话号码＋系统状态

等号右边的每一个数据项可以进一步定义，直到成为基本数据项为止，由此可以得到对象“安全系统”的属性表，如图4-59所示。

4.7.4 定义对象的操作

一个操作以某种方式改变对象的一个或者多个属性值，因此，操作必须了解对象属性的性质，操作能处理从属性中抽取出来的数据结构。为了提取对象的一组操作，可以再研究系统的需求描述，选择合理的属于对象的操作。为此可以进行语法分析，隔离出动词，某些动词是合法的操作，很容易与某个特定的对象相联系。如在上面的安全系统的描述中，可以知道“传感器被赋予一个编号和类型”或者“设置一个主口令使系统处于警报状态或警报解除状态”，它们说明：

- 一个赋值操作与对象传感器相关。
- 对象系统可以加上操作设置。
- 处于警报状态和警报解除状态是系统的操作。

Object :System

System ID
Verification phone number
System status
System table
    Sensor type
    Sensor number
    Alarm threshold
Alarm delay time
Telephone number(s)
Alarm type
Master password
Temporary password
Number of tries

图4-59 定义属性的对象

分析语法之后，通过考察对象之间的通信，可以获得相关对象的更多的认识，对象靠彼此之间发送消息进行通信。

4.7.5 确定对象之间的通信

建立一个系统，仅仅定义对象是不够的，在对象之间必须建立一种通信机制，即消息。要求一个对象执行某个操作，就要向它发送一个消息，告诉对象做什么。收到者（对象）响应消息的过程如下：首先选择符合消息名的操作并执行，然后将控制返回给使用者。消息机制对一个面向对象系统的实现是很重要的。

4.7.6 完成对象类的定义

前面从语法分析中选取了一些操作，还可以考虑对象的生存期以及对象之间传递的消息确定其他操作。对象必须被创建、修改、处理或者以某种方式读取或者删除，所以能够定义对象的生存期。考察对象在生存期内的活动，可以定义一些操作。从对象之间的通信可以确定一些操作，例如，传感器事件会向系统发送消息以显示（display）事件位置和编号；控制板会发送一个重置（reset）消息以更新系统状态；警铃会发送一个查询（query）消息；控制板会发送一个修改（modify）消息以改变系统的一个或者多个属性；传感器事件也会发送一个消息呼叫（call）系统中包含的电话号码。最后，定义传感器这个对象类，如图4-60所示。

这个对象包括了一个私有的数据结构和相关的操作，对象还有一个共享的部分，即接口，消息通过接口指定需要对象中的哪一个操作，但不指定操作怎样实现，接收消息的对象决定要求的操作如何完成。用一个私有部分定义对象，并提供消息来调用适当的操作，这样就实现了信息隐藏，软件元素用一种定义良好的接口机制组织在一起。

Object :System
System ID
Verification phone number
System status
System table
Sensor type
Sensor number
Alarm threshold
Alarm delay time
Telephone number(s)
Alarm type
Master password
Temporary password
Number of tries
Program
Display
Reset
Query
Modify
Call

图 4-60　System 对象的定义

我们看如下的一个加油服务站系统的需求：

1）客户可以选择在消费的时候自动结账或者将月结账单发送过去，这两种情况下，客户都可以选择使用现金、信用卡和个人支票结账。加油服务站系统的燃油根据是柴油、普通油还是高级油每加仑价格不同。服务费用是根据部件和人力成本计算的，停车费用可以按照天、周、月计算，燃油的价格、维修费用、零部件的价格、停车的价格可能会不同，只有服务站经理 Manny 可以进入、修改这个价格系统。Manny 可以根据一定的判断，决定给特定的客户一定的折扣，这个折扣也会根据客户的不同而不同。另外，地方销售税是 5%。

2）系统可以跟踪每月的账单，加油服务站提供的产品和服务需要每天跟踪。跟踪的结果可以随时上报给经理。

3）加油站经理通过这个系统控制产品的进货目录，当产品目录说明缺货的时候，系统要提示，并自动下订单购买元器件和燃油。

4）系统跟踪客户的历史信誉，给那些逾期未付账的客户发送警告函。客户消费后的第二月的第一天将账单发送给客户。付款的期限是下月的第一天。在付款期限后 90 天内，对没有付款的客户将取消客户信誉。

5）这个系统只提供给定期常用客户使用，所谓定期常用客户是指在至少 6 个月内，每月至少到加油服务站消费一次的客户，这些客户是通过姓名、地址和生日标识的。

6）系统必须为其他系统提供数据接口。信誉卡系统需要处理产品和服务信誉卡事务。信誉卡使用信誉卡号、姓名、截止日期、购买数量等信息，收到这些信息后，信誉卡系统来确定这个事务处理是否可以通过。元器件订购系统收到元器件代码、数量等信息后，将返回元器件提交的日期。燃料订购系统需要燃料的描述信息，包括燃料的类型、加仑数、服务站名称、服务站标识号，同时提交燃料提交的日期。

7）系统必须记录税费及其相关信息，包括每个客户需要交付的税费和每项需要交付的税费。

8）加油服务站经理需要的时候可以浏览税费记录。

9）这个系统定期给客户发送信息，提醒他们车辆需要维护了，正常情况下车辆每 6 个月需要维护一次。

10）客户可以按天租加油站的停车场，每个客户可以通过系统租空闲的停车场。加油站经理可以看到停车场经营的月报，月报说明停车场有多少空闲、多少占用。

11）系统可以维护账务信息库，可以通过账号和客户名字来查询。

12）加油站经理可以按照需要浏览账目信息。

13）系统可以为加油站经理按照需要提供价格和折扣分析报告。

14）系统可以自动通知休眠账户，也就是与两个月没有来加油站消费的客户取得联系。

15）这个系统需要全天 24 小时运行。

16）这个系统必须保护客户的信息不被非法访问。

根据这个需求，进行的设计过程如下：首先，我们采用 UML 类图，描述对象以及它们之间的关系。通过类图说明每个对象的属性、行为，以及每个类或者对象的约束条件。

首先我们看需求中的名词，先关注一些特殊的项。例如，我们先考虑需求规格说明中的第 1 项需求，从上面的需求陈述，我们暂时确定如下对象类：

- Personal check（个人支票）
- Paper bill（账单）
- Credit card（信用卡）
- Customer（顾客）
- Station manager（加油站经理）
- Purchase（购买）
- Fuel（燃料）
- Services（服务）
- Discounts（折扣）
- Tax（税费）
- Parking（停车）
- Maintenance（维修）
- Cash（现金）
- Prices（价格）

通过思考下面的问题，为我们设计类提供一个指南：

- 应该处理什么？
- 哪些项有多个属性？
- 什么时候一个类有多个对象？
- 哪些是基于需求本身确定的，而不是通过自己的理解而确定的？
- 什么属性和操作是对象和类一直可用的？

通过回答这些问题，我们暂时确定候选的对象和类，如表 4-10 所示。

接下来我们考虑系统其他的需求，看看在表 4-10 中是否可以增加一些信息。通过分析需求规格说明中的第 5 项需求和第 9 项需求，又增加了候选类，将表 4-10 修改为表 4-11。

接下来考虑需求规格说明中的所有 16 项需求，这样表 4-11 变为了表 4-12，至此应该有了所有需要的类。

下一步，我们需要在设计中表示行为，从

表 4-10　第一步：属性和类的第一次分组

属　　性	类
personal check	Customer
tax	Maintenance
price	Services
cash	Parking
credit card	Fuel
discounts	Bill
	Purchase
	Station Manager

表 4-11　第二步：属性和类的第二次分组

属　　性	类
personal check	Customer
tax	Maintenance
price	Services
cash	Parking
credit card	Fuel
discounts	Bill
birthdate	Purchase
name	Periodic Messages
address	Station Manager

表 4-12　第三步：属性和类的第三次分组

属　　性	类
personal check	Customer
tax	Maintenance
price	Services
cash	Parking
credit card	Fuel
discounts	Bill
birthdate	Purchase
name	Periodic messages
address	Station Manager
	Warning Letters
	Part
	Accounts
	Inventory
	Credit Card System
	Part Ordering System
	Fuel Ordering System

需求陈述中，我们关注动词，考虑几个方面：主动词、被动词、行动、提示的事件、角色、操作过程、提供的服务。

行为是一个类或者对象的动作，例如，给客户结账就是一个行为，它是加油服务站系统中的一个活动。为了更好地管理对象、类以及行为，我们采用 UML 图来描述它们之间的关系，图 4-61 表达了一个类，最上面是类名，中间是属性信息，最下面是操作。

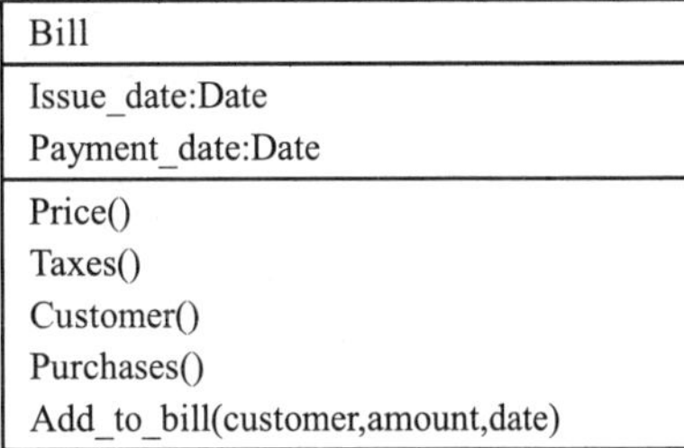

图 4-61　表示 Bill 类

图 4-62 中 Fuel 与 Diesel Fuel 的关系是泛化关系（继承关系），Saleperson 与 Order 是关联关系，每个 Order 都对应一个 Saleperson。Ordered Item 是 Order 的一部分，它们是组合关系，而每个 Customer 都有一个 Order，它们是聚合关系。

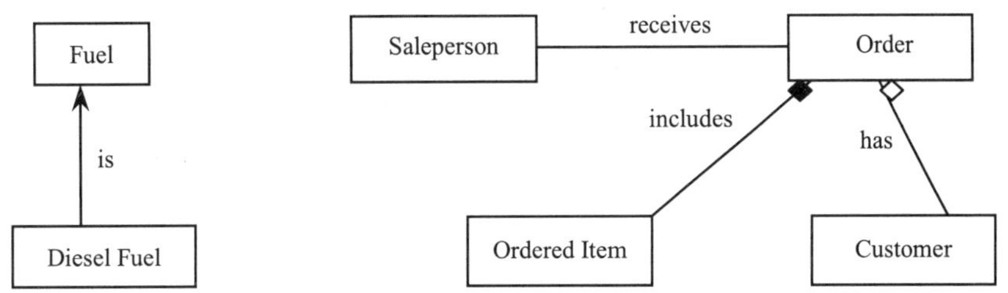

图 4-62　类之间的关联关系

图 4-63 描述了表 4-10 中的设计结果，图 4-64 描述了表 4-11 中的设计结果，图 4-65 描述了表 4-12 中的设计结果。

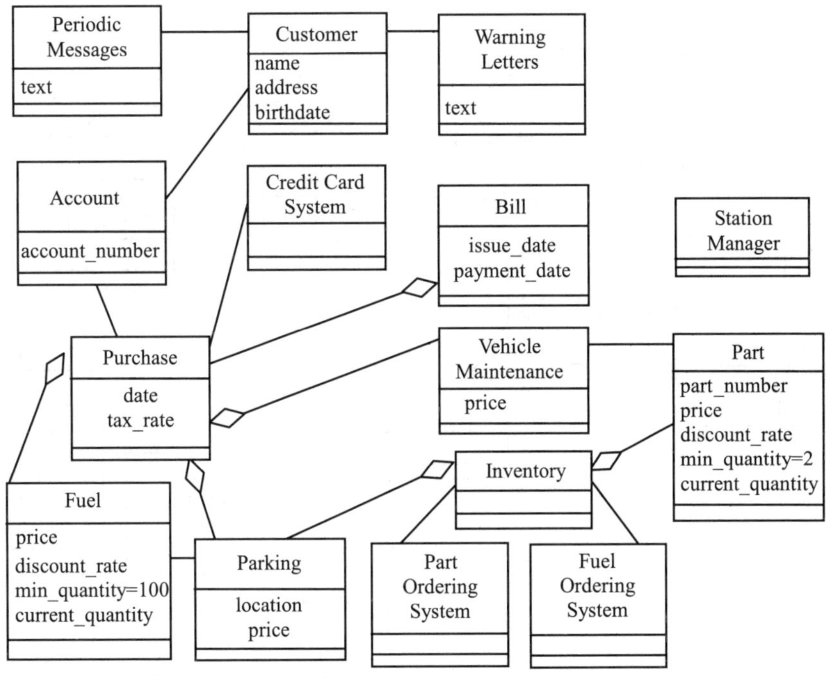

图 4-63　第一次的设计结构

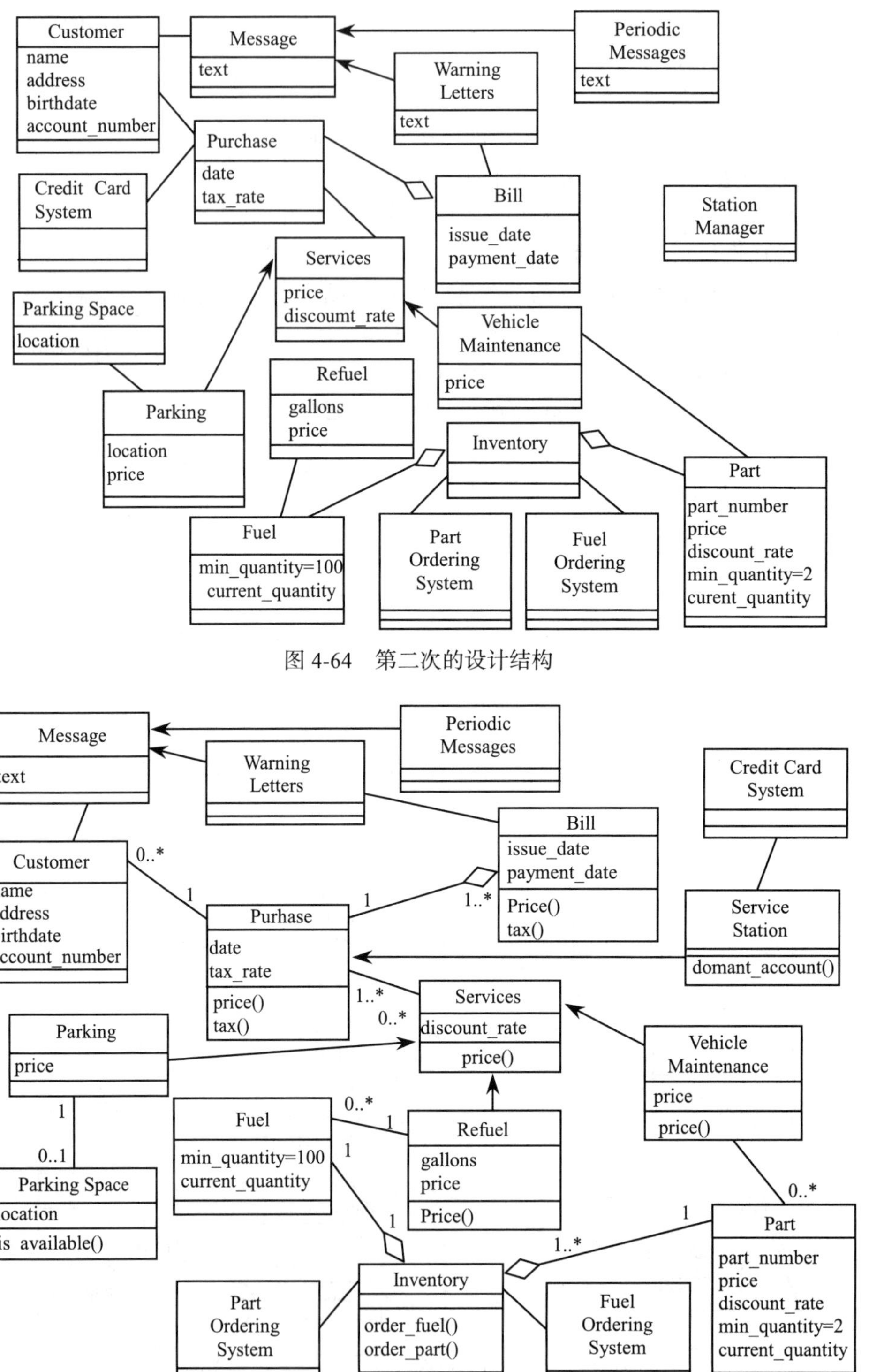

图 4-64　第二次的设计结构

图 4-65　第三次的设计结构

顺序图可以描述对象是如何控制它的方法和行为的，展示了活动或者行为发生的顺序。例如，图 4-66 展示了加油服务站系统中 Refuel 类的顺序图。

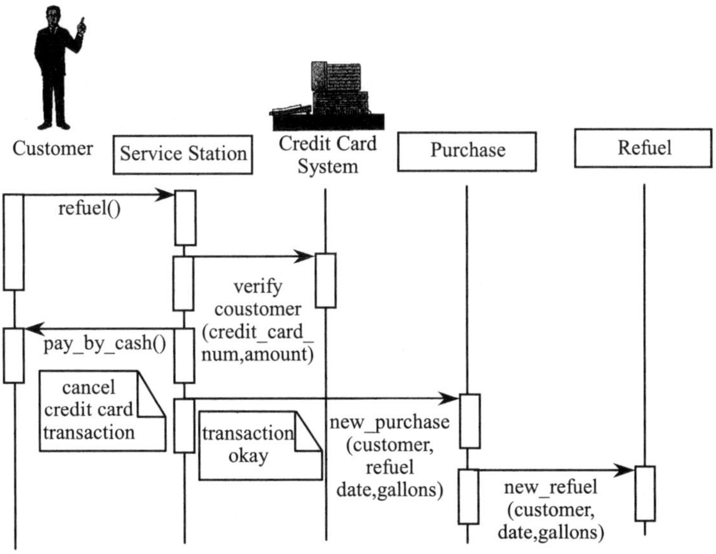

图 4-66 类 Refuel 的顺序图

协作图静态地表示对象之间的关联，例如，图 4-67 是一个协作图，图中标签为“1”的 Parking 信息从 Customer 类发送到 Service Station（服务站），然后标签为“2”的 next_available() 信息从 Service Station 发送到 Parking Space（停车区）等。

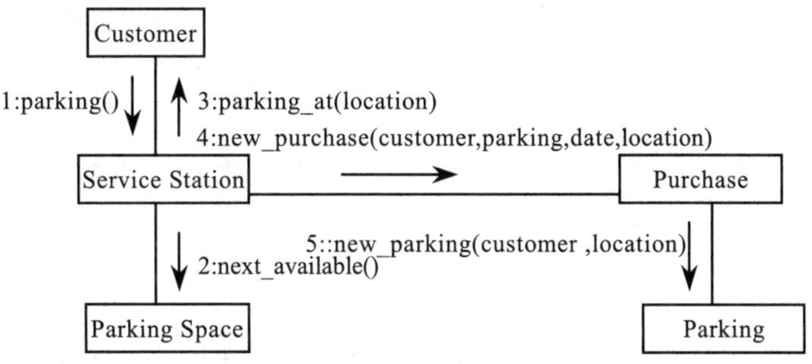

图 4-67 Parking 用例的协作图

状态图可以表示一个对象中各种状态的转换，图 4-68 是一个状态图示例。

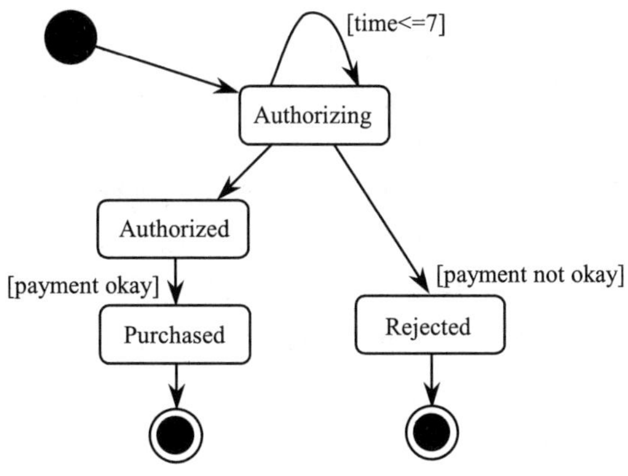

图 4-68 状态图示例

4.8 软件设计指导原则

高质量的设计具有创造一个高质量产品的特征：容易理解，容易现实，容易测试，容易修改，将需求正确地变为设计。其中，容易修改很重要，因为需求变更或者将来系统缺陷维护时可能都要进行设计变更。为了评估某个设计表示的质量，应该建立高质量设计的技术标准。

高质量的设计具有如下特征：

- 软件的可扩展性。这是一个非常重要的问题，良好的可扩展性能使你在以后的开发过程中事半功倍。
- 模块的独立性（即满足松耦合、高内聚）。优秀软件应高内聚、低耦合。
- 异常处理。在设计中要包括异常处理的设计，以便系统面对异常情况时不致于使系统功能降低。
- 错误预防和错误处理。设计中除了设计异常情况外，还要警惕每个模块中可能隐藏的错误，或者其他的模块、系统、接口引入的错误情况，设计中要对它们进行处理。
- 代码重用性设计。这是到目前为止最为流行的开发方法。将同样的代码重写多次会让人感到厌倦，谁都希望使代码行更简短、有效。
- 友好的人机交互界面。功能相同或相似的软件，为什么用户对它们的评价却差异很大，其中很重要的原因就是好软件的界面设计更人性化。不要忽视这个问题，这是一门科学。在开始编写代码之前，把界面设计问题提到更重要的程度，并且进行多次讨论。友好的人机交互界面可达到更好的客户满意度。

Davis 对软件设计也提出了一些原则：

- 设计过程不应该视野狭隘。一个好的设计者应该考虑各种可选方案，根据需求、资源情况、设计概念来决定设计方案。
- 设计应该可以跟踪需求分析模型。应该确定一个方法来跟踪每个需求是如何通过设计来实现的。
- 设计资源是有限的，设计的重点应该尽可能放在创新和设计模型的集成上。
- 设计应该体现统一的风格。一个好的设计应该有统一的风格，当设计团队开始之前，应该制定统一的规则、公式等，模块的接口设计明确之后，就可以进行集成设计。
- 设计的结构应该尽可能满足变更的要求。
- 设计的结构应该能很好地处理异常情况，即使有非法的数据、事件、操作等。
- 设计不是编码，编码也不是设计。
- 设计质量评估应该在设计过程中进行，而不是事后进行。
- 设计评审的时候，应该关注一些概念性的错误，而不是更多地关注细节问题。软件设计评审是和设计本身一样重要的环节，它可以避免后期付出高代价。

设计之前的规范定义很重要，应该确定命名规则，如系统命名规则、模块命名规则、变量命名规则、数据库命名规则等。

同时在设计中要尽可能提倡复用性，包括功能的复用、界面的复用和文档的复用等，同时保证设计有利于测试。

4.9 概要设计文档标准

概要设计说明书格式规范是指在概要设计阶段制订概要设计报告所依据的标准，这里提供一个标准供大家参考。

1. 导言

1.1 目的

说明文档的目的。

1.2 范围

说明文档覆盖的范围。

1.3 缩写说明

定义文档中所涉及的缩略语（若无则填写无）。

1.4 术语定义

定义文档内使用的特定术语（若无则填写无）。

1.5 引用标准

列出文档制订所依据、引用的标准（若无则填写无）。

1.6 参考资料

列出文档制订所参考的资料（若无则填写无）。

1.7 版本更新信息

记录文档版本修改的过程，具体版本更新记录如下表所示：

修改编号	修改日期	修改后版本	修改位置	修改内容概述

2. 概述

对系统定义和规格进行分析，并以此确定：

- 设计采用的标准和方法。
- 系统结构的考虑。
- 错误处理机制的考虑。

3. 规格分析

根据需求规格或产品规格对系统实现的功能进行分析归纳，以便进行系统概要设计。

4. 系统体系结构

根据已选用的软件、硬件以及网络环境构造系统的整体框架，划分系统模块，并对系统内各个模块之间的关系进行定义。确定已定义的对象及其组件在系统内如何传输、通信。如果本系统是用户最终投入使用系统的一个子集或是将要使用现有的一些其他相关系统，那么在此应对它们各自的功能和相互之间的关系给予具体的描述。

[可通过图形的方式表示系统体系结构]

5. 界面设计定义

设计用户的所有界面。

6. 接口定义

通常设计应考虑的接口包括：

（1）人机交互接口

人机交互接口应确定用户采用何种方式同系统交互，如键盘录入、鼠标操作、文件输入等，以及具体的数据格式，其中包括具体的用户界面的设计形式。尽早确定人机交互接口有利于确定系统设计的其他方面。

用户界面设计原则：

- 命令排序：最常用的放在前面，按习惯工作步骤。
- 极小化：尽量少用键盘组合命令，减少用户击键次数。
- 广度和深度：由于人的记忆局限，层次不宜大于3。
- 一致性：使用一致的术语、一致的步骤、一致的动作行为。
- 显示提示信息。
- 减少用户记忆内容。
- 存在删除操作时，应能恢复。
- 用户界面吸引人。

（2）网络接口

若本系统跨异种网络运行，则应确定网络接口或采用何种网络软件以使系统各部分间有效地联络、通信、交换信息等，从而使整个系统紧密有效地结合在一起。

（3）系统与外部接口

系统经常会与外部进行数据交换，此时应确定数据交换的时机、方式（如批处理方式或实时处理）及数据交换的格式（如采用数据包或其他方式）等。

（4）系统内模块之间的接口

系统内部各模块之间也会进行数据交换，因此应确定数据交换的时机、方式等。

（5）数据库接口

系统内部的各种数据通常会以数据库的方式保存，因此在接口定义时应确定与数据库进行数据交换的数据格式、时机、方式等。

7. 模块设计

根据项目的实际需求情况，可将系统划分成若干模块，分别描述各模块的功能。这样可将复杂的系统简化、细化，有利于今后的设计和实现。划分各模块时，应尽量使其具有封闭性、独立性和低偶合性，减少各模块之间的关联，使其便于实现、调试、安装和维护。

7.1　模块功能

描述该模块在整个系统中所处的位置和所起的作用、与其他模块的相互关系、要实现的功能、对外部输入数据及外部触发机制的具体要求和约定。如果采用OO技术，可结合用例技术进行描述。

7.2　模块对象（组件）

对模块涉及的输入/输出、用户界面、对象或组件、对象或组件的关系以及功能实现流程进行定义。如果采用OO技术，可使用顺序图描述功能实现流程。

对象设计应包括类名（class name）、类描述（describe）、继承关系（hierarchy）、公共属性（public attribute）、公共操作（public operation）、私有属性（private attribute）、私有操作（private operation）、

保护属性（protect attribute）、保护操作（protect operation）。

组件设计应包括组件属性、组件关联、组件操作、实现约束。

7.3 对象（组件）的触发机制

规定对象（组件）中各个操作在什么外部条件触发下被调用，以及调用后的结果。

7.4 对象（组件）的关键算法

如果对象（组件）中涉及关键算法，如采用何种算法加密、何种方法搜索等，需在此规定并相应地予以说明。至于其他具体操作的算法可在系统构造中设计实现。

8. 故障检测和处理机制

8.1 故障检测触发机制

系统发生故障可以有多种检测机制，如自动向上层汇报、由上层定时检测、将故障写入错误文件等。在此应明确系统所采用的故障检测机制。

8.2 故障处理机制

故障发生后系统如何处理，如只发送一条消息显示出错信息、写入一个文件或采取相应的措施，在这里应进行详尽的描述。

9. 数据库设计

9.1 数据库管理系统选型

明确指出选用的数据库管理系统类型、版本，以及服务器与数据库、客户机与数据库之间的接口。

9.2 设计 ER 图

根据系统数据实体之间的关系设计数据库 ER 图。

9.3 数据库表设计

基于数据库 ER 图设计数据库物理表。

10. 系统开发平台

根据系统设计的结果确定系统开发所需的平台，包括硬件平台、操作系统以及开发工具等。

4.10 项目案例分析

项目案例名称：软件项目管理课程平台（SPM）

项目案例文档：概要设计说明书

完整文档下载：https://pan.baidu.com/s/1o7P8ahG

本项目的概要设计主要包括体系结构设计、模块设计、数据库设计、界面设计等。

4.10.1 体系结构

本项目采用了 SSH 框架的多层架构，如图 4-69 所示。这个架构奠定了后续开发的基础和思路，这个体系结构相当于对项目的纵向分解。

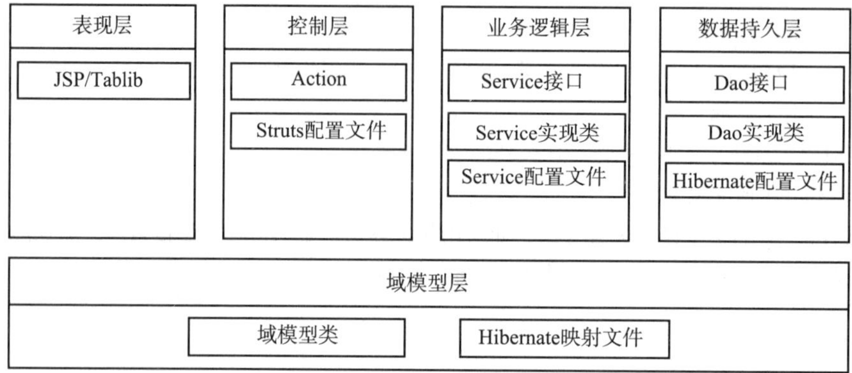

图 4-69 系统分层结构图

4.10.2 模块设计

本系统模块设计遵循高内聚、松耦合的原则，模块设计相当于对项目进行横向分解，主要模块分为两部分：SPM 客户端子系统、SPM 管理端子系统，如图 4-70 所示。其中，图 4-71 是 SPM 客户端子系统功能模块，图 4-72 是 SPM 管理端子系统功能模块。

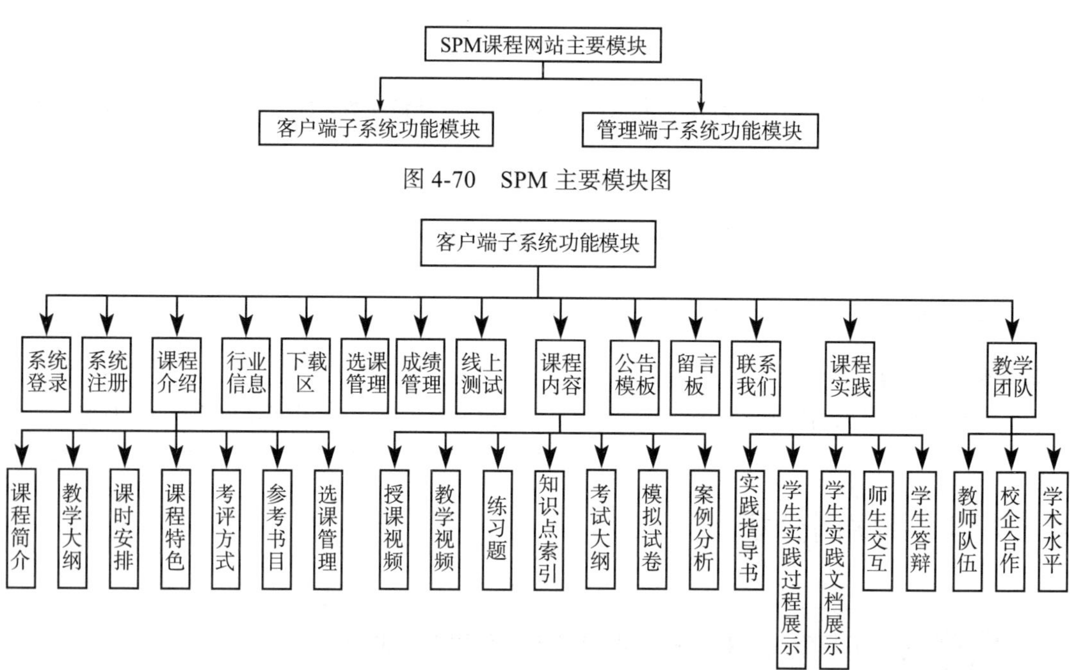

图 4-70 SPM 主要模块图

图 4-71 SPM 客户端子系统功能模块

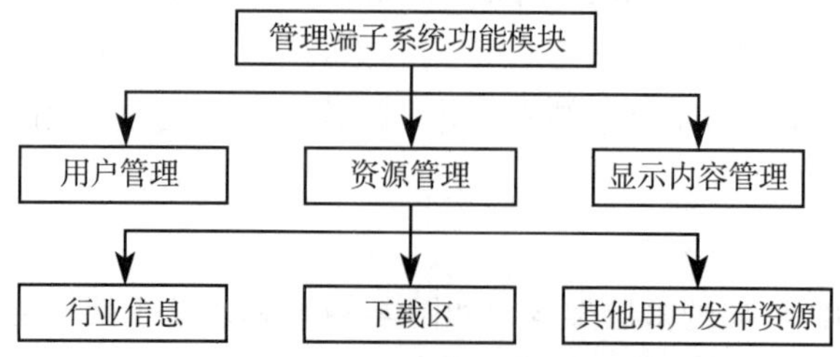

图 4-72 SPM 管理端子系统功能模块

4.10.3 数据库设计

数据库设计相当于对项目的内部逻辑进行分解设计，经过分析，我们将系统的数据库设计分为 7 个实体，其中包括管理员表、教师信息表、学生信息表、试卷表、科目表、题目表、知识点表。每个实体又有其对应的属性。它们之间的关系主要包括以下几项：

- 管理员表、学生信息表、教师信息表是独立存在的，管理员负责管理学生信息和教师信息。因此管理员与教师和学生是一对多关系。
- 教师负责教授课程，其中一门课可能被多个教师授课，所以课程与教师之间是一对多关系，在本平台可能是一对一的关系。
- 学生与课程之间是选课的关系，本平台的课程是软件项目管理，可以被多个同学选修，所以课程与学生之间是一对多的关系。根据学生与课程和教师与课程之间的关系，可以间接推导出学生的课程是哪位教师授课。
- 一门课程与试卷之间是包含的关系，所以课程与试卷之间是一对多关系。
- 一套试卷可能包含多道题目，同样的一道题目可能被包括在多套试卷中，所以试卷与题目之间是多对多的关系。
- 知识点与题目之间是包含的关系，所以知识点与题目之间是一对多的关系。
- 一个学生可以参加多次试卷测评，一套试卷可以被多个学生使用，所以试卷与学生之间是多对多的关系。

综上分析，系统的实体关系图如图 4-73 所示。

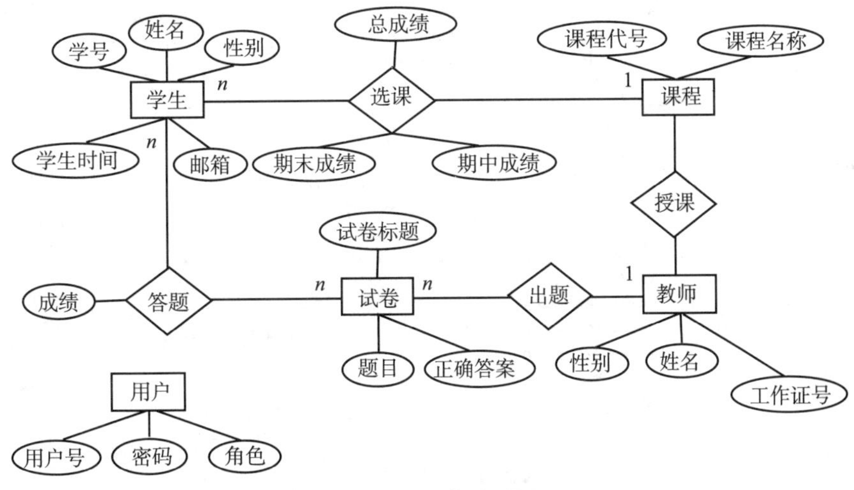

图 4-73 实体关系图

表 4-13 就是其中的课程表的逻辑设计，同时体现出了选课信息。

表 4-13 课程表

字段名	字段代码	字段类型	可否为空	备注
学号	studentId	varchar（15）	N	主键
姓名	name	varchar（45）	N	
班级号	classId	varchar（45）	N	
邮箱	email	varchar（45）	N	
电话	telno	varchar（20）	N	
学年	syear	varchar（4）	N	

（续）

字段名	字段代码	字段类型	可否为空	备注
选课状态	status	varchar（45）	N	0：备选 1：选择 2：未选
平时成绩	dailyGrade	decimal（5，2）	Y	
期中成绩	midGrade	decimal（5，2）	Y	
期末成绩	finalGrade	decimal（5，2）	Y	
平时成绩	practiceGrade	decimal（5，2）	Y	
总成绩	totalGrade	decimal（5，2）	Y	

然后将本项目的逻辑数据库表转换到 MySQL 数据库中。本项目采用了 MySQL DBMS，从此 DBMS 中导出的数据库表的关系如图 4-74 所示。

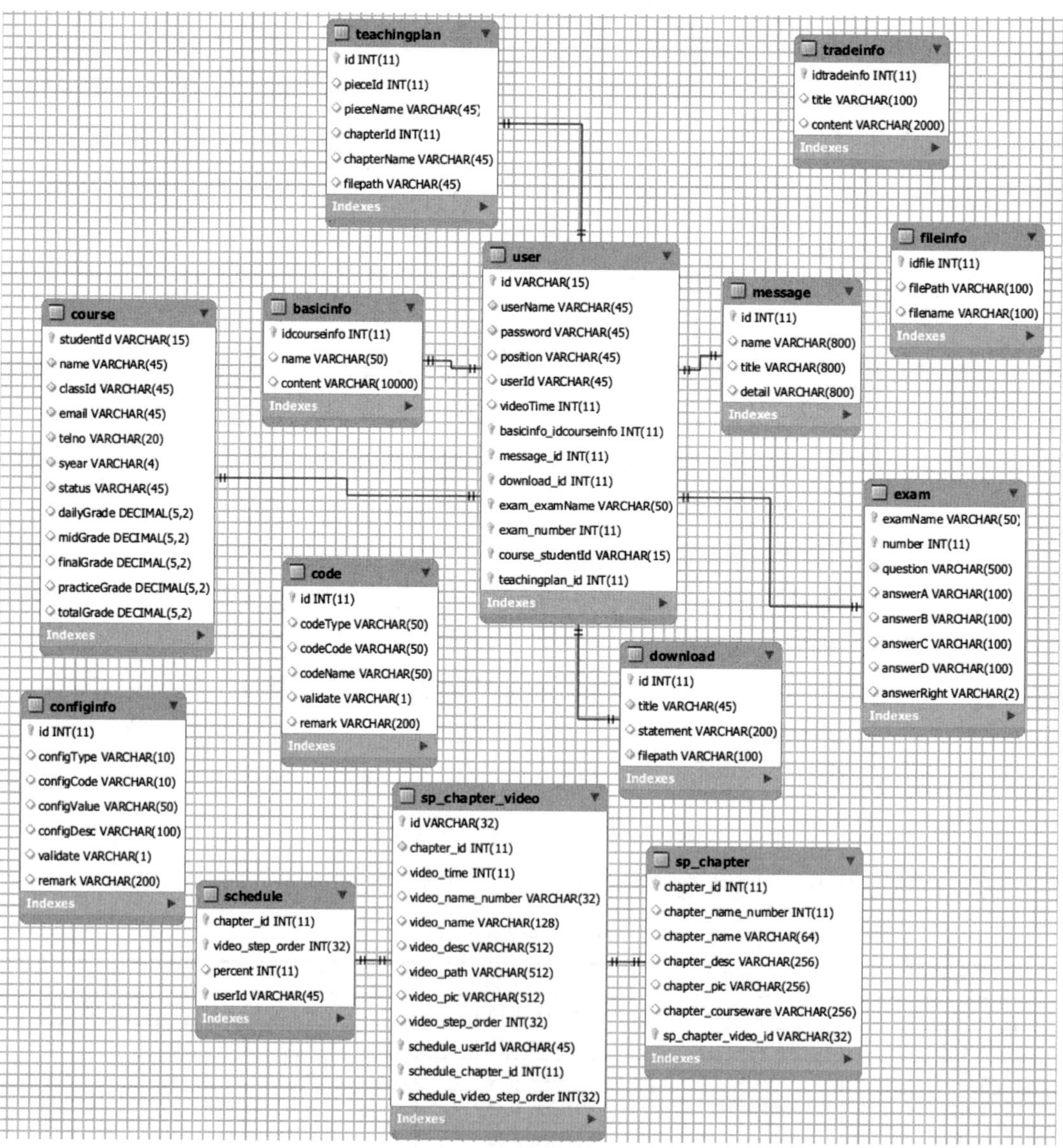

图 4-74　数据实体关系图

4.10.4 界面设计

界面设计是对系统外部人机交互的设计，平台首页采用图 4-75 中的格式设计。网页顶部为课程网站的图标。图标下方为导航栏，包括首页、行业信息、下载、留言板、网上测试、联系我们，用户可以在这里选择想要的服务。本项目采用 Axure RP 需求建模工具完成需求界面。

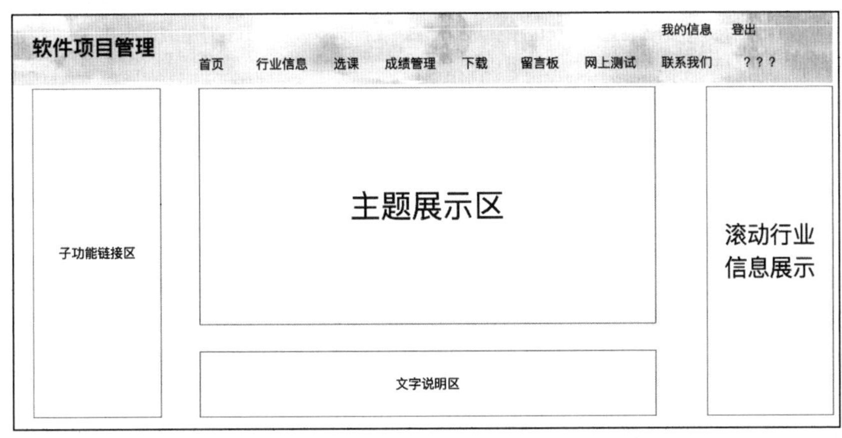

图 4-75 首页设计图

网页左侧有五个模块：课程介绍、课程内容、课程实践、教师团队、教务操作。用户可以单击这里查看自己关注的内容或者进行教务操作。

网页中央上方为课程推荐，这里将列举出一些校内的热门课程，用户可根据兴趣进行选择。网页中央下方为特色课程，这里将列举出一些具有本校特色的课程，为用户的选择提供参考。

网页右侧上方为通告栏，内含最近一周内最新发布的消息内容，方便用户快速查看浏览。右侧下方为学生和教师的登录入口，方便学生或老师登录之后进行更多的操作。

4.11 小结

本章讲述了软件项目的概要设计过程，软件设计是软件项目开发过程的核心，是将需求规格转化为一个软件实现方案的过程。概要设计主要包括体系结构设计、模块设计、数据设计、界面设计等。本章介绍了一些体系结构及其各自的特点，还介绍了结构化设计方法和面向对象设计方法。设计中提倡复用原则，应用框架可以提供很多好的复用基础，好的框架结构可以提高开发效率，提高产品的质量。

4.12 练习题

一、填空题

1. C/S、B/S、SOA、BMP 等都是不同的________。
2. 数据字典包括________、________、数据储存和基本加工。
3. 高内聚、松耦合是________的基本原则。
4. ________把已确定的软件需求转换成特定形式的设计表示，使其得以实现。
5. 设计模型是从分析模型转化而来的，主要包括四类模型：________、数据设计模型、接口设计模型、构件设计模型。

6. 面向对象设计的主要特点是建立了四个非常重要的软件设计概念：抽象性、________、功能独立性和模块化。
7. 模块层次图和模块结构图是________的重要方法。
8. UML 设计中主要采用的图示有________、________、________等。
9. 软件模块设计，包括模块划分、________、模块的调用关系、每个模块的功能等。
10. 数据库的设计一般要进行三个方面的设计：________、逻辑结构设计和物理结构设计。
11. 结构化程序设计方法的主要原则可以概括为________。

二、判断题

1. 软件设计是软件工程的重要阶段，是一个把软件需求转换为软件代码的过程。(　　)
2. 软件设计说明书是软件概要设计的主要成果。(　　)
3. 软件设计中设计复审和设计本身一样重要，其主要作用是避免后期付出高代价。(　　)
4. 应用程序框架结构是一个可以重复使用的、大致完成的应用程序，可以通过对其进行定制，开发成一个客户需要的真正的应用程序。(　　)
5. 面向对象的设计（OOD）是将面向对象分析（OOA）的模型转换为设计模型的过程。(　　)
6. 在进行概要设计时应加强模块间的联系。(　　)
7. 复用原则也是软件设计的一个重要原则。(　　)
8. 以对象、类、继承和通信为基础的面向对象设计方法也是常见的软件概要设计方法之一。(　　)

三、选择题

1. 内聚是从功能角度来度量模块内的联系，按照特定次序执行元素的模块属于（　　）方式。

   A. 逻辑内聚　　B. 时间内聚　　C. 过程内聚　　D. 顺序内聚
2. 概要设计是软件工程中很重要的技术活动，下列不是概要设计任务的是（　　）。

   A. 设计软件系统结构　　B. 编写测试报告

   C. 数据结构和数据库设计　　D. 编写概要设计文档
3. 数据字典是定义（　　）中的数据的工具。

   A. 数据流图　　B. 系统流程图　　C. 程序流程图　　D. 软件结构图
4. 耦合是软件各个模块间连接的一种度量。一组模块都访问同一数据结构应属于（　　）方式。

   A. 内容耦合　　B. 公共耦合　　C. 外部耦合　　D. 控制耦合
5. 面向数据流的软件设计方法中，一般把数据流图中的数据流分为（　　）两种流，再将数据流图映射为软件结构。

   A. 数据流与事务流　　B. 交换流和事务流

   C. 信息流与控制流　　D. 交换流和数据流
6. 软件设计是一个将（　　）转换为软件表示的过程。

   A. 代码设计　　B. 软件需求　　C. 详细设计　　D. 系统分析
7. 数据存储和数据流都是（　　），仅仅是所处的状态不同。

   A. 分析结果　　B. 事件　　C. 动作　　D. 数据

8. 模块本身的内聚是模块独立性的重要度量因素之一，在 7 类内聚中，具有最强内聚的一类是（　　）。

A. 顺序性内聚　　B. 过程性内聚　　C. 逻辑性内聚　　D. 功能性内聚

9. 面向数据流的设计方法把（　　）映射成软件结构。

A. 数据流　　B. 系统结构　　C. 控制结构　　D. 信息流

10. 下列关于软件设计准则的描述，错误的是（　　）。

A. 提高模块的独立性　　B. 体现统一的风格

C. 使模块的作用域在该模块的控制域外　　D. 结构应该尽可能满足变更的要求

11. 软件的结构化设计方法是以（　　）为依据的模块结构设计方法。

A. 系统数据要求　　B. 数据结构　　C. 数据流图　　D. 数据流

12. 下面不是数据库设计的阶段的是（　　）。

A. 概念结构设计阶段　　B. 逻辑结构设计阶段

C. 模块划分　　D. 物理结构设计阶段

第 5 章

软件项目的详细设计

上一章讲述了软件的概要设计，概要设计给出了项目的一个总体实现结构，在将概要设计变为代码的过程中可以增加一个阶段，即详细设计阶段，它是对构件的详细设计过程，也是一个具体的设计过程。下面进入路线图的第三站——详细设计，如图 5-1 所示。

图 5-1　路线图——详细设计

5.1　详细设计的概念

类似建造一个房子，概要设计相当于建造房子的地基计划，这个地基计划定义了房子中各个房间的功能，以及各个房间与其他房间和外部环境连接的结构要素。而详细设计相当于对如何建造各个房间的详细描述。

概要设计阶段是以比较抽象概括的方式提出解决问题的办法，而详细设计阶段是将解决问题的办法具体化。详细设计也称为过程设计，主要针对程序开发部分，但这个阶段不是真正编写程序，而是设计出程序的详细规格说明。这种规格说明的作用非常类似于其他工程领域中工程师经常使用的工程蓝图，它们应该包含必要的细节，程序员可以根据它们写出实际的程序代码。

在实际项目中，根据项目的具体情况和项目要求，详细设计这个过程可以省略，可以有详细设计，也可以直接按照概要设计进行编码，这个过程主要是保证编码的顺利进行，帮助扫清编码过程中的障碍，提高代码的质量和效率。也可将详细设计过程与概要设计过程合在一起，或者将详细设计过程与编码过程合在一起。尽管表面上看好像省掉了这个过程，其实逻辑上并没有省掉，它可能体现在概要设计中，或者体现在编码过程中。

5.2　详细设计的内容

详细设计是对概要设计的细化，即详细设计每个模块的实现算法和所需的局部数据结构。

详细设计是将概要设计的框架内容具体化、明细化，将概要设计转化为可以操作的软件模型，它是设计出程序的“蓝图”，以后程序员可以根据这个蓝图编写程序代码。因此，详细设计的结果基本决定了最终的程序代码的质量。衡量程序的质量不仅要看逻辑是否正确，性能是否满足要求，也要看它是否容易阅读和理解。详细设计的目标不仅仅是逻辑上正确地实现了模块的功能，更重要的是设计出的处理过程应该尽可能简明易懂。详细设计的任务是为每一个构件确定使用的算法和数据结构。

详细设计首先要对系统的构件（模块）做概要性的说明，然后设计详细的算法、每个构件（模块）之间的关系以及如何实现算法等部分的描述。所以，详细设计主要包括构件（模块）描述、算法描述、数据描述。

- 构件（模块）描述。描述构件（模块）的功能以及需要解决的问题，这个构件（模块）在什么时候可以被调用，为什么需要这个构件（模块）。
- 算法描述。确定构件（模块）存在的必要性之后，就要确定实现这个构件（模块）的算法，描述构件（模块）中的每个算法，包括公式、边界和特殊条件，甚至包括参考资料、引用的出入等。
- 数据描述。详细设计应该描述构件（模块）内部的数据流。对于面向对象的构件（模块），主要描述对象之间的关系。

详细设计可以采用图形、表格或者文字描述等方式表达出来。伪代码是很重要的一个方法，它类似于结构化英语，使用结构化语言和数据来表达，而不是将设计变为源代码的一行一行语句。通过这种方式可以体现出哪个实现是好的，以免重新编写程序。

5.3 结构化详细设计方法

结构化详细设计的概念最早由 E. W. Dijkstra 提出，主要针对模块级的设计，Dijkstra 等专家建议在进行详细设计时，采用一套有条件的逻辑构造，以便以此生成源代码。这个逻辑构造应该有很好的可读性，以便于他人阅读理解。

在需求分析、概要设计阶段采用了自顶向下、逐步细化的方法。在需求分析阶段，对问题进行了抽象，产生了模型和数据；在概要设计阶段，根据软件功能，对软件结构进行抽象，产生了软件功能结构图并对结构进行分解，获得软件系统的结构体系。在详细设计阶段，主要任务是设计程序的处理过程，在设计模块内部的处理过程时，仍然可以采用自顶向下、逐步细化的方法。

详细设计的目标是逻辑上要正确地实现模块的功能，而且设计出来的处理过程应该尽可能简明易懂。其设计主要包括控制结构，同时也包括算法和数据结构的设计，当然更细节的算法和数据结构的实现是通过编码完成的。所以，结构化的详细设计主要是面向数据结构的设计方法。面向数据结构的设计方法主要包括 JSD 方法和 Warnier 方法。

5.3.1 详细设计工具

详细设计的表示工具有图形工具和语言工具。程序流程图、N-S 图、PAD 图等属于图形工具。PDL 或者伪码属于语言工具。

1. 程序流程图

在说明一个问题的时候，一个图形的作用相当于千条语句的作用。流程图是很重要的一种图形符号，其中方框表示一个处理过程，菱形代表一个逻辑判断，箭头代表控制流。程序流程图是开发人员最熟悉的算法表达工具，它直观、清晰、容易掌握。

面向结构设计的核心是面向数据结构进行设计，以数据驱动作为特征，将问题分解为由顺序、选择、循环三种基本结构形式表示的分层次结构，并实现由数据结构到程序结构的映射和转换过程，如图 5-2 ~ 图 5-4 所示，分别表示了顺序、选择、循环三种基本结构形式。“顺序”可以实现任何算法中的处理步骤，“选择”可以实现一些逻辑的并发处理中的选择处理，而“循环”允许重复。这三种构造方法是结构化编程的基本技术。

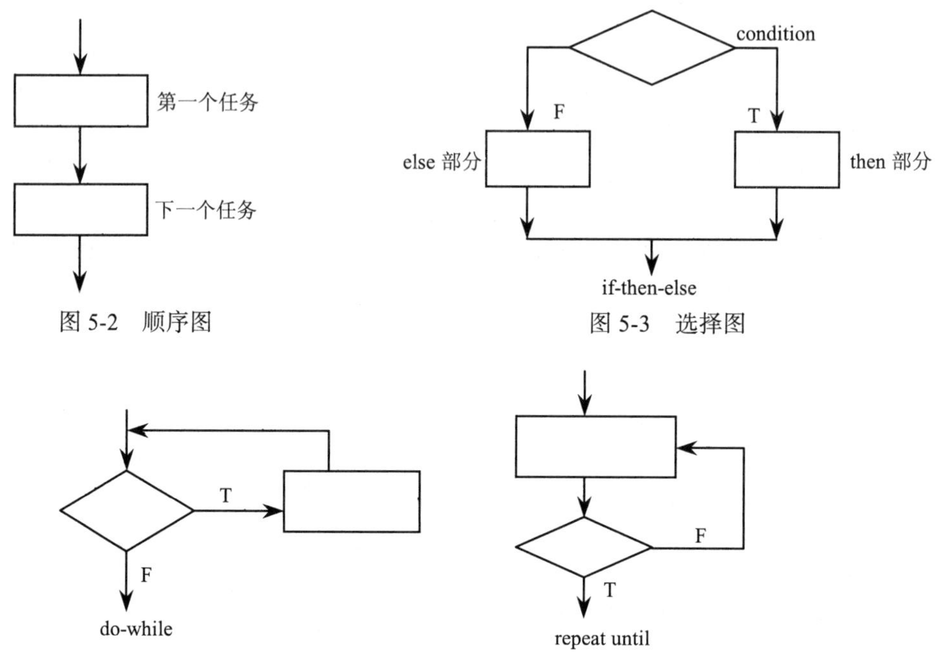

图 5-2 顺序图

图 5-3 选择图

图 5-4 循环结构图

如图 5-2 ~ 图 5-4 所示，顺序关系用两个方框通过一个箭线连接来表示；“选择”关系通过一个菱形的判断表示，如果条件为真则执行 then 部分，如果为假则执行 else 部分；循环关系可以用两种方式表示，do-while 先测试条件，如果为真就一直循环执行任务，repeat until 先执行循环任务，然后判断条件，直到这个条件为假就可以结束循环任务。例如，图 5-5 是一个查看报表模块的详细设计流程图。

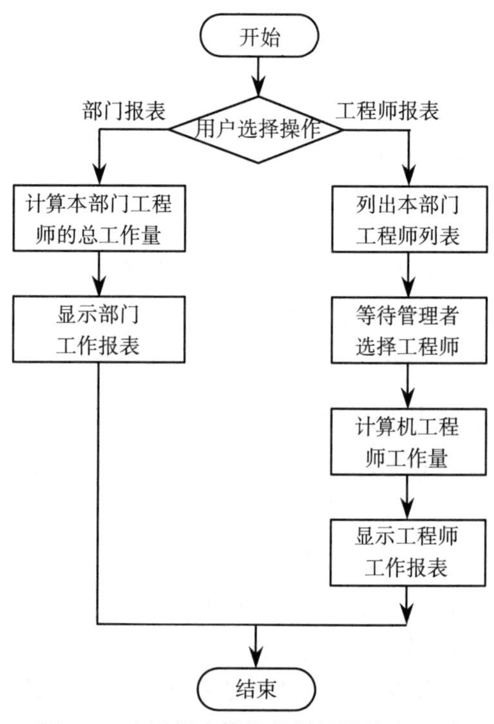

图 5-5 查看报表模块的详细设计流程图

2. N-S 图描述算法

N-S 图是由美国人 I. Nassi 和 B. Shneiderman 共同提出，是一种结构化描述方法。N-S 图中，一个算法就是一个大矩形框，框内又包含若干基本的框。三种基本结构的 N-S 图描述如下。

1）顺序结构如图 5-6 所示，执行顺序先 A 后 B。

2）选择结构如图 5-7 所示。在图 5-7a 中，条件为真时执行 A，条件为假时执行 B。在图

5-7b 中，条件为真时执行 A，条件为假时什么都不做。

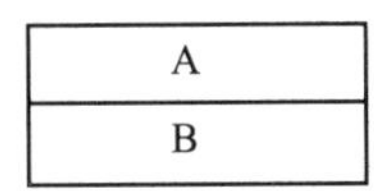

图 5-6 顺序结构

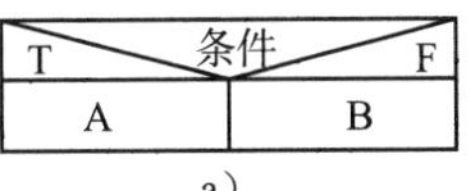

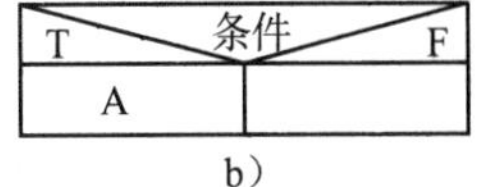

图 5-7 选择结构

3）循环结构：

- while 型循环结构如图 5-8 所示，条件为真时一直循环执行循环体 A，直到条件为假时才跳出循环。
- do-while 型循环结构如图 5-9 所示，条件为真一直循环执行循环体 A，直到条件为假时才跳出循环。

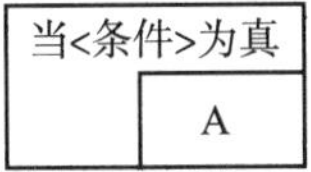

图 5-8 while 型循环 N-S 图

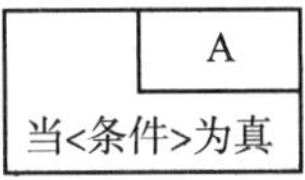

图 5-9 do-while 型循环 N-S 图

图 5-10 和图 5-11 是采用 N-S 图描述详细设计算法的实例。

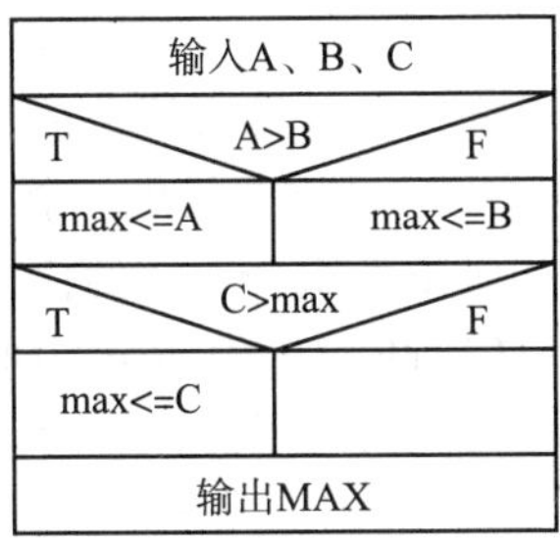

图 5-10 N-S 图实例（一）

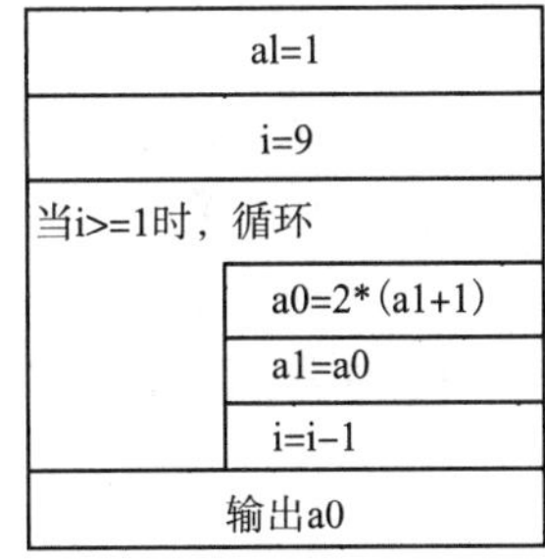

图 5-11 N-S 图实例（二）

3. PAD 图描述算法

PAD（Problem Analysis Diagram）是近年来在软件开发中被广泛使用的一种算法的图形表示法，流程图、N-S 图都采用自上而下的顺序描述，而 PAD 图除了自上而下以外，还有自左向右的展开，所以，如果说流程图、N-S 图是一维的算法描述的话，则 PAD 图就是二维的，它能展现算法的层次结构，更直观易懂。它用二维树形结构的图表示程序的控制流，用这种图转换为程序代码比较容易。

下面是 PAD 图的几种基本形态。

1）顺序结构。顺序结构 PAD 图如图 5-12 所示。

2）选择结构：

- 单分支选择。如图 5-13a 所示，条件为真执行 A。
- 两分支选择。如图 5-13b 所示，条件为真执行 A，条件为假执行 B。
- 多分支选择。如图 5-13c 所示，当 I = i1 时执行 A，I = i2 时执行 B，I = i3 时执行 C，I = i4 时执行 D 。

3）循环结构。循环结构 PAD 图如图 5-14 所示，其中，图 5-14a 为 while 型循环，图 5-14b

为 do-while 型循环。

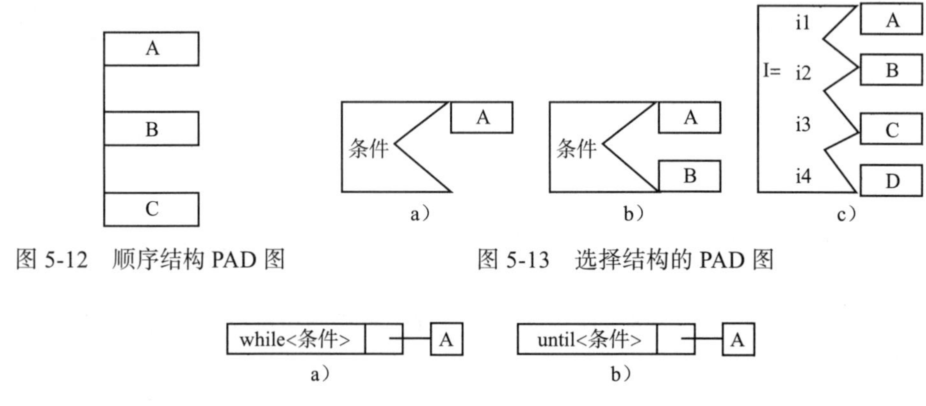

图 5-12 顺序结构 PAD 图

图 5-13 选择结构的 PAD 图

图 5-14 循环结构 PAD 图

PAD 图结构清晰，结构化程度高；最左端的纵线是程序主干线，对应程序的第一层结构；每增一层 PAD 图向右扩展一条纵线，程序的纵线数等于程序层次数。从 PAD 图最左主干线上端节点开始，自上而下、自左向右依次执行，程序终止于最左主干线。PAD 图既可用于表示程序逻辑，也可用于描述数据结构。

4. 决策表

很多软件中，一个模块需要对一些条件和基于这些条件的任务进行复杂的组合，而决策表提供了将条件及其相关的任务组合为表格的一种表达方式。表 5-1 就是一个决策表，其中，左上区域列出了所有的条件，左下区域列出了基于这些条件组合对应的任务，右边区域是根据条件组合而对应的任务矩阵表，矩阵的每一列可以对应于应用系统中的一个处理规则。

表 5-1 决策表

条件	规则 1	规则 2	规则 3	规则 4	规则 5	…	规则 n
条件 1	√	√		√	√		
条件 2		√	√		√		
条件 3			√	√	√		
条件 4	√	√	√				
任务							
任务 1					√		
任务 2		√					
任务 3	√		√				
任务 4			√				
任务 5		√		√			
任务 6					√		

编制一个决策表的步骤如下：

1）列出与一个特定的模块相关的所有任务。

2）列出这个模块执行过程的所有条件（或者决策）。

3）将特定的条件组合与相应的任务组合在一起，删除不必要的条件组合，或者编制可行的条件组合。

4）定义规则，即一组条件组合对象完成什么任务。

表 5-2 是关于一个三角形应用系统的决策表。

表 5-2　三角形应用系统的决策表

条　　件	规则 1	规则 2	规则 3	规则 4	规则 5	规则 6
C1：a、b、c 构成三角形	N	Y	Y	Y	Y	Y
C2：a=b		Y	Y	N	Y	N
C3：a=c		Y	Y	Y	N	N
C4：b=c		Y	N	Y	N	N
任务						
A1：非三角形	X					
A2：不等边三角形						X
A3：等腰三角形					X	
A4：等边三角形		X				
A5：不可能			X	X		

5. 过程设计语言

过程设计语言（Procedure Design Language，PDL）也称为结构化英语，它于 1975 年由 Caine 与 Gordon 首先提出来，到目前为止已经推出多种 PDL 语言。PDL 具有“非纯粹”编程语言的特点。它是一种混合语言，采用一种语言（如英语）的词汇，同时采用另外一种类似语言（如结构化程序语言）的语法。这个方法也称为“伪代码”。第一眼看伪代码很像一种程序语言，但是伪代码是不能直接编译的，它体现了设计的程序框架或者代表了一个程序流程图。PDL 有如下特点：

- 使用一些固定关键词的语法结构表达了结构化构造、数据描述、模块的特征。
- 自然语言的自由语法描述了处理过程。
- 数据声明包括简单的和复杂的数据结构。
- 使用支持各种模式的接口描述的子程序定义或者调用技术。

以下是几种 PDL 的常见应用形式。

（1）PDL 描述选择结构

利用 PDL 描述 IF 结构：

```
IF< 条件 >
一条或者多条语句
ELSEIF < 条件 >
一条或者多条语句
……
ELSEIF < 条件 >
一条或者多条语句
```

```
ELSE
一条或者多条语句
ENDIF
```

（2）PDL 描述循环结构

WHILE 循环结构：

```
DO WHILE <条件描述>
一条或数条语句
ENDWHILE
```

UNTIL 循环结构：

```
REPEAT UNTIL <条件描述>
一条或数条语句
ENDREP
```

FOR 循环结构：

```
DOFOR <循环变量>=<循环变量取值范围，表达式或者序列>
一条或数条语句
ENDFOR
```

（3）子过程

```
PROCEDURE  <子过程名>  <属性表>
    INTERFACE <参数表>
    一条或数条语句
    END
```

其中“属性”表明了子过程的引用特性和利用的过程语言的特征。

（4）输入、输出

```
READ/WRITE TO <设备> <I/O表>
```

下面是一个文本处理系统采用 PDL 进行详细设计的例子：

```
INITIAL:
    Get parameter for indent,skip_line,margin.
    Set left margin to parameter for indent.
    Set temporary line pointer to left margin for all but paragraph;  for paragraph,
set it to paragraph indent.
LINE_BREAKS:
    If not (DOUBLE_SPACE or SINGLE_SPACE),break line,flush line buffer and set line
pointer to temporatory line pointer.
    If 0 lines left on page,eject page and print page header.
INDIVIDUAL CASES:
    INDENT,BREAK: do nothing.
    SKIP_LINE:  skip parameter lines or eject.
    PARAGRAPH:  advance 1 line;if <2 lines on page,eject.
    MARGIN:  right_margin=parameter.
    DOUBLE_SPACE: interline_space=2.
    SINGLE_SPACE: interline_space=1.
    PAGE: eject page,print page header.
```

伪代码作为详细设计的工具，缺点在于不如其他图形工具直观，描述复杂的条件组合与动作间的对应关系不够明了。

5.3.2　JSD 方法

Jackson 系统开发（Jackson System Development，JSD）方法是一种典型的面向数据结构的设计方法，它是由英国 M. A. Jackson 提出来的。JSD 方法认为，内在数据结构是至关重要的，可以利用输入数据结构、输出数据结构导出程序结构，对于一般的数据处理系统，问题的结构可以用其所处理的数据结构来表示，而且具有层次结构的可维护性。与程序结构一样，数据结构也有顺序、选择、循环三种。

1. JSD 的结构表示法

JSD 方法把问题分解为由三种基本结构形式表示的层次结构。三种基本结构形式是顺序、选择和重复。Jackson 提出了一种与数据结构层次图非常相似的数据结构表示法，以及一种映射和转换的过程。三种基本结构的表示方法如图 5-15 所示。

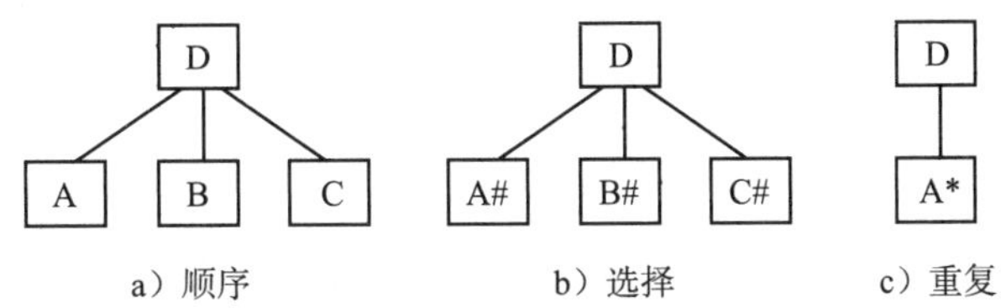

图 5-15　JSD 三种基本结构类型的表示方法

顺序型指两个以上事件从左到右顺序执行。选择型指两个以上事件一次只能执行一个（以带 # 的方框表示）。重复型指事件重复输入多次（以带 * 的方框表示）。三种基本结构的组合，可以形成更复杂的结构体系，如图 5-16 所示。

Jackson 的层次结构图不仅可以用来描述数据结构，也可以用来描述客观事物的层次结构。例如，图 5-17 描述了某大学的组织结构。

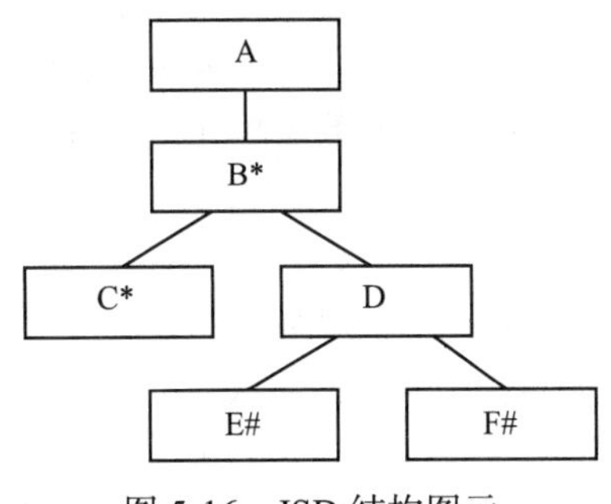

图 5-16　JSD 结构图示

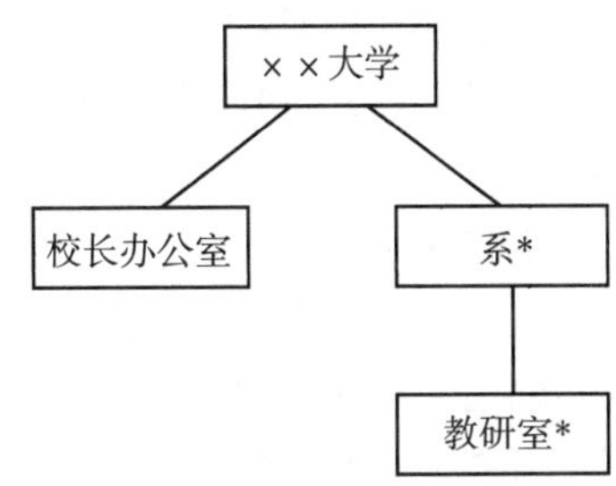

图 5-17　用 JSD 结构图表示学校组织结构

2. JSD 开发步骤

JSD 开发分为四个步骤，以下结合例子说明。

某仓库里存放了多种零件（如 P1、P2、P3……），每种零件的每次变动（收到或发出）都有卡片做出记录。库存管理系统每月根据这样一叠卡片打印一张月报表，如表 5-3 所示，表

表 5-3　零件库存变化率月度报表

零件名	增减数量
P1	+204
P2	−1200
P3	−451
…	…

中每一行列出了某种零件本月库存量的净增减变化。

（1）数据结构化表示

确定输入、输出数据的逻辑结构，并用Jackson数据层次图描述所用结构。这里假定卡片已按零件分组，即将同一零件的卡片放在一起。输入数据是由一叠卡片组成的文件，文件包括许多零件组，每个零件组又有许多张卡片，每张卡片又可能是“收”或“发”。输出是月报表，它由表头和表体两部分组成，表体又由许多“行”组成，例子中的数据结构表示如图5-18所示。

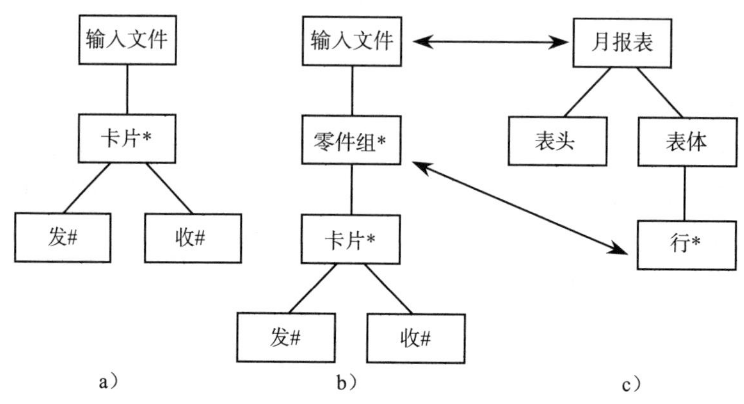

图5-18 零件库输入文件和月报表文件结构图

（2）找出输入数据结构与输出数据结构的对应关系

找出输入数据结构和输出数据结构中有对应关系的数据单元，所谓有对应关系的数据单元是指由直接因果关系，程序可以同时处理的数据单元。对于重复的数据单元，重复的次序和重复的次数都必须相同才算有对应关系。有对应关系的数据单元名称可以不相同。

这个例子中，输入数据结构和输出数据结构之间也是对应的。一个输入文件对应一张月报表，输入文件中的每个零件对应于月报表中的每一行，“零件组”个数与“行”数相同，“零件组”的排列次序与“行”的排列次序也是一致的。对应关系见图5-18中的箭头所示。

但是，如果卡片不是按零件分组，而是按“收”或“发”的日期顺序排列（见图5-18a），此时输入（见图5-18a）和输出（见图5-18c）之间就找不到对应的数据单元。这种情况称为“结构冲突”。

（3）确定程序结构

以输出数据结构为基础确定程序结构，确定程序结构时有三条规则：

- 为每对有对应关系的数据单元，按照它们在数据结构中所在的层次，在程序结构的适当位置画一个程序框。
- 在输入数据结构中有，但在输出数据结构中没有对应关系的数据单元，在程序结构中的适当位置画一个程序框。
- 在输出数据结构中有，但在输入数据结构中没有对应关系的数据单元，在程序结构中的适当位置画一个程序框。

简单地说，每对有对应关系的数据单元合画一个框，没有对应关系的所有数据单元（包括输入数据结构和输出数据结构）各画一个框。根据上述原则，画出的程序结构见图5-19。

（4）列出和分配可执行操作

列出所有的操作，并把它们分配到程序结构的适当位置，这样就获得了完整的程序结构图，程序员就可以根据这个结构图进行程序的编码。例子中的有关操作见表 5-4，并将操作分配到图 5-19 上。

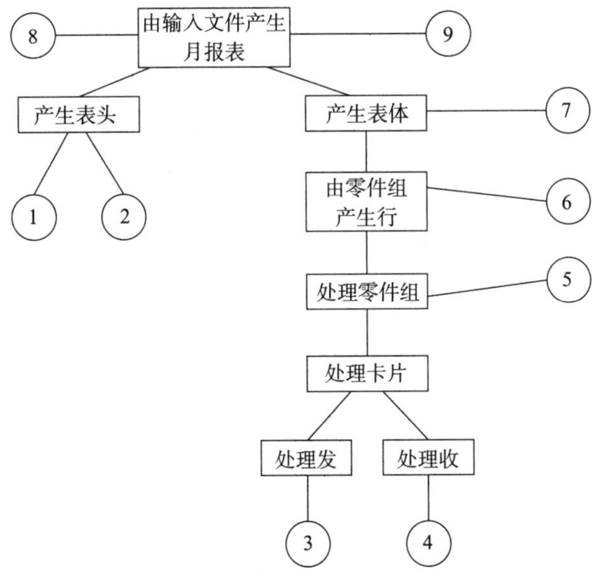

图 5-19　零件库系统程序结构图

表 5-4　零件库软件相关操作

编号	名　称
1	读表头数据项
2	打印表头符号行
3	读零件卡片（收）
4	读零件卡片（发）
5	处理收发计算
6	生成同零件项
7	根据输入的数据结构打印数据行
8	打开文件
9	关闭文件

3. JSD 方法的总结

JSD 方法的软件设计过程是从数据结构入手，由数据结构之间的关系导出程序结构，因此，这一方法特别适合于以数据为主，“计算”较简单的数据处理系统，是“面向数据的方法”。由于这一技术未提供对复杂系统设计过程的技术支持，因而不适合于大型实时系统或非数据处理系统的开发。

5.3.3　Warnier 方法

Warnier 方法是由法国人 D. Warnier 提出的，它采用 Warnier 图表示数据结构和程序结构。在 Warnier 图中，数据元素按从上到下的顺序出现，在数据元素的下方的括号中用数字来表示数据元素是选择出现还是重复出现。当用 Warnier 图表示程序结构时，在处理动作的上方画一条长横线用来表示该动作的“非”。Warnier 程序设计方法又称为逻辑构造程序方法。Warnier 方法和 JSD 方法类似，也是从数据结构出发设计程序，Warnier 图是 Warnier 方法中的一种专用工具。

图 5-20 所示的是用 Warnier 图描绘的某数据文件结构，该图表示此文件由 3 种类型的记录顺序组成，数据记录 1 重复出现 4 次，数据记录 2 在一定条件下才出现，数据记录 3 重复出现 *n* 次。其中，数据记录 1 由项 a、b、c 顺序组成，数据记录 2 由项 f 及在一定条件下出现的项 g 组成，数据记录 3 由在一定条件下出现的项 d 及固定出现的项 e 组成，而项 d 又是由 *m* 个元素组成。

可以从该数据文件结构导出程序的处理层次，如图 5-21 所示，它仍然是 Warnier 图的形式，然后可以用流程图表示程序的处理过程，如图 5-22 所示。

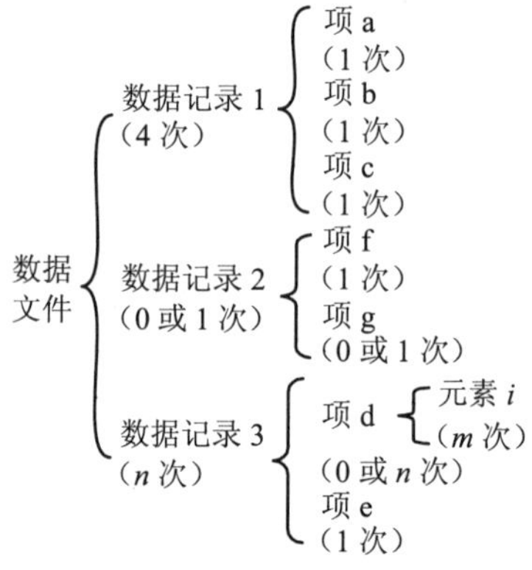

图 5-20　Warnier 图描绘的某数据文件结构

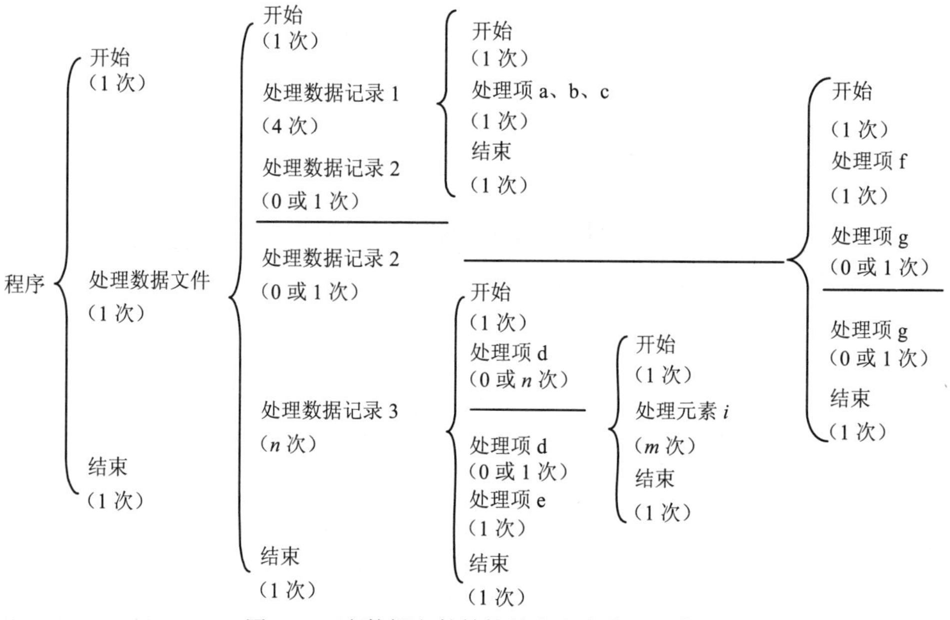

图 5-21　由数据文件结构导出程序处理层次

Warnier 结构程序设计方法的步骤如下：

1）分析和确定输入数据和输出数据的逻辑结构，用 Warnier 图表示出来。

2）由用 Warnier 图表示的数据结构导出用 Warnier 图表示的程序处理层次。

3）根据 Warnier 图所表示的程序处理层次导出程序流程图。

4）用伪代码描述程序过程。

任何领域或者任何技术复杂的程序都可以采用结构化的方式设计和编程，结构化编程可以减少程序的复杂性，增加可读性、可测试性、可维护性。

5.3.4　结构化详细设计的例子

现在我们对第 4 章的图 4-35 中的 ComputePageCost 构件进行详细设计，结果如图 5-23

所示，其中 ComputePageCost 模块通过调用 getJobData 模块和数据库接口 accessCostDB 来访问数据，接着对 ComputePageCost 模块进一步细化，给出算法和接口的细节描述。其中，算法的细节可以由图中显示的伪代码或者活动图表示，接口被表示为一组输入和输出的数据对象或者数据项的集合，详细设计的过程可以一直做到很详细。

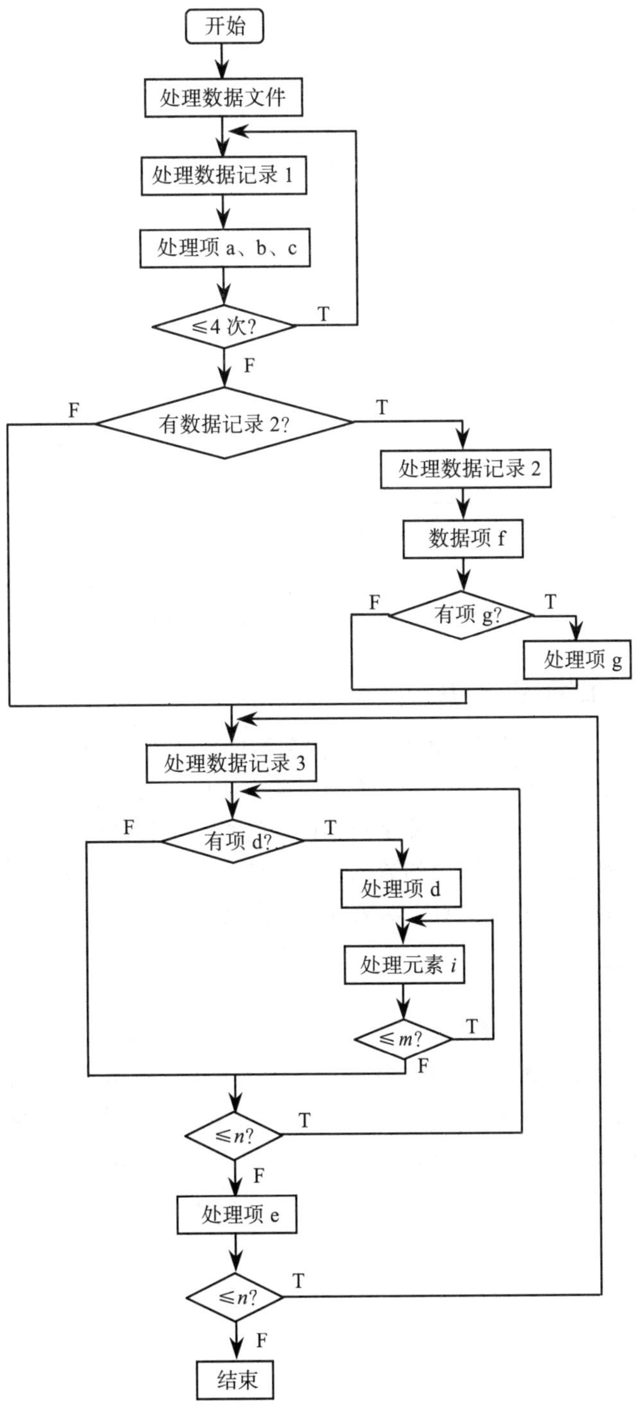

图 5-22 程序处理层次对应的流程图表示

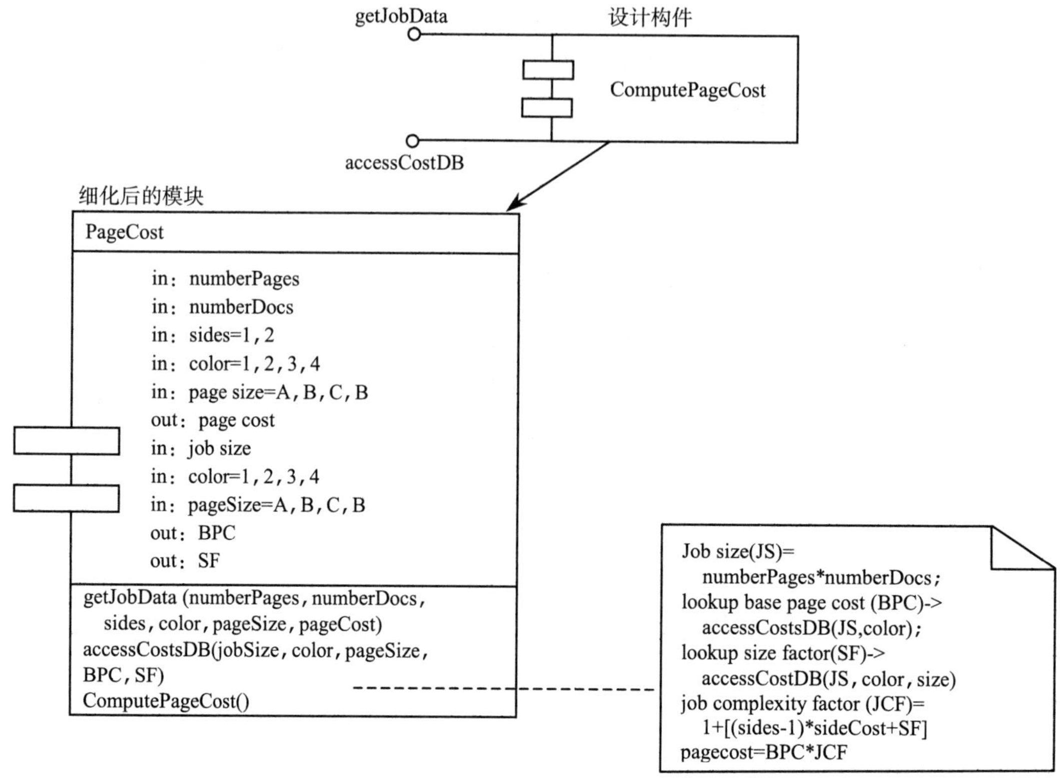

图 5-23　ComputePageCost 构件的详细设计

5.4 面向对象详细设计方法

在概要设计阶段，已经对系统的体系结构和构件（模块）进行了设计，在构件（模块）设计过程中设计了所有的构件，即分解了面向对象方法中的类，同时描述了属性、操作以及相关的接口。面向对象的详细设计主要是对构件中的每一个类进行详细描述，包括所有的属性和与其实现相关的操作。每个属性的数据结构应该进行详细的说明，还需要说明实现与操作相关的处理逻辑的算法细节，说明实现接口所需机制的设计。

5.4.1 详细设计工具

概要设计阶段设计的类，可以通过 UML 的类图、顺序图、状态图等来描述。在详细设计阶段可以通过伪代码、UML 活动图、程序流程图等对类中的属性和方法进行描述。

例如对于图 4-46 的 Rabbit 类定义，在详细设计阶段需要对其中的每个方法进行详细描述，下面代码是对 sleep() 方法的详细设计，采用的是伪代码形式。

```
/** This is the sleep method for the rabbit. It dictates the number of minutes the rabbit sleeps.
 * @param duration The number of minutes to sleep.
 */
public void sleep(int duration){

Print the number of minutes to sleep.

}
```

5.4.2 详细设计步骤

与其他方法不同的是，面向对象详细设计的步骤可以在任何时候重复进行，实际上在系统实现的过程中，在不同层次上重复设计步骤是必需的。为了确定何时需要重复设计，可以参考以下原则：假设一个操作的实现需要大量代码（例如大于 200 行代码），就应该将这个操作的功能作为一个新问题进行陈述，然后对这个新问题重复进行设计过程。

面向对象的详细设计从概要设计的对象和类开始，同时对它们进行完善和修改，以便包含更多的信息项，例如：

- 非功能需求，如性能、输入 / 输出的约束等。
- 确定可以从其他项目中为本项目复用的构件。
- 计划为将来其他项目可以复用的构件。
- 用户界面的需求。
- 数据结构。

详细设计阶段可能包含更多的类和对象，概要设计是高层描述数据的组织，而详细设计包含更多的数据结构信息。同时要说明每个对象的接口，规定每个操作的操作符号，以及对象的命名、每个对象的参数、方法的返回值。在很多情况下，可以通过顺序图获得这些信息。对象的接口是所有方法（操作）的名字的集合。

对象实现描述是对对象内部的详细描述，包括：

- 对象名字和引用类说明。
- 私有数据结构、数据项和类型。
- 每个方法的实现描述。

1. 类的详细描述

概要设计已经根据分析阶段的域模型建立相关的类，以及类之间的关系接口。详细设计阶段需要对每个类展开详细的描述，包括属性和方法的细化。图 5-24 是一个类的详细描述。

```
package com.buptsse.spm.action;
public class MessageAction extends ActionSupport{
   /**
    * 查询所有的留言内容
    * @return
    * @throws Exception
    */
   public String findMessageList();
   /**
    * 增加留言方法
    * @return
    * @throws Exception
    */
   public String insertMessage();
   /**
    * 删除留言方法
    * @return
    * @throws Exception
    */
   public String deleteMessage();
}
```

图 5-24　一个类的详细描述

2. 方法的设计

算法是设计对象中每个方法的实现规格，很多情况下，这个算法就是一个简单的计算或者过程序列。当然如果这个方法（操作）比较复杂时，这个算法实现可能需要模块化。在这里可以采用结构化详细设计技术。

数据结构的设计与算法是同时进行的，因为这个方法（操作）要对类的属性进行处理。方法（操作）对数据进行的处理有很多种，主要包括三类：对数据的维护操作（例如增、删、改等），对数据进行计算，监控对象事件。

对于图 5-24 中的三个方法采用程序流程图的方法完成详细设计如下。图 5-25 是 public String findMessageList() 方法的流程图，图 5-26 是 public String insertMessage() 方法的流程图，图 5-27 是 public String deleteMessage() 方法的流程图。

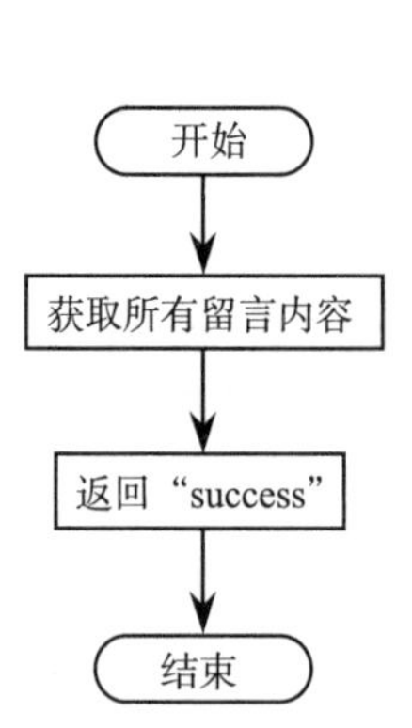

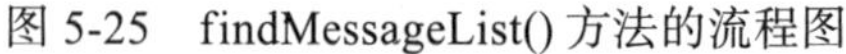
图 5-25 findMessageList() 方法的流程图

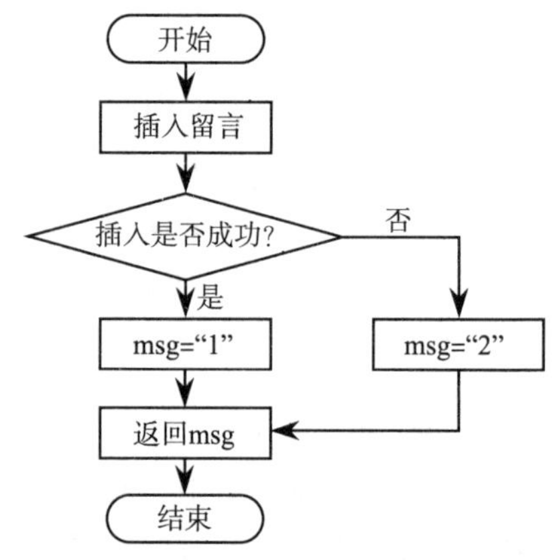

图 5-26 insertMessage() 方法的流程图

对于 4.7.2 节“家庭安全系统”例子中的 Sensor(传感器) 对象，我们对它进行详细设计。这里我们利用伪代码的 PDL 语言表示，如图 5-28 所示。

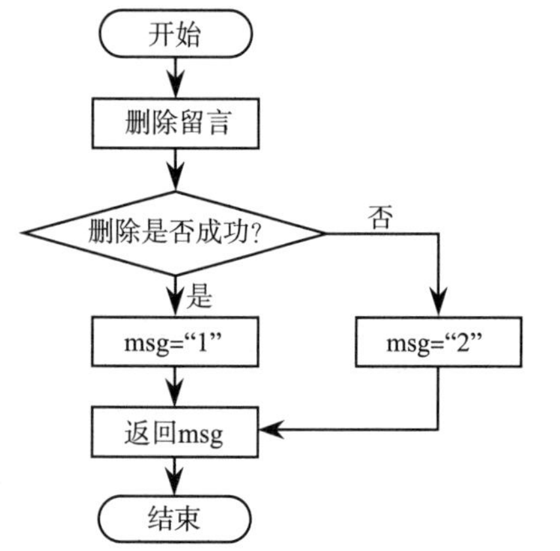

图 5-27 deleteMessage() 方法的流程图

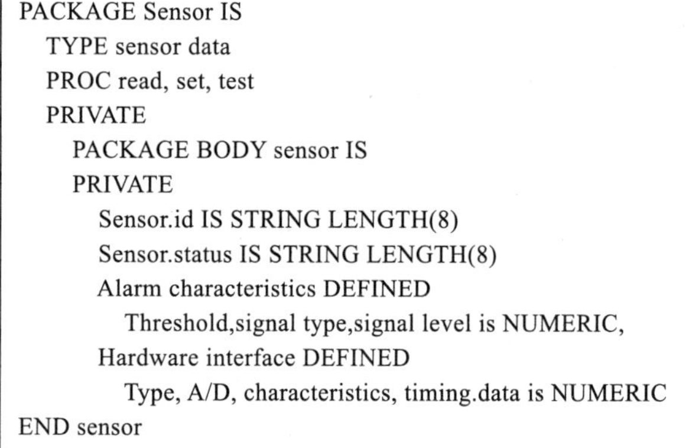

```
PACKAGE Sensor IS
  TYPE sensor data
  PROC read, set, test
  PRIVATE
    PACKAGE BODY sensor IS
    PRIVATE
      Sensor.id IS STRING LENGTH(8)
      Sensor.status IS STRING LENGTH(8)
      Alarm characteristics DEFINED
        Threshold,signal type,signal level is NUMERIC,
      Hardware interface DEFINED
        Type, A/D, characteristics, timing.data is NUMERIC
END sensor
```

图 5-28 Sensor 对象的 PDL 表示

已经定义了传感器的属性，还需要进一步定义每个操作的接口：

```
PROC read(sensor.id,sensor.status:out)
PROC set(alarm characteristics,hardware interface:IN)
PROC test(sensor.id,sensor.status, alarm characteristics:out)
```

下一步需要对这些操作进行逐步求精，这里我们只给出读操作（read 方法）的描述过程，如图 5-29 所示。

有了 read 方法的伪代码表示，在编写代码的时候可以据此翻译成相应的实现语言。其中 GET 和 CONVERT 是函数。

详细设计还要考虑系统的性能和空间要求等。

5.4.3 面向对象详细设计的例子

现在我们对图 4-44 中的 PrintJob 类构件进行详细设计，需要不断补充作为构件的 PrintJob 类的全部属性和操作，细化接口实现描述，对通信和协作也需要进行详细描述。结果如图 5-30 所示。computeJob 和 initiateJob 接口隐含着与其他构件的通信和协作。详细设计需要对每一个构件进行细化，细化一旦完成需要对每一个属性、每一个操作和每一个接口进一步细化。

```
PROC read（sensor.id,sensor.status:out）
  Raw.signal IS STRING
  IF (haedware.interface.type=" s" & alarm characteristics.signal.type=" B" )
  THEN
    GET(sensor.exception;sensor.status:=error)raw.signal
    CONVERT raw.signal TO internal.signal.level;
    IF internal.signal.level>threshold
      THEN sensor.status=" event'
      ELSE sensor.status=" no event'
    ENDIF
  ELSE{processing for other types of interfaces would be specified}
  ENDIF
  RETURN sensor.id,sensor.status
END read
```

图 5-29 read 方法的 PDL 表示

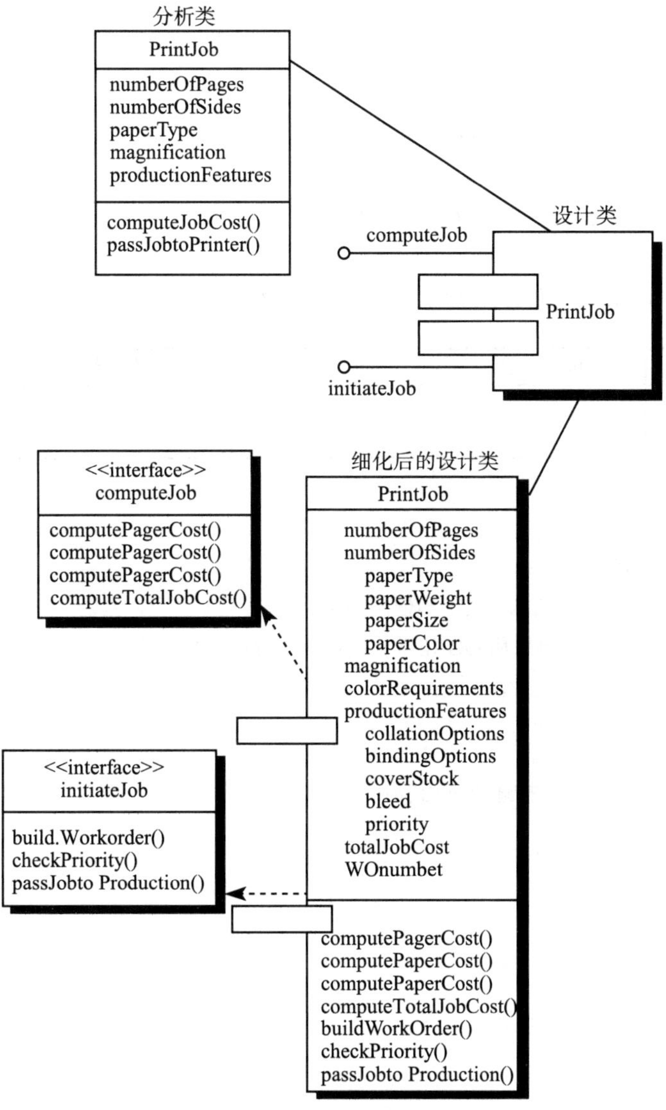

图 5-30 详细设计的例子

5.5 详细设计文档

一般来说，详细设计规格说明没有统一的标准，有的以伪代码的方式体现，最后可能与源代码合为一体，有的可能是文档格式的。下面的详细设计规格说明文档模板可以作为参照。

1. 导言

1.1 目的

说明文档的目的。

1.2 范围

说明文档覆盖的范围。

1.3 缩写说明

定义文档中所涉及的缩略语（若无则填写无）。

1.4 术语定义

定义文档内使用的特定术语（若无则填写无）。

1.5 引用标准

列出文档制定所依据、引用的标准（若无则填写无）。

1.6 参考资料

列出文档制定所参考的资料（若无则填写无）。

1.7 版本更新信息

记录文档版本修改的过程，具体版本更新记录如下表所示：

修改编号	修改日期	修改后版本	修改位置	修改内容概述

2. 系统设计概述

本节描述的主要内容包括：

- 简要描述系统的整体结构（文字和框图相结合）。
- 模块划分和分布（如果采用OO技术，则可用构件图和包图表示）。
- 系统采用的技术和实现方法。

3. 详细设计概述

本节以模块为单位，简要描述以下内容：

- 模块用途。
- 模块功能。
- 特别约定。

4. 详细设计

本节以模块为单位，详细描述以下内容：

- 模块的定义。
- 模块的关联。

- 输入 / 输出数据说明，包括变量描述（重要的变量及其用途），以及约束或限制条件。
- 实现描述 / 算法说明，包括：说明本模块的实现流程，包括条件分支和异常处理；模块的应用逻辑；模块的数据逻辑。

这部分可以通过流程图或者伪代码的方式实现。

5. 程序提交清单

程序提交清单以模块为单位分别进行描述，格式如下表所示：

模块	文件名	文件类别	用途

5.6 项目案例分析

项目案例名称：软件项目管理课程平台（SPM）

项目案例文档：详细设计说明书

完整文档下载：https://pan.baidu.com/s/1bYdX1s

项目详细设计简介

本项目详细设计主要是对概要设计中的每个类进行详细描述，采用流程图、伪代码等方法对设计类的属性、方法进行详细描述。

项目详细设计文档包括：

- 第一章：导言
- 第二章：详细设计简介
- 第三章：管理员端模块的详细设计
- 第四章：客户端模块的详细设计
- 第五章：公共模块的详细设计

下面以“选课管理模块”为例，说明模块的详细设计过程。

4.5 选课管理模块

根据概要设计，选课模块的系统内部相应操作示意图如图 B-1 所示。

4.5.1 表现层

选课管理模块的表现层主要完成学生的选课功能和教师的选课管理功能，学生进入该功能模块选择申请选课，教师进入该功能通过或拒绝学生的选课。表现层对应的 JSP 页面列表见表 B-1。

表 B-1 选课管理模块表现层 JSP 列表

界　　面	JSP	功能描述
学生选课界面	selectCourse4Student.jsp	学生选课功能，包括学生确认选课、选课状态查询等操作
教师选课管理界面	selectCourse4Teacher.jsp	教师对学生选课信息的管理，包括确认选课状态、删除学生选课信息

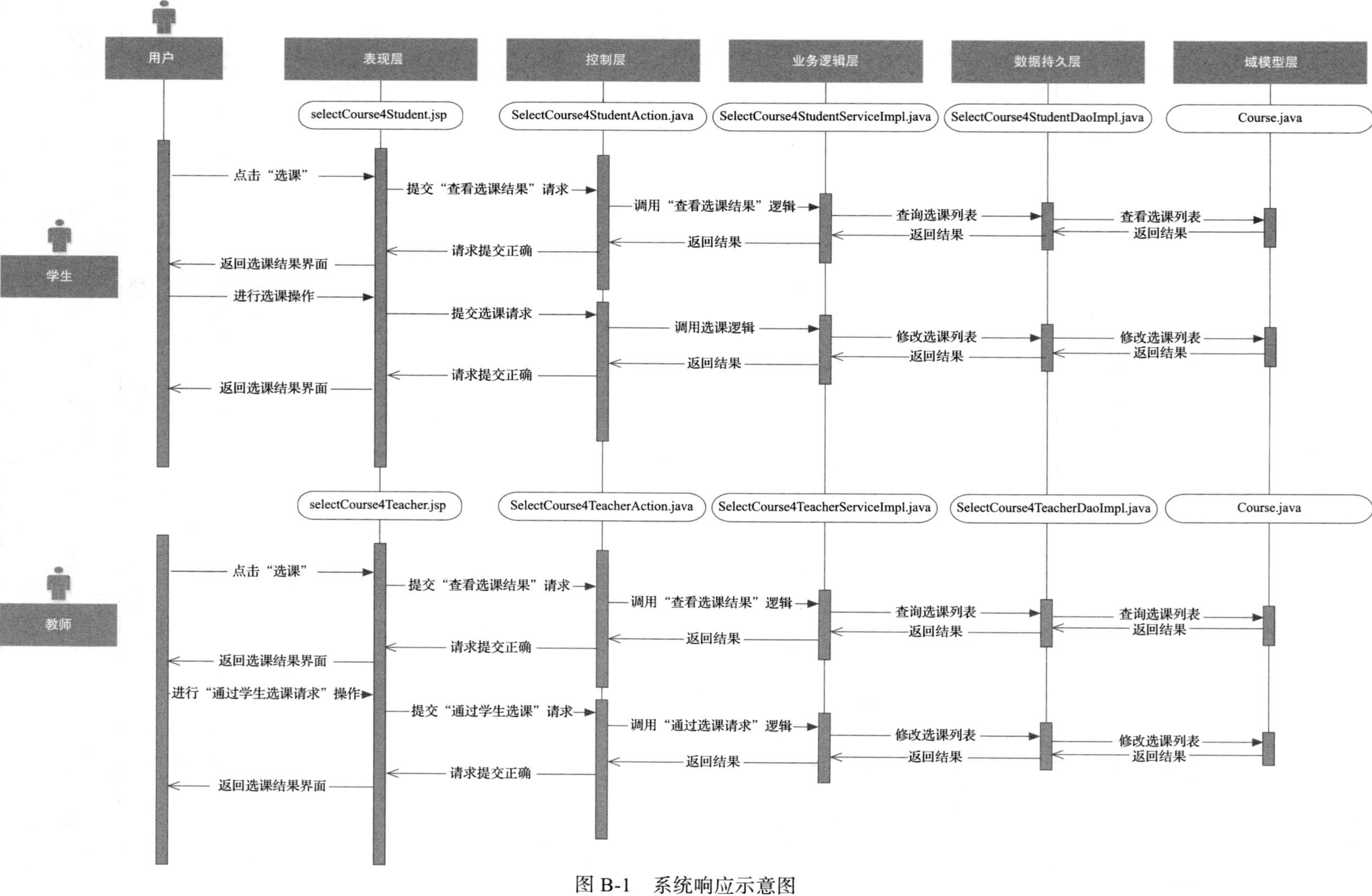
用户
表现层
控制层
业务逻辑层
数据持久层
域模型层
学生
教师
selectCourse4Student.jsp
SelectCourse4StudentAction.java
SelectCourse4StudentServiceImpl.java
SelectCourse4StudentDaoImpl.java
Course.java
点击"选课"
提交"查看选课结果"请求
调用"查看选课结果"逻辑
查询选课列表
查看选课列表
返回结果
返回结果
返回结果
请求提交正确
返回选课结果界面
进行选课操作
提交选课请求
调用选课逻辑
修改选课列表
修改选课列表
返回结果
返回结果
返回结果
请求提交正确
返回选课结果界面
selectCourse4Teacher.jsp
SelectCourse4TeacherAction.java
SelectCourse4TeacherServiceImpl.java
SelectCourse4TeacherDaoImpl.java
Course.java
点击"选课"
提交"查看选课结果"请求
调用"查看选课结果"逻辑
查询选课列表
查询选课列表
返回结果
返回结果
返回结果
请求提交正确
返回选课结果界面
进行"通过学生选课请求"操作
提交"通过学生选课"请求
调用"通过选课请求"逻辑
修改选课列表
修改选课列表
返回结果
返回结果
返回结果
请求提交正确
返回选课结果界面

图 B-1 系统响应示意图

4.5.2 控制层

学生选课模块的控制层负责接受来自 SelectCourse4Student.jsp 的申请选课请求，同时调用选课模块的业务逻辑接口，将申请选课的学生信息传递到业务逻辑层进行判定。等到业务逻辑处理完成之后，将来自业务逻辑层的相应信息传到表现层，并决定显示页面。

教师选课模块的控制层负责接收来自 selectCourse4Teacher.jsp 的同意或拒绝学生选课的请求，同时调用选课模块的业务逻辑接口，将同意选课的学生和不同意选课的学生的信息传递到业务逻辑层进行判定。等到业务逻辑处理完成之后，将来自业务逻辑层的相应信息传到表现层，并决定显示页面。选课模块控制层列表见表 B-2。

表 B-2 选课模块控制层列表

事件	Action	转移说明	出口
选课管理	CourseAction.Java	SUCCESS	selectCourse4Student.jsp 学生提交选课信息成功后提示
		ERROR	selectCourse4Student.jsp 学生提交选课信息失败后提示
教师选课管理	Course4TeacherAction.Java	SUCCESS	selectCourse4Teacher.jsp 教师确认学生选课信息、删除选课信息等操作成功后提示
		ERROR	selectCourse4Teacher.jsp 教师确认学生选课信息、删除选课信息等操作失败后提示

在控制层中 CourseAction.Java 的主要属性与方法如下所示：

```
package com.buptsse.spm.action;
/**
 * @author BUPT-TC
 * @date 2015年11月17日下午4:17
 * @description 有关课程处理的action
 * @modified  BUPT-TC
 * @modifyDate 2016年7月2日上午9:25
 */
public class CourseAction extends ActionSupport{
    private static final long serialVersionUID = 1L;
    private static Logger LOG = LoggerFactory.getLogger(CourseAction.class);
    private User user;
    private Course course;
    protected String stdId="";
    protected String classId="";
    protected String name="";
    protected String status="";
    protected String syear="";
    private String operateType;

    @Resource
    private ISelectCourseService selectCourseService;

    @Resource
    private ICodeService codeService;

    /**
```

```
    * 分页查询所有课程列表
    * @return
    */
   public String listCourse(){}

   /**
    * 更新课程信息，可批量更新
    * @return
    */
   public String updateCourse(){}

   /**
    * 增加选课信息
    * @return
    */
   public String insertCourse(){}
}
```

其中，public String updateCourse() 方法流程图如图 B-2 所示，public String insertCourse() 流程图如图 B-3 所示。

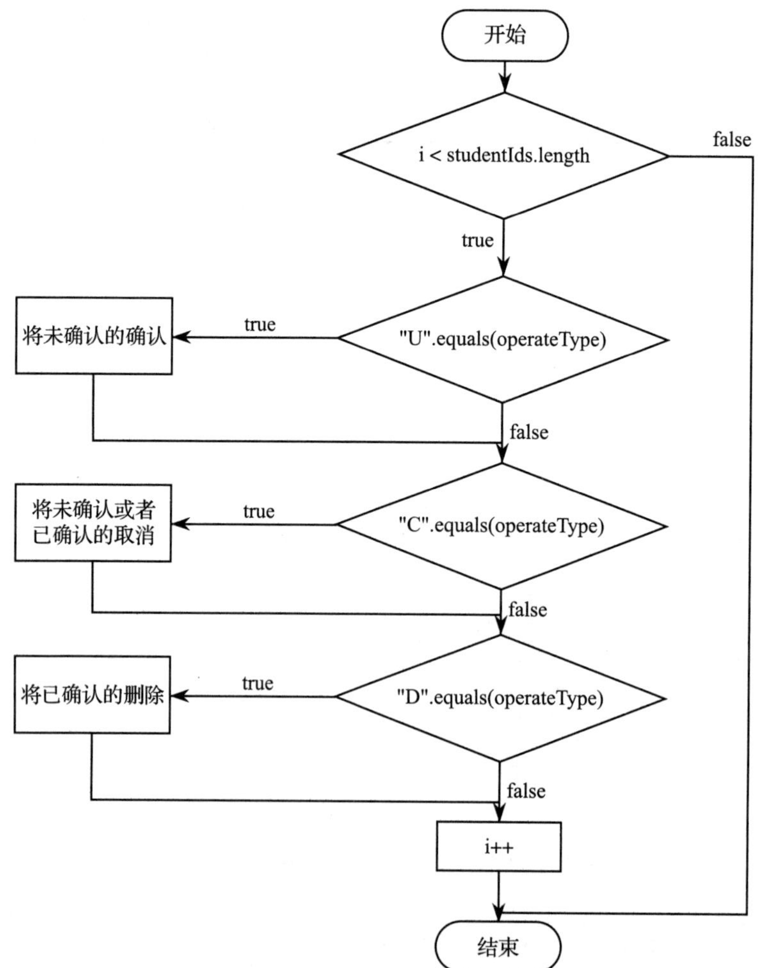

图 B-2 public String updateCourse() 方法流程图

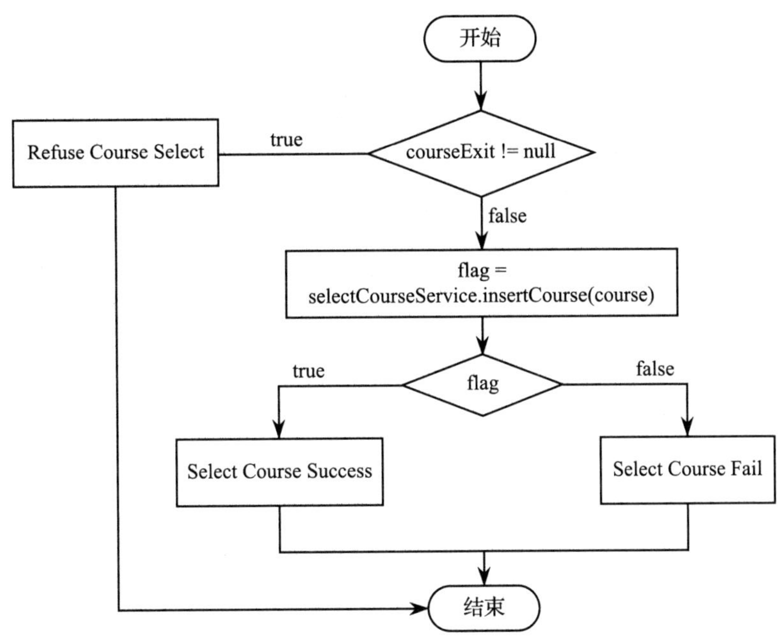

图 B-3 public String insertCourse() 流程图

4.5.3 业务逻辑层

选课模块的业务逻辑层主要完成对学生选课、教师同意学生选课的逻辑判定，同时调用选课模块的业务逻辑接口。比如学生申请选课，教师同意或拒绝学生选课请求等。选课模块业务逻辑层列表如图 B-3 所示。

表 B-3 选课模块业务逻辑层列表

事 件	Action	调用说明	出 口
选课管理模块	SelectCourseSeviceImpl.Java	调用 SelectCourseDao	返回给 Action

本模块的业务逻辑层调用了 ISelectCourseDao 接口，通过 SelectCourseDaoImpl 实现该接口。

ISelectCourseService.Java 接口的主要方法如下：

```
package com.buptsse.spm.service;
/**
 * @author BUPT-TC
 * @date 2015 年 11 月 01 日下午 3:47
 * @description 选课的 service 层接口定义
 * @modified BUPT-TC
 * @modifyDate 2016 年 7 月 2 日上午 9:30
 */
public interface ISelectCourseService {
        public Course findCourse(String studentId);
        public boolean insertCourse(Course course);
        public boolean savaCourse(Course course);
        public boolean deleteCourse(String studentId);
        public boolean updateCourse(Course course);
        public List<Course> findAllCourse();
        public List findPage(Map param,Integer page,Integer rows);
        public boolean changeStatus(String studnetId,int newStatus);
        public Long count(Map param );
```

```
        public boolean saveOrUpdate(Course course);
}
```

SelectCourseSeviceImpl.Java 实现了 ISelectCourseSevice.Java 接口，同时需要调用数据持久层的 SelectCourseDao.Java，利用 @Resource 来实现对数据持久层接口的调用。

SelectCourseSeviceImpl.Java 主要实现以下属性与方法：

```
package com.buptsse.spm.service.impl;
/**
 * @author BUPT-TC
 * @date 2015年11月01日下午3:53
 * @description 选课的service层接口定义
 * @modified by BUPT-TC
 * @modifyDate 2016年7月2日上午9:56
 */

@Transactional
@Service
public class SelectCourseServiceImpl implements ISelectCourseService{
    @Resource
    private ISelectCourseDao iSelectCourseDao;

    @Override
    public Course findCourse(String studentId);
    @Override
    public boolean insertCourse(Course course);
    @Override
    public List<Course> findAllCourse();
    @Override
    public List findPage(Map param,Integer page, Integer rows);
    @Override
    public boolean changeStatus(String studentId, int newStatus);
    @Override
    public boolean savaCourse(Course course);
    @Override
    public Long count(Map param);
```

public boolean changeStatus(String studentId, intnewStatus) 流程图如图 B-4 所示。

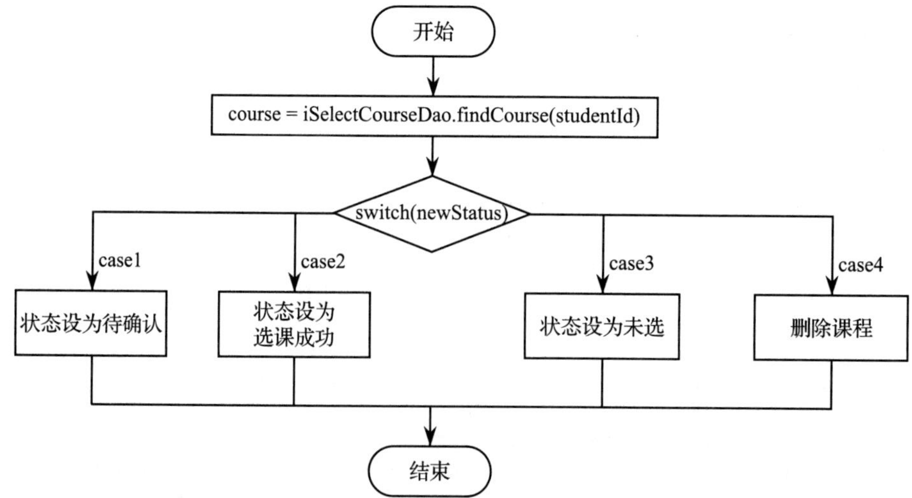

图 B-4　public boolean changeStatus(String studentId, intnewStatus) 流程图

4.5.4 数据持久层

选课模块的数据持久层主要对学生选课信息的数据进行增、删、改、查。选课模块的数据持久层列表见表 B-4。

表 B-4 选课模块数据持久层列表

事件	DAO	调用数据模型	说　明
选课	ISelectCourseDao.java SelectCourseDaoImpl.java	调用 course.java	对学生选课信息进行增、删、改、查操作

ISelectCourseDao.java 定义对用户信息进行增、删、改、查的接口：

```
package com.buptsse.spm.dao;
import java.util.List;
import com.buptsse.spm.domain.Course;
/**
 * @author BUPT-TC
 * @date 2015年11月01日下午2:46
 * @description  选课持久层接口定义
 * @modified by  BUPT-TC
 * @modifyDate 2016年7月2日上午9:58
 */

public interface ISelectCourseDao {
    public boolean insertCourse(Course course);
    public Course findCourse(String studentId);
    public boolean updateCourse(Course course);
    public boolean deleteCourse(Course course);
    public List<Course> findAllCourse();
    public List findPage(String hql,List param , Integer page,Integer rows);
    public Long countCourse(String hql, List param);
    public boolean saveOrUpdateCourse(Course course);
}
```

在选课模块的数据持久层调用了公用的 ISelectCourse.java 接口，同时在 SelectCourseImpl.Java 实现该接口。

```
package com.buptsse.spm.dao;
import java.util.List;
import com.buptsse.spm.domain.Course;
/**
 * @author BUPT-TC
 * @date 2015年11月01日下午3:08
 * @description  选课持久层实现，包括课程信息的增加、修改、保存、删除以及根据条件查询
 * @modified by BUPT-TC
 * @modifyDate 2015年11月01日下午3:08
 */
@Repository
public class SelectCourseDaoImpl extends BaseDAOImpl<Course> implements
ISelectCourseDao{
    public boolean insertCourse(Course course);          /*插入选课信息*/
    public Course findCourse(String studentId);          /*查找学生选课信息*/
    public boolean updateCourse(Course course);          /*更新选课信息*/
    public boolean deleteCourse(Course course);          /*删除选课信息*/
    public List<Course> findAllCourse();                 /*查找所有学生选课信息*/
```

```
    public List findPage(String hql,List param , Integer page,Integer rows);
                                                        /* 查找页面 */
    public Long countCourse(String hql, List param);
    public boolean saveOrUpdateCourse(Course course); /* 保存或更新信息 */
}
```

4.5.5 域模型层

选课模块用到域模型层中的Course.java，在涉及学生选课信息查询等操作时，就会调用该模型，选课模块域模型层列表如表B-5所示。

表B-5 选课模块域模型层列表

域模型	描　述
Course.java	对学生信息的持久化
Code.java	对数据字典的转化

Course.java的主要属性与方法如下：

```
package com.buptsse.spm.domain;
/**
* @description    Course表的信息记录
*/
publicclassCourseimplements Serializable{
    private String studentId="";                                  /* 学生id*/
    private String name="";                                       /* 学生姓名 */
    private String classId="";                                    /* 学生班级号 */
    private String email="";                                      /* 学生邮件 */
    private String telno="";                                      /* 学生电话 */
    private String status="";                                     /* 学生选课状态 */
    private BigDecimal dailyGrade= new BigDecimal(0.00);          /* 学生平时成绩 */
    private BigDecimal midGrade= new BigDecimal(0.00);            /* 学生期中成绩 */
    private BigDecimal finalGrade= new BigDecimal(0.00);          /* 学生期终成绩 */
    private BigDecimal practiceGrade= new BigDecimal(0.00);       /* 学生实践成绩 */
    private BigDecimal totalGrade= new BigDecimal(0.00);          /* 学生总成绩 */
    private String syear;                                         /* 学年 */
    /* 编写上述各个属性的getter与setter方法 */
}
```

Code.java的主要属性与方法如下：

```
package com.buptsse.spm.domain;
/**
* @description    Code表的信息记录
*/
publicclassCode implements Serializable{
    private int id;                                               /* 数据表中的id*/
    private String codeType;                                      /* 字典类型 */
    private String codeCode;                                      /* 字典编码 */
    private String codeName;                                      /* 字段名称 */
    private String validate;                                      /* 确认值 */
    private String remark;                                        /* 备注 */

    /* 编写上述各个属性的getter与setter方法 */
}
```

5.7 小结

详细设计是将概要设计的内容具体化、明细化，将概要设计转化为可以操作的软件模型，是编码之前的一个设计环节，这个过程可以视具体情况而省略。本章讲述了详细设计的内容、方法以及具体的表示形式，介绍了结构化详细设计方法和面向对象的详细设计方法。

5.8 练习题

一、填空题

1. PDL 又称________，它是一种非形式化的比较灵活的语言。
2. 软件的详细设计可采用图形、________和过程设计语言等形式的描述工具表示模块的处理过程。
3. 软件详细设计需要设计人员对每个设计模块进行描述，确定所使用的________、接口细节和输入、输出数据等。
4. 结构化设计方法与结构化分析方法一样，采用________技术。结构化设计方法与结构化分析方法相结合，依数据流图设计程序的结构。
5. 软件中详细设计一般在________基础上才能实施，它们一起构成了软件设计的全部内容。
6. 在 Warnier 方法中，采用________表示数据结构和程序结构。
7. 面向数据结构的设计方法主要包括________和________。
8. 在详细设计阶段，除了对模块内的算法进行设计，还应对模块内的________进行设计。

二、判断题

1. JSD (Jackson) 方法的原理与 Warnier 方法的原理类似，也是从数据结构出发设计程序，但后者的逻辑要求更严格。(　　)
2. 软件详细设计要求设计人员为每一个程序模块确定所使用的算法、数据结构、接口细节和输入 / 输出数据等。(　　)
3. 伪代码可以被直接编译，它体现了设计的程序的框架或者代表了一个程序流程图。(　　)
4. 在详细设计阶段，一种历史最悠久、使用最广泛的描述程序逻辑结构的工具是程序流程图。(　　)
5. PAD 是一种改进的图形描述方式，优点是能够反映和描述自顶向下的历史和过程。(　　)
6. 详细设计阶段的任务还不是具体地编写程序，而是要设计出程序的“蓝图”，以后程序员根据这个蓝图编写实际的代码。(　　)
7. 过程设计的描述工具包括程序流程图、N-S 图、PAD 图、PDL 伪代码等。(　　)

三、选择题

1. JSD 设计方法是由 Jackson 所提出的，它是一种面向（　　）的软件设计方法。
   A. 对象　　B. 数据流　　C. 数据结构　　D. 控制结构
2. 数据元素组成数据的方式的基本类型是（　　）。
   A. 顺序的　　B. 选择的　　C. 循环的　　D. 以上全部
3. 程序流程图中的箭头代表的是（　　）。
   A. 数据流　　B. 控制流　　C. 调用关系　　D. 组成关系
4. 伪码又称为过程设计语言（PDL），一种典型的 PDL 是仿照（　　）编写的。
   A. Fortran　　B. 汇编语言　　C. Pascal 语言　　D. Cobol 语言

5. 伪码作为详细设计的工具，缺点在于（　　）。
   A. 每个符号对应于源程序的一行代码，对于提高系统的可理解性作用很小
   B. 不如其他图形工具直观，描述复杂的条件组合与动作间的对应关系不够明了
   C. 容易使程序员不受任何约束，随意转移控制
   D. 不支持逐步求精，使程序员不去考虑系统的全局结构
6. 结构化程序流程图中一般包括 3 种基本结构，下述结构中（　　）不属于其基本结构。
   A. 顺序结构　　B. 条件结构　　C. 选择结构　　D. 嵌套结构
7. 在详细设计阶段，一种二维树形结构并可自动生成程序代码的描述工具是（　　）。
   A. PAD　　B. PDL　　C. IPO　　D. 判定树
8. 软件详细设计的主要任务是确定每个模块的（　　）。
   A. 算法和使用的数据结构　　B. 外部接口
   C. 功能　　D. 编程
9. 为了提高模块的独立性，模块之间最好是（　　）。
   A. 公共耦合　　B. 控制耦合　　C. 内容耦合　　D. 数据耦合
10. 为了提高模块的独立性，模块内部最好是（　　）。
   A. 逻辑内聚　　B. 时间内聚　　C. 功能内聚　　D. 通信内聚
11. 软件设计中，可应用于详细设计的工具有（　　）。
   A. 数据流程图、PAD 图、N-S 图
   B. 业务流程图、N-S 图、伪码
   C. 数据流程图、PAD 图、N-S 图和伪代码
   D. 顺序流程图、PAD 图、N-S 图和伪代码

第 6 章

■ 软件项目的编码

项目的概要设计和详细设计完成以后，需要考虑如何将设计变为代码。这需要通过编码过程来完成，编码是将软件设计的结果翻译成用某种程序设计语言书写的程序，是软件工程的实施阶段。本章进入路线图的第四站——编码，如图 6-1 所示。

图 6-1 路线图——编码

6.1 编码概述

编码是软件设计的自然结果，因此，程序的质量主要取决于软件设计质量，但是所选用的程序设计语言的特点、编程风格、编程方法等，也会对程序的可靠性、可读性、可测试性和可维护性产生深远影响。软件开发的最终目标是产生能够在计算机上执行的程序代码，在系统分析和设计阶段产生的文档不能在计算机上执行，只有编码阶段才能够产生可以在计算机上执行的代码，能够将软件的需求真正付诸实现，所以这个阶段也称为软件实现阶段。

实现设计（编写代码，简称编码或者编程）有很多选择，因为有很多种实现语言、工具，但是一般来说，在设计中会直接或者间接地确定实现语言。编码有很多创造性的成分，在实现设计的时候有更大的灵活性。

编码过程的一个主要标准是编程与设计的对应性和统一性。如果编码没有按照设计的要求进行，设计就没有意义了。设计过程中的算法、功能、接口、数据结构都应该在编码过程中体现。需求发生变更的时候，设计也要对应地发生变更，同时代码也应该一致地发生变更，这可以通过配置管理来控制。

6.2 编码方法

编码主要是根据详细设计完成模块的编码工作，这个编码工作主要包括模块的逻辑处理和数据结构处理。在结构化编程方法中，这两部分是分开的；而在面向对象的方法中，这两部分是结合在一起的。由于程序语言的发展很迅速，尤其是面向对象语言和数据库语言的强大功能以及类库、构件库和中间件的出现，不但使得编程工作的效率大大提高，而且也大大提高了代码的质量。

6.2.1 结构化编程

一般来说，一个软件系统通常由很多模块组成，模块是数据说明、可执行语句等程序对象的集合。它是单独命名的，而且可以通过名字来访问。结构化程序设计中的函数和子程序都是模块。大模块可以进一步分解为小模块，我们称不能再分解的模块为原子模块。如果一个软件系统的全部实际工作都由原子模块来完成，而其他所有非原子模块仅仅执行控制或者协调功能，这样的系统就是完全因子分解系统。完全因子分解系统是最好的系统，也是我们努力的目标。

1. 控制结构

模块结构表明了程序各个部件的组织情况，通常分树状结构或者网状结构。

（1）树状结构

如图6-2所示是典型的树状结构，在树状结构中，位于最上面的根部是顶层模块，是程序的主模块，与其联系的有若干下属模块，各个模块还可以进一步引出更下一层的下属模块。整个结构只有一个顶层，上层模块调用下层模块，同一层模块之间不互相调用。

（2）网状结构

如图6-3所示是典型的网状结构，在网状结构中，任意两个模块之间都可以有调用关系，不存在上层模块和下属模块的关系，任何两个模块之间都是平等的，没有从属关系。

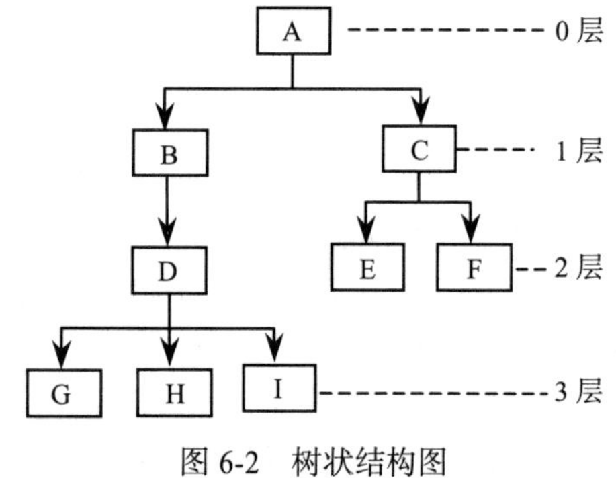

图6-2 树状结构图

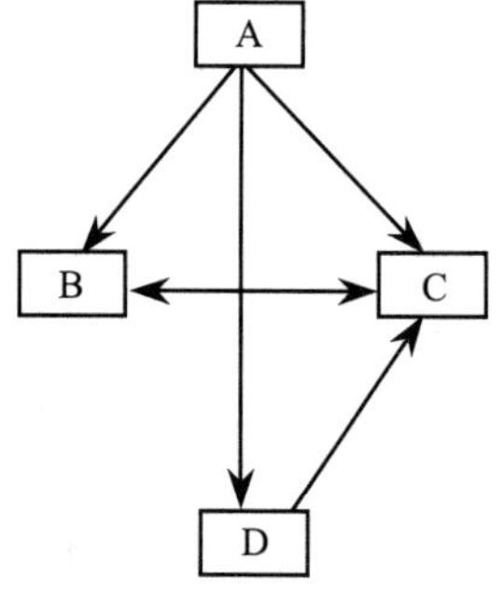

图6-3 网状结构图

程序模块的主要控制结构在概要设计和详细设计中已经确定，在编码过程中要继承设计中确定的结构，程序结构要反映设计中的控制结构。在编码过程中要尽量避免程序的无规则跳转，编写的代码尽量让读者可以很容易地自上而下阅读。例如，下面程序的多次跳转让程序的流程很乱：

```
    GetMoney=min;
    If (age<70)  goto A;
    GetMoney=max;
    goto C;
    If (age<60)  goto B;
    If (age<50)  goto C;
A:  If (age<60) goto B;
    GetMoney= GetMoney *2+bonus;
```

```
    goto C;
B:  If (age<50)  goto C;
    GetMoney= GetMoney *2;
C:  Next Statement
```

我们重新整理这些代码实现同样的功能，如下所示，代码的可读性很好，控制结构很友好：

```
If (age<50)  GetMoney=min;
Elseif(age<60)  GetMoney= GetMoney *2;
Elseif(age<70)  GetMoney= GetMoney *2+bonus;
Else GetMoney=max;
```

我们知道模块化是一个好的设计属性，代码的模块化越好，程序的可维护性就越好，复用性也越强，所以，在编写代码的时候，使代码更通用是一个好习惯。但是也不要为了更通用而影响代码的性能和可读性。

在编码过程中还要考虑程序的耦合性和内聚性，注意参数的命名和参数说明，以便展示模块之间的关联关系。例如，编写一个计算收入税的模块，你可能使用另外的模块提供的毛利和扣除额的参数值，在注释程序时最好写为：

```
Estimate IncomeTax  Based on values of GROSS_INC and DEDUCTS.
```

另外，程序中每个模块的输入和返回参数最好明确地说明，以免为测试和维护带来不便。模块之间的关系应该很透明。

2. 算法

在设计的时候可以对模块的实现算法进行说明和描述，但是在编码实现这些算法时可以有很大的灵活性，当然还要受到编程语言和硬件的限制。例如，在实现代码的时候要考虑性能和效率的问题，第一反应可能认为代码运行速度越快越好，但是代码速度快可能隐含带来更大的成本：

- 写运行速度更快的代码，技术要复杂一些，需要花费更多的时间。
- 在测试的时候，复杂技术需要更多的测试案例，需要花费更多的测试时间。
- 读者可能需要花费更多的时间阅读代码。
- 修改代码的时间也加长了。

所以，需要平衡执行时间与设计的质量、标准、需求之间的关系，尤其避免为了速度而牺牲程序的清晰性和正确性。如果速度真的很重要，那要学会如何优化代码，否则可能适得其反。例如，如果程序中有一个三维数组，你为了增加效率而用一个一维数组的计算代替三维数组的位置索引，这样你的代码是 index=3*i+2*j+k。其实，编译器计算数组的索引位置是在注册表中进行的，所以速度是很快的，如果使用这种额外的计算索引的方法，计算的速度反倒慢了。

3. 数据结构

数据结构是数据的各个元素之间逻辑关系的一种表示，数据与程序是密不可分的，如果采用的数据结构不同，底层的处理算法也不同。数据结构设计应确定数据的组织、存取方式、相关程度，以及信息的不同处理方式。数据结构的组织方法和复杂程度可以灵活多样，但是典型的数据结构的种类是有限的，图 6-4 所示是典型的数据结构。

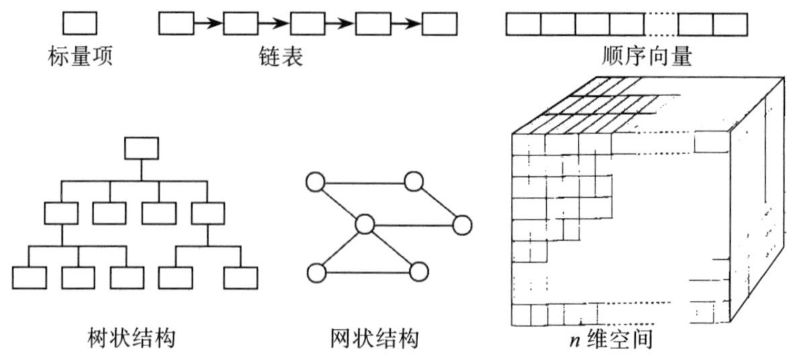

图 6-4　典型的数据结构

标量是所有数据结构中最简单的一种，标量项即单个的数据元素，如一个整数、实数、字符串等。可以通过名字对它们进行存取。如果将多个标量项按照某种先后顺序组织在一起，可以形成线性结构，可以用链表或者顺序向量来存储线性结构的数据。如果对线性结构上的操作进行限制，可形成栈和队列两种数据结构。当然，可以将顺序向量扩展到二维、三维、…、*n* 维，然后可以形成 *n* 维向量空间。

同时，基本的数据结构可以构成其他的数据结构，例如，用包含标量项、向量或者 *n* 维空间的多重链表建立分层的树状结构和网状结构，利用它们又可以实现多种集合的存储。

在编码过程中，为了对数据进行很好的处理，需要对数据的格式和存储进行安排，程序中如何通过数据结构来组织程序的技术有很多，原则就是尽可能保持程序的简单。

在详细设计的时候可能对数据结构已经做了说明，但是这些数据结构的说明更多是对模块之间的接口关系以及模块的总体流程的描述。程序中如何处理数据直接影响到数据结构的选择，选择数据结构的时候应尽可能保持程序的简单明了。例如，在计算个人所得税的程序中，假设计算税率的要求如下：

- 收入低于 10 000 元部分，扣税 10%。
- 收入的 10 000 元到 20 000 元部分，扣税 12%。
- 收入的 20 000 元到 30 000 元部分，扣税 15%。
- 收入的 30 000 元到 40 000 元部分，扣税 18%。
- 收入超过 40 000 元部分，扣税 20%。

可以现实这个模块如下：

```
tax=0;
if (taxable_income==0) goto EXIT;
if (taxable_income>10000) goto tax= tax +1000;
else
{
    tax= tax +0.1* taxable_income;
    goto EXIT;
}
if (taxable_income>20000) goto tax= tax +1200;
else

    tax= tax +0.12*( taxable_income-10000);
    goto EXIT;
}
```

```
if (taxable_income>30000) goto tax= tax +1500;
else
{
    tax= tax +0.15*( taxable_income-20000);
    goto EXIT;
}
if (taxable_income<40000)
{
    tax= tax +0.18*( taxable_income-30000);
    goto EXIT;
}
else
    tax= tax +1800+0.2*( taxable_income-40000);
    goto EXIT ;
EXIT;
```

但是，我们可以通过设计一个税率表，如表 6-1 所示，使每一个级别的收入对应一个税收基数和一个税率。

表 6-1　税率表

收入（bracket）	基数（base）	税率（percent）
0 ~ 10 000	0	10%
10 000 ~ 20 000	1 000	12%
20 000 ~ 30 000	2 200	15%
30 000 ~ 40 000	3 700	18%
40 000 以上	5 500	20%

通过使用这个表，我们可以简化程序算法如下：

```
tax=0;
for (int i=2;level=1;i<=5;i++)
    if (taxable_income>bracket[i])
        level=level+1;
tax=base[level]+percent[level]*(taxable_income- bracket[level]);
```

这样，通过修改数据结构使程序简单化了，而且程序也更容易明白，更容易测试和维护。

数据结构可以决定程序结构，上面计算个人所得税的例子中，数据结果影响了程序的组织和流程。有的时候，数据结构也可以影响编程语言的选择。例如，LISP 语言被设计为一个列表处理器，它在处理列表方面比其他语言有更大的吸引力；Ada 语言在处理非正常状态时比其他语言更强。

在定义一个递归数据结构的时候，首先定义一个初始元素，然后按照初始元素循环生成数据结构。例如，一个有根的树结构是由节点和线组成的图形，它满足下面的条件：

- 只有一个节点，设为根节点。
- 如果连接根节点的线被删除后，结果会产生很多非相交的图形，每个图形有一个根节点。

例如图 6-5 就是一个有根的树结构，图 6-6 就是删除根之后分解出的几个有根的树结构，分解后的每个树结构的根是连接原来树结构根的节点，所以这个有根的树结构是由根和子树结构组成的，这是一个递归的定义。

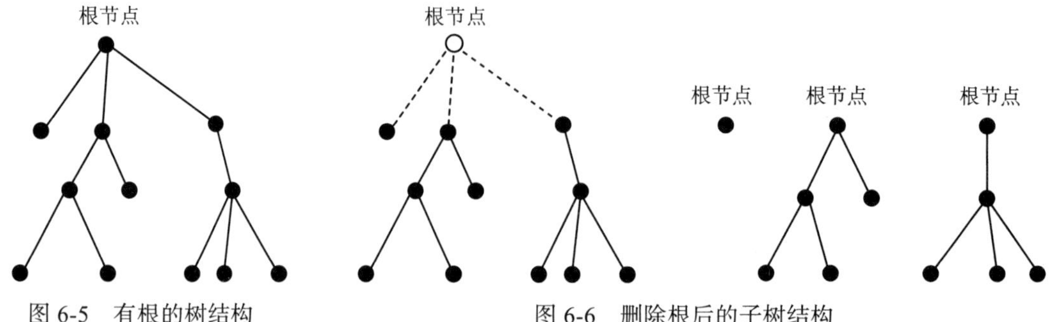

图 6-5 有根的树结构

图 6-6 删除根后的子树结构

6.2.2 面向对象编程

如果在需求和设计阶段采用了面向对象的方法，则编程过程就是面向对象的编程（OOP）过程，OOP 是对需求分析和设计的发展和实现。这里涉及具体的面向对象实现方法，例如，选择程序设计语言、类的实现、方法的实现、用户接口的实现、准备测试数据等，C++ 和 Java 语言是面向对象编程语言的代表。要明白面向对象程序设计语言（如 C++、Java、Visual Basic、Visual C++）的基本机制，这类面向对象设计的书有很多，大家可以参考。

为了更好地理解类或者对象的实质概念，我们先看一个例子："什么是人类？"首先我们来看看人类所具有的一些特征，这个特征包括属性（一些参数，数值）以及方法（一些行为，他能干什么）。每个人都有身高、体重、年龄、血型等属性，还具有会劳动、会直立行走、会用自己的头脑去创造工具等方法。人之所以能区别于其他类型的动物，是因为每个人都具有人这个群体的属性与方法。"人类"只是一个抽象的概念，这仅仅是一个概念，是不存在的实体。但是所有具备"人类"这个群体的属性与方法的对象都叫人。这个对象"人"是实际存在的实体。每个人都是人这个群体的一个对象。熊猫为什么不是人？因为它不具备人这个群体的属性与方法，熊猫不会直立行走，不会使用工具等，所以说熊猫不是人。

由此可见，类描述了一组有相同特性（属性）和相同行为（方法）的对象。在程序中，类实际上就是数据类型，如整数、小数等。整数也有一组特性和行为。面向过程的语言与面向对象的语言的区别就在于，面向过程的语言不允许程序员自己定义数据类型，而只能使用程序中内置的数据类型，而为了模拟真实世界，为了更好地解决问题，我们往往需要创建解决问题所必需的数据类型，面向对象编程为我们提供了解决方案。

因此，面向对象编程语言最大的特色就是可以编写自己所需的数据类型，以更好地解决问题。必须搞清楚类、对象、属性、方法之间的关系。人这个类是什么也做不了的，因为"人类"只是一个抽象的概念，并不是实实在在的"东西"，而这个"东西"就是所谓的对象。只有人这个"对象"才能去工作。而类呢？类是对象的描述，对象从类中产生出来，此时，对象具有类所描述的所有属性以及方法。

类是属性与方法的集合，而这些属性与方法可以被声明为私有的（private）、公共的（public）或受保护（protected）的，它们描述了对类成员的访问控制。下面分别介绍。

公共的：把变量声明为公共类型之后，就可以通过对象来直接访问，一切都是公开的。

私有的：当把变量声明为私有的时，想要得到私有数据，对象必须调用专用的方法才能够得到。

受保护的：表明该成员允许在派生类中使用，但不允许使用本类对象的用户代码直接使

用。这实际上是对设计人员的“有限度”授权和对用户的“拒绝”授权。

为了实现数据的封装，提高数据的安全性，我们一般会把类的属性声明为私有的，而把类的方法声明为公共的。这样，对象能够直接调用类中定义的所有方法，当对象想要修改或得到自己的属性时，必须调用已定义好的专用的方法才能够实现，即“对象调方法，方法改属性”。

例如，对于设计阶段完成的如图 6-7 的 Rabbit 类，编码阶段要完成属性（变量定义），方法的实现如下。

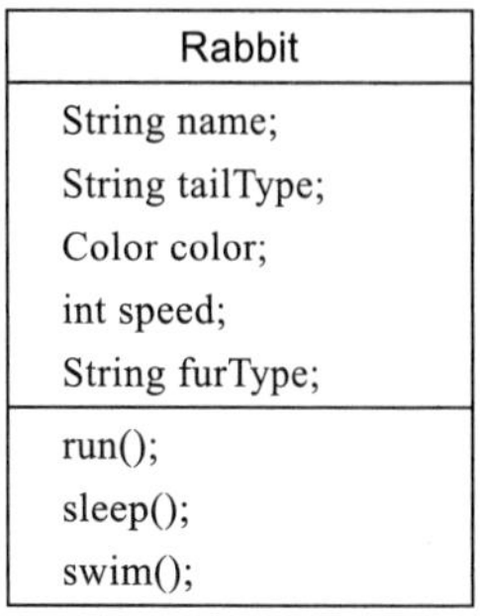

Rabbit
String name; String tailType; Color color; int speed; String furType;

run();
sleep();
swim();

图 6-7 Rabbit 类

```
/**
* Title: Rabbit.java
* Description: This class contains the definition
* of a rabbit.
* Copyright: Copyright (c) 2016
* @author casey BUPT
* @version 1.0
*/
public class Rabbit {
// Declaration of instance variables
String name, tailType, furType;
Color color;
int speed;
public String getFurType() {
return furType;
}
/**
* This method gets the furType of the rabbit.
* @return String Type of fur.
*/
public void setFurType(String furType) {
// check to see that the furType is valid for rabbits
if((furType.equals("scaley") || (furType.equals("bald")){
System.out.println("ERROR: Illegal fur type.");
}
else this.furType = furType;
}

/** This is the sleep method for the rabbit. It dictates the number of
* minutes the rabbit sleeps.
* @param duration The number of minutes to sleep.
*/
public void sleep(int duration){
// Code of sleep
System.out.println("I am sleeping for " + duration + " minutes.");

}

/** This method allows the rabbit to run. The distance
* the rabbit runs is dependant on how long the rabbit
* runs and whether or not it is running in a zigzag.
* @param duration The number of minutes to run.
* @param zigzag Whether to run in a zigzag pattern
* @return int Number of miles run.
*/
```

```
public int run(int duration, boolean zigzag){

    System.out.println("I am running "
                       + (zigzag? "in a zigzag" : "straight")
                       + " for "
                       + duration
                       + " minutes.");
    int distanceRun = duration * speed; //assuming speed is metres per minute
    if (zigzag) {
    /* When in zigzag, distance is 1/3 of what it would have been if
        the cat was going straight. */
        return distanceRun/3;
    }
    else return distanceRun;

}
```

6.2.3 面向组件编程

面向组件编程（Component Oriented Programming，COP），是对面向对象编程的补充，帮助实现更加优秀的软件结构。与面向对象编程不同，组件的粒度可大可小，取决于具体的应用。在COP中有几个重要的概念，如服务和组件等。服务（service）是一组接口，供客户端程序使用，例如验证和授权服务、任务调度服务。服务是系统中各个部件相互调用的接口。组件（component）实现了一组服务，此外，组件必须符合容器订立的规范，例如初始化、配置、销毁。COP是一种组织代码的思路，尤其是服务和组件这两个概念。Spring框架中就采用了COP的思路，将系统看作一个个的组件，通过定义组件之间的协作关系（通过服务）来完成系统的构建。这样做的好处是能够隔离变化，合理划分系统，而框架的意义就在于定义组件的组织方式。

Microsoft公司的Windows操作系统早期提出的动态链接库（Dynamic Link Library，DLL）技术体现的就是面向组件的编程思想。DLL是一个库，其中包含可由多个程序同时使用的代码和数据。这有助于促进代码重用和内存的有效使用。Microsoft最初在设计Windows时没有估计到DLL会得到如此广泛的采用，而大量使用DLL导致了搜索路径问题以及版本冲突问题，甚至陷入了“DLL地狱”(DLL Hell)。1993年Microsoft提出的COM(Component Object Model）架构是一个组件化的技术开发架构，它源自于Microsoft早期的对象链接与嵌入技术（OLE）。COM解决了DLL地狱问题，是面向组件开发思想的进一步发展。COM提供跟编程语言无关的方法制作软件模块，因此可以在其他环境中执行。COM要求某个组件必须遵照一个共同的接口，该接口与组件的实现无关，因此可以隐藏实现的细节，其他组件在不知道其内部细节的情形下也能够正确使用这些组件。

6.3 编码策略

在软件编码过程中，可以采用几种编码策略，如自顶向下、自底向上、自顶向下和自底向上相结合及线程模式等。

6.3.1 自顶向下的开发策略

自顶向下的开发，即从模块的最高层次开始逐步向下编码，在面向对象的系统中，首先开发实现执行的那个类，在实现该类的时候，开始编写 main()、init() 等方法，这时需要编写桩程序。

6.3.2 自底向上的开发策略

自底向上进行编码时，编码开始于类继承的底层。先编码的类快完成的时候，需要编写驱动类，即调用这些即将编完的底层类的类，以便测试编写好的底层类，测试完成后就转向高一层的类，而高一层的类就成了调用原始类或者已定义类的类。这个过程不断重复，直到所有类被实现。

6.3.3 自顶向下和自底向上相结合的开发策略

自顶向下和自底向上相结合的开发策略是常用的方法。顶层模块一般是系统的总体界面、初始化、配置等，可以先现实，然后看到系统的全貌和交互部分后，开始实现底层的基础模块，它们是上层模块经常调用的基础操作，而且经常是重用部分。

6.3.4 线程模式的开发策略

线程是执行关键功能的最小模块集合，它们可以来自设计层次的不同层，通过跨层次的交互来实现一定的功能。线程可以并行开发、独立编写和测试。采用线程开发方法，可以并行地开发系统的关键构件。一个线程完成测试后，其他完成的模块可以加入进来。

在编写代码的时候，还要注意以下事项：

- 确定编码标准或者指南。
- 从其他项目中是否可以获得复用代码。
- 编写本项目代码的时候，尽可能考虑到将来其他项目复用本模块。
- 将详细设计作为代码的初始框架，经过几次从设计到编码的反复。
- 程序中增加说明解释文档（如注释）。
- 设计的属性可以在代码中体现出来。
- 编码语言尽可能适用设计的要求。

编码过程中还有一项重要的工作是进行代码复查（code review），这有助于尽早发现程序中的错误，而且让别人看自己的程序更容易发现错误。代码复查可以改善开发过程，也有助于有经验的开发人员将知识传播给经验比较欠缺的人，并帮助更多的人理解软件系统中更多的部分，而且它对于编写清晰代码也很重要，因为自己认为很清晰的代码别人不一定也这样认为。代码复查可以让更多的人提出更好的建议，集思广益，共同进步。

Beck 的极限编程（eXtreme Programming，XP）模式中的一个最佳实践是成对编程（pair programming），它将代码复查的积极性发挥到了极致，它要求所有的编程任务都由两名开发人员在同一台机器上进行，这样可以在开发过程中随时进行代码复查工作。

6.4 McCabe 程序复杂度

McCabe 复杂度是对软件结构进行严格的算术分析得来的，实质上是对程序拓扑结构复杂性的度量，明确指出了任务复杂部分。McCabe 复杂度包括圈复杂度、基本复杂度、模块设计复杂度、设计复杂度、集成复杂度、行数、规范化复杂度、全局数据复杂度、局部数据复杂度、病态数据复杂度。下面主要介绍 McCabe 环路复杂度，环路复杂度用来定量度量程序的逻辑复杂度。

McCabe 度量法是由 Thomas McCabe 提出的一种基于程序控制流的复杂性度量方法。McCabe 复杂性度量又称环路度量。它认为程序的复杂性很大程度上取决于程序图的复杂性。单一的顺序结构最为简单，循环和选择所构成的环路越多，程序就越复杂。这种方法以图论为工具，先画出程序图，然后用该图的环路数作为程序复杂性的度量值。程序图是退化的程序流程图。也就是说，把程序流程图的每一个处理符号都退化成一个节点，原来连接不同处理符号的流线变成连接不同节点的有向弧，这样得到的有向图就叫做程序图。

程序图仅描述程序内部的控制流程，完全不表现对数据的具体操作分支和循环的具体条件。因此，它往往把一个简单的 IF 语句与循环语句的复杂性看成是一样的，把嵌套的 IF 语句与 CASE 的复杂性看成是一样的。

根据图论，在一个强连通的有向图 G 中，环的个数 $V(\mathrm{G})$ 由以下公式给出：$V(\mathrm{G}) = m - n + 2$。其中，$V(\mathrm{G})$ 是有向图 G 中的环路数，m 是图 G 中的弧数，n 是图 G 中的节点数，这样就可以使用上式计算环路复杂性了。同理，在程序控制流程图中，节点是程序代码的最小单元，边代表节点间的程序流。因此，一个有 e 条边和 n 个节点的流程图 F，其圈复杂度为 $V(\mathrm{F}) = e - n + 2$。环路复杂度越高，程序中的控制路径越复杂。

如图 6-8 所示，其弧数 $m = 9$，节点数 $n = 6$，则 McCabe 度量法计算环路复杂性为 $V(\mathrm{G}) = m - n + 2 = 5$。

圈复杂度指出为了确保软件质量应该检测的最少基本路径的数目。在实际中，测试每一条路经是不现实的，测试难度随着路径的增加而增加。但测试基本路径对衡量代码复杂度的合理性是很必要的。McCabe & Associates 建议圈复杂度到 10，因为高的圈复杂度使测试变得更加复杂，而且增大了软件错误产生的概率。圈复杂度度量以软件的结构流程图为基础。控制流程图描述了软件模块的逻辑结构。一个模块在典型的语言中是一个函数或子程序，有一个入口和一个出口，也可以通过调用 / 返回机制设计模块。软件模块的每个执行路径，都有与从模块的控制流程图中的入口到出口的节点相符合的路径。

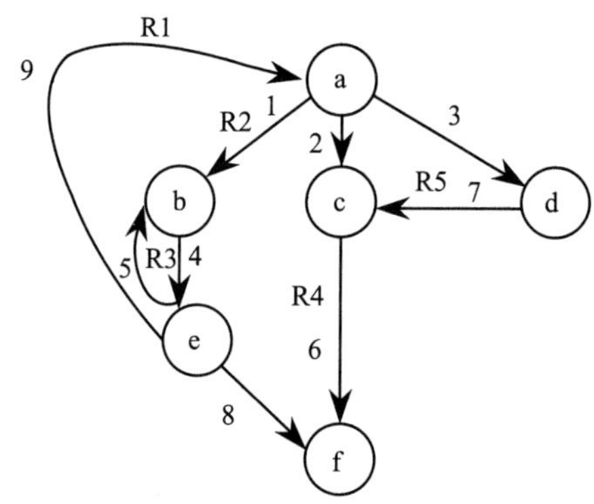

图 6-8 程序复杂性

6.5 编码语言、编码规范和编码文档

编码阶段的任务是将软件的详细设计转换为用程序设计语言实现的程序代码，编码语言的工程特性对软件项目的成功与否也有重要影响。在从设计到代码的实现中，程序标准和规范可以发挥一定的作用，开发人员可以保持代码模块与设计模块的一致性，从而使得设计的修改与代码的修改保持同步。

6.5.1 编码语言

编码语言就是用于编写计算机程序的语言，也是一种实现性的计算机软件语言。自 20 世纪 60 年代以来，人们已经设计和实现了很多编码语言，可以将编码语言分为五类。

第一代语言——从属于机器的语言。机器语言是由机器指令代码组成的语言，不同的机器有不同的机器语言，它们都是二进制代码的形式，而且所有的地址分配都是以绝对地址的形式处理的，是计算机能直接识别和执行的语言。机器语言的优点是无须翻译，占用内存少，执行速度快；缺点是随机而异，通用性差，而且因指令和数据都是二进制代码形式，难于阅读和记忆，编码工作量大，难以维护。

第二代语言——汇编语言。汇编语言比机器语言直观，它的每一条指令与相应的机器指令有对应关系，同时又增加了一些其他功能，如宏、符号地址等。存储空间的安排可以由机器解决，减少了程序员的工作量，也减少了出错率。

第三代语言——高级程序设计语言。高级程序设计语言从 20 世纪 50 年代开始出现，并已被多数人所熟悉，典型的高级程序设计语言有 BASIC、Fortran、Pascal、C、C++、Ada、Cobol 等。

第四代语言（4GL）。20 世纪 80 年代出现了“第四代语言”的说法，虽然，第二代语言和第三代语言提高了编程语言的抽象级别，但是仍然需要具体规定十分详细的算法过程，第四代语言将语言的抽象层次提高到了一个新的高度。20 世纪 90 年代，大量基于数据库管理系统的 4GL 商品化软件在应用软件开发领域获得广泛应用，成为面向数据库应用开发的主流工具，Oracle 应用开发环境、Informix-4GL、SQL Windows、Power Builder 等都是有代表性的工具。第四代语言又叫面向应用的语言。主要特点是：非过程性，采用图形窗口和人机对话形式，基于数据库和“面向对象”技术，易编程、易理解、易使用、易维护。

第五代语言——智能化语言。它主要应用在人工智能领域，帮助人们编写推理、演绎程序。

6.5.2 编码标准和规范

如果一个团队在开发软件时，每个人都有自己的一套方式，甚至有的人有几套方式。这样，当几个人在一起工作的时候，最终的结果就只能是一片混乱。所以就需要一套规则，大家都按规则来工作，问题就会少得多。好的规则就叫做规范，规范是由一些大师根据经验总结出来的，又经过长时间的历练，不断地加以补充修正，可以说都是精华，按照规范来工作，对于提高软件质量和工作效率自然大有帮助。

标准是建立起来并必须遵守的规则，而规范是建议的最佳做法、推荐的更好方式。标准没有例外情况，是结构严谨的，而规范相对来说要求松一些。我们统称标准规范。

制定一套好的标准和规范，然后要求大家按照标准规范执行项目，这样就会减少问题的出现，而且可以提高软件质量和工作效率。

代码的标准和规范可以帮助开发人员组织自己的想法，同时避免错误。标准中以文档形式说明了如何更清晰地编写代码和使代码易读。标准可以摆脱对个人的依赖，使得不用跟踪编程人员在做什么，而且对定位错误和变更管理很有作用，因为它对程序的描述很清晰，程序每部分完成什么功能都有很清晰的说明。

另一方面，标准和规范对企业也很重要。一个人完成编码工作之后，可能由其他人对软件进行测试或者维护，因此将开发人员的代码规范化和标准化是很重要的，这样可以保证其他人在修改代码的时候，比较容易读懂代码。编写一个计算机可以理解的代码很容易，但是只有编写出人类容易理解的代码才是优秀的程序员。

以下分别是程序头注释、函数头注释和程序注释的模板的例子。

例 6-1 程序头注释模板

```
/*****************************************************************
** 文件名:
** Copyright (c) 2003-2008  ××× 公司技术开发部
** 创建人:
** 日  期:
** 修改人:
** 日  期:
** 描  述:
**
** 版  本:
**-----------------------------------------------------------------
```

例 6-2 函数头注释模板

```
/****************************************************************
** 函数名:
** 输  入: a,b,c
**      a---
**      b---
**      c---
** 输  出: x---
**       x 为 1, 表示 ...
**       x 为 0, 表示 ...
** 功能描述:
** 全局变量:
** 调用模块:
** 作    者:
** 日    期:
** 修    改:
** 日    期:
** 版    本:
****************************************************************/
```

例 6-3 程序注释模板

```
/*-----------------------------------------------------------*/
/* 注释内容                          */
/*-----------------------------------------------------------*/
```

很多软件人员不喜欢看别人的代码，或者不愿意修改别人的代码，原因之一就是每个人的编码标准和风格不一样，所以感觉看别人的代码是很痛苦的事情。一个软件项目做到一半的时候别人一般都不愿意接手，因为别人完成的代码对于自己来说可能是黑盒子，花时间读别人的代码可能比自己编写这些代码花费的时间还长。而对于加工到一半的元器件，安排另外的人接手是很容易的事情，因为加工工艺是标准的。

软件开发要实现工程化，软件行业需要更多的复用，没有统一的标准（工艺）是不行的。首先要了解团队的标准，然后了解企业标准，最后我们希望实现行业的标准统一。很多公司制定统一的编码标准，项目开始的时候向项目组的所有人培训编码标准和相关文档标准。作为一个开发团队，没有一套规范大家就会各自为政，为了提高代码的质量，不仅需要有很好的程序设计风格，而且需要大家遵守一致的编程规范。程序设计风格包括程序内部文字描述规范化、数据结构的详细说明、清晰的语句结构、遵守统一编程规范等。编程规范包括命名规范、界面规范、提示与帮助信息规范、热键定义规范等。

下面是一个项目组要求在程序开头描述程序的功能以及与其他程序的接口的例子：

```
***************************************************************************
    *
    *  模块功能：寻找两条直线的交点
    *  模块名称：FindDpt
    *  代码编写者：张某某
    *  版本：1.1（2006.10.12）
    *
    *
    *  过程调用：Call  FindDPT(A1,B1,C1,A2,B2,C2,XS,YS,Flag)
    *
    *  输入参数：两条直线的输入格式为 A1*X+B1*Y+C1=0 和 A2*X+B2*Y+C2=0
    *  输入的系数是：A1,B1,C1,A2,B2,C2
    *
    *  输出参数：
    *  如果两条直线平行，Flag = 0，否则 Flag = 1，并且两条直线的交点是（XS,YS)
    *
    *
***************************************************************************
```

这个模块的注释告知读者程序完成什么功能，并对程序实现方法做了概要介绍。对于需要重用这个模块的人，这个注释已经足够了。对于维护程序的人来说，这个注释也有很大的帮助。

标准化不是特殊的个人风格，因此当项目尝试遵守公用的标准时，会有以下好处：

- 程序员可以了解任何代码，弄清程序的状况。
- 新人可以很快适应环境。
- 防止新人出于节省时间的需要，自创一套风格并养成不良习惯。
- 防止新人重复犯同样的错误。
- 在一致的环境下，人们可以减少犯错的机会。

当然我们也可以谈一下标准的缺点（任何事情都有两面性）。首先如果制定标准的人不是专家，标准可能很蹩脚，在一定时间内可能降低了一部分创造力；另外，标准强迫遵守太多的格式，所以很多人忽视标准。

许多的项目经验证明采用好的编程标准可以使项目更加顺利地完成。对一个标准细节的大部分争论主要是源自自负思想。所以不要有自负思想，记住，任何项目的成功都取决于团队的合作努力。

一般说来，代码的标准和规范有如下几个方面：头文件、程序注释、变量、程序风格、目录等。下面我们以 C++ 语言为例来说明上述几方面。

（1）变量名说明

变量名是编程的核心，只有全面理解系统的编程员才能给出适合系统的名字。如果名字是合适的，程序组合才能自然，关联关系才能清晰，含义才能不言而喻，同时才能符合一般人的想法。例如表 6-2 就是一组变量名说明的例子。

表 6-2　变量名说明

项	命名规则	举　例
类	分隔字母大写，其他字母小写； 第一个字母大写； 不要使用下划线“_”	class NameOneTwo class Name

（续）

项	命名规则	举　例

类库	为了避免冲突，类库的名字最好具有唯一前缀，这个前缀通常是2个字母，但是长些更好	class JjLinkList
		{
		}

方法	采用类名同样的规则	class NameOneTwo
		{
		  public:
		    int DoIt();
		    void HandleError();
		}

类的属性	属性的名字以“m”开头；
	“m”后面采用与类名同样的规则；
	“m”一直领先于其他修饰语，例如指针修饰语“p”
		class NameOneTwo
		{
		  public:
		    int VarAbc();
		    int ErrorNumber();
		  private:
		    int mVarAbc;
		    int mErrorNumber;
		    String* mpName;
		}

方法的参数	一定要确定哪些变量需要传递；
	可以采用类似类名的名字，不要与类名冲突
		class NameOneTwo
		{
		  public:
		    int StartYourEngines(
		      Engine& someEngine,
		      Engine& anotherEngine);
		}

堆栈变量名字	全部采用小写字母，用“_”作为分隔符	int NameOneTwo::HandleError(int errorNumber)
		  {
		    int error= OsErr();
		    Time time_of_error;
		    ErrorProcessor error_processor;
		  }

指针变量	大多数情况下，指针以“p”开头，紧靠指针类型一方，不是变量一方。用“*”标识	String* pName= new String; String* pName, name, address; //说明：只有pName是指针

引用变量和返回引用	引用应该用“r”开头	class Test
		{
		  public:
		    void DoSomething(StatusInfo& rStatus);
		    StatusInfo& rStatus();
		    const StatusInfo& Status() const;
		  private:
		    StatusInfo& mrStatus;
		}

全局变量	全局变量用“g”开头	Logger gLog;
全局常量	所有全局常量应该是一个完整的语句，用“_”作为分隔符	Logger* gpLog; const int A_GLOBAL_CONSTANT= 5;

（续）

项	命名规则	举　例

静态变量	静态变量用“s”开头	class Test
		{
		  public:
		  private:
		    static StatusInfo msStatus;
		}

类型的名字	基于本地类型的定义尽可能用 typedef，类型定义的名字应该采用与“类”相同的命名规则，用“Type”作为后缀	typedef uint16 ModuleType; typedef uint32 SystemType;

枚举命名	全部大写，用“_”作为分隔符，如果 enum 没有嵌套在一个类中，要保证标签前使用不同的名字，以防止名字冲突	enum PinStateType
		{
		  PIN_OFF,
		  PIN_ON
		}
		enum { STATE_ERR, STATE_OPEN, STATE_RUNNING, STATE_DYING};

定义类型或者宏	定义类型和宏都是大写的，用“_”作为分隔符	#define MAX(a,b) blah #define IS_ERR(err) blah

（2）头文件

头文件就如同描述一个故事的时候首先概述主要描述谁、什么、哪里、什么时间、如何做和为什么做等，它应该在每个程序的开头位置，是对程序的介绍，包括：

- 模块名字。
- 谁完成这个模块。
- 在设计中这个模块的位置。
- 模块是何时编写、修改的。
- 模块的重要性。
- 模块中的数据结构、算法和控制等。

例如，某开发团队要求每个程序的开头为版权声明，然后按时间逆序排列开发人员的姓名、时间、工作内容：

```
/**
* @author Copyright (c) 2016 by XXX ,Inc. All Rights Reserved.
* @creator: Casey (Aug 31,2016)
* @modify : Brad (Sep 1, 2016)
*          add comment
* @modify : Tom (Sep 2, 2016)
*          change deposit to 'double'
*/
```

（3）程序注释

程序注释可以让别人比较容易地阅读程序，帮助读者理解在头文件中描述的“蓝图”是如何通过程序实现的。除了对每一行程序进行程序注释外，还可以将程序分为很多部分，每一部分实现一个主要意图。当代码修改后，这些注释也应该同时修改。

（4）目录

在开发过程中目录结构也应该通过标准化和规范化确定下来，例如，下面是一个项目组对开发过程中的目录要求：

```
Java——存放 Java 项目文件，控制其子目录下所有的 Java 代码。
    com——存放通用的标准，以防止出现问题。
      BUPTC——公司产品的唯一标识。
        components——包括所有模块。
          productcatalog——产品目录模块。
            business——产品目录模块中的 Business 对象类。
            database——产品目录模块中的数据库操作对象类。
            transaction——产品目录模块中的 MTS/COM 或 JMS/EJB 对象。
          其他组件
        ……
        kernel——被多个模块使用核心服务程序模块。
          Admin——管理模块。
            ……（子目录与产品目录模块）
        ……
        Util——与 utility 对象相关的服务。
          ……（子目录与产品目录模块）
        ……
```

（5）编码约定

很多编码约定对于程序的维护和扩展很关键，让程序更容易理解是非常重要的。可以参看本章案例说明中的例子。

6.5.3 编码文档

编码阶段的产品是按照代码标准和规范编写的源代码，必要的时候进行部署。编码提交的文档包括：

- 代码标准和规范。
- 源代码。

6.6 重构理念和重用原则

本节简单说明重构和重用的作用。

6.6.1 重构理念

重构（refactoring）是对软件的一种内部调整，目的是在不改变软件基本功能和性能（可察行为）的前提下，提高其可理解性，降低维修成本。从某种角度看，重构很像是整理代码，但是还不只如此，因为重构需要一定的准则和技术。重构应该随时随地进行，而且在如下三个时机更不要错过：

- 添加功能的时候。

- 修改错误的时候。
- 复查代码的时候。

重构与设计可以互补。初学编程的人往往一开始就埋头编程，然后很快发现预先设计（upfront design）可以节省返工的成本，于是又加强预先设计。

软件开发过程与一般的加工工业中的机械加工不很一致，机械加工中的设计如同画工程图，施工可以完全按照图纸进行，这种施工是一种低级劳动。但是软件是可塑性很强的，它完全是思想产品，正如 Alistair Cockburn 说，“软件设计可以让我们思考更快些，但是其中充满着小漏洞”。

软件中的预先设计可以避免很多变更问题。有一种观点认为重构可以替代预先设计，这个预先设计可以看成是代码的重构，就是预先设计不做什么设计，只是按照需求开始编写一些代码，然后让代码试着运行，而将来再重构这些代码。如果没有重构就必须保证设计是准确无误的，这样压力很大。因为将来修改设计，成本会很高，因此需要把更多的时间和精力放在设计上，避免以后修改。但是，如果选择重构的理念，问题的重点就可以转移了，仍然要做预先设计，只不过不是正确无误的解决方案，而是一个足够合理的解决方案。在实现这个初始解决方案的时候，对问题的理解也会逐步加深，可能会发现最佳的解决方案和最初的解决方案不同，但是只要使用重构技术，就可以解决这个问题。

重构使软件设计朝简单化发展。如果没有重构，我们会力求得到灵活的解决方案，需要考虑需求的变化。这是因为变更设计的代价很高，所以我们应开发一个灵活的、足够坚固的解决方案，以便能够应对将来的需求变化。但是，这样做的成本是难以估算的，灵活的解决方案比简单的解决方案复杂得多，最终的软件也更难维护，如果在所有可能出现变化的地方都考虑了灵活性，这个系统的复杂度和维护难度会大大提高，如果最后发现所有的这些灵活性都毫无必要，那才是最大的悲哀。有了重构，可以通过一条不同的途径来应对变化带来的风险。重构可以带来简单的设计，同时又不损失灵活性，也降低了设计过程的难度，减轻了设计过程的压力。

6.6.2 重用原则

在完成一个程序的过程中，可能会花一部分时间读别人的代码，一方面看是否可以复用，另一方面看是否可以在此基础上进行修改以适应新的需求。

在编写代码的时候应该有复用的理念，首先看看能否复用别的项目中的程序，同时，考虑自己的代码能否给同项目组的别人或者别的项目复用。

复用有两种类型，一种是生产者复用，另一种是消费者复用。生产者复用是开发的模块，可以为本项目后续复用。消费者复用是使用其他项目开发的模块。很多企业有领域范围的复用或者企业范围的复用计划。

如果你是复用的消费者，下面 4 项主要属性可以帮助检查将要复用的模块：

- 这个模块的功能和提供的数据与你的要求是否相符。
- 如果需要进行很小的修改，这个模块的修改量是否比重新开发一个模块的工作量少。
- 这个模块是否有很好的文档说明，这样你可以很快理解这个模块，而不是一行一行地仔细了解它的实现过程。
- 这个模块是否有完整的测试记录和修改记录，这样可以确定它基本没有缺陷。

如果你是复用的生产者，需要记住如下几点：

- 让模块更具有通用性，在系统调用这个模块的地方尽可能使用参数和预先定义条件。

- 减少模块的依赖关系。
- 模块的接口更加通用，而且进行很好的定义。
- 包含模块中发现的缺陷和解决的缺陷的信息记录。
- 采用清晰的命名规则。
- 数据结构和算法要文档化。
- 将通信和控制错误的部分尽可能分开，以便于维护。

6.7 项目案例分析

视频 1

项目案例名称：软件项目管理课程平台（SPM）

项目案例文档：开发环境的建立编码标准和规范；代码说明

视频 2 视频 3

建立开发环境：http://pan.baidu.com/s/1dERiO7Z（视频 1）

登录模块开发：https://pan.baidu.com/s/1c284ohE（视频 2）

代码详细讲解：https://pan.baidu.com/s/1hr6MemK（视频 3）

对于软件工程流程而言，本书中的案例到本节为止基本上是开发环节的工作；对于一个企业而言，目前的工作是开发部门的工作，即在开发的大容器中进行的工作，如图6-9所示。

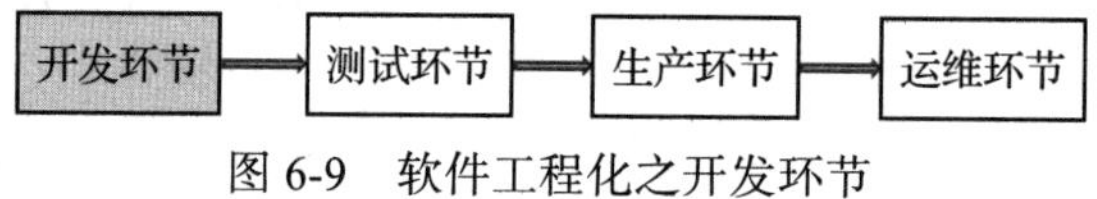

图 6-9 软件工程化之开发环节

6.7.1 项目开发环境的建立

SPM 项目开发环境的建立过程如下：

1）Java 开发工具的建立，即 JDK 的建立。

2）Java 集成开发环境的建立，即 Eclipse 的建立。

3）数据库环境的建立，即 MySQL 的建立。

4）Web 服务器环境的建立，即 Tomcat 的建立。

5）版本管理工具的建立，即 SVN 的建立。

6）SSH 架构的建立，即 struts+spring+hibernate 组件包的安装。

7）SPM 程序安装，即导入 SPM 程序包，并对开发目录进行设置。

6.7.2 编码标准和规范

SPM 编码标准和规范

---

1. 导言

1.1 目的

该文档的目的是描述 SPM 项目的编码规范和对代码的说明，为指导和规范 SPM 开发而制定，其主要内容包括：

- 编码规范
- 命名规范
- 注释规范
- 语句规范
- 声明规范
- 目录设置
- 代码说明

本文档的预期的读者是：

- 开发人员
- 项目管理人员
- 质量保证人员

1.2 范围

该文档定义了本项目的代码编写规范，以及部分代码描述和相关代码的说明。

1.3 术语定义

class：Java 程序中的一个程序单位，可以生成很多的实例。

packages：由很多的类组成的工作包。

1.4 引用标准

[1] Google Java Style，https://google.github.io/styleguide/javaguide.html。

[2] 《Java 语言编写规范》，企业技术规范。

1.5 版本更新信息

本文档的更新记录如下表所示。

版本更新记录

修改编号	修改日期	修改后版本	修改位置	修改内容概述
000	2015-10-9	0.1	全部	初始发布版本

2. Java 书写格式规范

严格要求书写格式是为了使程序整齐美观、易于阅读、风格统一，程序员对规范书写的必要性要有明确认识。建议源程序使用 Eclipse 工具开发，格式规范预先在工具中设置。

2.1 缩进排版

4 个空格作为缩进排版的一个单位。

语法符号〈%%〉必须顶格书写：

```
<%
if ( ture )
{kk
    temp++;
}
%>
```

2.2 行长度

尽量避免一行的长度超过 80 个字符，用于文档中的例子应该使用更短的行长，长度一般不超过 70 个字符。

2.3 断行规则

当一个表达式无法容纳在一行内时，可以依据如下一般规则断开：

- 在一个逗号后面断开。
- 在一个操作符前面断开。
- 宁可选择在较高级别处断开，而非在较低级别处断开（见下面的例子）。
- 新的一行应该与上一行同一级别表达式的开头处对齐。
- 如果以上规则导致代码混乱或者使代码都堆挤在右边，那就代之以缩进8个空格。

以下是两个断开算术表达式的例子。前者属于更高级别的断开，因为断开处位于括号表达式的外边。

```
longName1 = longName2 * (longName3 + longName4 - longName5)
+ 4 * longname6;                  // 推荐
longName1 = longName2 * (longName3 + longName4
-longName5) + 4 * longname6;     // 避免
```

以下是两个缩进方法声明的例子。前者是常规情形。后者若使用常规的缩进方式将会使第二行和第三行移得很靠右，所以代之以缩进8个空格。

```
// 规范的缩进
    someMethod ( int anArg, Object anotherArg, String yetAnotherArg,
                Object andStillAnother){
        …
    }
    // 以 8 个空格来缩进，以避免非常纵深的缩进
    private static synchronized horkingLongMethodName(int anArg,
            Object anotherArg, String yetAnotherArg,
            Object andStillAnother) {
        …
    }
```

if语句的换行通常使用8个空格的规则，因为常规缩进（4个空格）会使语句体看起来比较费劲。例如：

```
// 不可取的缩进方法
if ( ( condition1 && condition2)
    || (condition3 && condition4)
    || ( condition5 && condition6)) {
    doSomethingAboutIt();
}
// 可取的缩进方法一
if ( ( condition1 && condition2)
    || ( condition3 && conditin4 )
        || ! (condition5  && condition6)) {
    doSomethingAboutIt();
}
// 可取的缩进方法二
if ((condition1 && condition2)
    || (conditin3 && condition4)
        || ! ( condition5 && condition6 )) {
    doSomethingAboutIt();
}
```

三种可取的三元运算符的缩进格式：

```
alpha = ( aLongBooleanExpression) ? beta : gamma;
alpha = ( aLongBooleanExpression) ? beta
        : gamma;
alpha = ( aLongBooleanExpression)
    ? beta
    : gamma;
```

2.4 空行

空行将逻辑相关的代码段分隔开，以提高可读性。下列情况应该总是使用两个空行：

- 一个源文件的两个片段（section）之间
- 类声明和接口声明之间

下列情况应该总是使用一个空行：

- 两个方法之间
- 方法内的局部变量和方法的第一条语句之间
- 块注释或单行注释之前
- 一个方法内的两个逻辑段之间

3. Java 命名规范

命名规范使程序更易读，从而更易于理解。它们也可以提供一些有关标识符功能的信息，以助于理解代码。

3.1 包（packages）

一个唯一包名的前缀总是全部小写的 ASCII 字母并且是一个顶级域名，通常是 com、edu、gov、mil、net、org，或 1981 年 ISO 3166 标准所指定的标识国家的英文双字符代码。包名的后续部分根据不同机构各自内部的命名规范而不尽相同。这类命名规范可能以特定目录名的组成来区分部门（department）、项目（project）、机器（machine）或注册名（login names）。例如：

```
src.com.buptsse.spm.action
src.com.buptsse.spm.service
```

3.2 类（classes）

- 【规则 3-2-1】类名原则上应采用该类在系统中所表示对象的英文名称。
- 【规则 3-2-2】类名首字母应该大写。
- 【规则 3-2-3】类名为复合名词时，第二个单词的开始字母应大写，依此类推，如 UserManager。
- 【规则 3-2-4】继承类的命名时，在父类是系统的共通类之外的情况下，应采用前缀 + 父类名的形式。例如，父类表示为 ResultVO；子类表示为 DetailResultVO。

3.3 接口（interfaces）

大小写规则与类名相似。

3.4 方法（methods）

- 【规则 3-4-1】方法名一般以动词开始，往往是动词 + 名词的组合。
- 【规则 3-4-2】方法名首字母应该小写。
- 【规则 3-4-3】方法名类名为动词 + 复合名词时，第二个单词的开始字母应大写，依此类推，如 getUserName()。
- 【规则 3-4-4】方法名中的英文单词尽量用全称。
- 方法名中常用动词列表：
- create/destroy
- set/get
- add/remove
- open/close
- next/prev
- push/pop
- insert/update/delete

3.5 变量（variables）

- 【规则 3-5-1】常量的名称原则上采用其所担当功能的英文名称。
- 【规则 3-5-2】常量的名称的长度不应超过 15，通常不应采用缩写。
- 【规则 3-5-3】常量的名称所有字母均大写。
- 【规则 3-5-4】常量的名称为复合名词时，单词间采用下划线（_）分割。
- 【规则 3-5-5】通用常量通常集中放置在一个类中。

例如：ACTION_MODE、DISPLAY_MODE 等。

3.6 实例变量（instance variables）

大小写规则和变量名相似，除了前面需要一个下划线，如 int_employeeId。

3.7 常量（constants）

类常量和 ANSI 常量的声明，应该全部大写，单词间用下划线隔开。

4. Java 声明规范

程序中定义的数据类型，在计算机中都要为其开辟一定数量的存储单元，为了避免造成资源的不必要浪费，所以按需定义数据的类型，声明包、类以及接口。

4.1 每行声明变量的数量

推荐一行一个声明，因为这样以利于写注释。亦即：

```
int level;              //indentation level
int size;               //size of table
```

要优于：

```
int level, size;
```

不要将不同类型变量的声明放在同一行，例如：

```
int foo, fooarray[];    //WRONG!
```

注意：上面的例子中，在类型和标识符之间放了一个空格。空格可使用制表符替代。

4.2 初始化

尽量在声明局部变量的同时初始化。唯一不这么做的理由是变量的初始值依赖于某些先前发生的计算。

4.3 布局

只在代码块（一个块是指任何被包含在大括号“{”和“}”中间的代码）的开始处声明变量。不要在首次用到该变量时才声明之。这会把注意力不集中的程序员搞糊涂，同时会妨碍代码在该作用域内的可移植性。

```
void myMethod(){
        int int1=0;         //beginning of method block

        if(condition){
            int int2=0;     //beginning of "if" block
        .....
    }
}
```

该规则的一个例外是 for 循环的索引变量：

```
for (int i = 0; i < maxLoops; i++) { ... }
```

4.4 包的声明

在多数 Java 源文件中，第一个非注释行是包语句。我们的 SPM 项目包的声明采用如下规范：

```
package com.buptsse.spm.action。
```

4.5 类和接口的声明

当编写类和接口时，应该遵守以下格式规则：

- 在方法名与其参数列表之前的左括号“(”间不要有空格。
- 左大括号“{”位于声明语句同行的末尾。
- 右大括号“}”另起一行，与相应的声明语句对齐，除非是一个空语句，“}”应紧跟在“{”之后。
- 方法与方法之间以空行分隔。

5. 语句规范

规范的语句可以改善程序的可读性，可以让程序员尽快而彻底地理解新的代码。

5.1 简单语句

每行至多包含一条语句，例如：

```
argv++;              //推荐
argc--;              //推荐
argv++; argc--;      //避免
```

5.2 复合语句

复合语句是包含在大括号中的语句序列，形如“{ 语句 }”。复合语句遵循的原则如下：

- 被括其中的语句应该较之复合语句缩进一个层次。
- 左大括号“{”应位于复合语句起始行的行尾，右大括号“}”应另起一行并与复合语句首行对齐。
- 大括号可以用于所有语句，包括单个语句，只要这些语句是诸如 if-else 或 for 控制结构的一部分，这样便于添加语句而无须担心由于忘了加括号而引入 bug。

6. 注释规范

Java 程序有两类注释：实现注释（implementation comments）和文档注释（document comments）。实现注释使用 /*...*/ 和 // 界定的注释。文档注释是 Java 独有的，由 /**...*/ 界定。文档注释可以通过 javadoc 工具转换成 HTML 文件，描述 Java 的类、接口、构造器、方法，以及字段（field）。一个注释对应一个类、接口或成员。若想给出有关类、接口、变量或方法的信息，而这些信息又不适合写在文档中，则可使用实现块注释或紧跟在声明后面的单行注释。例如，有关一个类实现的细节，应放入紧跟在类声明后面的实现块注释中，而不是放在文档注释中。

注释应被用来给出代码的总括，并提供代码自身没有提供的附加信息。

在注释里，对设计决策中重要的或者不是显而易见的地方进行说明是可以的，但应避免提供代码中已清晰表达出来的重复信息。

6.1 注释的方法

程序可以有四种实现注释的风格：块注释、单行注释、尾端注释和行末注释。

（1）块注释

块注释通常用于提供对文件、方法、数据结构和算法的描述。块注释被置于每个文件的开始处以及每个方法之前。它们也可以被用于其他地方，如方法内部。在功能和方法内部的块注释应该和它们所描述的代码具有一样的缩进格式。块注释之首应该有一个空行，用于把块注释和代码分割开来，例如：

```
/*
* Here is a block comment.
```

```
*/
    public class Example { ...
```

注意顶层（top-level）的类和接口是不缩进的，而其成员是缩进的。描述类和接口的文档注释的第一行（/**）不需缩进；随后的文档注释每行都缩进1格（使星号纵向对齐）。成员，包括构造函数在内，其文档注释的第一行缩进4格，随后每行都缩进5格。

（2）单行注释

短注释可以显示在一行内，并与其后的代码具有一样的缩进层级。如果一个注释不能在一行内写完，就该采用块注释。单行注释之前应该有一个空行。以下是一个Java代码中单行注释的例子：

```
if (condition) {

/* Handle the condition. */
...
}
```

（3）尾端注释

极短的注释可以与它们所要描述的代码位于同一行，但是应该有足够的空白来分开代码和注释。若有多个短注释出现于大段代码中，它们应该具有相同的缩进。以下是一个Java代码中尾端注释的例子：

```
if(input==2){
        return TRUE;            /* 特殊处理 */
    }else{
        return isMine(input);   /* 调用函数 isMine */
}
```

（4）行末注释

注释界定符“//”，可以注释掉整行或者一行中的一部分。它一般不用于连续多行的注释文本，然而可以用来注释掉连续多行的代码段。

注意：

- 频繁的注释有时反映出代码质量低。当你觉得被迫要加注释的时候，考虑一下重写代码使其更清晰。
- 注释不应写在用星号或其他字符画出来的大框里，不应包括诸如制表符和回退符之类的特殊字符。

6.2 开头注释

所有的源文件都应该在开头有一个类似C语言风格的注释，其中列出类名、版本信息、日期、作者以及文件描述等。SPM项目采用的头注释统一为：

```
/**
 * @author BUPT-TC
 * @date 2015年10月21日 上午9:22:50
 * @description 实现登录页面逻辑
 * @modify BUPT-TC
 * @modify Date 2015年10月24日 上午11:30:50
 */
```

6.3 类和接口的注释

- 类/接口文档注释（/**……*/）：该注释中所需包含的信息，参见LoginAction.java。
- 类/接口实现的注释（/*……*/）：如果有必要的话，该注释应包含任何有关整个类或接口的信息，而这些信息又不适合作为类/接口文档注释。

7. JSP 命名规则

7.1 文件命名与存放位置

文件类型及其存放位置如下表所示。

文件类型及其存放位置

文件类型	后　缀	建议存放位置
JSP 技术	.jsp	<contxt root>/< 子系统路径 >/
JSP 片断	.jsp	<contxt root>/< 子系统路径 >/
	.jspf	<contxt root>/web_inf/jspf/< 子系统路径 >/
样式表	.css	<contxt root>/css/
javaScript 技术	.js	<contxt root>/js/
HTML 技术	.html	<contxt root>/< 子系统路径 >/
Web 资源	.gif、.pig	<contxt root>/images/
标签库	.tld	<contxt root>/web_inf/tld/

以上 <contxt root> 是 Web 应用的主要路径，而 < 子系统路径 > 是系统的逻辑划分，其中包括了静态页面及动态页面。

7.2 文件组织

一个 JSP 文件应依次包括如下几部分：

- 开头注释
- JSP 头格式
- JSP 语法
- javaScript 编码
- 注释
- HTML 标记语言编码规范

7.3 文件注释

所有的源文件都应该在开头列出文件名、版本信息、日期、创建人和修改人，应当使用隐藏的注释来阻止输出的 HTML 过大。

```
<%--
- 文件名：
- 日期：
- 版权声明：
- 创建人：
- 修改人：
- 备注：
--%>
```

8. JSP 其他规范

8.1 JSP 头格式

类的引入要进行分类处理，系统类要和自建类分开，先引进系统类再引进自建类。

超出了正常宽度的 JSP 的网页（80 个字符），指令将被分为多行。

如果引入的类只有一个，则格式为：

```
<%@ page import="java.util.Iterator " %>
```

类的引入不能用 * 代替，用到哪个类时就引入哪个类，不能像这样引入类：

```
<%@ page import =" java.sql.*;" %>
```

如果引入的类超过一个，应避免写成：

```
<%@ page import="java.util.Iterator " %>
<%@ page import=" java.sql.Connection " %>
```

尽量写成如下形式：

```
<%@ import=
"java.sql.Connection",
"java.sql.Statement",
"java.sql.ResultSet",
"com.db.DBCom",
"com.info.StudentInfo"
%>
```

8.2　错误页面

每个 JSP 文件中都应当使用一个错误页面来处理不能够从中恢复的异常。

```
<%@ page errorPage="error.jsp" %>
```

page 指令：一个页面中可以有多个 <% @ page %> 指令，它的作用范围是整个 JSP 页面。为了 JSP 程序的可读性，最好还是把它放在 JSP 文件的顶部。其中的属性只能用一次，有个例外是 import 属性，可以使用多次。

8.3　JSP 语法

声明必须以“;”结尾。例如：

```
<%! int i = 0; %>
<%! Circle a = new Circle(2.0); %>
```

JSP 声明应遵循 Java 声明的编码规范，如一行仅声明一个变量，一个声明仅在一个页面中有效。如果想要每个页面都用到一些声明，最好把它们写成一个单独的文件，然后用 <%@ include %> 或 <jsp:include > 元素包含进来。

8.4　表达式

有三种方式实现 JSP 表达式，即：

- 显式的 java 代码，例如：<%=myBean.getName()%>。
- JSP 标签，例如：<jsp:setProperty name=” myBean” propertyr=” name” />。
- 表达式语言，例如：<c:out value=” ${myBean.name}” />。

推荐使用表达式语言方式，一般不使用 JSP 标签方式。

8.5　forward、include

如果使用了 <jsp:forward> 和 <jsp:include 标记 >，并且必须使用简单类型的值来与外部页面进行通信的话，就应当使用一个或多个 <jsp:param> 元素。例如：

```
<jsp:forward page="toUrlPage.jsp">
<jsp:parameter name="id" value="110"/>
</jsp:forward>
<jsp:include page="includeUrlPage.jsp">
<jsp:parameter name="id" value="110"/>
<jsp:parameter name="info" value="test"/>
</jsp:forward>
```

8.6 缩进

JSP 页面中书写的 Java 代码也要按照 4 个空格为单位进行缩进。

语法符号〈%%〉必须顶格书写：

```
<%
if ( ture )
{
    temp++;
}
%>
```

8.7 注释

JSP 注释又称为服务器端注释，这种注释对客户端是不可见的。JSP 注释可分为两种，即脚本内的 Java 风格的注释及纯 JSP 注释，推荐使用纯 JSP 风格的注释。

- 单行：<% /** ... */ %><% /* ... */ %><% // ... %> <%-- ... --%>。
- 多行：<% /* * ... * */ %> <%-- - ······ -%><%// // ······// %>。

在 <%-- --%> 之间，可以任意写注释语句，但是不能使用“--%>”，如果非要使用，可用“--%\>”。

```
<%
//-----------------------------------------------------------------
//Project: SPM System (Client SubSystem)
//JSP Name: Longin.JSP
//PURPOSE : 客户登录
//HISTORY:
//Create: BUPT-TC  2015.10.17
//Modify: BUPT-TC   2015.10.20
//Copyright: BUPTSSE
//------------------------------------------------------------------ %>

/*
 *Project: SPM System (Client SubSystem)
 * Name: longinAction.Java
 * Purpose: 客户登录处理
 * History:
 * Create: BUPT-TC   2015.10.17
 * Modify: BUPT-TC   2015.10.20
 * Copyright: BUPTSSE
 */
```

8.8 JSP/HTML 代码规范

（1）JSP/HTML 描述注释

JSP/HTML 页面顶部必须存在一个基本描述注释，包含功能描述、参数列表和历史修改信息，例如：

```
//-----------------------------------------------------------------
//Project: SPM System (Client SubSystem)
//JSP Name  : register.jsp
//PURPOSE : 登录与注册界面的处理
//HISTORY:
//Create: BUPT-TC    2015.10.20
//Modify: BUPT-TC    2015.10.27
//Copyright  : BUPTSSE
//------------------------------------------------------------------ %>
```

（2）JSP 头格式

JSP 头部一般需要遵循以下格式：

```
<%@ page contentType="text/html;charset=gb2312" %>
<%@ page import="java.io.*" %>                          // JDK 标准包
<%@ page import="javax.mail.*" %>                       // Java 扩展包
<%@ page import="org.apache.xml.*" %>                   // 使用的外部库的包
<%@ page import="com.sunrise..*" %>                     // 使用的项目的公共包
<%@ page import=" com.sunrise.applications.*" %>        // 使用的模块的其他包
<%@ include file="some.jsp" %>                          // include 其他的 JSP
<%
response.setHeader("Pragma","No-cache");
response.setHeader("Cache-Control","no-cache");
response.setHeader("Expires","0");
%> // 一般 JSP 都需要防止缓存
```

（3）HTML 格式

● HTML 头一般需要遵循以下格式：

```
<head>
<meta http-equiv="Content-Type" content="text/html; charset=gb2312">
<title>some title</title>
<link rel="stylesheet" href="some.css" type="text/css">
<script language="javascript">
// some javascript
</script>
</head>
```

注意：必须指定一个有意义的 <title>，严禁出现“Untitled”或“未命名”之类的 <title>。

● 所有 HTML 标签使用小写。

● HTML 页面一般需要设置一个背景色（一般是 #FFFFFF）。

（4）HTML 语法校验

所有的 JSP/HTML 页面需要能够使用 Dreamweaver 正确打开（即 HTML 语法正确，没有错误的标记）。

（5）注释

一般不使用 HTML 注释，除非有必要让最终用户看到的内容。对于包含 JSP 代码的 HTML 块，必须使用 JSP 注释。对于没有必要的注释，在发行版本中必须移除。

（6）form 属于域的 maxlength

对于 text 类型的输入域，必须根据数据库字段的长度设置相应的 maxlength，例如，数据库类型是 varchar (64)，那么 maxlength 是 32（因为中文浏览器对于中文也认为是一个字符）。

9. 代码范例

以登录管理模块代码为例。

9.1 视图层

（1）登录与注册界面的处理（register.jsp）

```
<%@ page language="java" import="java.util.*"
    contentType="text/html;
charset=utf-8" pageEncoding="utf-8"%>
<%
```

```
//-------------------------------------------------------------
//Project: SPM System (Client SubSystem)
//JSP Name  : register.jsp
//PURPOSE : 登录与注册界面的处理
//HISTORY:
//Create: BUPT-TC    2015.10.20
//Modify: BUPT-TC    2015.10.27
//Copyright  : BUPTSSE
//--------------------------------------------------------------- %>
<html xmlns="http://www.w3.org/1999/xhtml">
    <head>
        <title>"教育部-IBM精品课程建设项目"软件项目管理课程</title>
        <meta http-equiv="Content-Type" content="text/html; charset=utf-8">
        <script type="text/javascript" src="./js/jquery-1.9.0.min.js"></script>
        <script type="text/javascript" src="./images/login.js"></script>
        <script type="text/javascript" src="./js/jquery.js"></script>
        <!--     插入外部样式表，使用DwrUtil -->
        <script type="text/javascript" src="./dwr/util.js"></script>
        <script type="text/javascript" src="./dwr/engine.js"></script>
        <script type="text/javascript" src="./dwr/interface/dwrUtil.js"></script>
        <script type="text/javascript">
        function register(){
            var registerUserName = document.getElementById("user");
            var registerPassWord = document.getElementById("passwd");
            var registerPassWord1 = document.getElementById("passwd2");

    dwrUtil.registerCheck(registerUserName.value,registerPassWord.value,
registerPassWord1.value,callback);
            function callback(result){
                if(result == "success"){
                    alert("注册成功！");
                }else{
                    alert("注册失败！");
                }
            }
        }


        function login(){
            var loginUserName = document.getElementById("u");
            var loginPassWord = document.getElementById("p");
//          alert("开始调用dwr进行登录校验");
            dwrUtil.loginCheck(loginUserName.value,loginPassWord.value,callback);
            function callback(result){
                if(result == 1){
                    alert("登录成功！")
                    document.getElementById("loginForm").submit();
                }else{
                    alert("登录失败！");
                }
            }
        }

        function loginExistenceCheck(){
```

```
            var loginUserName = document.getElementById("u");
            dwrUtil.extenceCheck(loginUserName.value,callback);
            function callback(result){
                if(result == "extence"){
                    document.getElementById('UserNameMsg').style.display="none";
                }else{
                    var msg = document.getElementById("labelUserNameMsg");
                    if(result == "unExtence"){
                        msg.innerHTML = "用户名不存在";
                    }else {
                        msg.innerHTML = result;
                    }
                    document.getElementById('UserNameMsg').style.display="block";
                }
            }
        }

        function registerExtenceCheck(){
            var loginUserName = document.getElementById("user");
            dwrUtil.extenceCheck(loginUserName.value,callback);
            function callback(result){
                if(result == "unExtence"){
                    document.getElementById('RegisterNameMsg').style.display="none";
                }else{
                    var msg = document.getElementById("labelUserNameMsg1");
                    if(result == "extence"){
                        msg.innerHTML = "用户名已存在";
                    }else {
                        msg.innerHTML = result;
                    }

document.getElementById('RegisterNameMsg').style.display="block";
                }
            }
        }

        function registerPassWordCheck(){
            var password = document.getElementById("passwd");
            var length = password.value.length;
            var passwordMsg = document.getElementById("PasswordMsg");
            if(length < 6 || length > 16){
                passwordMsg.style.display = "block";
            }else{
                passwordMsg.style.display = "none";
            }
        }

        function registerPassWordCheck2(){
            var password1 = document.getElementById("passwd").value;
            var password2 = document.getElementById("passwd2").value;
            var passwordMsg1 = document.getElementById("PasswordMsg1");
            if(password1 != password2){
                passwordMsg1.style.display="block";
            }else{
                passwordMsg1.style.display="none";
```

```
                }
            }

        </script>
        <link href="./css/login2.css" rel="stylesheet" type="text/css" />
    </head>
    <body>
        <h1>
            北邮爱课堂系统
            <sup>
                V2015
            </sup>
        </h1>
<!-- background: #fff url(../images/1.jpg) 100% 0 no-repeat;-->

        <div class="login" style="margin-top: 50px;">

            <div class="header">
                <div class="switch" id="switch">
                    <a class="switch_btn_focus" id="switch_qlogin"
                        href="javascript:void(0);" tabindex="7">快速登录</a>
                    <a class="switch_btn" id="switch_login" href="javascript:
void(0);"
                        tabindex="8">快速注册</a>
                    <div class="switch_bottom" id="switch_bottom"
                        style="position: absolute; width: 64px; left: 0px;"></div>
                </div>
            </div>
            <div class="web_qr_login" id="web_qr_login"
                style="display: block; height: 235px;">
                <form id="loginForm" name="loginForm" action="${pageContext.
request.contextPath}/loginAction.do" method="post" >
                    <!--登录-->
                    <div class="web_login">
                        <div class="login-box">
                            <div class="login_form">
                                <input type="hidden" name="to" value="log" />
                                <div class="uinArea" id="uinArea">
                                    <label class="input-tips" for="u">
                                        账号:
                                    </label>
                                    <div class="inputOuter" id="uArea">
                                        <input type="text" id="u" name="user.
userName" onBlur="loginExistenceCheck();"
                                            class="inputstyle" />
                                    </div>
                                </div>

                                <div class="UserNameMsg" id="UserNameMsg" styl
e="display:none;color:#F00">
                                           
       
                                    <label id="labelUserNameMsg" class="text"
for="m">
```

```
                                            用户名应为10位!
                                        </label>
                                    </div>

                                    <div class="pwdArea" id="pwdArea">
                                        <label class="input-tips" for="p">
                                            密码:
                                        </label>
                                        <div class="inputOuter" id="pArea">
                                            <input type="password" id="p" name=
"user.password"

                                                class="inputstyle" />
                                        </div>
                                    </div>


                                    <table border="0" align="left">

                                        <tr>
                                            <td>
                                                <div style="padding-left: 0px; margin-
top: 20px;">
                                                    <input type="button" onclick=
"login()" value="立即登录 " style="width: 120px;"
                                                        class="button_blue" />
                                                </div>

                                            </td>
                                            <td>
                                                <div style="padding-left: 20px;
margin-top: 20px;">
                                                    <input type="submit" formaction=
"./mainFrame.jsp" value="游客登录 "
                                                        style="width: 120px;" class=
"button_blue" />
                                                </div>
                                            </td>
                                        </tr>
                                    </table>
                                </div>

                            </div>

                        </div>
                        <!-- 登录 end-->
                    </form>
                </div>

                <!-- 注册 -->
                <div class="qlogin" id="qlogin" style="display: none;">
                    <form action="${pageContext.request.contextPath}/registerAction.
do" method="post">
                        <div class="web_login">
```

```
                        <ul class="reg_form" id="reg-ul">

                            <li>
                                <label class="input-tips2">
                                    用户名:
                                </label>
                                <div class="inputOuter2">
                                    <input type="text" id="user" maxlength="10"
name="user.userName" onBlur="registerExtenceCheck();"
                                        class="inputstyle2"/>
                                </div>

                                <br>
                                <br>
                            </li>

                            <div class="RegisterNameMsg" id="RegisterNameMsg"
style="display:none;color:#F00">
                                       &nbs
p;             &n
bsp; 
                                <label id="labelUserNameMsg1" class="text"
for="m">

                                    用户名应为10位!
                                </label>
                            </div>

                            <li>
                                <label class="input-tips2">
                                    密码:
                                </label>
                                <div class="inputOuter2">
                                    <input type="password" id="passwd" name=
"user.password" onBlur="registerPassWordCheck();"
                                        maxlength="16" class="inputstyle2" />
                                </div>
                                <br>
                                <br>
                            </li>

                            <div class="PasswordMsg" id="PasswordMsg" style="d
isplay:none;color:#F00">
                                       &nbs
p;             &n
bsp; 
                                <label class="text" for="pm">
                                    密码必须为6位以上,16位以下!
                                </label>
                            </div>

                            <li>
                                <label class="input-tips2">
                                    确认密码:
                                </label>
```

```
                                    <div class="inputOuter2">
                                    <input type="password" id="passwd2" name="user.
password1" onBlur="registerPassWordCheck2();"
                                            maxlength="16" class="inputstyle2" />
                                    </div>

                                    <br>
                                    <br>
                                </li>

                                <div class="PasswordMsg" id="PasswordMsg1" style="
display:none;color:#F00">
                                           &nbs
p;             &n
bsp; 
                                    <label class="text" for="pm" id="twiceCheck">
                                        两次输入密码不一致，请重新输入!
                                    </label>
                                </div>

                                <li>
                                    <div class="inputArea">
    <!--                                    <input type="submit" -->
    <!--                                        style="margin-top: 10px; margin-left:
85px;" -->
    <!--                                        class="button_blue" value="同意协议并注
册" onclick="register()" /> -->
    <!--                                    </div> -->
                                        <input type="submit"
                                        style="margin-top: 10px; margin-left: 85px;"
                                        class="button_blue" value="同意协议并注册"
onclick="register();" />
                                    </div>
                                </li>
                            </ul>

                        </div>
                    </form>
                </div>
                <!--注册end-->




            </div>
            <div class="jianyi">
                版权所有  北京邮电大学  地址：北京市西土城路10号 
 邮编：100876
            </div>

        </body>
                </html>
```

9.2 控制层

登录管理控制层共有 1 个 Action 文件和 1 个 ActionForm 文件，以 LoginAction 为例描述。

（1）LoginAction 代码示例

```
package com.buptsse.spm.action;

import java.util.Map;
import javax.annotation.Resource;
import org.apache.commons.lang3.StringUtils;
import org.apache.struts2.ServletActionContext;
import org.slf4j.Logger;
import org.slf4j.LoggerFactory;

import com.buptsse.spm.domain.User;
import com.buptsse.spm.service.IUserService;
import com.opensymphony.xwork2.ActionContext;
import com.opensymphony.xwork2.ActionSupport;

/**
 * @author BUPT-TC
 * @date 2015年10月21日 上午9:22:50
 * @description 实现登录页面逻辑
 * @modify BUPT-TC
 * @modifyDate 2015年10月24日 上午11:30:50
 */

public class LoginAction extends ActionSupport
{
    private static Logger LOG = LoggerFactory.getLogger(LoginAction.class);
    private User user;

    @Resource
    private IUserService userService;
    /**
     *
     * @description 实现登录功能
     */
    public String login()
    {
        LOG.error("username:" + user.getUserName());

        if(user == null)
        {
            LOG.error("USER对象为空！ ");
            return ERROR;
        }
        if (StringUtils.isBlank(user.getUserName()) || StringUtils.isBlank(user.
getPassword())){
            ServletActionContext.getRequest().setAttribute("loginMsg", "账号或
密码未输入！ ");
            return ERROR;
        }
        try
        {
            User tempuser = new User();
```

```
                tempuser = userService.findUser(user.getUserName(),user.getPassword());
                if(tempuser == null){
                    ServletActionContext.getRequest().setAttribute("loginMsg", "对
不起，该用户不存在或密码输入错误！ ");
                    return ERROR;
                }else{
                    ServletActionContext.getRequest().setAttribute("loginMsg", "登
入成功！ ");
                    //向页面注册session，以判断用户是谁
                    Map session = (Map) ActionContext.getContext().getSession();
                    session.put("user", tempuser);
                    return SUCCESS;
                }

            } catch(Exception e){
                e.printStackTrace();
            }
            LOG.error("开始保存数据");
            return SUCCESS;
        }
        public User getUser() {
            return user;
        }
        public void setUser(User user) {
            this.user = user;
        }
        public IUserService getUserService() {
            return userService;
        }
        public void setUserService(IUserService userService) {
            this.userService = userService;
        }
    }
```

9.3 持久层

持久层以 UserDaoImpl.java 为例。

```
package com.buptsse.spm.dao.impl;

import java.util.ArrayList;
import java.util.List;

import org.apache.log4j.Logger;
import org.springframework.stereotype.Repository;

import com.buptsse.spm.dao.IUserDao;
import com.buptsse.spm.domain.User;

/**
 * @author BUPT-TC
 * @date 2015年10月17日 下午3:53:50
 * @description
 * @modify BUPT-TC
 * @modifyDate 2015年10月24日 下午10:53:50
 */
```

```
@Repository
public class UserDaoImpl extends BaseDAOImpl<User> implements IUserDao {
    private static Logger LOG = Logger.getLogger(UserDaoImpl.class);

    /* (non-Javadoc)
     * @see com.buptsse.spm.dao.IBaseDAO#find(java.lang.String, java.lang.Object[])
     * 查询
     */
    @Override
    public List<User> find(String hql, User[] param) {
        return super.find("from User where username= :param", param);
    }

    /* (non-Javadoc)
     * @see com.buptsse.spm.dao.IBaseDAO#get(java.lang.String, java.lang.Object[])
     */
    @Override
    public User get(String hql, User[] param) {
        return super.get(User.class, param);
    }

    /* (non-Javadoc)
     * @see com.buptsse.spm.dao.IBaseDAO#count(java.lang.String, java.lang.Object[])
     */
    @Override
    public Long count(String hql, User[] param) {
        // TODO Auto-generated method stub
        return null;
    }

    /* (non-Javadoc)
     * @see com.buptsse.spm.dao.IBaseDAO#executeHql(java.lang.String, java.lang.
Object[])
     */
    @Override
    public Integer executeHql(String hql, User[] param) {
        // TODO Auto-generated method stub
        return null;
    }

    /* (non-Javadoc)
     * @see com.buptsse.spm.dao.IUserDao#findUser(com.buptsse.spm.domain.User)
     */
    @Override
    public User findUser(User user) {
        // TODO Auto-generated method stub
        try{
            List<User> list = new ArrayList<User>();
            list = super.find("from User");
            for(int i = 0;i < list.size();i++){
                if(user.getUserName().equals(list.get(i).getUserName())){
                    return list.get(i);
                }
            }
        }catch(Exception e){
```

```
            e.printStackTrace();
            LOG.error(e);
            return null;
        }
        return null;
    }

    /* (non-Javadoc)
     * @see com.buptsse.spm.dao.IUserDao#insertUser(com.buptsse.spm.domain.User)
     */
    @Override
    public boolean insertUser(User user) {
        try {
            super.save(user);
        } catch (Exception e) {
            e.printStackTrace();
            LOG.error(e);
            return false;
        }
        return true;
    }

    /* (non-Javadoc)
     * @see com.buptsse.spm.dao.IUserDao#searchUser(java.util.List)
     */
    @Override
    public List<User> searchUser(List<Object> choose) {
        // TODO Auto-generated method stub
        return null;
    }

    /* (non-Javadoc)
     * @see com.buptsse.spm.dao.IUserDao#deleteUser(java.lang.String)
     */
    @Override
    public boolean deleteUser(String username) {
        // TODO Auto-generated method stub
        return false;
    }

    /* (non-Javadoc)
     * @see com.buptsse.spm.dao.IUserDao#addUser(com.buptsse.spm.domain.User)
     */
    @Override
    public boolean addUser(User user) {
        // TODO Auto-generated method stub
        return insertUser(user);
    }

}
```

10. 开发目录规范

开发环境是 Eclipse，开发之后需要部署到 Tomcat 服务器环境上。所以开发环境的目录结构与运行环境的目录结构是一致的，只是在部署的运行环境中，可以不设置源代码的目录。SPM 项目开发目录如图 C-1 所示。

编码过程应该按照详细设计的规划进行，在伪代码的基础上，按照编码标准和规范进行分模块编码。首先开发人员在开发过程中按照开发的目录将相应的文件存放在指定的目标下，进行调试，如果调试完成，代码评审通过后，放入版本库，最后再从版本库将代码放入运行（Tomcat）环境中。

各个目录的说明如下：

1）SPM_Project/src 目录中存放所有的 Java 公用的模块。

2）SPM_Project/src/com/buptsse/spm/action 目录存放控制层的 Java 类。

3）SPM_Project/src/com/buptsse/spm/dao 目录存放数据持久层的 Java 类。

4）SPM_Project/src/com/buptsse/spm/dao/impl 目录存放数据持久层的 Java 类接口。

5）SPM_Project/src/com/buptsse/spm/domain 目录存放域模型层的 Java 类。

6）SPM_Project/src/com/buptsse/spm/filter 目录存放过滤器的 Java 类。

7）SPM_Project/src/com/buptsse/spm/interceptor 目录存放缓存方法拦截器的 Java 类。

8）SPM_Project/src/com/buptsse/spm/service 目录存放业务逻辑层的 Java 类接口。

9）SPM_Project/src/com/buptsse/spm/service/impl 目录存放业务逻辑层的 Java 类。

10）SPM_Project/src/com/buptsse/spm/util 目录存放检测的 Java 类。

11）SPM_Project/src/resource 目录存放项目开发所需的配置文件。

12）SPM_Project/WebRoot 目录存放所有的 JSP 页面。

13）SPM_Project/WebRoot/css 目录存放项目所需的样式表。

14）SPM_Project/WebRoot/css/images 目录存放。

15）SPM_Project/WebRoot/dwr 目录存放 dwr 的 JavaScript 脚本。

16）SPM_Project/WebRoot/error 目录存放错误跳转的页面。

17）SPM_Project/WebRoot/Exercise 目录存放练习的文件。

18）SPM_Project/WebRoot/image 目录存放项目所需的所有图片。

19）SPM_Project/WebRoot/images 目录存放项目所需的所有图片。

20）SPM_Project/WebRoot/images/chapter 目录存放章节信息所需要的所有图片。

21）SPM_Project/WebRoot/images/content 目录存放内容信息所需要的所有图片。

22）SPM_Project/WebRoot/js 目录存放项目所需 JavaScript 脚本。

23）SPM_Project/WebRoot/jsp 目录存放表现层的 JSP 文件。

24）SPM_Project/WebRoot/WEB-INF 目录存放项目编译后的 class 文件、lib 包、tld 标签以及 XML 文件。

11. 代码的版本管理（SVN）

版本管理工具 SVN 全称为 Subversion，分为服务器版本和客户端版本，本项目使用的 Eclipse SVN 插件就是 SVN 客户端的一种，使用说明如下：

1）右击项目名称，所列目录下的 team 即为 SVN 版本管理，如图 C-2 所示。

2）当小组成员完成自己的代码后，通过提交操作，将代码上传。

3）当小组成员需要服务端代码内容时，通过更新操作与资源库同步操作，将内容下载到本地。

4）当代码内容被修改之后，修改同一内容的组员需要先执行更新操作再执行提交操作。

5）若需要比较资源库的最新内容，单击比较对象 – 资源库中的最新内容，如图 C-3 所示。

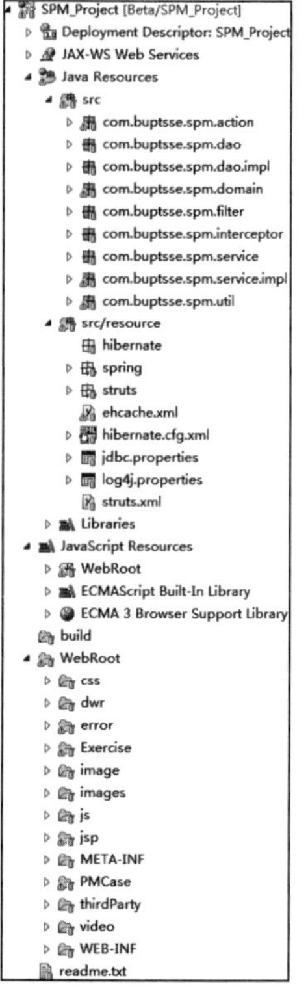

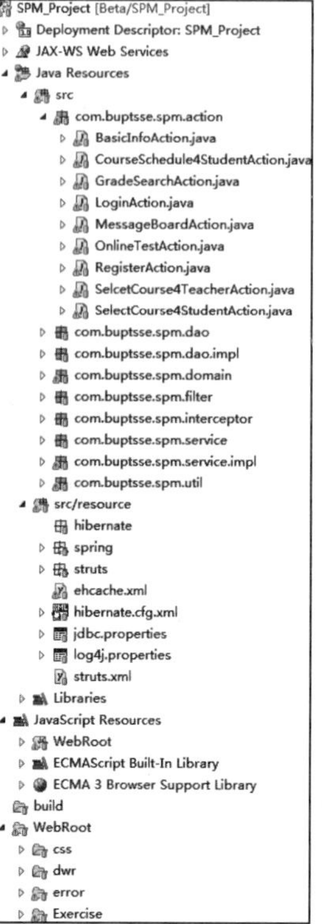

图 C-1 SPM 项目开发目录

新建(W)
进入(I)
在新窗口中打开(N)
打开类型层次结构(N) F4
显示位置(W) Alt+Shift+W
复制(C) Ctrl+C
复制限定名(Y)
粘贴(P) Ctrl+V
删除(D) 删除
从上下文移除 Ctrl+Alt+Shift+向下
构建路径(B)
源码(S) Alt+Shift+S
重构(T) Alt+Shift+T
导入(I)...
导出(O)...
刷新(F) F5
关闭项目(S)
关闭不相关的项目(U)
指定工作集(A)...
Mark as Deployable
概要分析方式(P)
调试方式(D)
运行方式(R)
验证(V)
Team
比较对象
替换为(L)
从本地历史记录复原(Y)...
Java EE 工具集
配置
属性(R) Alt+Enter

图 C-2 SVN 版本管理

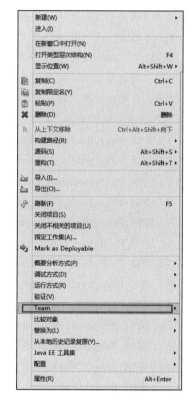

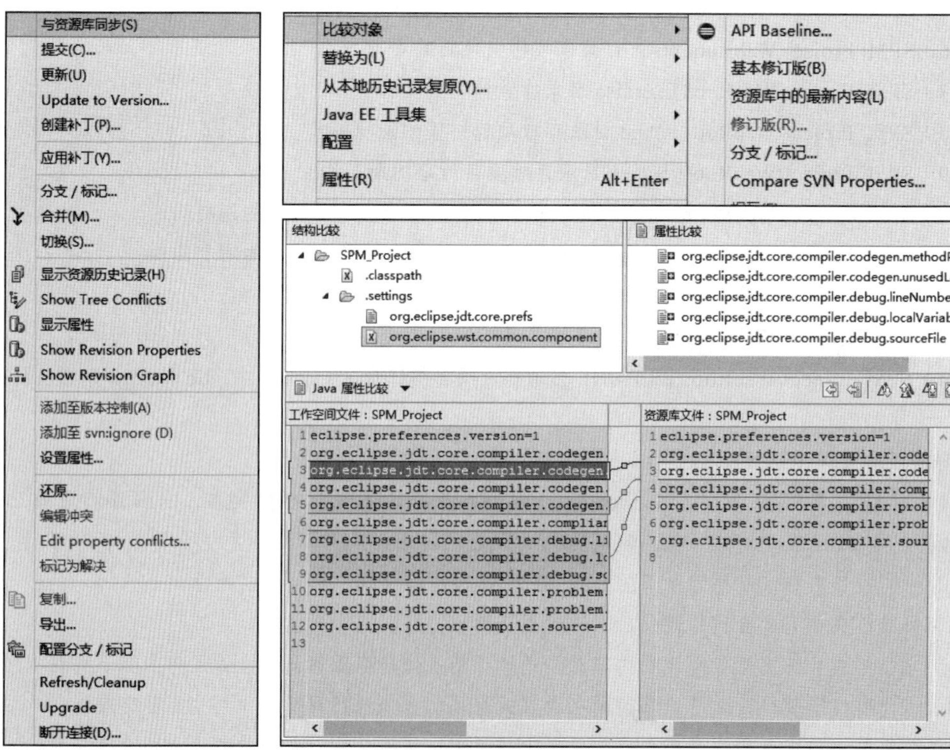

图 C-3 SVN 中比较资源库内容

6.7.3 代码说明

SPM 程序安装运行步骤如下所示。

1. Eclipse 的 IDE 环境

将 SPM 项目源代码运行在 Eclipse 开发环境中，同时利用 Tomcat 将项目部署运行。Eclipse 启动界面如图 6-10 所示。启动 Eclipse，并将 SPM 项目导入 Eclipse 开发集成环境中。Eclipse 启动后的界面如图 6-11 所示，SPM 项目成功导入界面如图 6-12 所示。

图 6-10 Eclipse 启动界面

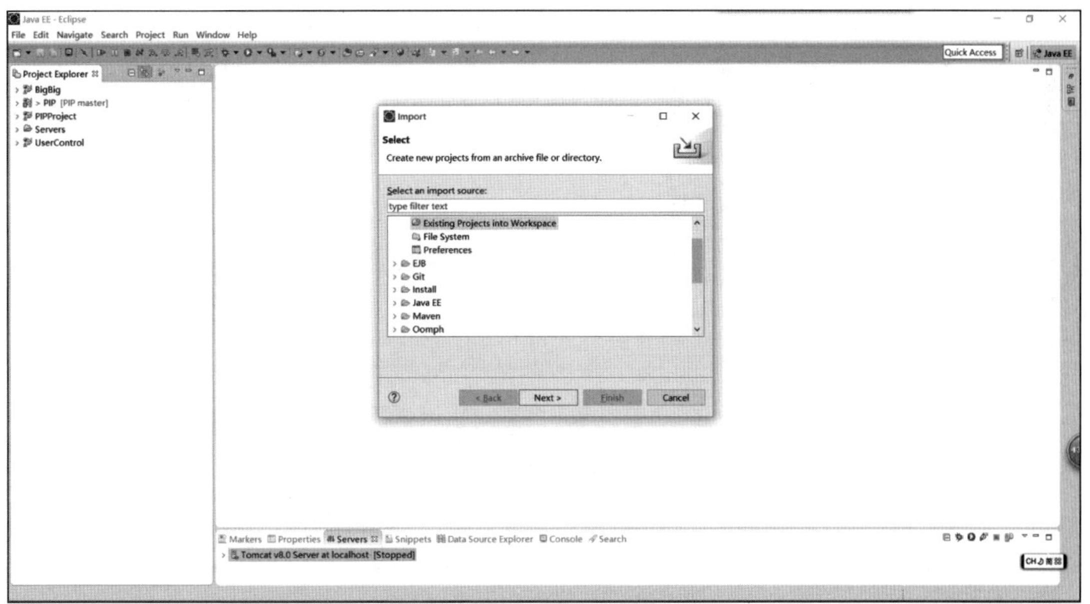

图 6-11 Eclipse 导入 SPM 界面

2. 搭建 MySQL 数据库环境

运行 SPM 项目需要搭建数据库环境，SPM 项目采用 MySQL 数据库。在使用 Eclipse 启动 SPM 项目之前需要在 MySQL 中运行项目的 SQL 脚本文件，完成数据库的搭建，具体如

图 6-13 所示。

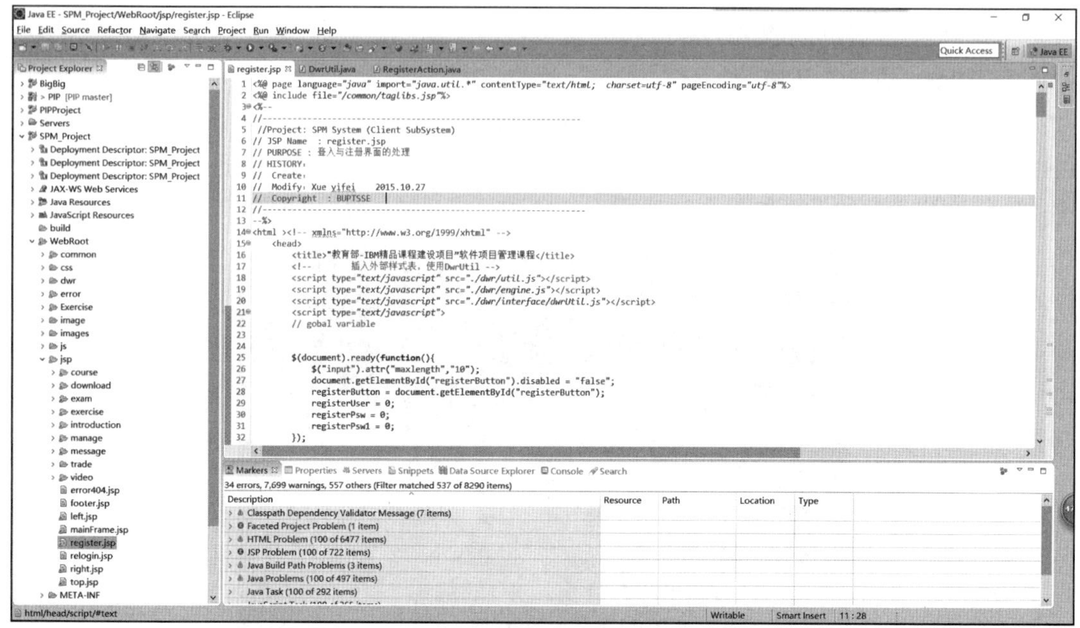

图 6-12　SPM 导入成功界面

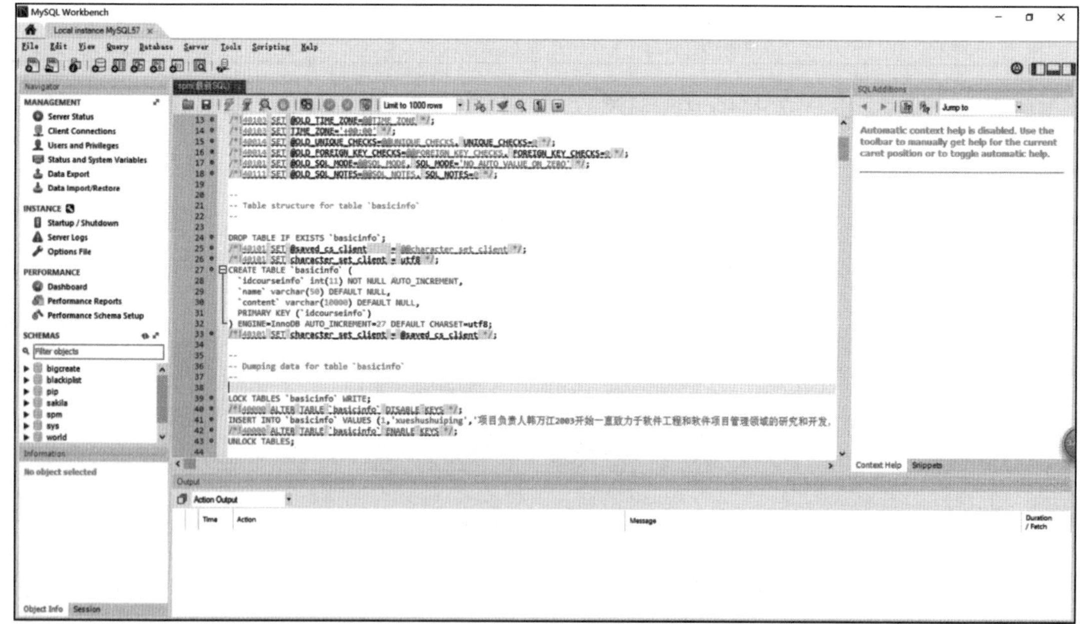

图 6-13　MySQL 运行 SQ 脚本

3. SPM 程序说明

SPM 开发环境是 Eclipse，开发之后需要部署到 Tomcat 服务器环境上。所以开发环境的目录结构与运行环境的目录结构是一致的。

SPM 项目在 Eclipse 中的目录结构如图 6-14 所示。SPM 项目采用 SSH 架构进行搭建，并在 WebRoot 中放入前端显示需要的各种资源文件。

目录说明如下：

1）Project/src 目录中存放所有的 Java 公用的模块。

2）Project/src/com/buptsse/action 目录存放控制层的 Java 类。

3）Project/src/com/buptsse/dao 目录存放数据持久层的 Java 类。

4）Project/src/com/buptsse/dao/impl 目录存放数据持久层的 Java 类接口。

5）Project/src/com/buptsse/domain 目录存放域模型层的 Java 类。

6）Project/src/com/buptsse/filter 目录存放过滤器的 Java 类。

7）Project/src/com/buptsse/interceptor 目录存放缓存方法拦截器的 Java 类。

8）Project/src/com/buptsse/service 目录存放业务逻辑层的 Java 类接口。

9）Project/src/com/buptsse/service/impl 目录存放业务逻辑层的 Java 类。

10）Project/src/com/buptsse/util 目录存放检测的 Java 类。

11）Project/src/resource 目录存放项目开发所需的配置文件。

图 6-14 SPM 项目目录结构

12）Project/WebRoot 目录存放所有的 JSP 页面。

13）Project/WebRoot/css 目录存放项目所需的样式表。

14）Project/WebRoot/dwr 目录存放 dwr 的 JavaScript 脚本。

15）Project/WebRoot/error 目录存放错误跳转的页面。

16）Project/WebRoot/Exercise 目录存放练习的文件。

17）Project/WebRoot/image 目录存放项目所需的所有图片。

18）Project/WebRoot/images 目录存放项目所需的所有图片。

19）Project/WebRoot/images/chapter 目录存放章节信息所需要的所有图片。

20）Project/WebRoot/images/content 目录存放内容信息所需要的所有图片。

21）Project/WebRoot/js 目录存放项目所需 JavaScript 脚本。

22）Project/WebRoot/jsp 目录存放表现层的 JSP 文件。

23）Project/WebRoot/WEB-INF 目录存放项目编译后的 class 文件、lib 包、tld 标签以及 XML 文件。

对于案例中提到的选课管理模块的业务逻辑层的 iSelectCourseService 类详细设计如下：

```
package com.buptsse.spm.service;
public interface ISelectCourseService {
    public Course findCourse(String studentId);
    public boolean insertCourse(Course course);
    public boolean savaCourse(Course course);
    public boolean deleteCourse(String studentId);
    public boolean updateCourse(Course course);
    //找出所有课程
    public List<Course> findAllCourse();
    //对表进行分页
```

```
    public List findPage(Map param,Integer page,Integer rows);
    public boolean changeStatus(String studnetId,int newStatus);
    //计算出哈希表返回结果
    public Long count(Map param );
    public boolean saveOrUpdate(Course course);
}
```

根据其详细设计完成的编码如下：

```
package com.buptsse.spm.service.impl;


import java.util.ArrayList;
import java.util.Iterator;
import java.util.List;
import java.util.Map;
import java.util.Map.Entry;


import javax.annotation.Resource;
import javax.transaction.Transactional;

import org.springframework.stereotype.Service;

import com.buptsse.spm.dao.ISelectCourseDao;
import com.buptsse.spm.domain.Course;
import com.buptsse.spm.service.ISelectCourseService;


/**
 * @author BUPT-TC
 * @date  2015-12-29
 * @description  选课管理模块的业务逻辑层
 * @modify BUPT-TC
 * @modifyDate  2015-12-29
 */

@Transactional
@Service
public class SelectCourseServiceImpl implements ISelectCourseService{

    @Resource
    private ISelectCourseDao iSelectCourseDao;

    /*
     * (non-Javadoc)
     * @see com.buptsse.service.ISelectCourseService#findCourse(java.lang.String)
     */
    @Override
    public Course findCourse(String studentId) {

        Course course=new Course();
        course = iSelectCourseDao.findCourse(studentId);
        //if(course != null){
        //return course;
        //}
```

```
        return course;
    }

    @Override
    public boolean insertCourse(Course course) {
        try{
            iSelectCourseDao.insertCourse(course);
        }catch(Exception e){
            e.printStackTrace();
            return false;
        }

        return true;
    }


    public boolean saveOrUpdate(Course course) {
        return iSelectCourseDao.saveOrUpdateCourse(course);
    }

    @Override
    public boolean deleteCourse(String studentId) {
        return false;
    }

    @Override
    public boolean updateCourse(Course course) {
        //TODO Auto-generated method stub
        return false;
    }

    /*
     * (non-Javadoc)
     * @see com.buptsse.service.ISelectCourseService#findAllCourse()
     */
    @Override
    public List<Course> findAllCourse() {
        //TODO Auto-generated method stub
        return iSelectCourseDao.findAllCourse();
    }

    @Override
    public List findPage(Map param,Integer page, Integer rows) {
        //TODO Auto-generated method stub
        System.out.println("$$$$$$$$进入service**查询");
        String hql = "from Course where 1=1 ";
        List paramList = new ArrayList();
        Iterator iter = param.keySet().iterator();

        while (iter.hasNext()){
            String key = (String) iter.next();
            String value = (String) param.get(key);
            System.out.println("&&&&value&&&&:"+value);
            if(!"".equals(value)){
                hql+="and "+key+"=? ";
                paramList.add(value);
```

```
            }
        }

        System.out.println("进入查询的Service:"+hql);
        return iSelectCourseDao.findPage(hql,paramList, page, rows);
        //return iSelectCourseDao.findAllCourse();
    }

    /*
     * (non-Javadoc)
     * @see com.buptsse.service.ISelectCourseService#changeStatus(java.lang.String,
int, int)
     */
    @Override
    public boolean changeStatus(String studentId, int newStatus) {
        //TODO Auto-generated method stub
        Course course = new Course();
        course = iSelectCourseDao.findCourse(studentId);
        //if(preStutus == (newStatus - 1)){
            switch (newStatus) {
            case 1:
                //course.setStatus("待确认");
                course.setStatus("1");
                iSelectCourseDao.updateCourse(course);
                break;
            case 2:
                //course.setStatus("选课成功");
                course.setStatus("2");
                iSelectCourseDao.updateCourse(course);
                break;
            case 3:
                //course.setStatus("未选");
                course.setStatus("3");
                iSelectCourseDao.updateCourse(course);
                break;
            case 4:
                iSelectCourseDao.deleteCourse(course);
                break;
            default:
                break;
            }
            return true;
        //}else{
        //return false;
        //}
    }

    @Override
    public boolean savaCourse(Course course) {
        //TODO Auto-generated method stub

        return false;
    }

    @Override
    public Long count(Map param) {
```

```
        //TODO Auto-generated method stub
        String hql = "select count(*) from Course where 1=1 ";
        List paramList = new ArrayList();
        Iterator iter = param.keySet().iterator();

        while (iter.hasNext()){
            String key = (String) iter.next();
            String value = (String) param.get(key);
            System.out.println("&&&&&value&&&&:"+value);
            if(!"".equals(value)){
                hql+="and "+key+"=? ";
                paramList.add(value);
            }
        }

        return iSelectCourseDao.countCourse(hql, paramList);
    }


}
```

4. 运行 SPM 程序

在 Eclipse 中选择 SPM_Project 项目，右击，然后在弹出的快捷菜单中选择 Run on server 命令，运行结果如图 6-15 所示。

图 6-15　SPM 运行结果

6.8　小结

本章讲述了开发的编码过程。编程是按照设计要求进行的，即按照设计完成软件的实现过程。设计过程中的算法、功能、接口、数据结构都应该在编码过程中体现。本章介绍结构化编码、面向对象编码方法以及组件化编码方法，也介绍了编码策略和编码语言的选择等。

编码过程中首先应该确定编码标准和规范，提倡复用原则。

6.9 练习题

一、填空题

1. 在软件编码过程中，可以采用自顶向下、自底向上、自顶向下和自底向上相结合以及________等几种编码策略。
2. 可以将程序设计语言分为第一代语言、第二代语言、第三代语言、第四代语言和________五类。
3. 任何程序都可由________、________和________三种基本控制结构构造。这三种基本控制结构的共同点是________和________。

二、判断题

1. 在树状结构中，位于最上面的根部是顶层模块。(　　)
2. 应该尽量使用机器语言编写代码，提高程序运行效率，而减少高级语言的使用。(　　)

三、选择题

1. 结构化程序设计要求程序由顺序、循环和（　　）三种结构组成。

   A. 分支　　B. 单入口　　C. 单出口　　D. 随意跳转

2. 软件调试的目的是（　　）。

   A. 发现错误　　B. 改正错误　　C. 改善软件的性能　　D. 挖掘软件的潜能

3. 将每个模块的控制结构转换成计算机可接受的程序代码是（　　）阶段的任务。

   A. 编码　　B. 需求分析　　C. 详细设计　　D. 测试

4. 编码高效率原则包括提高运行效率、提高储存效率和提高（　　）。

   A. 输入 / 输出效率　　B. 开发效率　　C. 测试效率　　D. 维护效率

5. 下列伪代码中，A=14，B=20，则 X 的值是（　　）。

```
START
INPUT(A,B)
X=0
IF A>10
    THEN X=10
ENDIF
IF B<20
    THEN X=X+100
ENDIF
PRINT(X)
STOP
```

   A. 0　　B. 10　　C. 110　　D. 100

6. 下面是一段求最大值的程序，其中 datalist 是数据表，n 是数据表的长度，则其 McCabe 环路复杂性为（　　）。

```
int GetMax(int n, int datalist[ ])  {
int k=0;
for ( int j=1; j<n; j++ )
if ( datalist[j] > datalist[k] )
k=j;
return k;
}
```

   A. 1　　B. 2　　C. 3　　D. 4

第 7 章

■ 软件项目的测试

软件测试是在软件投入运行使用之前对软件需求、软件设计和软件程序进行检查和复审，以期发现其中的错误。软件测试可以分为两个阶段，编码和单元测试阶段的测试属于第一阶段，之后还要对软件系统进行各种综合测试（即俗称的测试阶段），此为第二阶段。本章讲述的软件测试包含了各个阶段的测试技术和过程。下面进入路线图的第五站——测试，如图 7-1 所示。

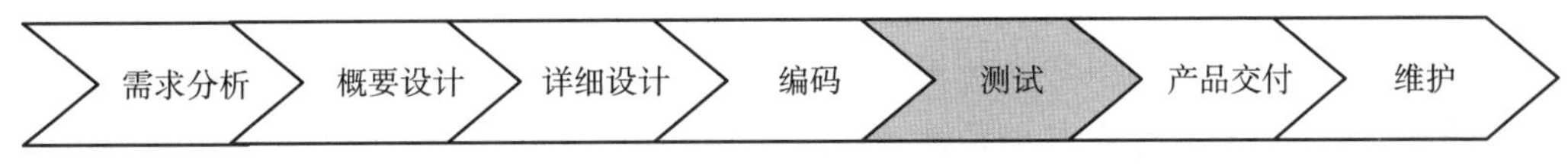

图 7-1　路线图——测试过程

7.1　软件测试概述

软件测试是从软件工程中演化出来的一个分支，有着非常广泛的内容，并且随着软件产业的发展而变得越来越重要。业界关于软件测试的研究一直在进行，然而国内在该领域的研究却相当薄弱。目前，测试科学在本质、方法和技术上还不成熟。

软件危机曾经是软件界甚至整个计算机界最热门的话题。为了解决软件危机，软件从业人员、专家和学者做出了大量的努力。现在人们已经逐步认识到：所谓软件危机其实是一种状况，那就是软件中有错误，正是这些错误导致了软件开发在成本、进度和质量上的失控。有错是软件的属性，而且是无法改变的，因为软件是由人来完成的，所有由人做的工作都不会是完美无缺的。问题在于我们如何避免错误的产生和消除已经产生的错误，使程序中的错误密度达到尽可能低的程度。

7.1.1　什么是软件测试

软件系统的开发过程包括一系列开发活动，而软件又是人脑高度智力化的体现，所以在开发过程中人为的错误就有可能被引入软件产品中。软件与生俱来就可能存在缺陷。为了防止和减少这些可能存在的缺陷，进行软件测试是必要的，测试是有效地排错和防止缺陷与故障的手段。很多软件开发企业花费在测试上的费用是总项目费用的 30% ~ 40%，或者更多，类似飞行控制等软件的测试费用更是占项目其他费用的 3 ~ 5 倍。

软件测试是对软件需求分析、设计、编码实现的审查，是保证软件质量的关键步骤。软件测试是根据软件开发各个阶段的规格说明和程序的内部结构而精心设计一批测试用例（即输入数据及其预期的输出结果），并利用这些测试用例运行程序以及发现错误的过程，即执行测试步骤。

测试应该尽早进行，因为软件的质量是在开发过程中形成的，缺陷是在不知不觉中引入的。测试的目的就是设计测试用例，通过这些测试用例来发现缺陷和排除缺陷。

众所周知，软件测试行业在国内的发展远远比软件开发甚至项目管理缓慢，很多国内的企业甚至国外的中小企业，一直把缩短软件测试周期当成缩短整个项目周期的一个办法。这种重开发轻测试的观念在短期内是看不出严重后果的，但是随着软件企业的发展，以及软件规模和复杂度的增长，人们越来越认识到，软件测试是必不可缺的，甚至是关系项目成败的关键一环。统计表明，开发较大规模的软件时，有 40% 以上的精力是耗费在测试上的，即使是富有经验的程序员，也难免在编码中产生错误，何况有的错误在设计甚至需求分析阶段早已埋下。无论是早期潜伏下来的错误还是编码中新引入的错误，若不及时排除，轻者降低软件的可靠性，重者导致整个系统的失败。为防患于未然，强调软件测试的重要性是必要的。

软件测试工程师的工作就是利用测试工具按照测试方案和流程对产品进行功能和性能测试（有时还要根据需要编写不同的测试工具），设计和维护测试系统，对测试方案可能出现的问题进行分析和评估。执行测试用例后，需要跟踪故障，以确保开发的产品适合需求。

7.1.2 软件测试技术综述

软件测试的过程与软件开发的过程是相反的，在早期开发过程中，软件工程师试图从一个抽象的概念构建一个实实在在的系统。在测试过程中，软件工程师试图通过设计测试用例来“破坏”这个构建好的系统。所以开发是构造的过程，测试是“破坏”的过程。而测试的破坏性主要体现在：

- 测试是为了发现缺陷而执行程序的过程。
- 好的测试方案是尽可能发现迄今为止尚未发现的错误。
- 成功的测试是发现了至今为止未发现的错误。

对于软件测试技术，可以从不同的角度加以分类。

从是否需要执行被测软件的角度分为静态测试和动态测试：

静态测试（static testing）：不实际运行被测软件，而只是静态地检查程序代码、界面或文档可能存在的错误的过程。

动态测试（dynamic testing）：实际运行被测程序，输入相应的测试数据，检查输出结果和预期结果是否相符的过程。动态测试技术更像我们通常意义上的“测试”。

从测试是否针对系统内部结构和具体实现算法的角度分为黑盒测试、白盒测试和灰盒测试：

黑盒测试（black-box testing）：只关心输入和输出的结果，不关心软件内部结构的测试。

白盒测试（white-box testing）：通过软件内部结构、程序结构检测缺陷的方法。

灰盒测试：介于黑盒测试与白盒测试之间。

从软件测试级别角度分为单元测试、集成测试、系统测试、验收测试：

单元测试（unit testing）：对软件中的最小可测试单元进行检查和验证。单元测试可能需要桩（stud）模块和驱动（driver）模块。桩模块是指模拟被测模块所调用的模块，驱动模块是指模拟被测模块的上级模块。驱动模块用来接收测试数据，启动被测模块并输出结果。

集成测试（integration testing）：单元测试的下一阶段，是指将通过测试的单元模块组装成系统或子系统，再进行测试，重点测试不同模块的接口部分。集成测试用来检查各个单元模块结合到一起能否协同配合，正常运行。

系统测试（system testing）：将整个软件系统看做一个整体进行测试，包括对功能、性能，以及软件所运行的软硬件环境进行测试。

验收测试（acceptance testing）：在系统测试的后期，以用户测试为主，或有测试人员等质量保障人员共同参与的测试，是软件正式交给用户使用的最后一道工序。

从测试次数角度分为冒烟测试、首次测试、回归测试等：

冒烟测试（smoke testing）：在对一个新版本进行大规模的测试之前，先验证一下软件的基本功能是否实现，是否具备可测性。冒烟测试可以随时进行。

首次测试：对测试对象进行第一次正式测试。

回归测试（regression testing）：根据测试结果，修复软件之后重复进行测试的过程。

从测试设计角度分为计划性测试、探索性测试、即兴测试等：

计划性测试：根据测试对象，通过测试设计完成测试用例，根据测试用例进行测试，即“先设计，后执行”。

探索性测试：同时设计测试和执行测试。由 Cem Kaner 提出的探索性测试，相比即兴测试是一种精致的、有思想的过程。

即兴测试：通常是指临时准备的、即兴的 bug 搜索测试过程。从定义可以看出，谁都可以做即兴测试。

从测试需求角度分为功能测试、性能测试：

功能测试（function testing）：属于黑盒测试，它检查软件的功能是否符合用户的需求，包括逻辑功能测试（logic function testing）、界面测试（UI testing）、易用性测试等。

性能测试（performance testing）：软件的性能主要有时间性能和空间性能两种。时间性能主要指软件的一个具体事务的响应时间（respond time）。空间性能主要指软件运行时所消耗的系统资源。软件性能测试可以包括可靠性测试、压力测试、负载测试、容量测试、恢复性测试、安全测试、兼容性测试等。

测试需要在最小的成本和最短的时间内，通过设计合适的测试用例，系统地发现不同类别的错误。所以，测试可以证明软件有错误，而不能证明软件没有错误。

既然测试的目的是为了发现缺陷，所以测试的实质是尽可能覆盖所有的情况，衡量测试的一个非常重要的指标是覆盖率：

覆盖率 =（至少被执行一次的项数）/（总项数）

7.2 静态测试

最开始软件测试的概念只是通过运行软件来发现缺陷的质量活动，随着测试理论的发展，走查、检查、评审等静态的质量活动也进入到了软件测试的范畴。静态测试是对被测程序进行特性分析的一些方法的总称，这种方法的主要特性是不利用计算机运行被测程序，而是采用其他手段达到检测的目的。

静态测试是一种不通过执行程序来进行测试的技术。它检查软件的表示和描述是否一致，主要覆盖程序的编程格式、程序语法，检查独立语句的结构和使用，以及相应的文档。静态测试可以通过人工进行，也可以借助工具自动进行。例如，语法分析器就是一个静态分析工具。静态测试也对被测软件文档的一致性、完整性和准确性进行检查，审核文档的内容和质量，从而发现文档的错误，消除文档中存在的一些不一致的问题。

7.2.1 文档审查

软件产品由可以运行的程序、数据、文档组成，文档是软件的一个重要组成部分，在软件的整个生命周期中有很多文档，各个阶段中以文档作为前阶段工作的成果和后阶段工作的依据。文档包括开发文档、用户文档、管理文档等。开发文档如软件需求规格说明书、概要设计说明书、详细设计说明书等，用户文档如用户手册、操作手册等，管理文档如项目开发计划、测试计划、测试报告等。对软件文档的审查也是静态测试的一部分，文档审查测试方法主要以类似表 7-1 所示的检查单的形式进行，过程如图 7-2 所示。

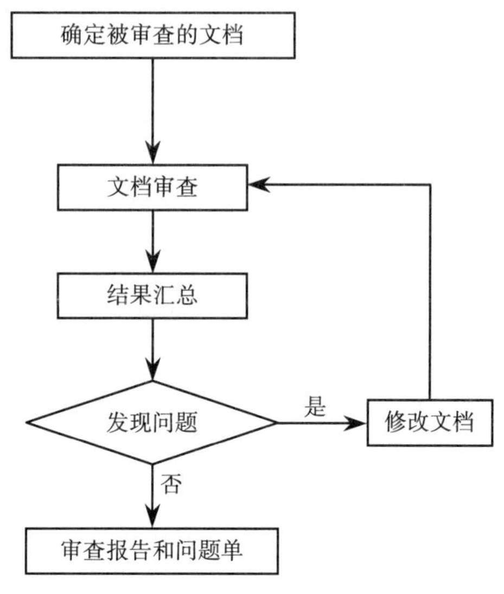

图 7-2 文档审查过程

表 7-1 文档审查单模板

项目名称			
文档名称			
审查内容		**结　论**	**说明**
一、完整性			
是否有软件研制任务书		□是 □否 □不适用	
是否有软件需求规格说明书		□是 □否 □不适用	
是否有软件概要设计说明书		□是 □否 □不适用	
是否有软件详细设计说明书		□是 □否 □不适用	
是否有软件配置项测试说明书		□是 □否 □不适用	
是否有软件配置项测试报告		□是 □否 □不适用	
是否有软件用户手册		□是 □否 □不适用	
任务书	是否明确了运行环境要求	□满足 □基本满足 □不满足	
	是否明确了功能、性能、输入、输出、数据处理、接口、固件等技术要求	□满足 □基本满足 □不满足	
	设计约束的描述是否完整	□满足 □基本满足 □不满足	
	是否描述了可靠性、安全性和维护性要求	□满足 □基本满足 □不满足	
	是否明确了进度和控制结点	□满足 □基本满足 □不满足	
软件需求规格说明书	是否描述了功能需求、性能需求、接口需求、软件质量特性等方面的全部工程需求	□满足 □基本满足 □不满足	
	是否描述了需求可追踪性	□满足 □基本满足 □不满足	
	是否描述了合格性需求	□满足 □基本满足 □不满足	
	是否描述了交付准备	□满足 □基本满足 □不满足	

（续）

审查内容		结　论	说明
详细设计说明书	是否描述了软件部件的过程设计、部件及单元划分、部件间数据流图与控制流图、单元的详细流程图与算法解释等	□满足　□基本满足　□不满足	
	是否描述了数据文件	□满足　□基本满足　□不满足	
用户手册	是否描述了软件所有功能的操作过程、系统和用户输入、预期输出	□满足　□基本满足　□不满足	
	是否描述了出错信息及其处理	□满足　□基本满足　□不满足	
二、一致性			
概要设计说明书是否能覆盖软件需求规格说明书的需求，内容是否一致，是否进行了追溯		□满足　□基本满足　□不满足	
详细设计说明书的内容及其程序流程图是否与概要设计说明书的内容一致		□满足　□基本满足　□不满足	
用户手册的内容与软件需求规格说明书的要求是否一致		□满足　□基本满足　□不满足	
一份文档的内容和术语的含义前后是否一致，是否存在自相矛盾的地方		□满足　□基本满足　□不满足	
各文档版本是否一致		□满足　□基本满足　□不满足	
各文档对相同内容的描述是否一致		□满足　□基本满足　□不满足	
文档描述是否与软件实现一致		□满足　□基本满足　□不满足	
三、准确性			
文档中是否有二义性的描述和定义		□无　□个别　□偏多	
是否存在错别字		□无　□个别　□偏多	
四、规范性			
文档中的图、表等是否符合规范要求		□满足　□基本满足　□不满足	
文档的格式是否统一		□满足　□基本满足　□不满足	
文档中的图示是否有明确的图标识		□满足　□基本满足　□不满足	
文档中的图示是否位于引用文字之后		□满足　□基本满足　□不满足	
文档的目录索引是否完整并能正确链接正文内容		□满足　□基本满足　□不满足	
五、易读性			
文档是否有难以理解的专业术语，如果有，是否做了相应的解释		□满足　□基本满足　□不满足	
是否有一定的图表帮助理解，并标以正确的图表号		□满足　□基本满足　□不满足	
审查人员		审查时间	

7.2.2 代码检查

代码检查包括自我代码走查（walk through）、小组代码检查（inspection）和代码评审（review）等方式，主要检查代码和设计的一致性，检查代码对标准的遵循程度、代码的可读性、代码逻辑表达的正确性、代码结构的合理性等。

代码走查是一种非正式的评审过程，没有明确的过程描述，主要由开发人员对自己的代码进行静态结构分析，检查代码是否符合标准和规范，是否存在逻辑错误。静态结构分析主要分析程序的内部结构，如函数的调用关系、函数内部的控制关系等。

小组代码检查是一种比较正式的检查和评估方法，通常由代码检查小组进行，通过逐步检查源代码中有无逻辑和语法错误来进行测试。小组分不同的角色，如仲裁人（组长）、作者、检查者、记录人等，每人各司其职，一般由仲裁人提前向小组成员分发检查文件（代码），小组成员在开会之前先熟悉这些材料，然后开会，在会议上讨论，其中很重要的一点是利用一个缺陷检查表来进行检查。

代码评审是更正式的方式，通常在小组代码检查后进行，审查小组根据代码审查的结果来评估程序，对软件的功能性、可靠性、易用性、效率、可维护性和可移植性等方面进行评估，以决定是否需要重新审议。

7.2.3 技术评审

技术评审（Technical Review，TR）的目的是尽早发现工作成果中的缺陷，并帮助开发人员及时消除缺陷，从而有效地提高产品的质量。

技术评审的目标是：

- 软件产品是否符合技术规范。
- 软件产品是否遵循项目可用的规定、标准、指导方针、计划和过程。
- 软件产品的变更是否被恰当地实现，以及变更的影响等。

技术评审的主体一般是产品开发中的一些设计产品，这些产品往往涉及多个小组和不同层次的技术。主要评审的对象有软件需求规格说明书、软件设计说明书、代码、测试计划、用户手册、维护手册、系统开发规程、安装规程、产品发布说明等。

技术评审应该采取一定的流程，这在企业质量体系或者项目计划中应该有相应的规定，例如下面便是一个技术评审的建议流程：

1）召开评审会议。一般应有 3 ~ 5 个相关领域人员参加，会前每个参加者做好准备，评审会每次一般不超过 2 小时。

2）在评审会上，由开发小组对提交的评审对象进行讲解。

3）评审组可以对开发小组进行提问，提出建议和要求，也可以与开发小组展开讨论。

4）会议结束时必须做出以下决策之一：

- 接受该产品，不需做修改。
- 由于错误严重，拒绝接受。
- 暂时接受该产品，但需要对某一部分进行修改。开发小组还要将修改后的结果反馈至评审组。

5）完成评审报告与记录。所提出的问题都要进行记录，在评审会结束前产生一个评审问题表，另外必须完成评审报告。

技术评审可以把一些软件缺陷消灭在代码开发之前，尤其是一些架构方面的缺陷。在项目实施中，为了节省时间，应该优先对一些重要环节进行技术评审，这些环节主要有项目计划、软件架构设计、数据库逻辑设计、系统概要设计等。如果时间和资源允许，可以考虑适当增加评审内容。表 7-2 是项目实施中技术评审的一些评审项。

表 7-2 项目实施中技术评审

评审内容	评审重点与意义	评审方式
项目计划	重点评审进度安排是否合理	整个团队相关核心人员共同进行讨论、确认
架构设计	架构决定了系统的技术选型、部署方式、系统支撑并发用户数量等诸多方面，这些都是评审重点	邀请客户代表、领域专家进行较正式的评审
数据库设计	主要是数据库的逻辑设计，这些既影响程序设计，也影响未来数据库的性能表现	进行非正式评审，在数据库设计完成后，可以把结果发给相关技术人员，进行“头脑风暴”方式的评审
系统概要设计	重点是系统接口的设计。接口设计得合理，可以大大节省时间，避免很多返工	设计完成后，相关技术人员一起开会讨论

很多软件项目由于性能等诸多原因最后导致失败，实际上都是由于设计阶段技术评审不够全面。

对等评审是一种特殊类型的技术评审，它是由与产品开发人员具有同等背景和能力的人员对工作产品进行的一种技术评审，目的是在早期有效地消除软件工作产品中的缺陷，并对软件工作产品和其中可预防的缺陷有更好的理解。对等评审是提高生产率和产品质量的重要手段。

采用检查表（checklist）的技术评审方法对软件前期的质量控制起到非常重要的作用。检查表是一种验证软件需求的结构化的工具，它检查是否所有应完成的工作点都按标准完成了、所有应该执行的步骤都正确执行了，所以它首先确认该做的工作，其次是落实是否完成。一个成熟度高的软件企业应该有很详细、全面、可执行性很高的评审流程和各种交付物的评审检查表（review checklist）。

7.3 白盒测试方法

白盒测试又称为结构测试、基于程序的测试、玻璃盒测试等，它是一种逻辑测试。

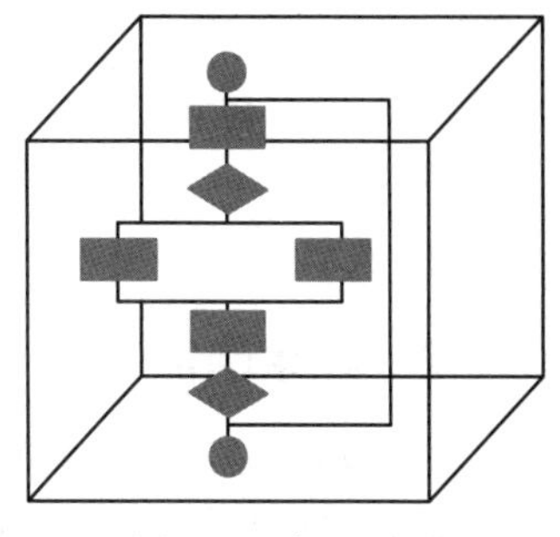

图 7-3 白盒测试

白盒测试是将测试的对象看作一个打开的盒子，测试者能够看到其内部（如源程序），如图 7-3 所示。白盒测试可以分析被测试程序的内部结构，盒子是可视的，需要测试者了解内部的结构和工作原理，测试的焦点是根据内部结构设计测试用例。可通过测试来检测软件内部动作是否按照规格说明书的规定正常进行，按照程序内部的结构测试程序，检验程序中的每条通路是否都能按预定要求正确工作。

白盒测试设计的测试用例应该能够：

- 保证模块中的独立路径至少被执行一次。
- 保证所有的逻辑值（True，False）均被测试。
- 在上、下边界和可操作范围内运行所有的循环。
- 检查内部数据结构的有效性。

白盒测试方法需全面了解程序内部逻辑结构，对所有逻辑路径进行测试。测试者必须检查程序的内部结构，从检查程序的逻辑着手，得出测试数据。有时，贯穿程序的独立路径数是天文数字，但即使每条路径都测试了仍然可能有错误，因为：第一，穷举路径测试决不能查出程序违反了设计规范，即程序本身是一个错误的程序；第二，穷举路径测试不可能查出程序中因遗漏路径而出错；第三，穷举路径测试可能发现不了一些与数据相关的错误。

白盒测试作为结构测试方法，按照程序内部的结构测试程序，检查程序中的每条通路是否能够按照预定要求工作，因此其最主要的技术是逻辑覆盖技术。逻辑覆盖包括语句覆盖、判定覆盖、条件覆盖、判定 / 条件覆盖、条件组合覆盖和路径覆盖等，这些技术可以是静态分析，也可以是动态分析。

白盒测试人员需要了解软件的实现；需要检测代码中的分支和路径；解释隐藏在代码中的错误；对代码的测试比较彻底；实现代码结构上的优化；白盒测试投入较大，成本高。

白盒测试通过达到一定的逻辑覆盖率指标，使得软件内部逻辑控制结构上的问题能得到消除。检查覆盖率不是目的，只是一种手段，测试的目标是尽可能发现错误，寻找被测试对象与既定规格的不一致性。

7.3.1　语句覆盖

语句覆盖方法选择足够的测试用例，使得程序中的每一条可执行语句至少被执行一次。

语句覆盖率 =（至少被执行一次的语句数量）/（可以执行的语句总数）

例如，表 7-3 所示代码共有 4 条语句，我们选择的测试用例如表 7-4 所示，Condition1 和 Condition2 为 True，则这 4 条语句都可以被执行一次。

表 7-3　语句覆盖率

```
1. if (Condition1 and Condition2) then
2. Do_something;
3. End if
4. Another_Statement;
```

表 7-4　语句覆盖测试用例

TestCase1	Condition1=True，Condition2=True

虽然语句覆盖可以保证程序中的每条语句都得到执行，但是它不能全面检查每一条语句，所以它不是一种充分的检查方法，例如上面的程序中，把（Condition1 and Condition2）错写成（Condition1 or Condition2），使用上面的测试用例是不能发现这个错误的。

7.3.2　判定覆盖

判定覆盖是选择足够的测试用例，使得程序中每一个判定的每一种可能结果都至少被执行一次，也就是使得程序中的每个判定至少获得一次“真”值和“假”值。判定覆盖也叫分支覆盖。

判定覆盖率 =（判定结果被评价的次数）/（判定结果的总数）

对于表 7-3 中的程序，要实现判定覆盖，至少应该选择 2 个测试用例，表 7-5 所示的测试用例就可以实现判定覆盖。

表 7-5　判定覆盖测试用例

TestCase1	Condition1=True，Condition2=True
TestCase2	Condition1=False

上面的 2 个测试用例满足了判定覆盖的同时也满足了语句覆盖，因此判定覆盖比语句覆盖更强一些。但是还是存在问题，例如，Condition 2 是 X >1 错写成 X >=1，虽然使用上面的 2 个测试用例同样满足了判定覆盖，但是无法确定判定内部条件的错误。所以需要条件覆盖。

7.3.3　条件覆盖

在一个程序中，一个判定中通常包含若干个条件，而条件覆盖是选择足够的测试用例，使得程序中每一个判定中的每一个条件的可能结果都至少被执行一次。

条件覆盖率 =（条件操作数值至少被评价一次的数量）/（条件操作数值的总数）

例如表 7-3 中的程序要实现条件覆盖，要求每个条件（Condition1 和 Condition2）的可能值（True 和 False）至少满足一次。表 7-6 是满足表 7-3 所示程序的条件覆盖的测试用例，即 Condition1 和 Condition2 的可能值（True 和 False）至少满足一次，但是我们知道这 2 个测试用例并没有满足判定覆盖，因为所有的判断结果（Condition1 and Condition2）都是 False。所以满足了条件覆盖，可能不能满足判定覆盖。

表 7-6 条件覆盖测试用例

TestCase1	Condition1=True，Condition2=False
TestCase2	Condition1=False，Condition2=True

7.3.4 判定 / 条件覆盖

判定 / 条件覆盖要求设计足够的测试用例，使得其同时满足判定覆盖和条件覆盖，即判定中的每个条件的所有情况（True 和 False）至少出现一次，并且每个判定本身的判断结果（True 和 False）也至少出现一次。

判定 / 条件覆盖率 =（条件操作数值或者判定结果至少被评价一次的数量）/（条件操作数值总数 + 判定结果的总数）

表 7-7 的测试用例满足了判定 / 条件覆盖。

表 7-7 判定 / 条件覆盖测试用例

TestCase1	Condition1=True，Condition2=True
TestCase2	Condition1=False，Condition2=False

虽然表 7-7 的测试用例满足了判定组合和条件覆盖，但是并没有覆盖所有的 True、False 取值的条件组合。

7.3.5 条件组合覆盖

条件组合覆盖是通过选择足够的测试用例，使得程序中每一个分支判断中的每一个条件的每一种可能组合结果都至少被执行一次。所以满足条件组合覆盖的测试用例一定满足判定覆盖、条件覆盖和判定 / 条件覆盖。

条件组合覆盖率 =（被评价的分支条件组合数量）/（分支条件组合总数）

表 7-3 所示程序中的判定中的 2 个条件（Condition1 和 Condition2）的组合有 4 种，表 7-8 满足了条件组合覆盖。

表 7-8 条件组合覆盖测试用例

TestCase1	Condition1=True，Condition2=True
TestCase2	Condition1=True，Condition2=False
TestCase3	Condition1=False，Condition2=True
TestCase4	Condition1=False，Condition2=False

7.3.6 路径覆盖

路径能否全面覆盖是软件测试很重要的问题，因为程序要得到正确的结果，就必须能够保证程序总是沿着特定的路径顺序执行，只有程序中的每条路径都经受了检验，才能使程序得到全面检查。路径覆盖是设计足够的测试用例，使得程序中所有的可能路径都至少被执行一次。路径覆盖技术最早由 Tom McCabe 提出。

路径覆盖率 =（至少被执行一次的路径数）/（总的路径数）

图 7-4 所示是下面程序的程序路径图。

```
if (A>1) and (B=0) then  X=X/A;
if (A=2) or (X>1) then  X=X+1;
```

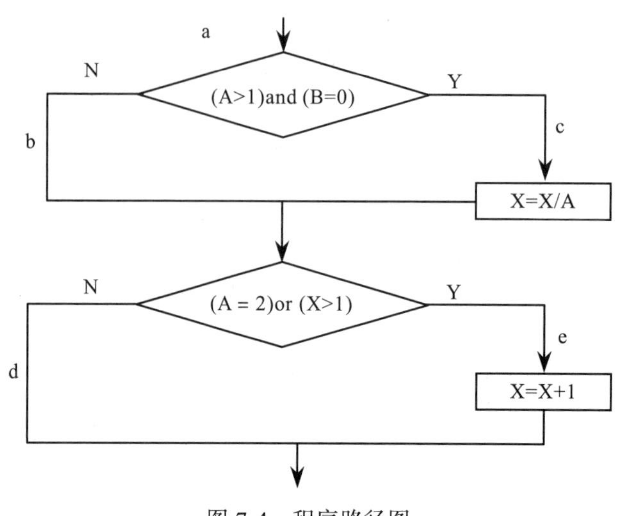

图 7-4 程序路径图

这个程序的路径共 4 条：

- 路径 1：abe
- 路径 2：ace
- 路径 3：abd
- 路径 4：acd

为了满足路径覆盖，设计表 7-9 所示的测试用例。

表 7-9 路径覆盖测试用例

测试用例	输入值			覆盖路径
	A	B	X	
TestCase 1	1	0	3	abe
TestCase 2	1	1	1	abd
TestCase 3	2	0	3	ace
TestCase 4	6	0	1	acd

需要指出的是，一个不是很复杂的程序，其路径却可能是一个庞大的数字，测试中覆盖这些路径几乎无法实现。为了解决这些问题，可以将覆盖路径数量压缩到一定的限度内，例如，程序中的循环体只执行一次。

7.3.7 其他覆盖准则

实际上，关于逻辑覆盖还有很多其他的覆盖准则，如 ESTCA、LCSAJ、MC/DC 等。

1. ESTCA

覆盖的准则是希望做到全面，没有遗漏，但是实际情况是测试并不能做到无遗漏，而且恰恰越容易出错的地方，越容易遗漏。因此测试工作应该重点针对容易出现错误的地方设计更多的测试用例。K. A. Foster 通过大量的实验确定了程序中谓词是最容易出现错误的部分，得出一套错误敏感测试用例分析（Error Sensitive Test Cases Analysis，ESTCA）规则。

ESTCA 规则如下：

- 规则 1。对于 A rel B（rel 为 <、=、>）型的分支谓词，应适当地选择 A 与 B 的值，使得测试执行到该分支语句时，A<B、A=B、A>B 的情况分别出现一次。
- 规则 2。对于 A rel C（rel 可以是 < 或 >，A 是变量，C 是常量）型的分支谓词，当 rel 为 < 时，适当选择 A 的值，使 A=C–M（M 是距 C 最小的容许正数，当 A 和 C 均为整型时，M=1）。同样，当 rel 为 > 时，适当选择 A，使 A=C+M。
- 规则 3。对外部输入变量赋值，使其每一测试用例均有不同的值和符号，并与同一组测试用例中其他变量的值与符号不一致。

显然，上述规则 1 是为了检测 rel 的错误；规则 2 是为了检测“差一”之类的错误，例如，将 A>1 错写成 A>0；规则 3 是为了检测程序语句中的错误，例如，引用一个变量时错误地引用了另外一个常量。

上述规则虽然并不完备，但是很有效，因为规则本身针对程序人员容易发生的错误，或者围绕出错频率高的地方，提高了发现错误的命中率。

2. LCSAJ 覆盖

LCSAJ 覆盖（Linear Code Sequence and Jump Coverage，线性代码序列与跳转覆盖）是 Woodward 等人提出来的覆盖规则。一个 LCSAJ 是一组顺序执行的代码，以控制流跳转为其结束点，它的定义如下：

- 它起始于程序的入口或者一个可能导致控制流跳转的点。
- 它结束于程序的出口或者一个可能导致控制流跳转的点。
- 对于该点，一个跳转在后面的序列中产生。

LCSAJ 的起始点是根据程序本身决定的，它的起始是程序的第一行或者转移语句的入口点，或者是控制流可以跳转达到的点。因此，几个 LCSAJ 首尾相接构成 LCSAJ 串，组成程序的一条路径。第一个 LCSAJ 起点为程序的起点，最后一个 LCSAJ 终点为程序的终点。一条程序路径可能是由两个、三个或者多个 LCSAJ 组成的，基于 LCSAJ 与路径的这一关系，Woodward 提出了 LCSAJ 覆盖准则。这是一个分层的覆盖准则：

[第 1 层]：语句覆盖。

[第 2 层]：分支覆盖。

[第 3 层]：LCSAJ 覆盖，即程序的每一个 LCSAJ 都至少在测试中经历过一次。

[第 4 层]：两两 LCSAJ 覆盖，即程序中每两个首尾相连的 LCSAJ 组合起来在测试中都要经历一次。

……

[第 n+2 层]：每 n 个首尾相连的 LCSAJ 组合在测试中都要经历一次。

所以，层级越高，LCSAJ 覆盖准则越难满足。在实施测试时，若要实现上述的 Woodward 层次 LCSAJ 覆盖，需要产生被测试程序的所有 LCSAJ。尽管 LCSAJ 覆盖比判定覆盖复杂很多，但是 LCSAJ 的自动化实施相对还是容易的。

3. MC/DC 覆盖

MC/DC 覆盖（Modified Conditional/Decision Coverage，更改条件 / 判定覆盖）是判定 / 条件覆盖的一个变体，它主要为多条件测试的情况提供了方便，通过分析条件、判定的覆盖来增加测试用例，防止测试工作量呈指数上升。MC/DC 标准满足下列需求：

- 被测试程序模块的每个入口点和出口点都必须至少被执行一次，并且每一个程序判定的结果至少被覆盖一次。
- 程序的判定被分解为基本的布尔条件表达式，每个条件独立地作用于判定的结果，覆盖所有条件的可能结果。

下面我们来看判定（X and（Y or Z））的 MC/DC 的情况，表 7-10 是它的分析情况。

表 7-10 MC/DC 分析表

测试用例	X	Y	Z	结果
TestCase1	T	T	T	T
TestCase2	T	T	F	T
TestCase3	T	F	T	T
TestCase4	T	F	F	F
TestCase5	F	T	T	F
TestCase6	F	T	F	F
TestCase7	F	F	T	F
TestCase8	F	F	F	F

为了使判定 X 对判定结果独立起作用，假设 Y 和 Z 都是 T，因此 TestCase1 和 TestCase5 是必需的。为了使判定 Y 对判定结果独立起作用，需要假设 X 是 T，Z 是 F，因此 TestCase2 和 TestCase4 是必需的。为了使判定 Z 对判定结果独立起作用，需要假设 X 是 T，Y 是 F，因此 TestCase3 和 TestCase4 是必需的。作为结果，测试用例 TestCase1、TestCase2、TestCase3、TestCase4、TestCase5 满足了 MC/DC 覆盖。当然，这个结果不是唯一可能的组合。

7.4 黑盒测试方法

黑盒测试也称为行为测试（behavioral test），主要关注软件的功能测试和性能测试，而不是内部的逻辑结构测试。黑盒测试是软件测试中使用最早、最广泛的测试，在测试中，被测试对象的内部结构、运作情况对于测试人员来说是不可见的，测试人员主要根据规格说明，验证软件与规格说明的一致性，所以黑盒测试又可以称为基于规格的测试。黑盒测试关注的是结果，如图 7-5 所示。黑盒测试把被测对象看成一个黑盒，只考虑其整体特性，不考虑其内部具体实现；黑盒测试针对的被测对象可以是一个系统、一个子系统、一个模块、一个子模块、一个函数等。

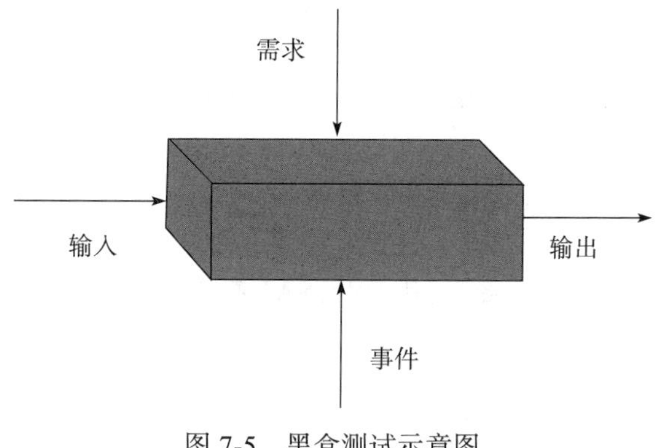

图 7-5 黑盒测试示意图

黑盒测试也称功能测试或数据驱动测试，它是在已知产品所应具有的功能的情况下，通过测试来检测每个功能是否都能正常使用。在测试时，把程序看做一个不能打开的黑盒子，在完全不考虑程序内部结构和内部特性的情况下，测试者在程序接口进行测试，它只检查程序功能是否按照需求规格说明书的规定正常使用，程序是否能适当地接收输入数据而产生正确的输出信息，并且保持外部信息（如数据库或文件）的完整性。黑盒测试着眼于程序外部结构，不考虑内部逻辑结构，针对软件界面和软件功能进行测试。实际上测试情况有无穷多个，人们不仅要测试合法的输入，而且还要对那些不合法但是可能的输入进行测试。

常见的黑盒测试方法有边界值分析、等价类划分、规范导出法、错误猜测法、基于故障的测试方法、因果图法、决策表法、场景法等。

7.4.1 边界值分析

边界值分析（Boundary Value Analysis，BVA）是一种很实用的黑盒测试方法，它具有很强的发现程序错误的能力，它关注的是输入空间的边界。边界值分析基于的原理是：错误更可能发生在输入的边界值附近，因此设计测试用例的输入值时尽可能采用输入的边界值。边界值分析的基本思想是在最小值、略高于最小值、正常值、略低于最大值、最大值等处取输入变量值。

例如，一个程序的输入是变量 X_1、X_2，它们的取值范围是 $a \leqslant X_1 \leqslant b$，$c \leqslant X_2 \leqslant d$，程序的边界值分析测试用例如图 7-6 所示。

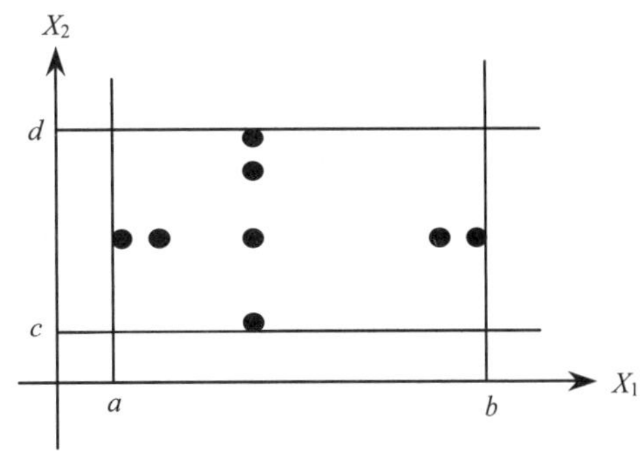

图 7-6 两变量函数边界值分析测试用例

7.4.2 等价类划分

等价类划分是一种最典型的黑盒测试方法，它不考虑程序的内部结构，对需求规格说明书中的各项需求，特别是对功能需求进行细致的分析，同时对输入和输出区别对待和处理，在测试时，它将输入域划分为若干部分，从每个部分中取少数有代表性的数据作为测试用例的输入。等价类划分测试方法基于的原理是：由于很多情况下实现穷举所有的输入是不现实的，所以测试人员从大量的可能数据中选择一部分作为测试数据，这样每类的代表数据在测试中的作用等价于这类中的其他值，这样可以避免冗余。

等价类划分之前，需要从功能规格说明书中找到输入条件，然后为每个输入条件划分等价类。所谓等价类就是输入域的某个子集合，所有的等价类的并集就是整个输入域，等价类可以保证完备性和无冗余性。

以下是进行等价类划分的几项依据：

- 按照区间划分。如果功能规格说明书规定了输入条件的取值范围或者值的数量，即可以确定一个有效等价类和两个无效等价类。例如，如果输入为月份，则 1 ~ 12 为一个有效等价类，小于 1、大于 12 为两个无效等价类。
- 按照数值划分。如果功能规格说明书规定了输入数据的一组值，而且软件要对每个输入值分别进行处理，则可以为每一个值确定一个有效等价类，此外根据这组值确定一个无效等价类，即所有不允许的输入值的集合。
- 按照数值集合划分。如果功能规格说明书规定了输入值的集合，则可以确定一个有效等价类（该集合有效值之内）和一个无效等价类（该集合有效值之外）。
- 按照限制条件或者规则划分。如果功能规格说明书规定了输入数据必须遵守的规则或者限制条件，则可以确定一个有效等价类（即符合规则）和若干个无效等价类（即违反规则）。
- 细分等价类。等价类中的各个元素在程序中的处理方式各不相同，则可以将此等价类进一步划分成更细小的等价类，同时构成等价类表。

利用等价类进行测试有两个目的，一是希望进行完备的测试，另一个是希望避免冗余。

设计测试用例时，应同时考虑有效等价类和无效等价类的设计。测试人员总是希望通过最少的测试用例覆盖所有的有效等价类，但是对一个无效等价类，设计一个测试用例来覆盖即可。

根据已经列出的等价类表可以确定测试用例，具体步骤如下：

1）为每个等价类分别编制一个编号。

2）设计一个新的测试用例，使它能够尽量覆盖尚未覆盖的有效等价类，重复这个步骤，使得所有的有效等价类均被测试用例覆盖。

3）设计一个新的测试用例，使它覆盖一个无效等价类，重复这个步骤，使得所有的无效等价类均被测试用例覆盖。

针对是否对无效数据进行测试，可以将等价类测试分为弱一般等价类、强一般等价类、弱健壮等价类、强健壮等价类。这里的“弱”代表单缺陷假设；“强”代表多缺陷假设；“一般”代表只有有效等价类；“健壮”代表除了包括有效等价类，还包含了无效等价类。单缺陷假设基于这样一个可靠性理论：失效极少是由两个（或多个）缺陷同时发生引起的。而多缺陷假设拒绝这种假设，意味着我们关心当多个变量取极值时会出现什么情况。

弱一般等价类测试：通过使用一个测试用例中的每个等价类（区间）的一个变量实现。

强一般等价类测试：基于多缺陷假设，因此需要等价类笛卡儿积的每个元素对应的测试用例。

弱健壮等价类测试：对于有效输入，使用每个有效类的一个值；对于无效输入，测试用例将拥有一个无效值，并保持其余的值都是有效的。

强健壮等价类测试：说它“强”是因为多缺陷假设，说它“健壮”是因为这种测试考虑了无效值。

例如，函数 F 实现一个程序，它有两个输入变量 X_1、X_2，它们的取值范围是：

$a \leqslant X_1 \leqslant d$，区间是 $[a, b], (b, c), [c, d]$；

$e \leqslant X_2 \leqslant g$，区间是 $[e, f], [f, g]$。

变量 X_1、X_2 的无效等价类分别是：$X_1<a$，$X_1>d$ 和 $X_2<e$，$X_2>g$。图 7-7 是对应的弱一般等价类测试用例，图 7-8 是对应的强一般等价类测试用例，图 7-9 是对应的弱健壮等价类测试用例，图 7-10 是对应的强健壮等价类测试用例。

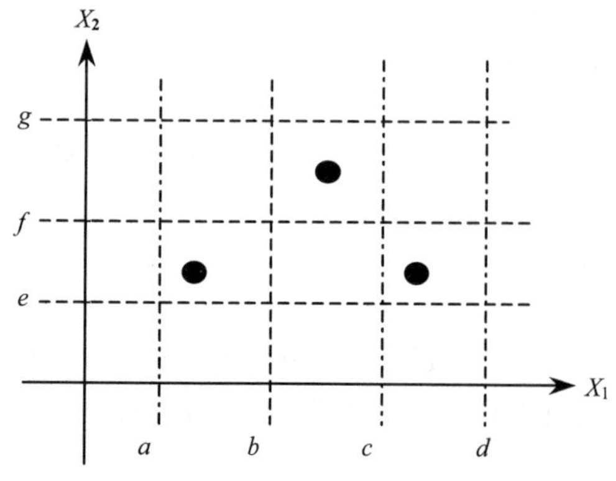

图 7-7 弱一般等价类测试用例

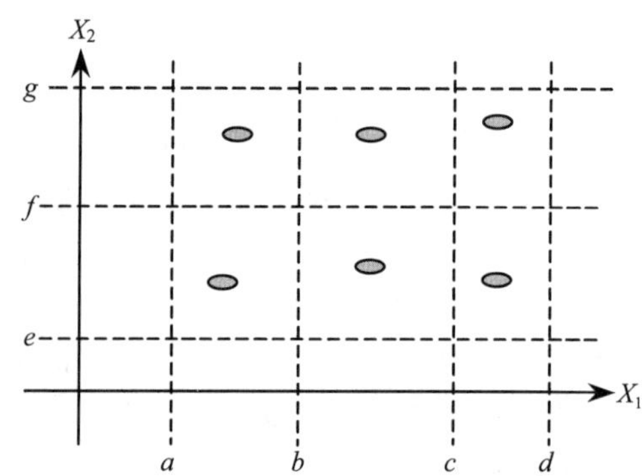

图 7-8 强一般等价类测试用例

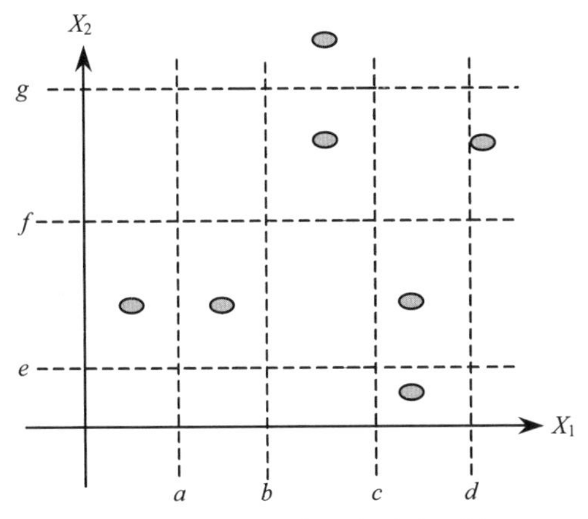

图 7-9 弱健壮等价类测试用例

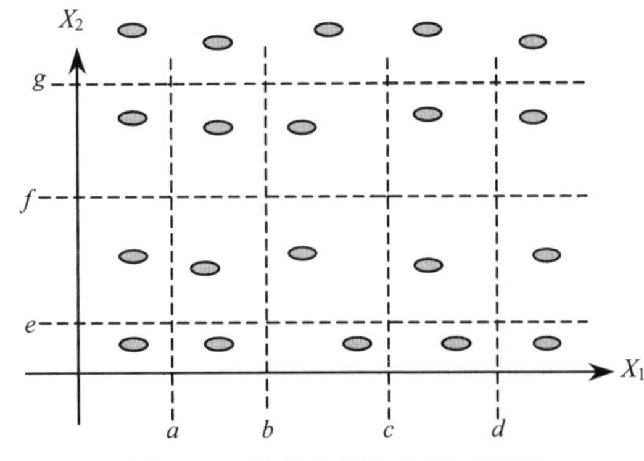

图 7-10 强健壮等价类测试用例

7.4.3 规范导出法

规范导出法是根据相关规格说明的规范陈述来设计测试用例的，每一个测试用例用来测试一个或者多个规范陈述语句，一个比较实际的方法是根据规范陈述所用语句顺序来相应地为被测试对象设计测试用例。

例如，一个计算平方根函数的规格说明可以表达如下：当输入一个大于等于 0 的实数时，返回正的平方根；当输入一个小于 0 的实数时，显示错误信息“平方根非法——输入值小于 0”，并返回 0；Print_Line 库函数可以用来输出错误信息。

在这个规格说明中有 3 个陈述，可以用两个测试用例来对应：

Testcase1：输入 16，输出 4。

这个测试用例对应规格说明中的第一句陈述：当输入一个大于等于 0 的实数时，返回正的平方根。

Testcase2：输入 -1，输出“平方根非法——输入值小于 0”。

这个测试用例对应规格说明中的第二、第三句陈述：当输入一个小于 0 的实数时，显示错误信息“平方根非法——输入值小于 0”，并返回 0 ；Print_Line 库函数可以用来输出错误信息。

7.4.4 错误猜测法

错误猜测法是在经验的基础上，测试设计者猜测错误的类型以及特定软件中的错误位置，并设计用例来发现它们。错误猜测法的基本思想是某处发现了缺陷，则可能会隐藏更多的缺陷，在实际操作中，列出程序中所有可能的错误和容易发生的特殊情况，然后依据经验做出选择。

7.4.5 基于故障的测试方法

一般来说，软件中会存在很多类型的故障，基于故障的测试方法是试图证明软件系统中不存在某个故障，一旦这种故障发生，必能导致该软件系统发生错误，应该尽量避免。故障检测的一般步骤是：假设故障，给出该故障的测试用例，故障模拟。基于故障的测试方法也可以应用于白盒测试中。

7.4.6　因果图法

因果图（Cause Effect Graphing，CEG）法基于这样的思想：一些程序的功能可以用判定表的形式表示，并根据输入条件的组合情况规定相应的操作，因此，可以考虑为判定表中的每一列设计一个测试用例，以便测试程序在输入条件的某种组合下的输出是否正确。概括地说，因果图法就是从程序规格说明的描述中找出因（输入条件）和果（输出结果或者程序状态的改变）的关系，通过因果图转换判定表，最后为判定表中的每一列设计一个测试用例。

等价类划分和边界值分析方法着重考虑输入条件，而不考虑输入条件的组合，也不考虑各个输入条件之间的相互制约关系。如果在测试时必须考虑输入条件的各种组合，则可能的组合数目也许是一个天文数字，因此必须考虑一种适合于描述多种条件的组合产生多个相应动作的方法，这就需要因果图法。

因果图法着重分析输入条件的各种组合，每种组合条件就是“因”，它必然有一个输出的结果，这就是“果”。等价类划分和边界值分析的缺陷是没有检查各种输入条件的组合，而因果图能有效地检测输入条件的各种组合可能引起的错误。

因果图法中使用简单的逻辑符号，以直线连接左右节点，左节点表示输入状态（原因），右节点表示输出状态（结果）。因果图中用 4 种符号分别表示规格说明中的 4 种因果关系，图 7-11 表示了常用的 4 种符号所代表的因果关系，它们分别表示了“是”“非”“与”“或”的关系。

例如，如果第一字符是 A 或者 B，第二字符是数字，则更新文件；如果第一个字符不正确，则产生 X12 信息；如果第二字符不正确，则产生 X13 信息。

明确了上述要求之后，可以将原因和结果分开如下：

因（输入）：

1：第一字符 A。

2：第一字符 B。

3：第二字符是数字。

果（输出）：

70：更新文件。

71：产生信息 X12。

72：产生信息 X13。

则这个因果图如图 7-12 所示。

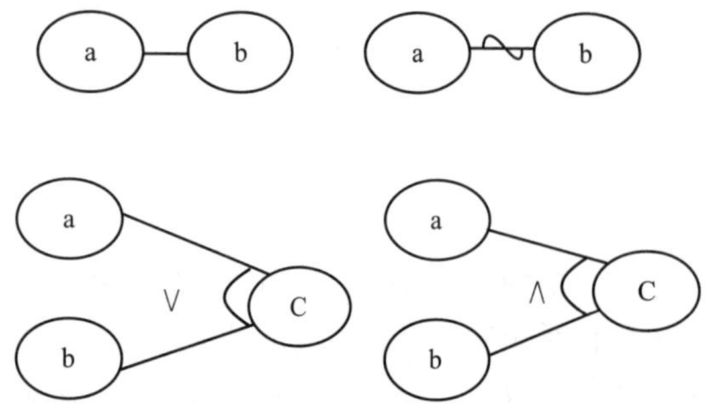

图 7-11　因果图的基本符号

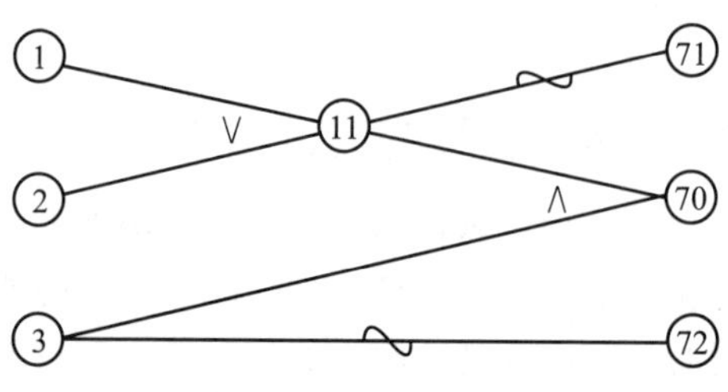

图 7-12　一个简单的因果图

7.4.7 决策表法

通过决策表也可以设计测试用例进行黑盒测试。决策表通常由 4 部分组成，如表 7-11 所示。其中：

- 条件桩：列出问题的所有条件，除特殊说明外，所列条件的先后次序无关紧要。
- 条件项：针对条件桩给出的条件，列出所有可能的取值。
- 动作桩：给出问题规定的可能采取的操作，操作顺序一般没有约束。
- 动作项：与条件项紧密相关，指出在条件项的各种取值情况下应该采取的动作。

表 7-11 决策表组成

条件桩	条件项
动作桩	动作项

决策表的突出优点是能够将复杂的问题按照各种可能的情况全部列举出来，简明，而且可避免遗漏，因此，利用决策表能够设计出完整的测试用例集合。运用决策表设计测试用例，可以将条件理解为输入，将动作理解为输出。等价类划分的不足之处是机械地选取输入值，可能会产生“奇怪”的测试用例，这是因为等价类划分和边界值分析测试均假设变量是独立的，若变量之间在输入定义域中存在某种逻辑依赖关系，那么这些依赖关系在机械地选取输入值时可能会丢失，决策表法通过使用“不可能动作”的概念表示条件的不可能组合来强调这种依赖关系。

下面是 NextDate 函数的决策表测试用例设计。

NextDate 是有 3 个变量 month、day、year 的函数，输出为输入日期后一天的日期。例如，输入为 1999 年 12 月 11 日，则该函数的输出是 1999 年 12 月 12 日。因此，NextDate 函数能够使用的操作有 5 种：month 变量加 1，day 变量加 1，month 变量操作复位，day 变量操作复位，year 变量加 1。

首先定义等价类：

M1=｛月份：每月有 30 天｝

M2=｛月份：每月有 31 天，12 月除外｝

M3=｛月份：此月是 12 月｝

M4=｛月份：此月是 2 月｝

D1=｛日期：1 ≤日期≤ 27｝

D2=｛日期：日期 =28｝

D3=｛日期：日期 =29｝

D4=｛日期：日期 =30｝

D5=｛日期：日期 =31｝

Y1=｛年：是闰年｝

Y2=｛年：不是闰年｝

表 7-12 所示的决策表共有 22 条规则：规则 1 ~ 5 处理有 30 天的月份；规则 6 ~ 10 和规则 11 ~ 15 处理有 31 天的月份，其中规则 6 ~ 10 处理 12 月之外的月份，规则 11 ~ 15 处理 12 月，不可能规则也列出来，如规则 5 处理在有 30 天的月份中考虑 31 日；最后的 7 条规则处理 2 月和闰年问题。

表 7-12 NextDate 函数决策表

	1	2	3	4	5	6	7	8	9	10
条件										
月份在	M1	M1	M1	M1	M1	M2	M2	M2	M2	M2
日期在	D1	D2	D3	D4	D5	D1	D2	D3	D4	D5
年在	—	—	—	—	—	—	—	—	—	—
行动										
不可能					X					
日期加 1	X	X	X			X	X	X	X	
日期复位				X						X
月份加 1				X						X
月份复位										
年加 1										

	11	12	13	14	15	16	17	18	19	20	21	22
条件												
月份在	M3	M3	M3	M3	M3	M4	M4	M4	M4	M4	M4	M4
日期在	D1	D2	D3	D4	D5	D1	D2	D2	D3	D3	D4	D5
年在							Y1	Y2	Y1	Y2		
行动												
不可能										X	X	X
日期加 1	X	X	X	X		X	X					
日期复位					X			X	X			
月份加 1								X	X			
月份复位					X							
年加 1					X							

可以进一步简化 22 条规则，若决策表中有两条规则的动作项相同，则一定至少有一个条件能够将这两条规则用不关心条件合并，例如，规则 1 ~ 3 都涉及有 30 天的月份 day 类 D1、D2、D3，并且它们的动作都是 day 加 1，因此可以将规则 1 ~ 3 合并。类似地，有 31 天的月份的 day 类 D1、D2、D3 和 D4 也可以合并，2 月份的 D4 和 D5 也可以合并，简化后的决策表如表 7-13 所示。

表 7-13 简化后的 NextDate 函数决策表

选项 \ 规则		1 ~ 3	4	5	6 ~ 9	10	11 ~ 14	15	16	17	18	19	20	21 ~ 22
条件	Month 在	M1	M1	M1	M2	M2	M3	M3	M4	M4	M4	M4	M4	M4
	Day 在	D1 ~ D3	D4	D5	D1 ~ D4	D5	D1 ~ D4	D5	D1	D2	D2	D3	D3	D4 ~ D5
	Year 在	—	—	—	—	—	—	—	—	Y1	Y2	Y1	Y2	—
动作	不可能			√								√	√	√
	Day 加 1	√			√		√		√	√				
	Day 复位		√			√		√			√			
	Month 加 1		√			√					√			
	Month 复位							√						
	Year 加 1							√						

可以根据简化后的决策表设计测试用例，如表 7-14 所示。

表 7-14　NextDate 函数的测试用例

测试用例	month	day	Year	预期输出
Testcase1 ~ Testcase3	8	16	2001	17/8/2001
Testcase4	8	30	2004	31/8/2004
Testcase5	9	31	2001	不可能
Testcase6 ~ Testcase9	1	16	2004	17/1/2004
Testcase10	1	31	2001	1/2/2001
Testcase11 ~ Testcase14	12	16	2004	17/12/2004
Testcase15	12	31	2001	1/1/2002
Testcase16	2	16	2004	17/2/2004
Testcase17	2	28	2004	29/2/2004
Testcase18	2	28	2001	1/3/2001
Testcase19	2	29	2004	1/3/2004
Testcase20	2	29	2001	不可能
Testcase21 ~ Testcase22	2	30	2004	不可能

7.4.8　场景法

所谓场景就是事务流，主要用于事件触发流程中，当某个事件触发后就形成相应的场景流程，不同的事件触发、不同的顺序和不同的处理结果形成了一系列的事件流结果。通过分析设计模拟出设计者的设计思想，即整理出充分的场景，这样的测试设计不但便于测试设计人员充分理解系统，同时也较紧密地体现了被测系统的业务关系。

我们可以把事务流划分为基本流和备选流，如图 7-13 所示。基本流就是事务最基本的发生路径。备选流就是事务发生较少的处理顺序或操作顺序——尽管少，但还是会发生，而且对系统设计的健壮性或者完备性来讲是很重要的补充。用例场景要通过描述流经用例的路径来确定，这个流经过程要从用例开始到结束遍历其中所有基本流和备选流。图 7-13 中经过用例的每条不同路径都反映了基本流和备选流，都用箭头来表示。图中直线表示基本流，是经过用例的最简单的路径。曲线表示备选流，一个备选流可能从基本流开始，在某个特定条件下执行，然后重新加入基本流中（如备选流 1 和备选流 3）；也可能起源于另一个备选流（如备选流 2 起源于备选流 1），或者终止用例而不再重新加入某个流（如备选流 2 和备选流 4）。

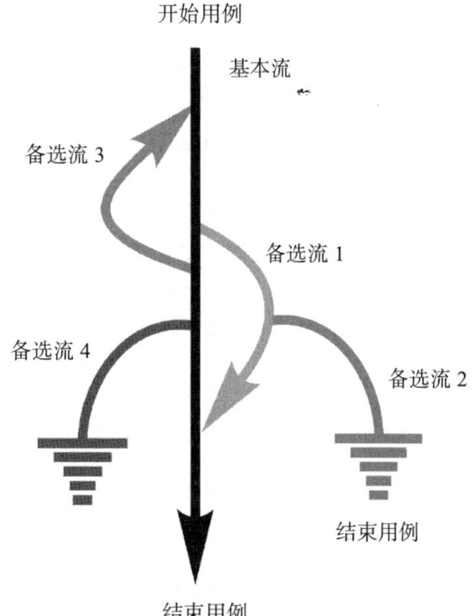

图 7-13　基本流与备选流

遵循图 7-13 中每个经过用例的可能路径，可以确定不同的用例场景。从基本流开始，再将基本流和备选流结合起来，可以确定表 7-15 所示的用例场景。

表 7-15 用例场景

场景 1	基本流			
场景 2	基本流	备选流 1		
场景 3	基本流	备选流 1	备选流 2	
场景 4	基本流	备选流 3		
场景 5	基本流	备选流 3	备选流 1	
场景 6	基本流	备选流 3	备选流 1	备选流 2
场景 7	基本流	备选流 4		
场景 8	基本流	备选流 3	备选流 4	

注：为方便起见，场景 5、6、8 只描述了备选流 3 指示的循环执行一次的情况。

常用软件的安装过程就可以采用场景法设计测试用例，在默认（如安装路径已有默认值）的情况下进行逐步安装是基本流；如果用户可以修改安装路径，可以看做备选流 1；安装过程中，如果有“上一步”操作，可以看做备选流 3；中途退出可以看做备选流 2 和备选流 4。表 7-16 包含了一个 ATM 提款用例的基本流和某些备用流。

表 7-16 ATM 提款用例的基本流和某些备用流

基本流	本用例的开端是 ATM 处于准备就绪状态。 1. 准备提款：客户将银行卡插入 ATM 的读卡机。 2. 验证银行卡：ATM 从银行卡的磁条中读取账户代码，并检查它是否属于可接受的银行卡。 3. 输入账户密码：ATM 要求客户输入 6 位密码。 4. 验证账户代码和密码：确定该账户是否有效以及所输入的密码对该账户来说是否正确。对于此事件流，账户是有效的而且密码对此账户来说正确无误。 5. ATM 选项：ATM 显示在本机上可用的各种选项。在此事件流中，银行客户通常选择“提款”。 6. 输入金额：输入要从 ATM 中提取的金额。对于此事件流，客户需选择预设的金额（100 元、200 元、500 元、1 000 元、2 000 元）。 7. 授权：ATM 通过将卡 ID、密码、金额以及账户信息作为一笔交易发送给银行系统来启动验证过程。对于此事件流，银行系统处于联机状态，而且对授权请求给予答复，批准完成提款过程，并且据此更新账户余额。 8. 出钞：提供现金。 9. 返回银行卡：银行卡被返还。 10. 收据：打印收据并提供给客户，ATM 相应地更新内部记录。 用例结束时 ATM 又回到准备就绪状态
备选流 1：银行卡无效	在基本流步骤 2 中，如果卡是无效的，则卡被退回，同时会通知相关消息
备选流 2：ATM 内没有现金	在基本流步骤 5 中，如果 ATM 内没有现金，则“提款”选项将无法使用
备选流 3：ATM 内现金不足	在基本流步骤 6 中，如果 ATM 内的金额少于请求提取的金额，则将显示适当的消息，并且在步骤 6 处重新加入基本流
备选流 4：密码有误	在基本流步骤 4 中，客户有三次机会输入密码。如果密码输入有误，ATM 将显示适当的消息。如果还有输入机会，则此事件流在步骤 3 处重新加入基本流。如果最后一次尝试输入的密码仍然错误，则该卡将被 ATM 保留，同时 ATM 返回到准备就绪状态，本用例终止
备选流 5：账户不存在	在基本流步骤 4 中，如果银行系统返回的代码表明找不到该账户或禁止从该账户中提款，则 ATM 显示适当的消息并且在步骤 9 处重新加入基本流
备选流 6：账面金额不足	在基本流步骤 7 中，银行系统返回代码表明账户余额少于在基本流步骤 6 内输入的金额，则 ATM 显示适当的消息并且在步骤 6 处重新加入基本流
备选流 7：达到每日最大的提款金额	在基本流步骤 7 中，银行系统返回的代码表明包括本提款请求在内，客户已经或将超过在 24 小时内允许提取的最多金额，则 ATM 显示适当的消息并在步骤 6 处重新加入基本流
备选流 8：记录错误	如果在基本流步骤 10 中，记录无法更新，则 ATM 进入“安全模式”，在此模式下所有功能都将暂停使用；同时向银行系统发送一条适当的警报信息，表明 ATM 已经暂停工作

（续）

备选流 9：退出	客户可随时决定终止交易（退出）。交易终止，银行卡随之退出
备选流 10："翘起"	ATM 包含大量的传感器，用以监控各种功能，如电源检测器、不同的门和出入口处的测压器以及动作检测器等。在任一时刻，如果某个传感器被激活，则警报信号将发送给警方而且 ATM 进入"安全模式"，在此模式下所有功能都暂停使用，直到采取适当的重启 / 重新初始化的措施

可以从这个用例生成下列场景，如表 7-17 所示。

表 7-17　ATM 提款用例的场景

场景 1：成功提款	基本流	
场景 2：ATM 内没有现金	基本流	备选流 2
场景 3：ATM 内现金不足	基本流	备选流 3
场景 4：密码有误（还有输入机会）	基本流	备选流 4
场景 5：密码有误（不再有输入机会）	基本流	备选流 4
场景 6：账户不存在 / 账户类型有误	基本流	备选流 5
场景 7：账户余额不足	基本流	备选流 6

注：为方便起见，备选流 3、6（场景 3、7）内的循环以及循环组合未纳入上表。

这 7 个场景中的每一个场景都需要确定测试用例。可以采用矩阵或决策表来确定和管理测试用例。表 7-18 显示了一种通用格式，其中各行代表各个测试用例，而各列则代表测试用例的信息。本示例中，对于每个测试用例，存在一个测试用例 ID、条件（或说明）、测试用例中涉及的所有数据元素（作为输入或已经存在于数据库中）以及预期结果。

表 7-18　ATM 取款的部分测试用例

测试用例 ID	场景 / 条件	密码	账号	输入的金额（或选择的金额）	账面金额	ATM 内的金额	预期结果
1	场景 1：成功提款	V	V	V	V	V	成功提款
2	场景 2：ATM 内没有现金	V	V	V	V	I	提款选项不可用，用例结束
3	场景 3：ATM 内现金不足	V	V	V	V	I	警告消息，返回基本流步骤 6，输入金额
4	场景 4：密码有误（还有不止一次输入机会）	I	V	n/a	V	V	警告消息，返回基本流步骤 4，输入密码
5	场景 4：PIN 有误（还有一次输入机会）	I	V	n/a	V	V	警告消息，返回基本流步骤 4，输入密码
6	场景 4：PIN 有误（不再有输入机会）	I	V	n/a	V	V	警告消息，卡予以保留，用例结束

通过从确定执行用例场景所需的数据元素入手构建矩阵。然后，对于每个场景，至少要确定包含执行场景所需的适当条件的测试用例。例如，在表 7-18 所示矩阵中，V（有效）用于表明这个条件必须是有效的才可执行基本流，而 I（无效）用于表明这种条件下将激活所需备选流。表 7-18 中的"n/a"（不适用）表明这个条件不适用于此测试用例。

在表 7-18 所示的矩阵中，6 个测试用例执行了 4 个场景。对于基本流，上述测试用例 1 称为正面测试用例。它一直沿着用例的基本流路径执行，未发生任何偏差。基本流的全面测试必须包括负面测试用例，以确保只有在符合条件的情况下才执行基本流。这些负面测试用例由测试用例 2 ～ 6 表示。虽然测试用例 2 ～ 6 对于基本流而言都是负面测试用例，但它们相对于备选流 2 ～ 4 而言是正面测试用例。而且对于这些备选流中的每一个而言，至少存在一个负面测试用例（测试用例 1——基本流）。

每个场景只具有一个正面测试用例和负面测试用例是不充分的，场景 4 正是这样的一个示例。要全面地测试场景 4（密码有误），至少需要三个正面测试用例（以激活场景 4）：

- 输入了错误的密码，但仍存在输入机会，此备选流重新加入基本流中的步骤 4（输入账户密码）。
- 输入了错误的密码，而且不再有输入机会，则此备选流将保留银行卡并终止用例。
- 最后一次输入时输入了正确的密码。备选流重新加入基本流中的步骤 5（ATM 选项）。

在上面的矩阵中，无须为条件（数据）输入任何实际的值。以这种方式创建测试用例矩阵的一个优点在于容易看到测试的条件是什么。由于只需要查看 V 和 I，这种方式还易于判断是否已经确定了充足的测试用例。从表 7-8 中可发现存在几个条件不具备阴影单元格，这表明测试用例还不完全，如场景 6（账户不存在 / 账户类型有误）和场景 7（账户余额不足）就缺少测试用例。

一旦确定了所有的测试用例，则应对这些用例进行复审和验证以确保其准确且适度，并取消多余或等效的测试用例。测试用例一经认可，就可以确定实际数据值（在测试用例实施矩阵中）并且设定测试数据，如表 7-19 所示。

表 7-19 测试用例矩阵

测试用例 ID	场景 / 条件	密码	账号	输入的金额（或选择的金额）	账面金额	ATM 内的金额	预期结果
1	场景 1：成功提款	123456	95588123	50.00	500.00	2 000	成功提款
2	场景 2：ATM 内没有现金	123456	95588123	100.00	500.00	0.00	提款选项不可用，用例结束
3	场景 3：ATM 内现金不足	123456	95588123	100.00	500.00	70.00	警告消息，返回基本流步骤 6：输入金额
4	场景 4：密码有误（还有不止一次输入机会）	123458	95588123	n/a	500.00	2 000	警告消息，返回基本流步骤 4，输入密码
5	场景 4：PIN 有误（还有一次输入机会）	123457	95588123	n/a	500.00	2 000	警告消息，返回基本流步骤 4，输入密码
6	场景 4：PIN 有误（不再有输入机会）	123458	95588123	n/a	500.00	2 000	警告消息，卡予以保留，用例结束

以上测试用例只是在本次迭代中需要用来验证提款用例的一部分测试用例，当然在实际的取款过程中，还需要从功能、性能、安全等角度去完善测试用例。

7.5 其他测试技术

7.5.1 回归测试

回归测试（regression testing）是对更新版本的测试，用来验证修改的或新增的部分是否正确以及这些部分有没有引起其他部分产生错误。回归测试的主要目的是验证系统的变更没有影响以前的功能，并且保证当前的变更是正确的。回归测试可以发生在任何一个测试阶段，测试时主要是重复原来的测试用例。在进行回归测试时需要考虑两个重要方面：一是回归测试的范围，二是回归测试的自动化。

回归测试的目标是检查系统变更之后是否引入新的错误或者旧的错误重新出现，尤其是在每次重建系统之后和稳定期测试的时候。测试的时候一般会使用测试工具，依赖于测试用例库和缺陷报告库。

7.5.2 随机测试

随机测试（random testing）是指测试中所有的输入数据都是随机生成的，其目的是模拟用户的真实操作，并发现一些边缘性的错误。

7.5.3 探索性测试

探索性测试是同时设计测试和执行测试的过程。在对测试对象进行测试的同时学习测试对象并设计测试，在测试过程中运用获得的关于测试对象的信息设计新的更好的测试。探索性测试过程如图 7-14 所示。

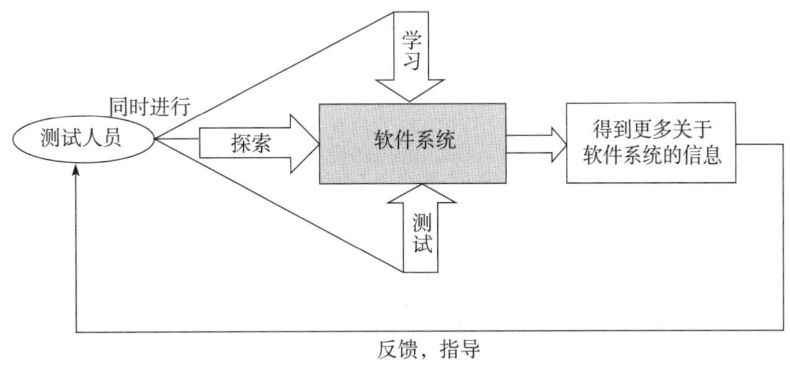

图 7-14　探索性测试过程

探索性测试强调测试设计和测试执行的同时性，这是相对于传统软件测试过程中严格的“先设计，后执行”来说的。测试人员通过测试来不断学习被测系统，同时把学习到的关于软件系统的更多信息通过综合的整理和分析，创造出更多的关于测试的想法。

探索性软件测试分为自由式探索测试、基于场景的探索测试、基于策略的探索测试和基于反馈的探索测试 4 种类型。下面将详细介绍 4 种类型的应用场景。

（1）自由式探索测试

自由式探索测试指的是对一个应用程序的所有功能，以任意次序、使用任何技术进行随机探测，而不考虑哪些功能是否必须包括在内。自由式探索测试没有任何规则和模式，只是不停地去做。

一个自由测试用例可能会被选中成为一个快速的冒烟测试，用它来检查是否会找到重大的崩溃或者严重的软件缺陷，或是在采用先进的技术之前通过它来熟悉一个应用程序。显然，自由式探索测试无须也不应该进行大量的准备规则。事实上，它更像是“探索”而不是“测试”，所以我们应当相应地调整对它的期望值。

自由式探索测试不需要多少经验或者信息，但是，它同探索技术相结合后，将成为一个非常强大的测试工具。

（2）基于场景的探索测试

基于场景的探索测试和传统的基于场景的测试有类似之处，两者都涉及一个开始点，就是用户故事或者是文档化的端到端场景的开始之处，那也是我们所期望的最终用户开始执行应用程序的地方。这些场景可以来自用户研究、应用程序、以前版本的数据等，并作为脚本用于测试软件。探索式测试是对传统场景测试的补充，把脚本的应用范围扩大到了更改、调整和改变用户执行路径的范畴。

（3）基于策略的探索测试

将自由式探索测试与测试经验、技能和感知融合在一起，就成为基于策略的探索测试。它属于自由式的探索，只是它是在现有的错误搜索技术下引导完成的。基于策略的探索测试应用所有的已知技术（如边界值分析或组合测试）和未知的本能（如异常处理往往容易出现软件缺陷）来指导测试人员进行测试。

这些已知的策略是基于策略的探索式测试成功的关键，存储的测试知识越丰富，测试就会更有效率，这些策略源于积累下来的知识。

（4）基于反馈的探索测试

基于反馈的探索测试源于自由式测试，测试人员利用反馈来指导今后的探索。例如，根据代码改动数量和软件缺陷密集程度等信息来指导新的测试。

7.6　软件测试级别

我们这里讲的测试级别主要是指代码调试之后的动态测试级别，可以分为单元测试、集成测试、系统测试、验收测试、上线测试等，而每次测试的过程中可能伴随着回归测试，如图 7-15 所示。

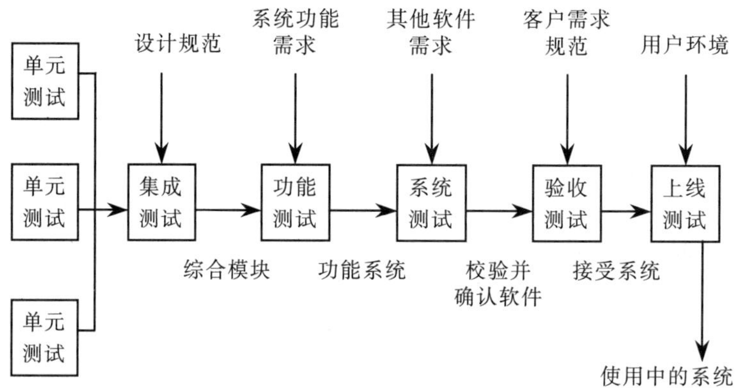

图 7-15　软件测试的基本过程

测试过程与开发过程是一个相反的过程，开发过程经历从需求分析、概要设计、详细设计到编码等逐步细化的过程，而从单元测试、集成测试到系统测试则是一个逆向的求证过程。单元测试求证的是详细设计和编码过程，集成测试求证的是概要设计过程，系统测试求证的是需求过程。

7.6.1　单元测试

单元是软件开发中的最小独立部分，例如，C 语言中的单元就是函数或者子过程，C++

语言中的单元就是类。单元测试是检验程序的最小单位，即检查模块有无错误，它是在编码完成之后必须进行的测试工作。

单元测试是在系统实现的基础上，对所有模块按照详细设计要求而进行的测试，其目的在于发现各模块内部可能存在的各种差错。单元测试需要从程序的内部结构出发设计测试用例，故主要采用白盒测试法。

单元测试集中检查软件设计的最小单位（模块），通过测试发现实现该模块的实际功能与定义该模块的功能说明不符合的情况，以及编码的错误。由于模块规模小、功能单一、逻辑简单，测试人员有可能通过模块说明书和源程序清楚地了解该模块的 I/O 条件和模块的逻辑结构，采用结构测试（白盒法）的用例，尽可能达到彻底测试，然后辅之以功能测试（黑盒法）的用例，使之对任何合理和不合理的输入都能鉴别和响应。高可靠性的模块是组成可靠系统的坚实基础。

单元测试一般从以下 5 个方面进行考虑：模块接口、模块局部数据结构、模块边界条件、模块独立执行路径和模块内部出错处理。

（1）模块接口测试

模块接口测试用于检查进出模块的数据是否正确。对模块接口数据流的测试必须在任何其他测试之前进行，因为如果不能确保数据正确地输入和输出，所有的测试都是没有意义的。例如，下面各项都是进行模块接口的测试：

- 模块的实际输入 / 输出与定义的输入 / 输出是否一致（个数、类型、顺序）。
- 模块中是否合理使用非内部 / 局部变量。
- 使用其他模块时，是否检查可用性和处理结果。
- 使用外部资源时，是否检查可用性并及时释放资源（如内存、文件、硬盘、端口等）。
- 其他。

（2）模块局部数据结构测试

模块的局部数据结构是经常发生错误的地方，模块局部数据结构测试主要检查局部数据结构能否保持完整性，例如：

- 变量从来没有被使用。
- 变量没有初始化。
- 错误的类型转换。
- 数组越界。
- 非法指针。
- 变量或函数名称拼写错误。
- 其他。

（3）模块边界条件测试

经验表明，软件经常在边界处发生问题，模块边界条件测试用于检查临界数据是否正确处理，例如：

- 普通合法数据是否正确处理。
- 普通非法数据是否正确处理。
- 边界内最接近边界的（合法）数据是否正确处理。
- 边界外最接近边界的（非法）数据是否正确处理。
- 其他。

（4）模块独立执行路径测试

在单元测试中，最重要的测试是针对路径的测试，检查由于计算错误、判定错误、控制流错误导致的程序错误，例如：

- 死代码。
- 错误的计算优先级。
- 精度错误（如比较运算错误、赋值错误等）。
- 表达式的不正确符号（如 >、>=、=、==、!= 等符号）。
- 循环变量的使用错误，如错误赋值。
- 其他。

（5）模块内部错误处理测试

模块内部错误处理测试主要检查内部错误处理措施是否有效。程序运行中出现异常现象并不奇怪，良好的设计应该预先估计到投入运行后可能发生的错误，并给出相应的处理措施。例如：

- 检查在以下情况下错误是否出现：资源使用前后，其他模块使用前后。
- 出现错误后是否进行错误处理，包括：抛出错误，通知用户，进行记录。
- 错误处理是否有效，包括：在系统干预前处理，报告和记录的错误真实、详细。
- 其他。

对每个模块进行单元测试的时候，不能完全忽视它们与周围模块的相互关系。为了模拟这个关系，进行单元测试的时候需要设置一些辅助测试模块。辅助测试模块有两种：一种是驱动模块，用来模拟被测模块的上一级模块；另外一种是桩模块，用来模拟被测模块工作中所有的调用模块。驱动模块在单元测试中接收数据，将相关的数据传送给被测模块，启动被测模块，并打印相关的结果。桩模块由被测模块调用，它们一般只进行很少的数据处理，如打印入口和返回，以便于检验被测模块与其下级模块的接口，如图 7-16 所示就是单元测试的环境。

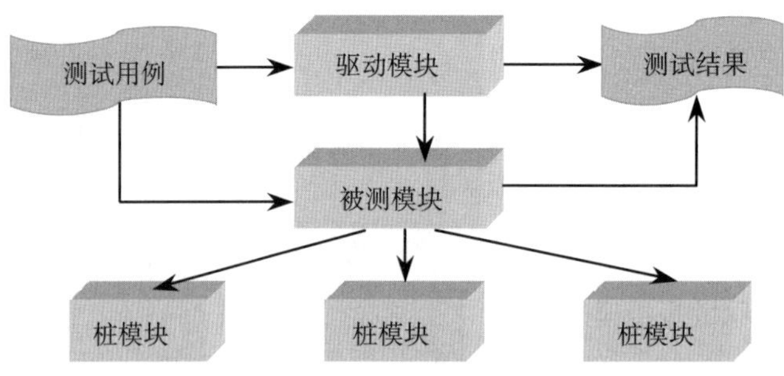

图 7-16　单元测试的环境

7.6.2　集成测试

尽管经过单元测试证明每个独立的模块没有问题，但所有模块组合在一起可能会出现问题，因为组合过程中存在各个模块的接口问题。集成测试是按照概要（总体）设计的要求组装成子系统或者系统，同时经过测试来发现接口错误的一种系统化的技术。

集成测试是将模块按照设计要求组装起来并进行测试，其主要目标是发现与接口有关的问题。例如，数据穿过接口时可能丢失，一个模块与另一个模块可能由于疏忽而造成有害影响，把子功能组合起来可能不产生预期的主功能，个别看起来是可以接受的误差可能积累到不能接受的程度，全程数据结构可能有错误等。

集成测试更多采用灰盒测试技术，也就是说它既有白盒测试技术的特点，又有黑盒测试技术的特点。集成测试主要有以下几种策略。

（1）大爆炸集成测试

大爆炸集成是一种非增量式集成，也称为一次性组装或者整体拼装。该策略是将所有的组件一次性集合到一起，然后进行整体测试，如图 7-17 所示。如果一切都顺利，大爆炸集成策略可以迅速完成集成测试。但是，由于程序中存在接口、全局数据结构等问题，一次性成功运行的可能性不是很大，而且发现错误之后，错误的定位和修改很困难，因为从集成在一起的大系统中分离出错误比较麻烦，况且即使错误修改之后，可能又出现新的问题，这样不断循环下去，会造成很大的时间和精力的耗费。所以，我们不赞成这种大爆炸集成测试策略，而建议尽可能采用增量式的集成测试策略。

（2）自顶向下集成测试

自顶向下集成测试是一种增量式的集成测试，首先集成上层的模块并测试，然后逐步测试下层的模块。自顶向下集成时，可以采用深度优先或者广度优先的策略，如图 7-18 所示。

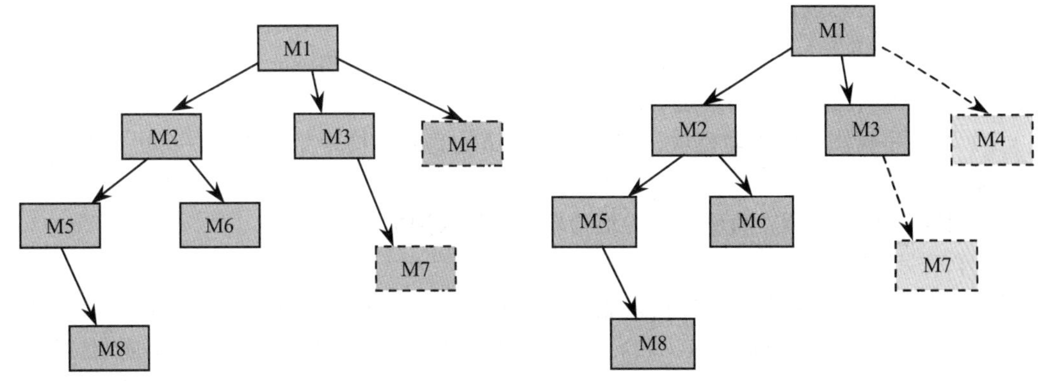

图 7-17　大爆炸集成测试策略　　图 7-18　自顶向下集成测试策略

自顶向下集成测试的步骤如下：

1）以主模块为所测试模块的驱动模块，所有直接属于主模块的下属模块全部用桩模块替代，对主模块进行测试。

2）采用深度优先或者广度优先的策略，用实际的模块替代桩模块，再用桩模块替代它们直接的下属模块。

3）这样新的模块与已经测试的模块或者子系统组装成新的系统，对它进行测试。

4）进行回归测试，以保证没有引入新的错误。

5）用实际的模块替代其他桩模块，再用桩模块替代它们直接的下属模块。

6）判断是否所有的模块都集成在系统中，如果是，则结束集成测试，否则返回第 2 步循环进行。

（3）自底向上集成测试

自底向上集成测试是从模块结构的最底层开始组装和测试，采用自底向上的策略进行组装。对于给定的层次模块，它的子模块（包括子模块的所有下属模块）已经组装和测试完成，所以不需要桩模块，如图 7-19 所示。

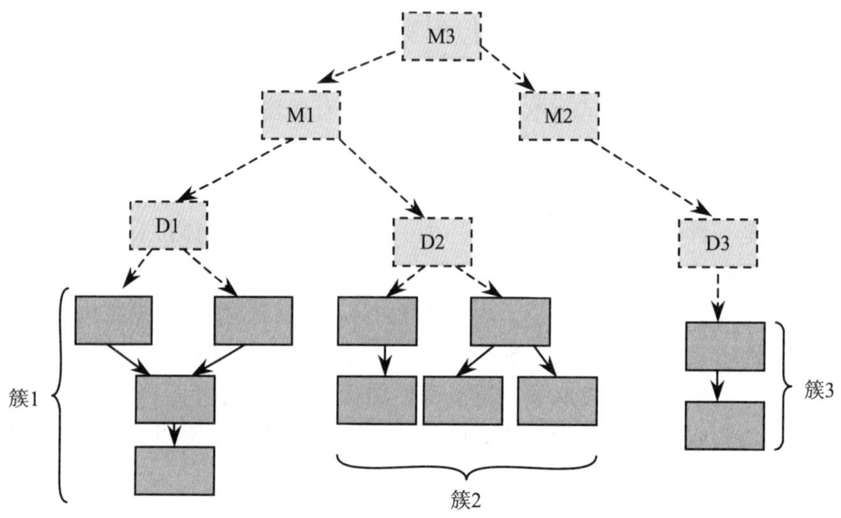

图 7-19 自底向上集成测试策略

自底向上集成测试的步骤如下：

1）测试起始于模块关系树的底层叶子模块，也可以将两个或者多个叶子模块合并在一起测试，或者只有一个子节点的父模块与其子模块结合在一起测试。

2）使用驱动模块对上面选定的模块进行测试。

3）用实际模块替代驱动模块，它与已经测试的直属子模块组装成为一个更大的模块组进行测试。

4）重复上面的过程，直到系统的最顶层模块加入到被测系统中。

（4）三明治集成测试

三明治集成测试也称为混合式集成测试，它综合了自顶向下策略和自底向上策略的特点，将系统分为三层，中间一层为目标层，对目标层的上面采用自顶向下的集成测试策略，对目标层的下面采用自底向上的集成测试策略，最后测试在目标层汇合，如图 7-20 所示。

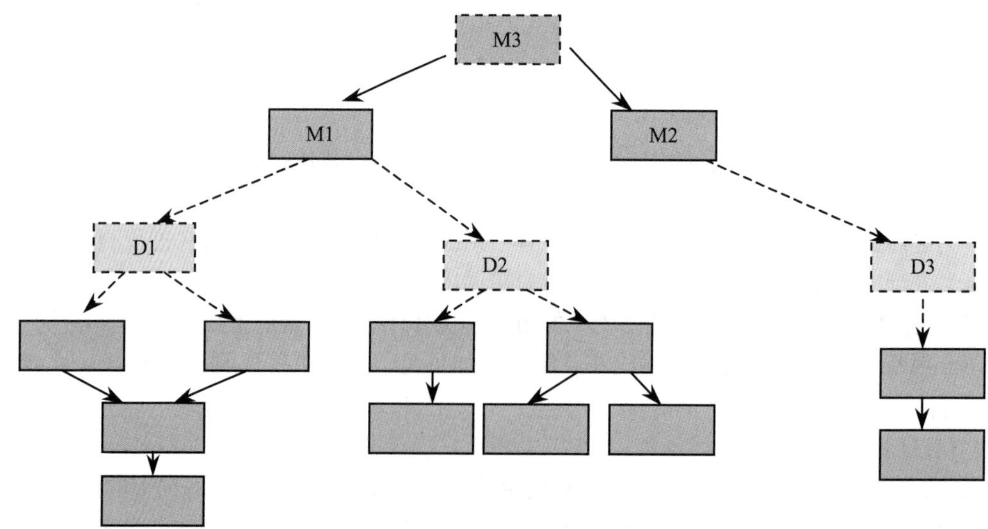

图 7-20 三明治集成测试策略

（5）冒烟集成测试

当项目开发时间比较紧的时候可以考虑冒烟集成测试的方法，软件团队的人员可以定期操作这个软件系统。冒烟集成测试包括如下活动：

1）将已经完成的模块集成为一个 build 系统，包括数据文件、库文件、重用模块和实现部分功能的组件。

2）对这个 build 系统做一系列的测试，以便发现错误，使得这个系统可以正确运行。

3）根据完成的功能，build 系统不断扩大组合，最后组合为整合产品，这个产品每天进行测试。冒烟测试中，集成策略可以采用自顶向下策略和自底向上策略。

7.6.3 系统测试

通过单元测试和集成测试，可以保证软件开发的功能得以实现，但不能确认在实际运行时它能否满足用户的需求，在实际使用时是否会出现错误等。为此，需要对完成的软件进行规范的系统测试，即需要测试它与系统其他部分配合时的运行情况，以确保软件在系统各部分协调工作的环境下可以正常运行。

系统测试可以是提交用户之前的最后一级测试（除非有验收测试），很多企业将它作为产品质量的最后一道防线。系统测试大多采用黑盒测试技术。

系统测试是将已通过集成测试的软件系统作为整个计算机系统的一个元素，与计算机硬件、外设、某些支持软件、数据和人员等元素组合在一起，对计算机系统进行一系列的组装测试和确认测试。系统测试的依据是需求规格说明，也就是说系统测试应该覆盖需求规格说明。

1. 功能测试

系统测试一般从功能测试开始，即主要考虑系统功能的实现情况，不考虑系统结构，所以需要知道系统完成的是什么功能。功能测试主要依据系统的功能需求，目标是对产品的功能需求进行测试，检验功能是否实现以及是否正确实现。

功能测试方法主要包括规范导出法、等价类划分、边界值分析、因果图、判断表和错误猜测法。

2. 性能测试

功能测试的依据是功能性需求，而性能测试的依据主要是非功能性需求。性能测试通过用户在非功能性需求中定义的性能目标来衡量。对产品的性能进行测试，目的是检验是否达标，是否能够保持性能目标。性能测试可能验证系统的反应速度、计算的精确性、数据的安全性等，主要包括如下几种测试。

*配置测试*是分析系统中各种软件和硬件的配置情况、配置参数等，评估各种配置情况，保证每种配置都满足需要。该测试的主要测试方法是规范导出法。

*可靠性测试*是指连续运行被测系统检查系统运行时的稳定程度。

*时间测试*用于验证产品对用户的时间反应和某个操作功能的时间等性能。如果一个事务处理必须在规定的时间内完成，那么时间测试就是执行这个事务，以便验证是否满足需要。时间测试常常与压力测试同时进行，以便测试系统在极度活跃的时候时间性能需求是否可以得到满足。该测试的主要测试方法是规范导出法。

*并发测试*过程是一个负载测试和压力测试的过程，即逐渐增加负载，直到系统的瓶颈，

或者不能接受的性能点。并发测试的内容如下：

1）负载测试。负载测试是在模拟不同数量的并发用户执行关键业务的情况下，测试系统能够承受的最大并发用户数。主要的监控指标如下：

- 每分钟事务处理数：不同负载下每分钟成功完成的事务处理数。
- 响应时间：服务器对每个应用请求的处理时间。该项指标反映了系统事务处理的性能，具体包括最小服务器响应时间、平均服务器响应时间、最大服务器响应时间、事务处理服务器响应的偏差（值越大，偏差越大）、90%事务处理的服务器响应时间。
- 虚拟并发用户数：测试工具模拟的用户并发数量。

2）压力测试。压力测试是在人为设置的系统资源紧缺的情况下，检查系统是否发生功能或者性能上的问题。例如，可以人为减少可用的系统资源，包括内存、硬盘、网络、CPU占用、数据库反应时间。压力测试采用的测试方法包括规范导出法、等价类划分、边界值分析、错误猜测法等。

在进行负载测试及压力测试的同时，用测试工具对数据库服务器、应用服务器、认证及授权服务器上的操作系统、数据库以及中间件等资源指标进行监控，在测试中根据测试需求以及测试环境的变化，选取有意义的数据进行分析。

容量测试是在人为设置的高负载（大数据量、大访问量）的情况下，检查系统是否发生功能或者性能上的问题。可以人为生成大量数据，并利用工具模拟频繁并发访问的情况。容量测试采用的方法包括等价类划分、边界值分析、错误猜测法等。

安全性测试的目标是检查集成在系统内的保护机制是否能够在实际中保护系统不受非法侵入，一般与功能测试结合使用。安全性测试方法包括规范导出法、错误猜测法、基于故障的测试。

恢复测试的目标是验证系统从软件或者硬件失败中恢复的能力。一般可以通过在人为使发生系统灾难（系统崩溃、硬件损坏、病毒入侵等）的情况下，检查系统是否能够恢复被破坏的环境和数据。恢复测试方法包括规范导出法、错误猜测法、基于故障的测试等。

兼容性测试的目标是测试应用对其他应用或者系统的兼容性。其主要测试方法包括规范导出法、错误猜测法等。

备份测试的目标是验证系统从软件或者硬件失败中备份数据的能力，可以参考恢复测试方法。备份测试方法包括规范导出法、错误猜测法、基于故障的测试等。

可用性测试的目标是检查系统界面和功能是否容易学习，使用方式是否规范一致，是否会误导用户或者使用模糊的信息，一般与功能测试结合使用。可用性测试可以采用用户操作、观察（录像）、反馈并评估等方式。测试方法包括规范导出法、错误猜测法等。

3. 其他测试

在系统测试过程中还包括很多其他种类的测试，如协议一致性测试、安装测试、文档测试、在线帮助测试、数据转换测试等。

协议一致性测试的目标是检测实现的系统与标准协议的符合程度。

安装测试的目标是验证成功安装系统的能力。在不同的硬件配置下，在不同的操作系统和应用软件环境中，检查系统是否发生功能或者性能上的问题。

数据转换测试的目标是验证现有数据转换并载入一个新的数据库时是否有效。

7.6.4 验收测试

当系统测试成功完成之后，我们就可以确信系统满足了需求规格说明的要求。接下来的事情是询问用户是否满意，此时可以进行验收测试。验收测试是以用户为中心的测试，测试的目的是让用户确认这个系统是否满足其要求和期望，所以这个测试是用户自己完成测试并评估的过程，必要的时候开发人员可以给予支持。

验收测试是为了向未来用户表明系统能够像预期那样工作，为此需要进一步验证软件的有效性，这就是验收测试的任务，即软件的功能和性能如同用户所合理期待的那样。验收测试有很多种，如基准测试、并行测试等。

基准测试是用户按照实际操作环境中的典型情况准备一套测试用例，用户对每个测试用例的执行情况进行评估，这要求测试人很熟悉系统的需求，而且能够对实际执行的性能进行评估。用户在对多个企业开发的系统进行选择时可以采用基准测试方法。

并行测试是新旧两个系统同时运行，以验证新的系统可以取代旧的系统。在这种测试中，用户可以渐渐熟悉新系统，同时对比新旧系统的运行结果，从而让用户增加对新系统的信心。

7.6.5 上线测试

上线测试主要是指用户在实际环境中试用系统，通过每天试用系统的各项功能来测试系统。这种测试没有基准测试正式化和结构化，有时是在提交给用户之前，开发人员与用户一起在企业内进行试用测试，相当于在用户进行真正的 pilot（试用）测试前先进行试用测试，我们称这种测试为 alpha 测试，而真正由用户进行的 pilot 测试为 beta 测试。

上线测试主要是在使用系统的过程中按照需求检验系统，同时可以提供如下结果：

- 运行中的缺陷记录。
- 缺陷修复时间。
- 缺陷分析报告。

7.7 面向对象的测试

面向对象测试和传统测试的目的是一样的，但是由于面向对象编程的特点导致了测试战略和测试战术有所变化。结构化软件开发中的测试技术在面向对象测试中仍然可以使用，但是也存在不同。

面向对象开发方法中的封装、继承和多态等机制使面向对象的测试增加了新的特点，也增加了难度。传统测试方法的基本单位是功能模块，面向对象测试的基本单位是类和对象。

在进行测试的时候常常是从局部测试开始，然后逐步增加测试范围，最后测试全局。一般来说，从单元测试开始，然后逐步进行集成测试，最后进行系统测试等。传统测试中的单元是指可以编译的最小单元，如模块、过程、例程、构件等，当每个独立的单元测试完成之后，将各个独立的单元组合在一个程序结构中进行集成测试，以发现是否有接口等方面的错误，最后为整个系统测试。

面向对象测试带来很多新的挑战：首先，测试的定义更宽泛了，例如完整性、连续性等需要验证，因此类似技术评审等技术也是测试的一个方法；另外，面向对象的单元测试也失去了原来的意义，集成测试的策略也发生了很大变化。

由于结构化开发方法中需求分析、设计和编码阶段采用的概念和表示法不一致，因此，针对分析模型和设计模型的测试用例在代码阶段不能复用；而面向对象开发方法中需求分析、设计和编码所采用的概念和表示法是一致的，这有助于复用测试用例。

面向对象的软件测试覆盖面向对象分析、面向对象设计、面向对象编码全过程。因此，面向对象测试的参考模型如图 7-21 所示，面向对象的软件测试分为面向对象分析的测试、面向对象设计的测试、面向对象的单元测试、面向对象的集成测试、面向对象的系统测试。

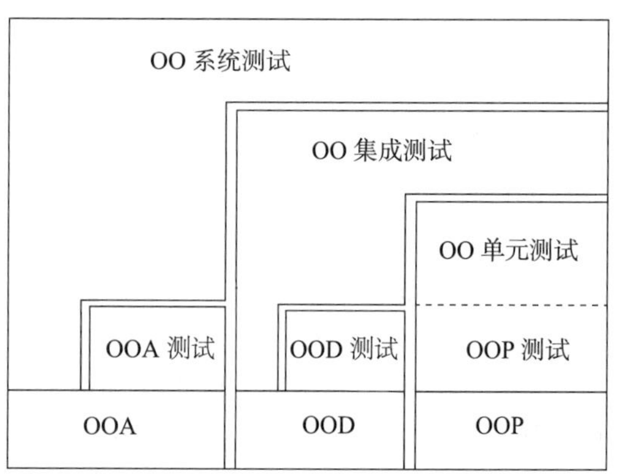

图 7-21 面向对象测试的参考模型

7.7.1 面向对象分析的测试

面向对象分析的测试针对面向对象分析模型进行，检查分析模型是否符合面向对象分析方法的要求，检查分析结果是否满足软件需求。面向对象分析的测试和面向对象设计的测试都属于静态测试。

该测试的主要内容包括：

- 对认定的对象的测试。OOA 中认定的对象是对问题空间中的结构、其他系统、设备、被记忆的事件、系统涉及的人员等实例的抽象。
- 对认定的结构的测试。认定的结构指的是多种对象的组织方式，用来反映问题空间中的复杂实例和复杂关系。
- 对认定的主题的测试。主题是在对象和结构的基础上更高一层的抽象，是为了提供 OOA 分析结果的可见性。
- 对认定的属性和实例关联的测试。属性用来描述对象或者结构所反映的实例的特性，而实例关联用来反映实例集合间的映射关系。
- 对认定的服务和消息关联的测试。认定的服务是指定义的每一种对象的结构在问题空间所要求的行为，而消息关联反映问题空间中实例间的必要通信。

7.7.2 面向对象设计的测试

面向对象设计的测试针对面向对象设计模型进行，检查设计模型是否符合面向对象设计方法的要求，审查分析模型与设计模型的一致性，检查设计模型对编程实现的支持。由于 OOD 是 OOA 的进一步细化和更高层的抽象，所以，OOD 和 OOA 的界限一般很难严格区分。可以针对下面几种情况进行该测试：

- 对认定的类的测试。OOD 认定的类可以是 OOA 中认定的对象，也可以是对象所需要的服务的抽象、对象所具有的属性的抽象。
- 对构造的类层次结构的测试。测试主要包括以下方面：

- 类层次结构是否涵盖了所有定义的类。
- 是否能体现 OOA 中所定义的实例关联。
- 是否能体现 OOA 中所定义的消息关联。
- 子类是否具有父类所没有的新特性。
- 子类间的共同特性是否完全在父类中得以体现。
- 对类库的支持的测试。

7.7.3 面向对象的单元测试

面向对象的程序是将功能的实现分布在类中，能正确实现功能的类通过消息传递来协同实现设计要求的功能，这是面向对象的程序风格；而且，将出现的错误精确地确定在某个具体的类。因此，面向对象编程阶段将测试的重点放在了类功能的实现和相应的面向对象程序风格上。

在面向对象的程序中，单元的概念有所变化。封装的概念决定了类和对象的定义，也就是说每个类和对象封装了数据（属性）和操作（方法），这里最小的测试单元是封装的类或者对象。由于一个类包括很多不同方法，一个特定的方法可能已经是其他类的一个方法，所以单元测试的意义与传统的意义相比已经有了变化。在这里我们可能不会独立地测试一个方法，这个方法相当于传统的单元测试的“单元”，将这个方法作为一个测试类的一部分。

面向对象中类的测试类似单元测试，但是与传统的单元测试不同的是，类测试主要是通过被封装的方法以及类的状态驱动的，而传统的单元测试主要关注模块的算法以及数据流。

如果一个基类中有一个方法，继承类也继承了这个方法，但是这个方法可能在继承类中被私有数据和方法使用，那么尽管基类中已经测试了这个方法，但是每个继承类也需要对这个方法进行测试。

例如下面的程序中，测试用例 test_driver() 从传统的测试角度看已经执行了 100% 的语句覆盖、分支覆盖和路径覆盖，但是从面向对象角度看，程序没有被全部测试，因为没有测试 Base::bar() 和 Base::helper() 或者 Base::foo() 和 Derived::helper() 之间的接口。为此我们需要加强测试，如修改后的测试用例 test_driver_two() 可以满足需要。

```
Class Base{
Public:
        void foo()  {...Helper()...}
        void bar()  {...Helper()...}
Private:
        Virtual void helper()  {...}
        }
        Class Derived:public Base{
        Private:
            Virtual void helper()  {...}
        }
```

不完整的测试用例：

```
Void test_driver_one()  {
        Base  base;
```

```
        Derived derived;
        base.foo();
        derived.bar();
}
```

测试用例修改之后为：

```
Void test_driver_two()  {
        Base  base;
        Derived derived;
        base.foo();
        base.bar();
        derived.foo();
        derived.bar();}
```

所以，继承性功能需要额外的测试。当继承性功能需要额外的测试时，那么说明：

- 这个继承被重新定义了；
- 在继承的类中它有特殊的行为；
- 类中的其他功能是一致的。

在进行面向对象软件测试时，传统的结构化的逻辑覆盖是不够的，还需要考虑上下文覆盖（context coverage）。上下文覆盖是一种收集被测试软件如何执行数据的方法。上下文覆盖可以应用到面向对象领域处理诸如多态、继承和封装的特性，同时也可以被扩展用于多线程应用。通过使用这些面向对象的上下文覆盖，结合传统的结构化覆盖方法，就可以保证代码的结构被完整地执行。

7.7.4 面向对象的集成测试

面向对象的集成测试能够检测出那些相对独立的、单元测试无法检测出来的、类相互作用时才会产生的错误。集成测试关注系统的结构和内部的相互作用，可以分为静态测试和动态测试。

静态测试主要针对程序的结构进行，检测程序结构是否符合设计要求。一些流行的测试软件可以提供“逆向工程”的功能，如 International Software Automation 公司的 Panorama-2、Rational 公司的 Rose C++ Analyzer 等，通过源程序得到类关系图和函数功能调用关系图，将这些结果与 OOD 的结果相比较，检测程序结构和实现上是否有缺陷，以便检测系统是否满足设计要求。

动态测试的基本步骤如下：

1）选定需要检测的类，参考 OOD，确定类的状态和行为、类成员函数间传递的消息、输入或者输出等。

2）确定覆盖标准，例如，达到类所有服务要求的一定覆盖率，或者依据类间传递的消息达到对所有执行线程的一定覆盖率，或者达到类的所有状态的一定覆盖率等。

3）利用结构关系图确定待测试类的所有关联。

4）根据程序中类的对象构造测试用例，确认使用什么输入激发类的状态、使用的类服务和期望产生什么行为等。

由于面向对象软件并没有一个分级的控制结构，所以传统的自顶向下和自底向上的集成测试策略在这里就没有太大的意义了。而且大爆炸集成测试策略也是没意义的，因为一次集成一个操作到类中是不太可能的。面向对象集成测试有两个不同的策略：一是基于线程的测试，另一个是基于使用的测试。

7.7.5 面向对象的系统测试

系统测试尽可能搭建与用户实际使用环境相同的测试平台，并保证被测试系统的完整性。测试应该参考 OOA 的分析结果，对应描述的对象、属性和各种服务，检测软件是否能够完全“再现”需求。在系统层次，系统测试需要对被测试软件的需求进行分析，建立测试用例。测试用例可以从对象 – 行为模型和作为 OOA 的一部分的事件流图中导出。面向对象系统测试的具体测试内容与传统系统测试基本相同，包括功能测试、性能测试、安全性测试等。

7.8 测试过程管理

软件测试是软件开发中的重要过程，除了测试技术的选择，测试过程的管理也非常重要。一个成功的测试项目，离不开对测试过程的科学组织和监控，测试过程管理已成为测试成功的重要保证。软件测试过程是一种抽象的模型，用于定义软件测试的流程和方法。众所周知，开发过程的质量决定了软件的质量，同样，测试过程的质量将直接影响测试结果的准确性和有效性。随着测试过程管理的发展，软件测试专家通过实践总结出很多很好的测试过程模型。这些模型将测试活动进行了抽象，并与开发活动有机地进行了结合，是测试过程管理的重要参考依据。

按照测试生命周期，可以将测试分为下面几个阶段：测试计划、测试设计、测试开发、测试执行、测试跟踪和测试评估，如图 7-22 所示。

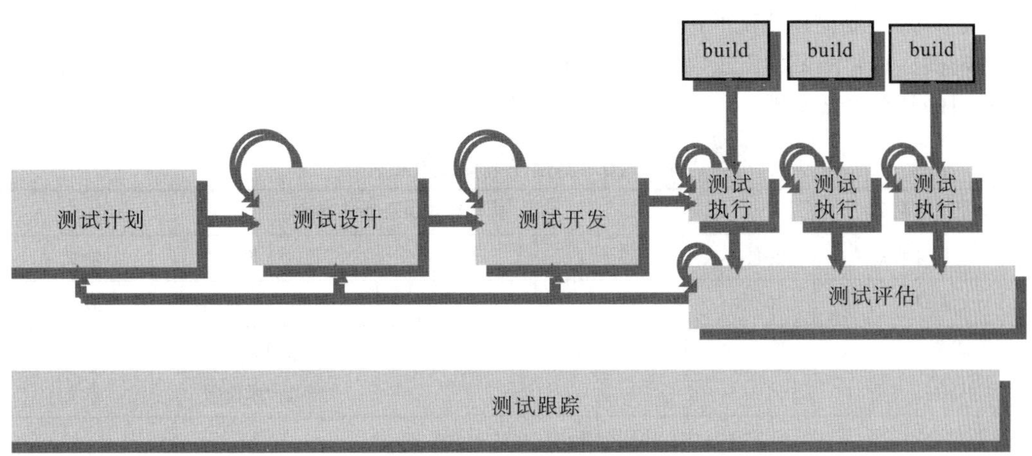

图 7-22 测试管理流程

7.8.1 软件测试计划

一个有效的测试必然存在一个有效的测试计划，规划测试对测试的质量和效率起着重要作用。软件的错误是无限的，而我们的时间和资源是有限的，如何利用有限的测试时间和测试资源是测试计划的重点。为此，必须基于软件的需求风险，进行重点识别和优先级判断。

测试计划用于组织测试活动，制订测试计划首先从测试目标开始，然后定义测试级别（测试需求）、测试策略、测试资源和进度计划以及需要的相关资料等。

当设计工作完成以后，就应该着手测试的准备工作了。一般来讲，由一位对整个系统设计熟悉的设计人员编写测试大纲，明确测试的内容和测试通过的准则，设计完整、合理的测试用例，以便系统实现后进行全面测试。

首先，测试人员要仔细阅读有关资料，包括规格说明、设计文档、使用说明书及在设计过程中形成的测试大纲、测试内容及测试的通过准则，全面熟悉系统，编写测试计划，设计测试用例，做好测试前的准备工作。需要注意的是，测试计划不应该等到开发周期后期才开始制订，而应该尽早开始。在制订测试计划的时候，应该根据项目或者产品的特性，选用相应的测试策略。测试策略描述测试工程的总体方法和目标，描述进行哪一阶段的测试（单元测试、集成测试、系统测试）以及每个阶段进行的测试种类（功能测试、性能测试、压力测试等）。通常测试计划应包括：

- 项目概述。
- 测试需求。
- 要使用的测试技术和工具。
- 测试资源。
- 测试完成标准。

测试计划最关键的一步就是将软件分解成单元，编写测试需求。测试需求应详细说明被测软件的工作情况，指出测试范围和任务。测试需求有很多种分类方法，最普通的一种就是按照功能分类。测试需求是测试设计和开发测试用例的基础，分成单元可以更好地进行设计，并且详细的测试需求是衡量测试覆盖率的重要指标。

测试资源包括人力资源、软件资源、硬件资源、网络资源以及各种辅助设施等。

测试计划还要描述测试的进度安排，包括总的测试时间、主要的测试阶段以及开始时间和结束时间、将要测试的需求以及需要的时间、准备和评审测试报告的时间。例如，表 7-20 是某项目的简单测试安排。

表 7-20 测试任务管理信息表

测试项目名称	数字环双中心功能测试		
下达任务日期	2011-6-8	下达任务部门	测试部
计划测试时间	30 天	实际测试时间	32 天
测试人员	郭 ××、张 ×、林 ××、万 ×、韩 ××	辅助测试人员	无
技术支持人员	何 ××	测试技术监督	章义
测试完成标准	数字环双中心功能全部执行测试 2 次以上		

7.8.2 软件测试设计

测试设计是测试成功与否的关键步骤，它主要定义测试的具体方法，设计测试用例及构造测试过程。测试设计过程中可以采用黑盒和白盒测试方法。

测试设计包括测试的总体设计和详细设计。测试的总体设计是对测试过程设计出一个实用的总体结构，它指导整个测试，是对被测试软件和测试策略综合考虑的结果，如测试方案、测试用例组织等。

- 测试方案，介绍测试方案的设计原则以及测试要求等内容，如测试方案、测试用例的设计原则、测试数据的范围、测试类型的选择、测试要求、测试覆盖程度、测试用例的数量、频次、测试通过标准等。
- 测试用例的分类与命名规则，用例的分类原则，内容组织原则；用例的编码或用例的命名原则。
- 测试用例的存储规则，描述用例的版本或配置管理规则。

测试用例的设计是测试工作的核心，是决定软件测试成功与否的前提和必要条件，用例设计（测试详细设计）的设计原则：

- 定义预期结果。
- 定义用例的结果。
- 对测试用例和测试数据进行审查和走查。
- 用例可在以后重复利用。
- （可选）测试过程尽可能选择测试工具，使测试过程自动化，以减少测试本身的误差（如购买成熟的测试工具或测试用例库，或编写测试程序）。

在设计测试用例过程中，还要考虑测试覆盖率。测试覆盖率是指测试用例对需求的覆盖情况。计算公式为

测试覆盖率 = 已设计测试用例的需求数 / 需求总数

测试覆盖率从维度上包括广度覆盖和深度覆盖，从内容上包括用户场景覆盖、功能覆盖、功能组合覆盖、系统场景覆盖。“广度”考虑的是需求规格说明书中的每个需求项是否都在测试用例中得到设计，“深度”考虑的是能否透过客户需求文档挖掘出可能存在问题的地方。

在设计测试用例时，我们很少单独设计广度或深度方面的测试用例，而一般是结合在一起设计。为了从广度和深度上覆盖测试用例，我们需要考虑设计各种测试用例，如用户场景（识别最常用的20%的操作）、功能点、功能组合、系统场景、性能、语句、分支等。在执行时，需要根据测试时间的充裕程度按照一定的顺序执行，通常先执行用户场景的测试用例，然后执行具体功能点、功能组合的测试。

例如，下面是表7-20中测试项目的一个测试设计方案。

---

1. 项目（指挥调度系统）的功能测试设计原则

1）功能测试用例需要包括正常情况的测试用例和异常情况的测试用例。

2）功能测试用例的设计应该基于需求。

3）分析测试需求，针对不同类别的测试需求运用等价类划分法、边界值法和场景法等黑盒测试方法进行设计。

2. 测试方案说明：

1）中心交换机A和B分别作为主用交换机和备用交换机。

2）中心交换机A和B采用不同的局号、相同的编号方案。

3）中心交换机A和B之间优选DSS1作为主路由，尽量不要使用数字环。

4）双接口调度台可以采用U口＋U口、U口＋E1、E1＋E1的方式，这里我们采用与中心交换机A局用E1连接，与B局用2B+D连接，调度台与中心交换机A局之间的接口作为主用接口。

5）调度台主备用接口的电话号码除了局号之外的其他号码都相同，即在A局设为71000000，在B局设为71500000。

6）只有在调度台和A局的应急分机都无法接通的情况下才能接通位于上级局交换机的应急分机。

7）中心交换机A局和B局的数字环节点号分别设置为0和1（即最小和次小）。当0节点（A局）出现故障或断电时，1节点（B局）升为临时主用。

3. 双中心功能测试数据配置

1）第一路由：某用户呼叫双接口调度台，即71000000，如用C局的用户呼叫71000000，第一选择经过A局直接上调度台。

2）第二路由：如果该E1断，用户仍然拨71000000，在配置中将71000000的应急分机设为B局设置的调度台号码，即71500000，呼叫经过A局通过DSS1到B局，B局与调度台通过2B+D连接。

3）第三路由：如果调度台与A局连接的E1和与B局连接的2B+D都断掉，或是调度台/适配器关电/故障，呼叫将转到A局下设的应急分机，并在B局配置编号计划为A局应急分机的号码，选择路由为B到A的DSS1的路由。

4）第四路由：如果A局交换机故障/断电，调度台也出现故障/断电，即呼叫也无法转到A局下设的应急分机，此时，B局升为临时主站，呼叫经过B局，接至位于上级局的应急分机。

4. 双中心功能的测试步骤

1）基本业务测试（单呼、会议、其他指挥调度）。

2）网管通道业务测试。

3）模拟如下故障，实现局部自动切换和自动恢复。

4）模拟如下故障，实现全局自动切换和自动恢复。

5）人工切换，手动恢复。

6）调度台本身故障，如调度台关电。

7）模拟灾难性故障的情形。

8）测试切换时间（包括自动切换与手动切换）。

在整个测试用例的设计过程中，参照项目需求分析的五大模块进行功能分解，分别运用了等价类划分法、边界值法、场景法和错误猜测法等，总共设计了305个功能测试用例，设计方法与对应的功能模块的分布如表7-21所示。

表7-21　功能测试用例设计方法表

模块名称	场景法	边界值法	错误猜测法	等价类划分法
单呼	38	20	8	66
会议	40	15	9	64
其他指挥调度功能	34	15	8	57
网管通道	37	19	16	72
双中心故障	17	13	16	46

实际测试过程中需要混合各种方法进行测试用例的设计，在进行功能测试用例设计时，同时使用等价类划分法、场景法、边界值法和错误猜测法4种方法来进行设计。

在对指挥调度系统的双中心测试中，主要对其进行了五大模块的测试，分布如表 7-22 所示。

表 7-22 测试用例类别分布

测试类型	测试用例数量
单呼测试	66
会议测试	64
其他指挥调度功能测试	57
网管通道测试	72
双中心故障测试	46
总计	305

下面举例说明采用场景法设计测试用例的过程：选取调度台与普通用户正常通话过程作为场景法设计测试用例，如图 7-23 所示。

局内正常呼叫基本流：

1）主叫摘机到交换机送拨号音。

2）送号和数字分析。

3）来话分析并向被叫振铃。

4）被叫应答，双方通话。

5）双方挂机。

6）通话路由切断。

从图 7-23 可以知道，正常的流程是按照步骤从开始到正常结束一直从上往下走下来，这是基本流。同时，加入了 4 个场景作为备选流，分别为 A、B、C、D。其备选流如表 7-23 所示。

A：表示调度台使用按键呼出，而不是按数字键呼出。

B：被叫用户通话中，调度台听忙音。

C：调度台使用了保持键功能。

D：通话过程中拔插 ASL 板。

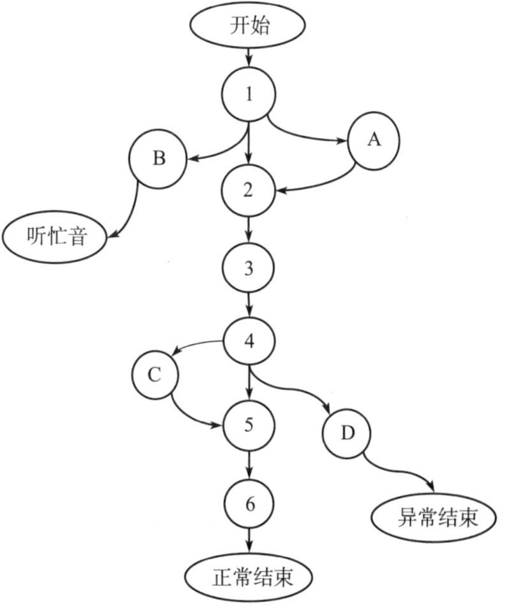

图 7-23 提取的基本流程图

表 7-23 备选流

备选流	描 述	预期结果
1–A–2–3–4–5–6	调度台使用按键呼出该用户	能使用按键呼出
1–B	调度台呼出该用户，被叫用户通话中	调度台听忙音
1–2–3–4–C–5–6	通话过程中，调度台选择保持通话	模拟用户听保持音
1–2–3–4–D	通话过程中，拔插 ASL 板	通话中断
1–A–B	通过按键呼出，但被叫用户通话中	调度台听忙音
1–A–2–3–4–C–5–6	通过按键呼出，并能保持通话用户	交叉业务能交替运行
1–A–2–3–4–C–D	通过按键呼出，保持用户时，拔插 ASL 板	通话中断

下面给出单呼模块测试用例的一部分用例，如表 7-24 所示。

表 7-24 单呼典型用例

测试点	测试项	测试步骤	预测结果
模拟用户 / 调度台	正常呼叫	本局用户拨打对局用户号码	本局用户听回铃音，对局用户振铃
		对局用户接听	正常通话，无杂音
		被叫用户挂机	主叫用户听忙音
		用户呼叫对局调度台	用户听回铃音，调度台振铃
		调度台拒接	用户听忙音
	业务异常呼叫	对局用户听拨号音中，呼叫对局用户	本局用户听忙音
	链路异常呼叫（单机）	对出局时隙做闭塞，仅留两条时隙	查看中继状态，只有两个空闲中继
		有两路用户通话占用两条中继	查看中继状态，所有中继都被占用
		主叫用户拨号呼叫	主叫用户听忙音

7.8.3 软件测试开发

测试开发主要是按照测试设计编写脚本，这个脚本可以是文字描述的测试过程，或者采用编程语言编写测试脚本，很多时候采用工具来生成测试脚本，图 7-24 是通过 HP LoadRunner 工具开发测试脚本的过程。当然，不需要编写脚本的时候，测试执行过程按照测试设计的测试用例执行就可以。

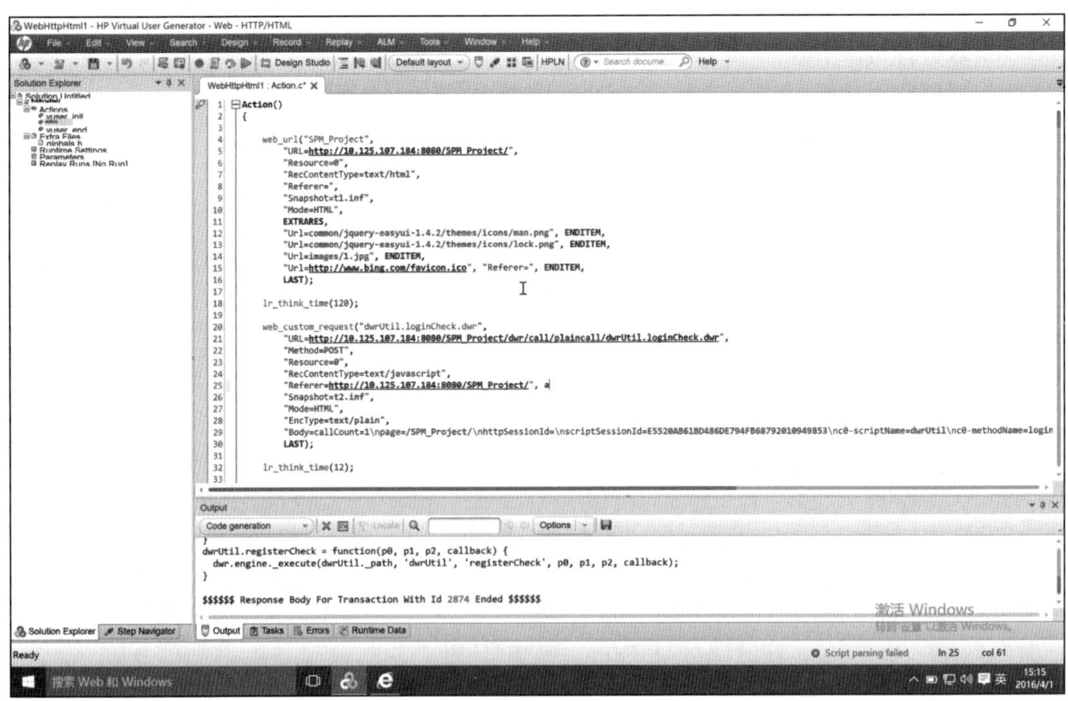

图 7-24 测试脚本生成过程

测试开发是对在测试设计阶段已被定义的测试用例进行创建或修正（如脚本编写以及注意事项）。创建测试脚本应注意：

- 尽量使测试脚本可重用。
- 尽可能减少测试脚本的维护量。

- 如果可能，尽量使用已有的测试脚本。
- 使用测试工具创建测试脚本，减少手工作业。

在测试开发过程中注意创建外部数据集，使用外部数据集的好处是：使测试脚本中不含数据，易于维护和使数据易于修改，不受脚本影响，方便增添测试用例，较少或避免修改测试脚本，外部数据能够被多个测试脚本共享。外部数据集中可包含用于控制测试脚本的数据值。

通过查阅测试用例、测试过程，使用适当的工具和方法创建数据集，利用数据集对测试脚本进行调整，调试测试脚本。

在实际测试过程中可以将测试设计和测试开发合为一个过程。

7.8.4 软件测试执行

测试执行过程是对被测软件进行一系列的测试并记录日志结果的过程，包括环境准备、测试执行结果记录、结果分析。

搭建测试环境时要针对不同的测试目的构造不同的测试环境，应尽量有利于自动化。测试环境应能够很好地接收测试的输入，应能够把测试执行的结果反馈给测试人员。

测试用例执行时需配置输入条件，按用例执行步骤执行用例，并仔细观察每个可能的输出结果，与期望结果比较，记录差异点，发现可能的缺陷（由于用例不可能遍历每个可能的输出，因此不同的人在执行同一个测试用例的时候可能会得到不同的结果）。在测试执行时注意避免用例之间的干扰，排除人为产生的错误，隔离缺陷，协助开发人员定位问题，如实记录每个缺陷（缺陷信息应当详尽，避免歧义，并利于问题的重现）。

测试执行保证正常情况下所有的测试过程或测试标准按计划结束，如果不正常（测试失败或未达到预期的测试覆盖），要保证测试执行从失败中恢复，确定错误发生的真正原因，纠正错误，同时重新建立和初始化测试环境，重新执行测试。

测试执行过程包括以下活动：

- 选择测试用例。
- 在测试环境中针对测试用例进行测试。
- 记录测试的过程、结果及事件。
- 判断测试失败是由产品的错误引起的还是测试用例本身的问题。
- 对测试过程的产品进行版本管理，保证测试的针对性、准确性、可跟踪性以便于管理。
- 提交测试文档。

表 7-25 是表 7-22 所示测试用例的执行情况，表中给出了部分测试用例的执行结果、执行时间和执行人等信息。

7.8.5 软件测试跟踪

在测试执行过程中，需要记录测试执行过程中发现的问题（bug），表 7-26 给出了部分测试缺陷的具体描述，说明了执行的用例、测试人员、问题描述等。

上述缺陷文件、测试用例的执行结果文件需要提交给开发人员，开发人员根据缺陷描述修改被测系统，再由测试人员进行回归测试。表 7-27 所示为回归测试文件。

表 7-25 测试用例的执行情况

测试用例名称	测试步骤	预测结果	测试结果	实测结果	测试人	测试日期	测试时间
特殊数字环业务 – 数字环双中心组网 – 双中心故障测试 – 局部自动切换和自动恢复的故障情形测试 –DLL 板切换 – 手动 DLL 主备切换 –01	1. 分系统 1 或分系统 2（C 局或 D 局）用户分别呼叫双接口调度台。 2. 调度台摘机 3. 分别手动切换 A、B、C、D 局 DLL 板主备	1. 主叫用户听回铃音，调度台振铃 2. 主叫用户与调度台正常通话 3. 不影响通话	PASS		张惠、张帅	2011-7-4	2
特殊数字环业务 – 数字环双中心组网 – 双中心故障测试 – 局部自动切换和自动恢复的故障情形测试 –DLL 板切换 – 网管 DLL 主备切换 –01	1. 分系统 1 或分系统 2（C 局或 D 局）用户分别呼叫双接口调度台。 2. 调度台摘机 3. 分别网管切换 A、B、C、D 局 DLL 板主备	1. 主叫用户听回铃音，调度台振铃 2. 主叫用户与调度台正常通话 3. 不影响通话	PASS		张惠、张帅	2011-7-4	2
特殊数字环业务 – 数字环双中心组网 – 双中心故障测试 – 局部自动	主系统主用 DLL 板拔出	主系统备用数字环板升为主用，分系统可以直接呼通主系统调度台	PASS		张惠、张帅	2011-7-4	4
特殊数字环业务 – 数字环双中心组网 – 双中心故障测试 – 局部自动	备用系统主用 DLL 板拔出	备用系统备用 DLL 板升为主用，分系统可以直接呼通主系统调度台和 B 局用户	PASS		张惠、张帅	2011-7-4	4
特殊数字环业务 – 数字环双中心	分别将主、备系统主备用 DLL 板都拔出	分系统 1 升为临时主用，分系统不可以直接呼通主系	PASS		张惠、张帅	2011-7-4	6
特殊数字环业务 – 数字环双中心组网 – 双中心故障测试 – 局部自动切换和自动恢复的故障情形测试 –DLL 板拔出 –04	1. 将分系统 1（C 局）主备用 DLL 板都拔出 2. 将板依次插回	1. 分系统 1（C 局）用户不能直接呼通主系统调度台，D 局用户可以直接呼通调度台 2. 分系统 1、2 都可以呼通调度台	PASS		张惠、张帅	2011-7-4	2
特殊数字环业务 – 数字环双中心	依次将主、备、分系统 1 的 DLL 板都拔出	分系统 1、分系统 2 依次变为临时主用	PASS		张惠、张帅	2011-7-4	4
特殊数字环业务 – 数字环双中心组网 – 双中心故障测试 – 局部自动	手动长按主系统主用 DLL 板复位节点	模拟主系统主用 DLL 板软件死机，主系统备用数字环板升为主用，分系统可以直接呼通主系统调度台	PASS		张惠、张帅	2011-7-4	6
特殊数字环业务 – 数字环双中心组网 – 双中心故障测试 – 局部自动	手动长按备用系统主用 DLL 板复位节点	模拟备用系统主用 DLL 板软件死机，备用系统备用数字环板升为主用，分系统可以直接呼通主系统调	PASS		张惠、张帅	2011-7-4	2
特殊数字环业务 – 数字环双中心组网 – 双中心故障测试 – 局部自动切换和自动恢复的故障情形测试 –DLL 板软件死机 –03	手动同时长按分系统 1（C 局）主、备用 DLL 板复位节点	分系统 1（C 局）用户不能直接呼通主系统调度台，D 局用户可以直接呼通主系统调度台，重启后恢复正常	PASS		张惠、张帅	2011-7-4	1

表 7-26 测试缺陷文件

编号	合作方人员	概述	测试环境	操作步骤	预测结果	问题描述	所属项目	严重等级	bug 类型	能否重现
BUG10160	张帅	数据维护对话框调整大小时覆盖功能键（详见附件 BUPT-Pic-BUG10160. jpg）	MDS3400v2. 8 设置主分两个系统，通过数字环连接。主系统主控层有扩展层，DLL(DLL-V2.8.9D110401.bin) 主备插在 1、2 槽；分系统主控层无扩展层，DLL 主备插在 5、6 槽，RING 插在 15、16 槽。主分系统的 DLL 通过前 2 路 E2 进行物理连接，同时通过 MDS 数字环信令连接。主系统的中继线配置在 1 号槽位 DLL 板，分系统的中继线配置在 6 号槽位 DLL 板	1. 在网管软件中，选择“设备维护”－“数据维护”选项，弹出对话框。 2. 鼠标指针放在对话框下沿，向上拖动	1. 弹出对话框 2. 对话框变小，不能覆盖功能键	1. 与预测结果相同。 2. 对话框变小，但覆盖功能键（详见附件 BUPT-Pic-BUG10160. jpg）	MDS3400V2.8	3-High	功能缺陷	是
BUG10161	张蕙	软件下载进度条显示有误（详见附件 BUPT-Pic-BUG10161.jpg）	MDS3400v2.8 设置主分两个系统，通过数字环连接。主系统主控层有扩展层，DLL(DLL-V2.8.9D110401.bin) 主备插在 1、2 槽；分系统主控层无扩展层，DLL 主备插在 5、6 槽，RING 插在 15、16 槽。主分系统的 DLL 通过前 2 路 E2 进行物理连接，同时通过 MDS 数字环信令连接。主系统的中继线配置在 1 号槽位 DLL 板，分系统的中继线配置在 6 号槽位 DLL 板	1. 在网管软件中，选择“数据维护”－“单板软件”－“软件下载”选项，弹出对话框。 2. 开始下载，显示下载进度条及其更新进度	1. 弹出对话框 2. 开始更新单板软件，进度条与更新进度相符	1. 与预测结果相同。 2. 开始更新单板软件，进度条与更新进度不符（详见附件 BUPT-Pic-BUG10161. jpg）	MDS3400V2.8	2-Medium	设计与实现	是

表 7-27 回归测试文件

产生原因	解决办法	序号	指示灯	滞留天数	责任人	概述	提交人	
两个功能使用的下拉框控件不同，都是经过封装的，所以 UI 风格不一致。我只是把背景色设置成了白色	两个功能使用的下拉框控件不同，都是经过封装的，所以 UI 风格不一致。我只是把背景色设置成了白色	1		2	韩万江	“配置 – 设备列表”窗口下，“设备类型”选项条是灰色的，和其他地方不一致（见附件 BUPT–MDS-AnyManager-Pic-Bug10381）	韩万江	外包测试
null	null	2		2	韩万江	“设备管理 – 区间号码配置”下分别单击创建按钮、删除按钮以及修改按钮出现提示框不一致（见附件 BUPT-MDS-AnyManager-Pic-Bug10434-01,BUPT-MDS- AnyManager-Pic-Bug10434-02,BUPT-MDS-AnyManager-Pic- Bug10434-03）	韩万江	外包测试
null	null	3		2	韩万江	单击“设备维护 – 数据维护” – “全部下载”按钮。中断下载时，弹出的对话框标点有误（见附件 BUPT-MDS-AnyManager-Pic-Bug10413）	韩万江	外包测试
告警气球位置固定	当名称位置在设备上方时，将告警下移到名称下方。 2011.9.6 日修改完毕	4		2	韩万江	创建调度交换机时，当选择名称位置在设备上方时，名称会被告警遮挡（见附件 BUPT–MDS-AnyManager-Pic-Bug10423）	韩万江	外包测试
null	问题已经修改	5		2	韩万江	网管手册中 4.11.4 配置步骤设置模调与实际不符	韩万江	外包手册
null	配置已经更新	6		2	韩万江	双网管配置不成功	韩万江	外包手册
null	已经修改 请下个版本测试验证	8		2	韩万江	FH100TL 越南语维护台：车站侧数据配置界面下的值班台按键表的“操作台号”翻译有误	韩万江	外包越南

7.8.6 软件测试评估与总结

软件测试评估的目的是确定测试是否达到标准。进行测试评估时，可参阅测试计划中有关测试覆盖和缺陷评估等策略，检查测试结果，分析缺陷，分析评估测试结果并判断测试的标准是否被满足，提交测试报告。

测试评估既是对已完成项目的总结，又是经验教训的积累，它主要评估设计的测试用例数、已执行的测试用例数、成功执行的测试用例数、测试缺陷解决情况等。测试评估主要有四个度量指标：测试覆盖率、测试执行率、测试执行通过率、测试缺陷解决率。

- *测试覆盖率*：测试用例对需求的覆盖情况，它是一个很重要的评估指标。
- *测试执行率*：实际执行过程中确定已经执行的测试用例比率（即已执行的测试用例数 / 设计的总测试用例数）。
- *测试执行通过率*：在实际执行的测试用例中执行结果为“通过”的测试用例比率（即执行结果为“通过”的测试用例数 / 实际执行的测试用例总数）。
- *缺陷解决率*：某个阶段已关闭缺陷占缺陷总数的比率（即已关闭的缺陷 / 缺陷总数）。缺陷关闭包括两种情况，即正常关闭（缺陷已修复，且经过测试人员验证通过）和强制关闭（重复的缺陷、由外部原因造成的缺陷、暂时不处理的缺陷、经确认属于无效的缺陷）。

项目进行过程中，开始时缺陷解决率上升很缓慢，随着测试工作的开展，缺陷解决率会逐步上升，在版本发布时，缺陷解决率将趋于100%。一般来说，在每个版本对外发布时，缺陷解决率都应该达到100%。也就是说，除了已修复的缺陷需要进行验证外，其他需要强制关闭的缺陷必须经过确认，且有对应的应对措施。可以将缺陷解决率作为测试结束和版本发布的一个标准。如果有部分缺陷仍处于打开状态，那么原则上该版本是不允许发布的。可以通过缺陷跟踪工具定期收集当前系统的缺陷数、已关闭缺陷数，通过这两个数据即可绘制出整个项目过程或某个阶段的缺陷解决率曲线。

表7-28是表7-20所示项目的测试用例执行的具体情况，本次测试共有305个测试用例，实际测试项数为305项，测试通过项275项，测试未通过项29项，未测试项0项，测试完成率为100%。

表 7-28 测试执行记录

测试类型	总测试项数	实际测试项数	测试通过项数	测试未通过项数	未测项	测试完成率
单呼测试	66	66	61	5	0	100%
会议测试	64	64	61	2	0	100%
其他指挥调度功能测试	57	57	54	3	0	100%
网管通道测试	72	72	61	11	0	100%
双中心故障测试	46	46	38	8	0	100%
总计	305	305	275	29	0	100%

图7-25所示是对应的五大模块的测试结果统计图。通过对该系统这五大模块的测试，在测试过程中发现的一些与预期测试结果不符的测试项情况如表7-29所示。

由图7-26和表7-30可知，出现问题较多的是一般情况下的测试项，一般情况的定义不影响整体的系统功能，而真正影响系统运行状况的只有一个测试项，因此，整个系统从运行上来说基本能满足功能需求。

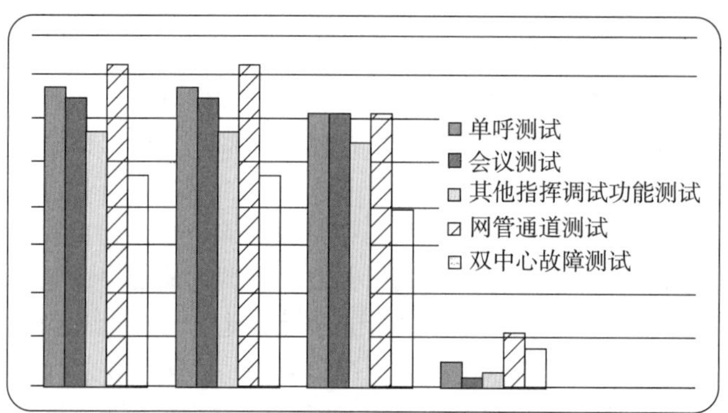

图 7-25　五大模块的测试结果统计图

表 7-29　首次测试未通过项级别统计

测试类型	缺陷统计				
	严重	一般	轻微	建议	总计
单呼测试	0	0	5	0	5
会议测试	0	0	2	0	2
其他指挥调度功能测试	0	0	3	0	3
网管通道测试	1	3	7	0	11
双中心故障测试	0	0	8	0	8
总计	1	3	25	0	29

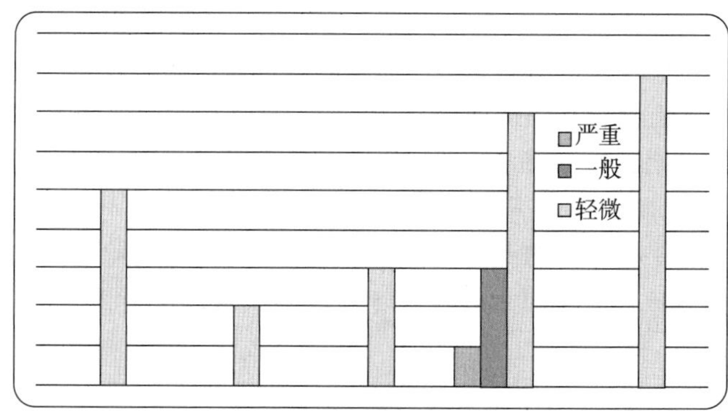

图 7-26　未通过项级别统计图

表 7-30　未通过项的分类

严重等级 / 缺陷类型	1（建议）	2（轻微）	3（一般）	4（严重）	总计
测试用例问题	0	1	0	0	1
功能缺陷	0	3	0	0	3
功能失效	0	2	0	1	3
设计问题	0	4	0	0	4
设计与实现不符	0	9	3	0	12
可维护性问题	0	1	0	0	1
性能问题	0	3	0	0	3
易用性问题	0	1	0	0	1
硬件问题	0	1	0	0	1
总计	0	25	3	1	29

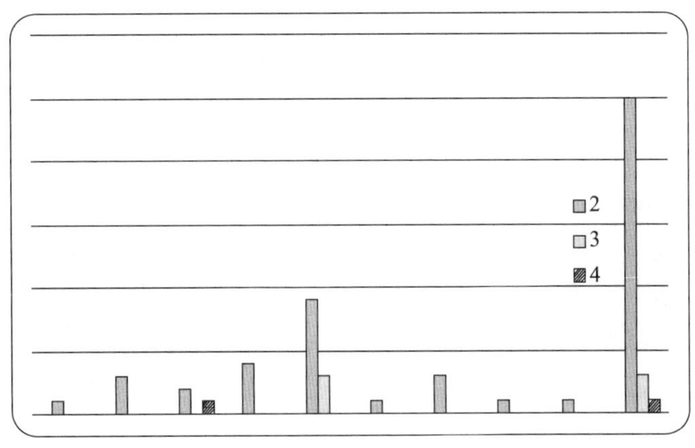

图 7-27 未通过项分类统计图

由图 7-27 和表 7-30 的信息可知，测试过程中，未通过测试的主要是设计与实现不符问题，其次是设计问题，整体而言，整个测试项目的测试质量还是比较好的，因为在回归测试之后这些问题都得到了解决，完成回归测试后，系统满足了所有的功能测试要求。

测试不是一次测试执行就能完成了的，一次完整的测试应该包括一次首次执行和多次回归测试，等到最后一次回归测试完成以后才能算是一次完整的产品测试。通过分析回归测试的结果可以反映产品的版本的改进程度。具体数据如表 7-31 和图 7-28 ~ 图 7-30 所示。

表 7-31 回归测试结果统计

模块名称	实际测试项数	首次 未通过项数	一次回归 未通过数	二次回归 未通过数	三次回归 未通过数	四次回归 未通过数
单呼	66	5	2	1	0	0
会议	64	2	0	1	0	0
其他指挥调度功能	57	3	1	0	0	0
网管通道	72	11	3	1	1	0
双中心故障	46	8	2	0	0	0
总计	305	29	8	3	1	0

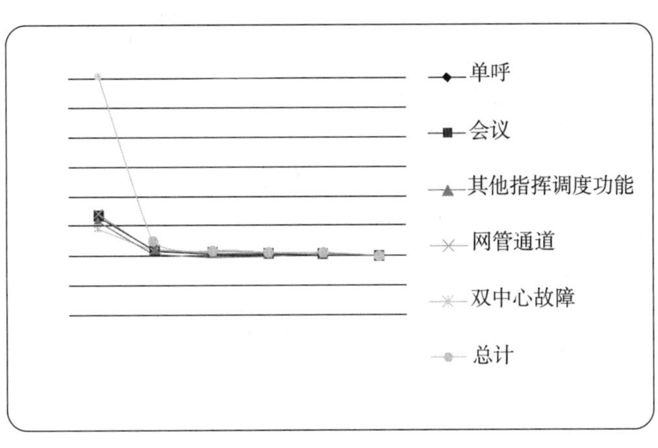

图 7-28 回归测试结果统计图

以上图表记录和反映了多次回归的缺陷数目的变化趋势（图 7-28）和首次测试（图 7-29），第一（图 7-30）、二（图 7-31）次回归的不同模块间的缺陷比例。

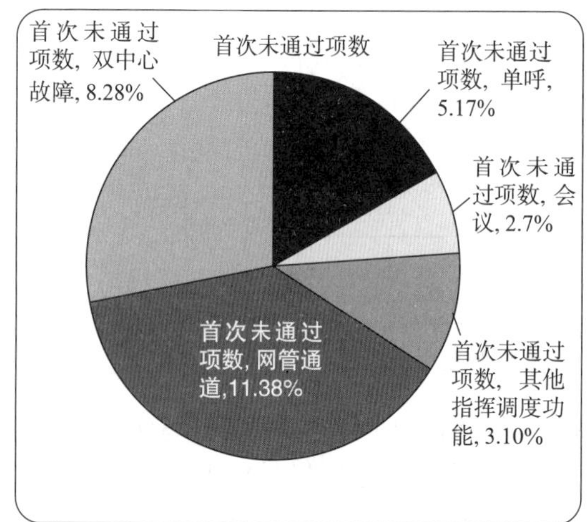

图 7-29　首次未通过项类型比例

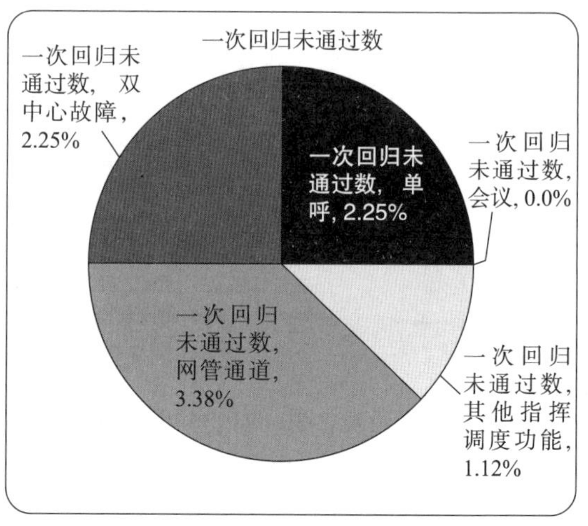

图 7-30　一次回归未通过项类型比例

7.9　自动化测试

自动化测试使用一种自动化测试工具来验证各种测试的需求，包括测试活动的管理和实施。

测试活动自动化在很多情况下很有价值。例如，测试某项特性，不仅要检查前面测试中发现的软件故障和缺陷是否得到了修复和改进，同时还要检查修复过程中是否引入了新的故障和缺陷，所以测试需要多次进行，这时使用自动化工具就比较方便。又如，一个软件项目要验证系统容量等性能特性，可能需要几千甚至上万个测试个体并发进行，这时采用手工是不可能的，需要工具模拟用户并发访问系统，测试系统的响应时间、负载能力和可靠性。

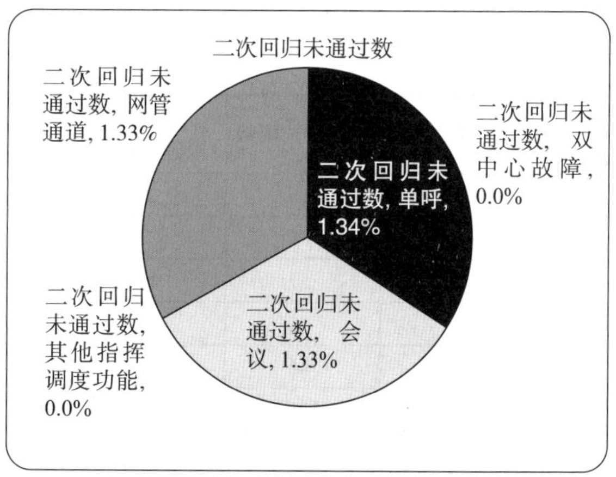

图 7-31　二次回归未通过项类型比例

通过自动化测试可以缩短软件测试时间，使测试过程标准化，从而提高软件产品的质量。

1. 测试自动化实现的程度

1）测试自动化的程度再高都不可能取代手工测试，即测试工具不可能取代测试人员。

2）一般来讲，测试自动化在整个测试过程中只能占到 30% 左右。

3）实现、运用自动化的程度还取决于各方面的资源，特别是软件的行业规范性和软件开发的稳定性。

2. 适合自动化测试的情况

1）将测试的基本管理自动化，如缺陷管理等。

2）利用自动化测试工具实现一些手工无法进行的测试活动，如压力测试、并发测试、强度测试等。

3）利用自动化测试工具完成回归测试中的缺陷跟踪测试。

4）利用自动化测试工具记录两个版本的异同，以找出缺陷。

5）对于白盒测试、可以引入测试工具进行代码分析。

3. 常用的测试工具

为了选择合适的测试工具，需要对测试工具进行比较分析，比较它们的测试能力和有效性，有时还需要自己开发工具或者手工测试。目前，软件测试方面的工具很多，以下就几种常用测试工具进行简要对比。

1）FindBugs 白盒测试工具。FindBugs 是一个静态分析工具，它检查类或者 JAR 文件，将字节码与一组缺陷模式进行对比以发现可能的问题。有了静态分析工具，就可以在不实际运行程序的情况下对软件进行分析。在 FindBugs 的 GUI 中，需要先选择待扫描的 .class 文件 (FindBugs 其实就是对编译后的 class 进行扫描，从而发现一些隐藏的 bug)。如果你拥有这些 class 对应的源文件，可把 java 文件也选上，这样便可以在稍后得出的报告中快捷地定位到出问题的代码上。此外，还可以选择工程所使用的 library，这样可以帮助 FindBugs 做一些高阶检查，以发现更深层的 bug。

选定以上各项后，便可以开始检测了。检测过程可能会花好几分钟，具体视工程的规模而定。检测完毕后会生成一份详细的报告，通过这份报告可以发现许多代码中潜在的 bug，例如引用了空指针、特定的资源未关闭等。如果用人工检查的方式，这些 bug 可能很难发现，或者直到运行时才会发作。图 7-32 便是采用 FindBugs 进行代码测试过程。

FindBug 操作视频：https://pan.baidu.com/s/1miTqa72（可扫二维码）。

2）HP 公司的 LoadRunner 测试工具。HP 的 Mercury Interactive 产品主要包括 WinRunner、XRunner、LoadRunner、TestDirector、Astra QuickTest 等。

WinRunner 是一个捕获 / 回放工具，用于测试 Windows 应用程序、Web 应用程序和通过终端竞争访问的应用程序，主要功能包括：插入检查点，检验数据，增强测试，分析结果，维护测试。该工具主要适用于功能测试、回归测试等，用于生成测试用例、分析测试结果、维护测试用例等。

LoadRunner 是 HP 推出的一种预测系统行为和性能的负载测试工具，目前使用率很高。它通过模拟上千万用户实施并发负载及实时性能监测的方式来确认和查找问题，包括 Windows 和 Unix 两种版本。LoadRunner 能够对整个企业架构进行测试，帮助企业最大限度地缩短测试时间、优化性能和加速应用系统的发布进度。LoadRunner 是一种适用于各种体系架构的自动负载测试工具，它能预测系统行为并优化系统性能。

LoadRunner 主要包括 VuGen、Controller 和 Analysis 三部分。VuGen 是用于创建 Vuser 脚本的 HP 工具。可以使用 VuGen 录制用户执行的典型业务流程来开发 Vuser 脚本。使用此脚本可以模拟实际情况。Controller 使得用户可以从单一控制点轻松、有效地控制所有 Vuser，并在执行期间监控场景性能。在 HP LoadRunner Controller 或 HP Performance Center 内运行负载测试场景后可以使用 Analysis。Analysis 图可以帮助我们确定系统性能并提供有关事务及 Vuser 的信息。

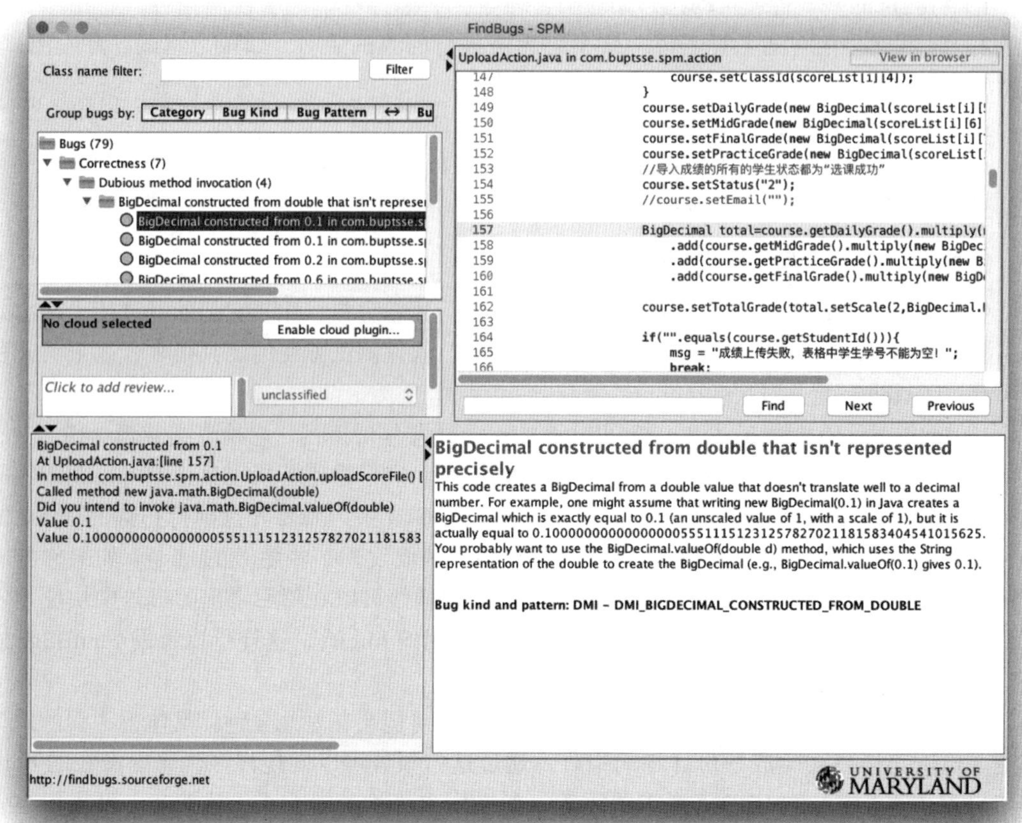

图 7-32　FindBug 测试过程

LoadRunner 工具可以模拟数千个用户，产生用于评价和测试不同组件性能的场景，如服务器、数据库、网络组件等，它可以提供定位系统瓶颈的详细报告。LoadRunner 的功能包括：创建虚拟用户，创建真实的负载，定位性能问题，分析结果以精确定位问题所在，重复测试保证系统发布的高性能，Enterprise Java Beans 的测试，支持无线应用协议，支持 Media Stream 应用，完整的企业应用环境的支持。该工具主要适用于性能测试、压力测试等，用于模拟多用户、定位性能瓶颈等。图 7-33 是 LoadRunner 测试的结果示例。

LoadRunner 操作视频：https://pan.baidu.com/s/1gfQbFI7（可扫二维码）。

TestDirector 提供了测试计划、测试执行和错误跟踪等功能，它按层次文件夹的形式组织测试，从而帮助测试和跟踪测试。TestDirector 的功能包括需求管理、计划测试、安排和执行测试、缺陷管理、图形化和报表输出。该工具属于测试管理工具。

3）IBM Rational 的测试工具。IBMRational 公司开发了一组测试工具包，包括 Robot、PureCoverage、Purify、Quantify、TestManager、LoadTest 等。

Robot 用于功能测试和回归测试，能够收集性能数据，可以根据用户指示产生和运行测试用例，还能基于捕获 / 回放机制产生可以编辑和调试的测试脚本。

PureCoverage 工具对 C 和 C++ 程序度量测试所覆盖的程序单元。

Purify 检查运行时内存错误。

Quantify 是性能检测工具，用于检测系统瓶颈。

TestManager 用于测试管理。

LoadTest 是一个负载测试工具，该工具可以模拟多个用户，每次使用不同的数据运行同样的测试用例，从而测试软件在高负荷下的性能。

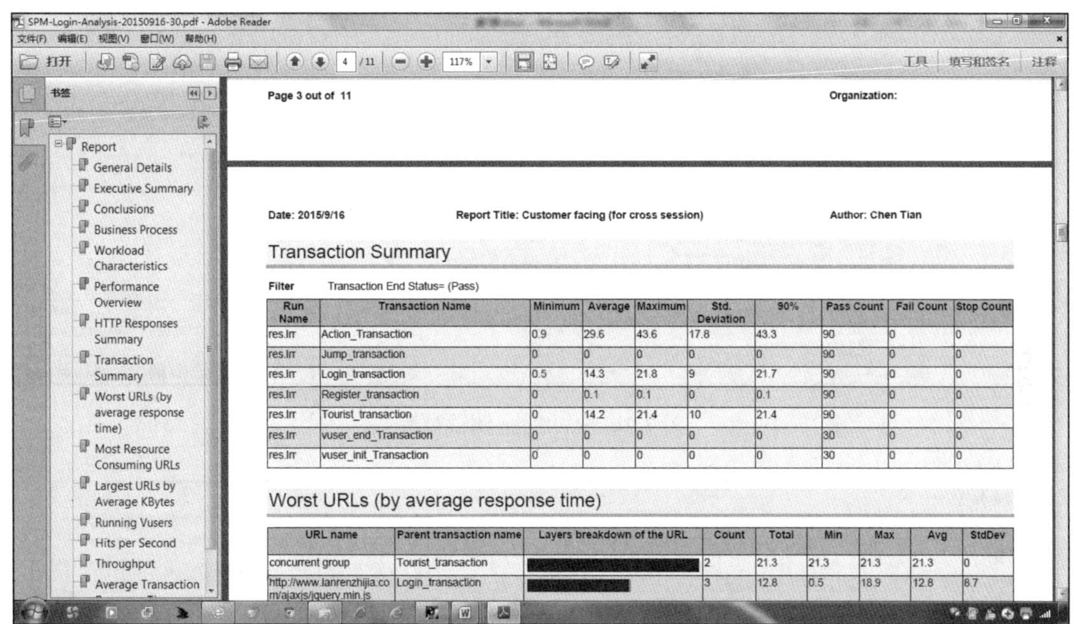

Page 3 out of 11 Organization:

Date: 2015/9/16 Report Title: Customer facing (for cross session) Author: Chen Tian

Transaction Summary

Filter Transaction End Status= (Pass)

Run Name	Transaction Name	Minimum	Average	Maximum	Std. Deviation	90%	Pass Count	Fail Count	Stop Count
res.lrr	Action_Transaction	0.9	29.6	43.6	17.8	43.3	90	0	0
res.lrr	Jump_transaction	0	0	0	0	0	90	0	0
res.lrr	Login_transaction	0.5	14.3	21.8	9	21.7	90	0	0
res.lrr	Register_transaction	0	0.1	0.1	0	0.1	90	0	0
res.lrr	Tourist_transaction	0	14.2	21.4	10	21.4	90	0	0
res.lrr	vuser_end_Transaction	0	0	0	0	0	30	0	0
res.lrr	vuser_init_Transaction	0	0	0	0	0	30	0	0

Worst URLs (by average response time)

URL name	Parent transaction name	Layers breakdown of the URL	Count	Total	Min	Max	Avg	StdDev
concurrent group	Tourist_transaction		2	21.3	21.3	21.3	21.3	0
http://www.lanrenzhijia.com/ajaxjs/jquery.min.js	Login_transaction		3	12.8	0.5	18.9	12.8	8.7

图 7-33 HP Loadrunner 测试的结果图示

4）Compuware 公司的测试工具。Compuware 公司开发的工具具有自动检测、诊断和帮助解决软件错误和性能问题的功能，如 QACenter、Perfromance Edition、EcoScope、TrackRecord、DevPartner Studio 等。

QACenter 帮助所有的测试人员创建一个快速、可重用的测试过程，自动帮助管理测试过程，快速分析和调试程序，包括针对回归、强度、单元、并发、集成、移植、容量和负载测试建立测试用例，自动执行测试和产生文档结果。

5）IBM Security AppScan 是用于 Web 应用程序和 Web 服务的安全漏洞测试工具。它包含了可帮助站点免受网络攻击的高级测试方法，以及一整套的应用程序数据输出选项。图 7-34 是 IBM Security AppScan 测试某项目安全漏洞的过程。

IBM AppScan 操作视频：https://pan.baidu.com/s/1qYuBrGw（可扫二维码）。

6）Apache JMeter 是 100% 纯 Java 桌面应用程序，用于测试 C/S 结构的软件（如 Web 应用程序）。它通常被用来测试包括基于静态和动态资源程序的性能，如静态文件、Java Servlets、Java 对象、数据库、FTP 服务器等。JMeter 可以用来模拟一个在服务器、网络或者某一对象上大的负载以测试或者分析在不同的负载类型下的全面性能。

另外，JMeter 能够让大家用断言创造测试脚本，验证应用程序是否返回了期望的结果，从而帮助使用者对程序进行回归测试。图 7-35 是采用 Apache JMeter 测试的结果。

JMeter 操作视频：https://pan.baidu.com/s/1pKP5hX5（可扫二维码）。

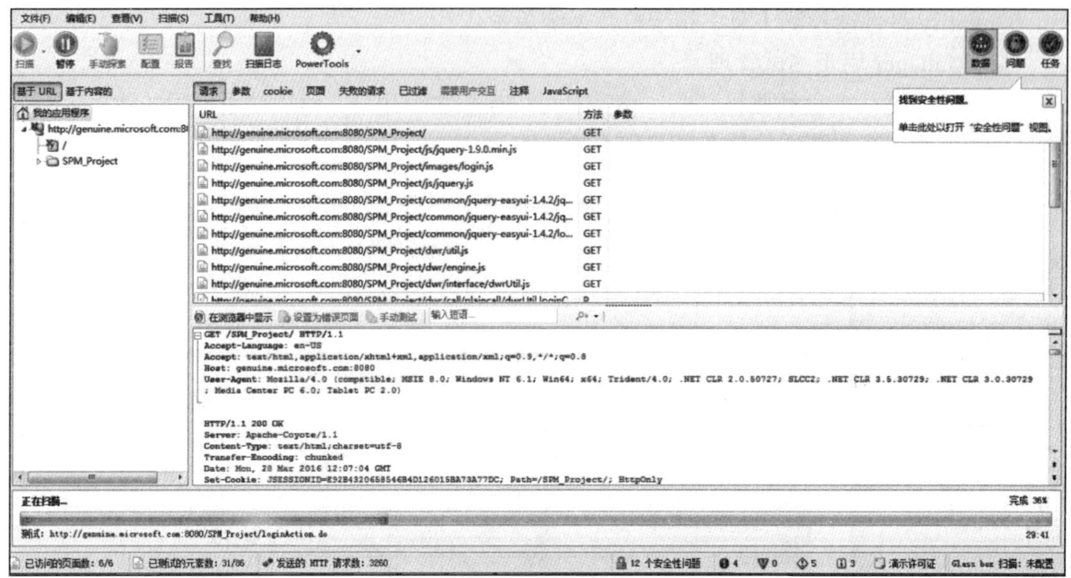

图 7-34 AppScan 测试过程

聚合报告

名称：聚合报告

注释：

所有数据写入一个文件

文件名 浏览... Log/Display Only: 仅日志错误 Successes Configure

Label	# Samples	Average	Median	90% Line	95% Line	99% Line	Min	Max	Error %	Throughput	KB/sec
1 /MFEwTzB...	50	138	124	152	165	407	106	407	0.00%	16.5/min	.6
2 /fwlink/	50	644	608	809	836	1663	434	1663	0.00%	16.5/min	8.0
4 /fwlink/	50	698	709	877	885	1053	416	1053	0.00%	16.5/min	8.1
8 /img/baidu...	50	148	147	190	203	636	54	636	0.00%	16.6/min	.4
7 /img/bd_lo...	50	66	61	87	95	168	39	168	0.00%	16.6/min	2.3
9 /api/toolbo...	50	56	53	70	91	156	30	156	0.00%	16.6/min	.1
11 /5eN1bjq...	50	181	208	245	267	295	44	295	0.00%	16.6/min	1.0
10 /5eN1bjq...	50	65	62	81	90	117	36	117	0.00%	16.6/min	4.0
12 /5eN1bjq...	50	58	56	80	86	112	35	112	0.00%	16.6/min	1.0
13 /5eN1bjq...	50	127	118	159	179	198	92	198	0.00%	16.6/min	17.9
14 /act/autht...	50	288	263	354	381	665	215	665	0.00%	16.6/min	2.6
16 /act/autht...	50	269	261	300	318	467	212	467	0.00%	16.6/min	2.7
18 /userSyn...	50	53	48	74	83	200	33	200	100.00%	16.6/min	.1
19 /downloa...	50	65	57	95	108	217	32	217	100.00%	16.7/min	.0
20 /downloa...	50	62	57	83	101	177	29	177	100.00%	16.7/min	.0
21 /downloa...	50	58	55	73	76	130	36	130	100.00%	16.7/min	.0
22 /userSyn...	50	53	54	68	71	89	32	89	100.00%	16.7/min	.1
23 /	25	223	233	286	349	363	99	363	0.00%	26.3/min	12.2
25 /img/baid...	25	161	159	257	297	309	42	309	0.00%	26.3/min	.6
24 /img/bd_l...	25	86	63	104	245	312	34	312	0.00%	26.4/min	3.7
28 /5eN1bjq...	25	80	55	92	191	387	31	387	0.00%	26.4/min	1.5
29 /5eN1bjq...	25	83	62	85	136	452	48	452	0.00%	26.4/min	6.3
27 /5eN1bjq...	25	64	60	74	110	151	35	151	0.00%	26.4/min	1.5
26 /5eN1bjq...	25	78	71	101	125	205	48	205	0.00%	25.9/min	14.1
30 /5eN1bjq...	25	124	118	154	174	181	98	181	0.00%	25.9/min	28.0
31 /5eN1bjq...	25	103	74	180	218	281	35	281	0.00%	25.9/min	2.5
32 /5eN1bjq...	25	62	59	76	95	103	42	103	0.00%	26.0/min	3.2
33 /5eN1bjq...	25	69	65	97	102	134	42	134	0.00%	26.0/min	2.7
34 /5eN1bjq...	25	70	61	113	135	215	37	215	0.00%	26.0/min	1.8
37 /5eN1bjq...	25	63	64	73	87	129	35	129	0.00%	26.0/min	2.7
38 /5eN1bjq...	25	62	60	88	92	107	34	107	0.00%	26.0/min	1.0

图 7-35 JMeter 测试的结果

7）Web Link Validator 是一款网站分析工具，用于帮助网站管理员自动检查站点，寻找站点中存在的错误，增强站点的有效性。通过对整个站点以及所有页面的检查分析，找出站点中存在的无效链接，以及 JavaScript 和 Flash 等超级链接。但是，Web Link Validator 又不仅仅限于链接的检查，它同样可以揭露出孤立文件、HTML 代码错误、加载速度慢、过时页面等问题；还可以帮助网站管理员维护文字内容，通过内置的拼写检查器来找出并且改正英语及其他支持语言中的拼写错误。图 7-36 是利用 Web Link Validator 进行网站测试的过程。

Web Link Validator 操作视频：https://pan.baidu.com/s/1cKgm9C（可扫二维码）。

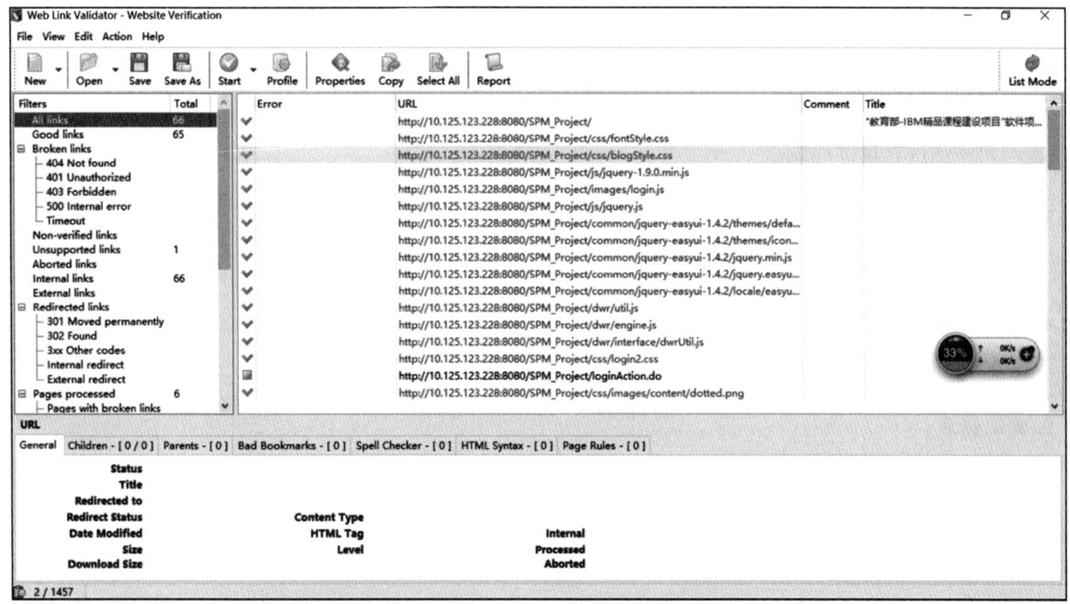

图 7-36 Web Link Validator 测试过程

7.10 软件测试过程的文档

测试是比较复杂和困难的过程，为了很好地管理和控制测试的复杂性和困难性，需要仔细编写完整的测试文档。

7.10.1 测试计划文档

这里提供一个可供参考的系统测试计划模板。

1. 介绍

1.1 目的

说明文档的目的。

1.2 范围

说明文档覆盖的范围。

1.3 缩写说明

定义文档中所涉及的缩略语（若无则填写无）。

1.4 术语定义

定义文档内使用的特定术语（若无则填写无）。

1.5 引用标准

列出文档制定所依据、引用的标准（若无则填写无）。

1.6 参考资料

列出文档制定所参考的资料（若无则填写无）。

1.7 版本更新信息

记录文档版本修改的过程，具体版本更新记录如下表所示：

修改编号	修改日期	修改后版本	修改位置	修改内容概述

2. 测试项目

对被测试对象进行描述。

3. 测试特性

描述测试的特性和不被测试的特性。

4. 测试方法

分析和描述本次测试采用的测试方法和技术。

5. 测试标准

描述测试通过的标准、测试审批的过程以及测试挂起 / 恢复的条件。

6. 系统测试交付物

测试完成后提交的所有产品。

7. 测试任务

8. 环境需求

8.1 硬件需求

8.2 软件需求

8.3 测试工具

8.4 其他

9. 角色和职责

10. 人员及培训

11. 系统测试进度

7.10.2 测试设计文档

测试设计主要是根据相应的产品（需求、总体设计、详细设计等）设计测试方案、测试覆盖率以及测试用例等。这里我们提供一个可供参考的单元测试设计、集成测试设计和系统测试设计的模板。

单元测试设计模板

1. 介绍

1.1 目的

说明文档的目的。

1.2 范围

说明文档覆盖的范围。

1.3 缩写说明

定义文档中所涉及的缩略语（若无则填写无）。

1.4 术语定义

定义文档内使用的特定术语（若无则填写无）。

1.5 引用标准

列出文档制定所依据、引用的标准（若无则填写无）。

1.6 参考资料

列出文档制定所参考的资料（若无则填写无）。

1.7 版本更新信息

记录文档版本修改的过程，具体版本更新记录如下表所示：

修改编号	修改日期	修改后版本	修改位置	修改内容概述

2. 测试项目

对被测试对象进行描述。

3. 测试方法

单元测试包括静态测试和动态测试两个方面。

单元测试流程如图 D-1 所示，首先对整个代码进行静态测试，再针对代码的具体内容和性质，安排动态黑盒测试和白盒测试的内容，采用“先黑盒后白盒”的测试方法，针对复杂的模块，采用覆盖率测试方法。在测试过程中，每测试一遍，就根据发现的错误来修改代码，每次更改后即进行回归测试，这是一个不断反复的过程，直到符合要求后再进入下一阶段的测试。

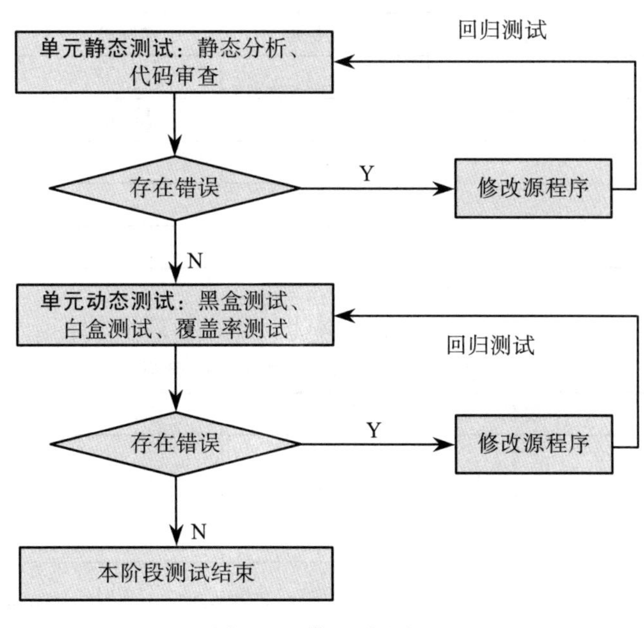

图 D-1　单元测试流程

其中：

1）通过准则：

- 语句、分支覆盖率达到100%，关键模块MC/DC覆盖率达到100%，如果覆盖率不到100%，需以问题单的形式给出原因。
- 测试用例正确执行，测试用例文件注释正确、完整。
- 对于设计中给出的变量边界值，应有相应的测试用例。
- 对于变量、表达式的运算是否越界或溢出，应有充分的测试用例。

2）测试技术：白盒测试技术、黑盒测试技术。

3）提交文档：单元测试报告、测试用例文件、问题报告单。

4. 测试用例设计

测试用例是整个软件测试活动的主体，其数量和质量决定了软件测试的成本和有效性。在软件可靠性测试中，由于输入、输出空间，特别是输入空间的无限性，使得无法对软件进行全面的测试。因此，如何从大量的输入数据中挑选适量的、具有代表性的典型数据，特别是怎样用较少的测试用例对软件进行较全面的测试，是当今测试所面临的一大难题。

4.1 编号-1测试用例

表D-1 测试用例-1

用例编号	001
单元描述	
用例目的	
用例类型	
测试环境	

表D-2 测试用例-1的子测试用例

子用例编号	方法名	输入标准	实际输入	状态
001-1				
	子用例目的	输出标准	实际输出	
预置条件				
测试方法说明				

……

表D-3 测试用例-1的子测试用例

子用例编号	方法名	输入标准	实际输入	状态
001-2				
	子用例目的	输出标准	实际输出	
预置条件				
测试方法说明				

……

……

4.2 编号 –2 测试用例

……

4.n 编号 –n 测试用例

……

集成测试设计模板

1. 介绍

1.1 目的

说明文档的目的。

1.2 范围

说明文档覆盖的范围。

1.3 缩写说明

定义文档中所涉及的缩略语（若无则填写无）。

1.4 术语定义

定义文档内使用的特定术语（若无则填写无）。

1.5 引用标准

列出文档制定所依据、引用的标准（若无则填写无）。

1.6 参考资料

列出文档制定所参考的资料（若无则填写无）。

1.7 版本更新信息

记录文档版本修改的过程，具体版本更新记录如下表所示：

修改编号	修改日期	修改后版本	修改位置	修改内容概述

2. 测试项目

对被测试对象进行描述。

3. 测试方法

集成测试是将所有模块按照系统设计的要求集成为系统而进行的测试，该测试所要考虑的问题是：在把各个模块连接起来的时候，穿越模块接口的数据是否会丢失；一个模块的功能是否会对另一个模块的功能产生不利的影响；各个子功能组合起来，能否达到预期要求的父功能；全局数据结构是否有问题；单个模块的误差累计起来，是否会放大，从而达到不能接受的程度。集成测试流程如图 D-2 所示。

4. 测试用例设计

4.1 模块集成测试用例

4.2 接口测试用例

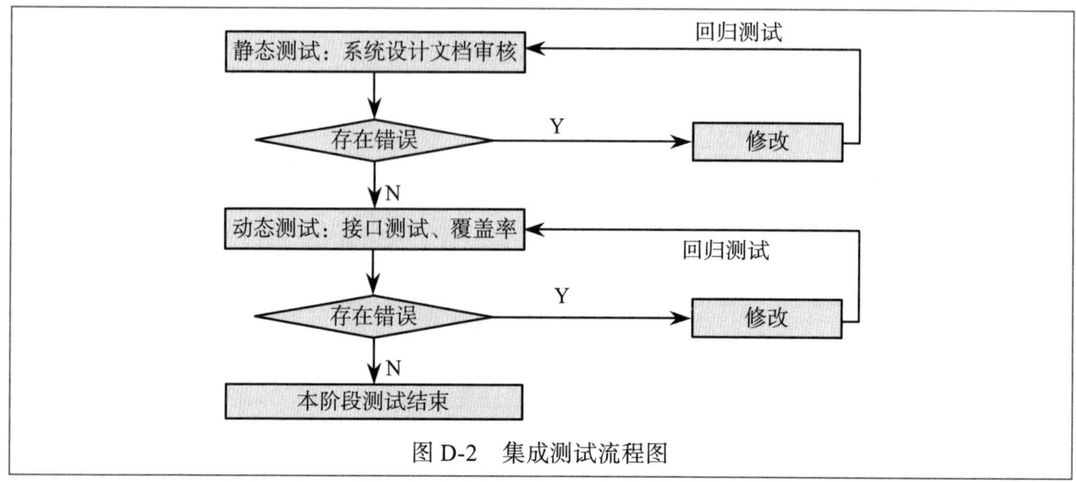

图 D-2 集成测试流程图

系统测试设计模板

1. 介绍

1.1 目的

说明文档的目的。

1.2 范围

说明文档覆盖的范围。

1.3 缩写说明

定义文档中所涉及的缩略语（若无则填写无）。

1.4 术语定义

定义文档内使用的特定术语（若无则填写无）。

1.5 引用标准

列出文档制定所依据、引用的标准（若无则填写无）。

1.6 参考资料

列出文档制定所参考的资料（若无则填写无）。

1.7 版本更新信息

记录文档版本修改的过程，具体版本更新记录如下表所示：

修改编号	修改日期	修改后版本	修改位置	修改内容概述

2. 项目概述

简述测试对象，即测试项目情况。

3. 测试计划

3.1 测试依据

给出项目文档和测试技术标准。

3.2 测试计划

给出测试时间、地点和人员的安排等。

3.2.1 测试时间

3.2.2 测试人员安排

4. 测试环境

描述测试网络环境、硬件环境、软件环境。

4.1 网络环境

用图示描述测试网络环境。

4.2 硬件环境

用图示描述测试硬件环境。

4.3 软件环境

描述测试软件环境。

5. 测试用例设计

系统测试是依据需求规格说明对系统进行测试，验证系统的功能和性能及其他特性是否与用户的要求相一致。在测试过程中，除了考虑系统的功能和性能外，还应对系统的可移植性、兼容性、可维护性、错误的恢复功能等进行确认。系统测试流程如图 D-3 所示。

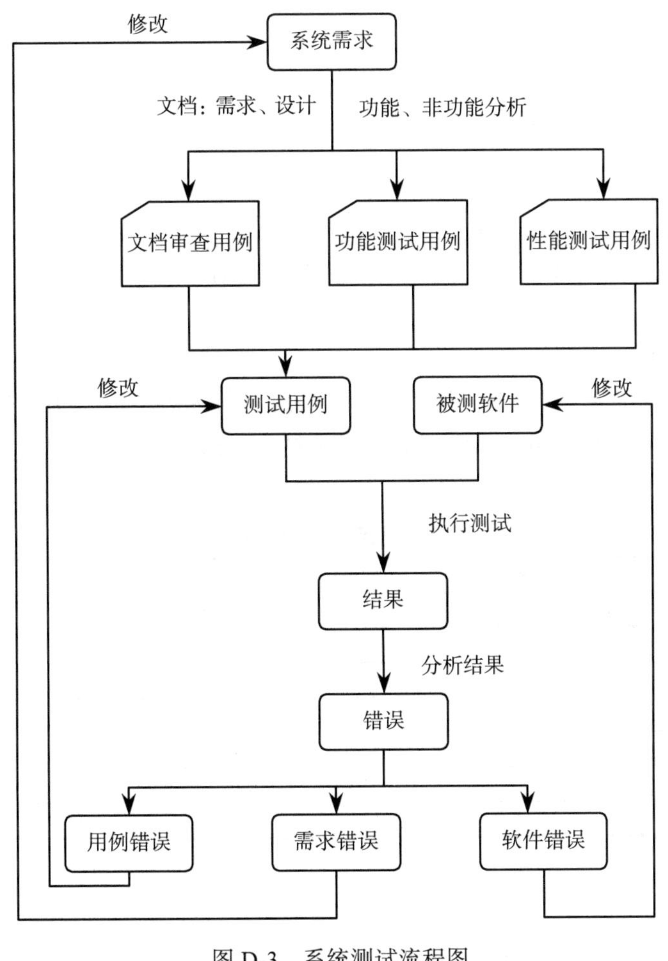

图 D-3 系统测试流程图

以下测试用例设计包括文档审查、功能测试、性能测试、可靠性测试、安全性测试等。

5.1 文档审查用例设计

用户文档是软件系统安装、维护、使用以及二次开发的重要依据，好的用户文档可以帮助用户进行系统安装、维护和日常使用，并且可以提高用户二次开发的效率和成功概率，因此文档审查过程中，需要根据如下指标对用户文档进行测试。

1）用户文档编写的规范性。

2）用户文档的完整性：一般手册应该包括软件需求说明书、概要设计说明书、详细设计说明书、数据库设计说明书、用户手册、操作手册、测试计划、测试分析报告等，文档应涵盖软件安装所需要的信息、产品描述中说明的所有功能、软件维护所需要的信息、产品描述中给出的所有边界值。

3）手册与软件实际功能的一致性：文档自身、文档之间或者文档与产品描述之间相互不矛盾，且术语一致。

4）正确性：文档中所有信息正确、没有歧义，无错误的描述。

5）易理解程度：用户手册对关键操作有无实例、图文说明，例图的易理解性如何，对主要功能和关键操作提供的图文应用有多少，实例的详细程度如何。

6）易浏览程度：用户文档是否易于浏览，是否相互关系明确，是否有目录或索引，对正常使用其产品的一般用户是否容易理解。

7）可操作性：对文档是否可以指导用户的实际应用进行考核。

8）文档质量：用户手册包装的商品化程度和印刷质量如何。

5.2 功能测试用例设计

5.2.1 功能测试内容

功能测试主要采用黑盒测试策略，分别对功能点和业务流程进行测试，测试中应覆盖规格说明要求的全部功能点和主要业务流程，其主要方法包括因果图法、等价类划分法、边界值分析法、错误猜测法等。

5.2.2 功能测试覆盖分析

对每个模块的功能覆盖率进行分析。首先，测试用例对所有的业务流程、数据流以及核心功能点的覆盖率应达到 100%；其次，必须满足用户测试的需求。完成表 D-4 所示的测试用例的覆盖关系。

表 D-4 功能测试用例与功能需求覆盖矩阵

序 号	功能需求项	测试用例编号	测试用例名称	优先级

5.3 性能测试用例设计

5.3.1 性能测试内容

性能测试可从以下几个方面考虑：

1）负载压力测试。

2）系统资源监控（压力测试）。

3）疲劳测试。

5.3.2 性能测试覆盖分析

性能测试用例与性能需求的覆盖关系如表 D-5 所示。

表 D-5 性能测试用例与性能需求覆盖矩阵

序　　号	性能需求项	测试用例编号	测试用例名称	优先级

5.4 安全性测试用例设计

5.4.1 安全性测试内容

安全性测试的具体方法如下：

1）功能验证。

2）漏洞扫描。

3）模拟攻击试验。

4）侦听技术。

5.4.2 安全性测试覆盖分析

安全性测试用例与性能需求的覆盖关系如表 D-6 所示。

表 D-6 安全性测试用例与性能需求覆盖矩阵

序　　号	性能需求项	测试用例编号	测试用例名称	优先级

6. 测试结果标准

6.1 缺陷类型定义

定义系统测试过程中的缺陷类型。

6.2 严重程度

根据缺陷的严重程度进行优先排序。

6.3 系统测试通过准则

本次系统测试的通过标准如表 D-7 所示。

表 D-7 系统测试通过准则

<table>
<tr><th colspan="2">测试内容</th><th>评价结果类型</th><th>说明</th></tr>
<tr><td rowspan="2">功能测试</td><td>业务流程测试</td><td>“通过”和“不通过”</td><td>只要业务流程不能完全实现，即视为“不通过”</td></tr>
<tr><td>基本功能测试</td><td>“通过”“基本通过”和“不通过”</td><td>出现“严重问题”，或一般问题的数量占被测系统总功能点的 10% 以上视为“不通过”；
出现“一般问题”且其数量占被测系统总功能点的 10% 以下，视为“基本通过”；
出现“建议问题”或无问题，视为“通过”</td></tr>
<tr><td colspan="2">性能测试</td><td>“通过”“不通过”</td><td>性能测试符合指标要求为“通过”，否则为“不通过”</td></tr>
<tr><td colspan="2">安全可靠性测试</td><td>“通过”“基本通过”和“不通过”</td><td rowspan="5">出现“严重问题”，或一般问题的数量占被测总功能点的 10% 以上视为“不通过”；
出现“一般问题”且其数量占被测系统总功能点的 10% 以下，视为“基本通过”；
出现“建议问题”或无问题，视为“通过”</td></tr>
<tr><td colspan="2">兼容性测试</td><td>“通过”“基本通过”和“不通过”</td></tr>
<tr><td colspan="2">可扩充性测试</td><td>“通过”“基本通过”和“不通过”</td></tr>
<tr><td colspan="2">易用性测试</td><td>“通过”“基本通过”和“不通过”</td></tr>
<tr><td colspan="2">用户文档测试</td><td>“通过”“基本通过”和“不通过”</td></tr>
</table>

6.4 项目输出成果

6.4.1 软件测试方案

软件测试方案是关于软件测试项目的一个测试计划和执行方案，主要包括测试目的、

评测依据、评测管理、评测内容及方法、测试配合要求、测试结果、测试环境要求以及项目输出成果等。

6.4.2 测试问题报告

测试问题报告指在测试实施完成后测试工作组提交的一个软件缺陷报告，主要内容包括问题的严重等级、问题产生的详细操作过程及结果描述等。

6.4.3 软件测试报告

软件测试报告是由测试工作组提交的最终测试结果报告，主要内容包括对软件功能及其他质量特性的综合评价、测试要求的各项质量特性的实现情况、详细测试结果描述以及软件的测试环境描述等。

附录 A：功能测试用例说明

附录 B：性能测试用例说明

附录 C：安全性测试用例说明

7.10.3 软件测试报告

下面的测试总结报告模板可供参考。

1. 介绍

1.1 目的

说明文档的目的。

1.2 范围

说明文档覆盖的范围。

1.3 缩写说明

定义文档中所涉及的缩略语（若无则填写无）。

1.4 术语定义

定义文档内使用的特定术语（若无则填写无）。

1.5 引用标准

列出文档制定所依据、引用的标准（若无则填写无）。

1.6 参考资料

列出文档制定所参考的资料（若无则填写无）。

1.7 版本更新信息

记录文档版本修改的过程，具体版本更新记录如下表所示：

修改编号	修改日期	修改后版本	修改位置	修改内容概述

2. 测试时间、地点和人员

3. 测试环境描述

4. 测试用例执行情况

测试执行过程中需要填写测试执行后的测试用例设计 / 执行单（意外事件记录在备注中），最好给出测试用例执行情况的跟踪图，如表 D-8 所示。

表 D-8 测试用例设计 / 执行单模板

<table>
<tr><td colspan="2">测试用例名称</td><td colspan="4"></td></tr>
<tr><td colspan="2">测试用例标识</td><td colspan="4"></td></tr>
<tr><td colspan="2">测试用例追溯</td><td colspan="4"></td></tr>
<tr><td colspan="2">测试说明</td><td colspan="4"></td></tr>
<tr><td colspan="2">测试用例初始化</td><td colspan="4"></td></tr>
<tr><td colspan="2">前提与约束</td><td colspan="4"></td></tr>
<tr><td colspan="2">异常终止条件</td><td colspan="4">测试环境异常终止。
测试用例发生重大错误，无法执行而异常终止</td></tr>
<tr><td colspan="6">测试步骤</td></tr>
<tr><td>序号</td><td colspan="2">测试输入</td><td>期望测试结果</td><td>判断准则</td><td>实际测试结果</td></tr>
<tr><td></td><td colspan="2"></td><td></td><td>与期望结果一致</td><td></td></tr>
<tr><td></td><td colspan="2"></td><td></td><td>与期望结果一致</td><td></td></tr>
<tr><td>设计人员</td><td></td><td>设计日期</td><td></td><td>执行情况</td><td></td></tr>
<tr><td>执行人员</td><td></td><td>执行日期</td><td></td><td>监督人员</td><td></td></tr>
<tr><td>执行情况</td><td></td><td>是否通过</td><td></td><td>问题标识</td><td></td></tr>
</table>

可以采用工具跟踪测试的结果，如表 D-9 所示就是一个测试错误跟踪记录表。目前市场上有很多缺陷跟踪的商用工具软件。

表 D-9 测试错误跟踪记录表

序号	时间	事件描述	错误类型	状态	处理结果	测试人	开发人
1							
2							
3							

……

4.1 测试用例执行度量

4.2 测试进度和工作量度量

4.3 缺陷数据度量

4.5 综合数据分析

计划进度偏差 =（实际进度 – 计划进度）/ 计划进度 × 100%；

用例执行效率 = 执行用例总数 / 执行总时间（小时）；

用例密度 = 用例总数 / 规模 ×100%；

缺陷密度 = 缺陷总数 / 规模 ×100%；

用例质量 = 缺陷总数 / 用例总数 ×100%；

缺陷严重程度分布饼图；

缺陷类型分布饼图。

5. 测试评估

5.1 测试任务评估

（例如，评估结论：本次测试执行准备充足，完成了既定目标。）

5.2 测试对象评估

（例如，评估结论：测试对象符合系统测试阶段的质量要求，可以进入下一个阶段。）

6. 遗留缺陷分析

7. 审批报告

提交人签字：　　　　日期：

开发经理签字：　　　　日期：

产品经理签字：　　　　日期：

8. 附件

附件 1 测试用例执行表

附件 2 测试覆盖率报告

附件 3 缺陷分析报告

7.11 项目案例分析

项目案例名称：软件项目管理课程平台（SPM）

项目案例文档：测试用例设计；测试执行结果；测试报告

功能测试用例：http://pan.baidu.com/s/1c177ITy（下载 1）

用例执行结果（部分）：http://pan.baidu.com/s/1bo9BFAJ（下载 2）

测试 bug 文件（部分）：http://pan.baidu.com/s/1kVS81a3（下载 3）

测试过程说明：https://pan.baidu.com/s/1skWkcSt（视频）

对于软件工程流程而言，测试工作之前基本上是开发环节的工作；对一个企业的软件项目周期而言，项目则是从开发部门进入了测试部门，如图 7-37 所示。保持软件环境的一致很重要，如果没有类似容器的技术支持，测试环境的搭建需要按照规划好的环境搭建流程执行。本书测试环境的建立可以参照第 8 章的安装部署流程执行，因为测试环境与产品运行环境是一致的。

开发环节 → 测试环节 → 生产环节 → 运维环节

图 7-37 软件工程化之测试环节

7.11.1 测试设计案例

根据对 SPM 项目的需求分析，设计了覆盖功能需求的功能测试用例和覆盖性能需求的性能测试用例，性能测试也包括了安全方面的测试用例。图 7-38 展示了部分功能测试用例，图 7-39 展示了部分性能测试用例。

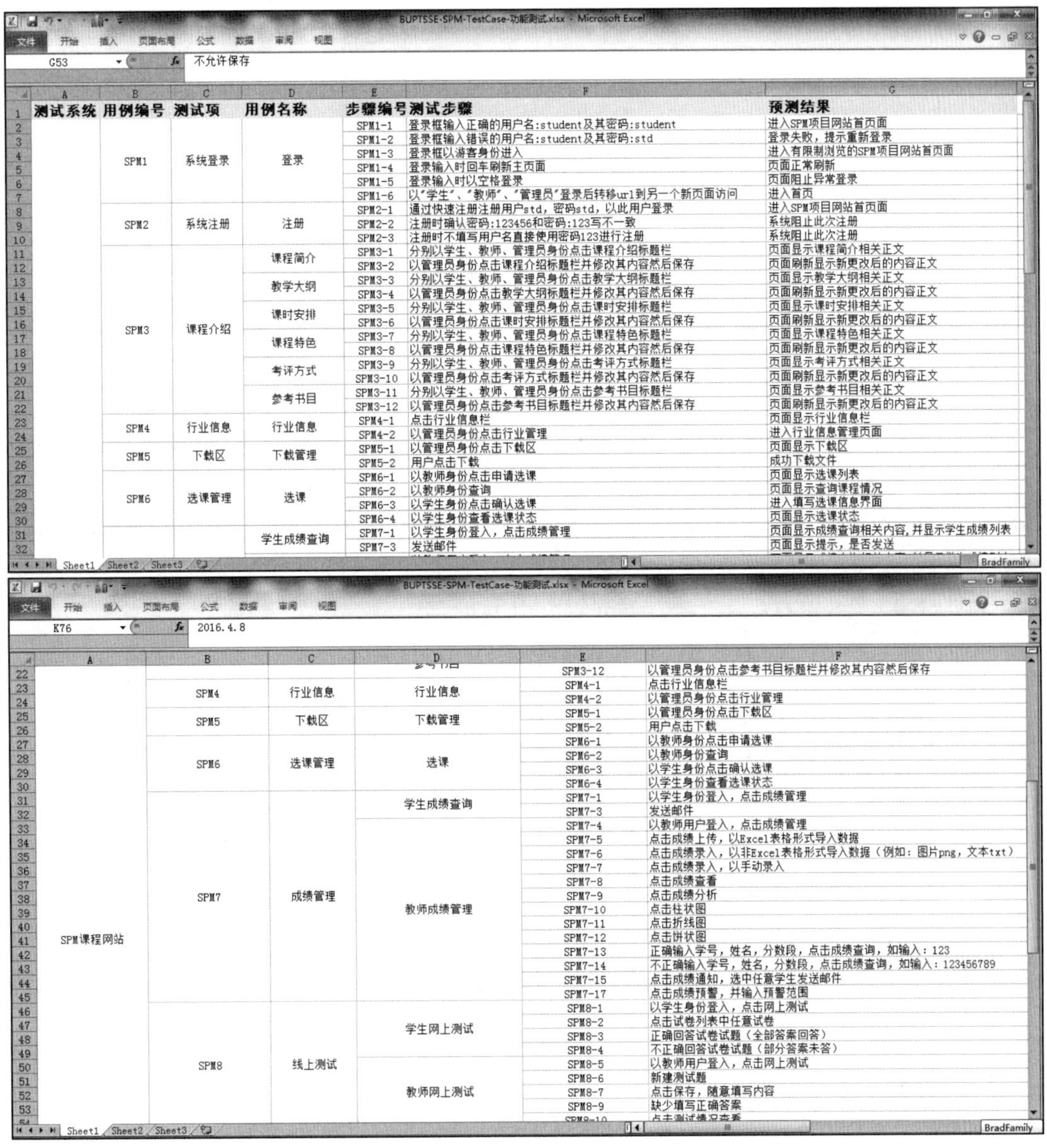

BUPTSSE-SPM-TestCase-功能测试.xlsx - Microsoft Excel

G53 不允许保存

	测试系统	用例编号	测试项	用例名称	步骤编号	测试步骤	预测结果
2		SPM1	系统登录	登录	SPM1-1	登录框输入正确的用户名:student及其密码:student	进入SPM项目网站首页面
3					SPM1-2	登录框输入错误的用户名:student及其密码:std	登录失败，提示重新登录
4					SPM1-3	登录框以游客身份进入	进入有限制浏览的SPM项目网站首页面
5					SPM1-4	登录输入时回车刷新主页面	页面正常刷新
6					SPM1-5	登录输入时以空格登录	页面阻止异常登录
7					SPM1-6	以"学生"、"教师"、"管理员"登录后转移url到另一个新页面访问	进入首页
8		SPM2	系统注册	注册	SPM2-1	通过快速注册注册用户std，密码std，以此用户登录	进入SPM项目网站首页面
9					SPM2-2	注册时确认密码:123456和密码:123写不一致	系统阻止此次注册
10					SPM2-3	注册时不填写用户名直接使用密码123进行注册	系统阻止此次注册
11		SPM3	课程介绍	课程简介	SPM3-1	分别以学生、教师、管理员身份点击课程介绍标题栏	页面显示课程简介相关正文
12					SPM3-2	以管理员身份点击课程介绍标题栏并修改其内容然后保存	页面刷新显示新更改后的内容正文
13				教学大纲	SPM3-3	分别以学生、教师、管理员身份点击教学大纲标题栏	页面显示教学大纲相关正文
14					SPM3-4	以管理员身份点击教学大纲标题栏并修改其内容然后保存	页面刷新显示新更改后的内容正文
15				课时安排	SPM3-5	分别以学生、教师、管理员身份点击课时安排标题栏	页面显示课时安排相关正文
16					SPM3-6	以管理员身份点击课时安排标题栏并修改其内容然后保存	页面刷新显示新更改后的内容正文
17				课程特色	SPM3-7	分别以学生、教师、管理员身份点击课程特色标题栏	页面显示课程特色相关正文
18					SPM3-8	以管理员身份点击课程特色标题栏并修改其内容然后保存	页面刷新显示新更改后的内容正文
19				考评方式	SPM3-9	分别以学生、教师、管理员身份点击考评方式标题栏	页面显示考评方式相关正文
20					SPM3-10	以管理员身份点击考评方式标题栏并修改其内容然后保存	页面刷新显示新更改后的内容正文
21				参考书目	SPM3-11	分别以学生、教师、管理员身份点击参考书目标题栏	页面显示参考书目相关正文
22					SPM3-12	以管理员身份点击参考书目标题栏并修改其内容然后保存	页面刷新显示新更改后的内容正文
23		SPM4	行业信息	行业信息	SPM4-1	点击行业信息栏	页面显示行业信息栏
24					SPM4-2	以管理员身份点击行业管理	进入行业信息管理页面
25		SPM5	下载区	下载管理	SPM5-1	以管理员身份点击下载区	页面显示下载区
26					SPM5-2	用户点击下载	成功下载文件
27		SPM6	选课管理	选课	SPM6-1	以教师身份点击申请选课	页面显示选课列表
28					SPM6-2	以教师身份查询	页面显示查询课程情况
29					SPM6-3	以学生身份点击确认选课	进入填写选课信息界面
30					SPM6-4	以学生身份查看选课状态	页面显示选课状态
31				学生成绩查询	SPM7-1	以学生身份登入，点击成绩管理	页面显示成绩查询相关内容，并显示学生成绩列表
32					SPM7-3	发送邮件	页面显示提示，是否发送

BUPTSSE-SPM-TestCase-功能测试.xlsx - Microsoft Excel

K76 2016.4.8

	A	B	C	D	E	F
22					SPM3-12	以管理员身份点击参考书目标题栏并修改其内容然后保存
23		SPM4	行业信息	行业信息	SPM4-1	点击行业信息栏
24					SPM4-2	以管理员身份点击行业管理
25		SPM5	下载区	下载管理	SPM5-1	以管理员身份点击下载区
26					SPM5-2	用户点击下载
27		SPM6	选课管理	选课	SPM6-1	以教师身份点击申请选课
28					SPM6-2	以教师身份查询
29					SPM6-3	以学生身份点击确认选课
30					SPM6-4	以学生身份查看选课状态
31		SPM7	成绩管理	学生成绩查询	SPM7-1	以学生身份登入，点击成绩管理
32					SPM7-3	发送邮件
33				教师成绩管理	SPM7-4	以教师用户登入，点击成绩管理
34					SPM7-5	点击成绩上传，以Excel表格形式导入数据
35					SPM7-6	点击成绩录入，以非Excel表格形式导入数据（例如：图片png，文本txt）
36					SPM7-7	点击成绩录入，以手动录入
37					SPM7-8	点击成绩查看
38					SPM7-9	点击成绩分析
39					SPM7-10	点击柱状图
40					SPM7-11	点击折线图
41	SPM课程网站				SPM7-12	点击饼状图
42					SPM7-13	正确输入学号，姓名，分数段，点击成绩查询，如输入：123
43					SPM7-14	不正确输入学号，姓名，分数段，点击成绩查询，如输入：123456789
44					SPM7-15	点击成绩通知，选中任意学生发送邮件
45					SPM7-17	点击成绩预警，并输入预警范围
46		SPM8	线上测试	学生网上测试	SPM8-1	以学生身份登入，点击网上测试
47					SPM8-2	点击试卷列表中任意试卷
48					SPM8-3	正确回答试卷试题（全部答案回答）
49					SPM8-4	不正确回答试卷试题（部分答案未答）
50				教师网上测试	SPM8-5	以教师用户登入，点击网上测试
51					SPM8-6	新建测试题
52					SPM8-7	点击保存，随意填写内容
53					SPM8-9	缺少填写正确答案

图 7-38 功能测试用例

7.11.2 测试执行结果

测试执行结果包括测试用例的执行情况以及测试 bug 文件。图 7-40 是测试用例的执行结果文件，图 7-41 是测试执行过程中发现的 bug 文件。

SPM性能测试用例.xlsx - Microsoft Excel

A164 安全性测试

	A	B	C	D	E
144				案例分析	2、使用LoadRunner录制脚本，20个用户同时立即执行，执行一次后保存并分析结果
145					3、使用LoadRunner录制脚本，30个用户同时立即执行，执行一次后保存并分析结果
146					4、使用LoadRunner录制脚本，40个用户同时立即执行，执行一次后保存并分析结果
147					5、使用LoadRunner录制脚本，50个用户同时立即执行，执行一次后保存并分析结果
148		SPM28	教学团队压力测试	教师队伍	1、使用LoadRunner录制脚本，10个用户同时立即执行，执行一次后保存并分析结果
149					2、使用LoadRunner录制脚本，20个用户同时立即执行，执行一次后保存并分析结果
150					3、使用LoadRunner录制脚本，30个用户同时立即执行，执行一次后保存并分析结果
151					4、使用LoadRunner录制脚本，40个用户同时立即执行，执行一次后保存并分析结果
152					5、使用LoadRunner录制脚本，50个用户同时立即执行，执行一次后保存并分析结果
153				学术水平	1、使用LoadRunner录制脚本，10个用户同时立即执行，执行一次后保存并分析结果
154					2、使用LoadRunner录制脚本，20个用户同时立即执行，执行一次后保存并分析结果
155					3、使用LoadRunner录制脚本，30个用户同时立即执行，执行一次后保存并分析结果
156					4、使用LoadRunner录制脚本，40个用户同时立即执行，执行一次后保存并分析结果
157					5、使用LoadRunner录制脚本，50个用户同时立即执行，执行一次后保存并分析结果
158				校企合作	1、使用LoadRunner录制脚本，10个用户同时立即执行，执行一次后保存并分析结果
159					2、使用LoadRunner录制脚本，20个用户同时立即执行，执行一次后保存并分析结果
160					3、使用LoadRunner录制脚本，30个用户同时立即执行，执行一次后保存并分析结果
161					4、使用LoadRunner录制脚本，40个用户同时立即执行，执行一次后保存并分析结果
162					5、使用LoadRunner录制脚本，50个用户同时立即执行，执行一次后保存并分析结果
163	疲劳测试	SPM29	网页疲劳度测试	疲劳测试	使用LoadRunner对服务器持续访问48小时
164	安全性测试	SPM30	安全性测试	基于工具appscan的安全性测试	1、使用appscan配置该工程的测试参数
165					2、点击探索进入测试页面
166					3、在打开的测试网页中进行登陆相关的操作
167					4、关闭测试网页
168					5、观察appscan文体选项卡中的安全漏洞提示
169				同一账号由多个用户同时登陆	1、注册用户名为2013212100，密码为2013212100的账号
170					2、多人同时利用该账号登陆系统
171				更改用户权限后再次登陆系统	1、在后台数据库更改用户权限
172					2、用该用户的账号再次登入系统
173				用户密码是否可见	输入密码后，观察用户密码是否可见
174				用户密码是否可复制	输入密码后，复制用户的密码
175				复制用户登陆后的链接看能否用用户账号直接进入系统	复制用户登陆后的链接，粘贴入浏览器

Sheet1 Sheet2 Sheet3

图 7-39 性能测试用例

BUPTSSE-SPM-TestCaseResult-功能测试--执行结果.xlsx - Microsoft Excel

E1 步骤编号

	步骤编号	测试步骤	预测结果	测试结果	实测结果	测试人	测试日期
2	SPM1-1	登录框输入正确的用户名:student及其密码:student	进入SPM项目网站首页面	Pass	进入SPM项目网站首页面	王昊	2016.4.8
3	SPM1-2	登录框输入错误的用户名:student及其密码:std	登录失败，提示重新登录	Pass	登录失败，提示重新登录	王昊	2016.4.8
4	SPM1-3	登录框以游客身份进入	进入有限制浏览的SPM项目网站首页面	Fail	进入正常的首页	王昊	2016.4.8
5	SPM1-4	登录输入时回车刷新主页面	页面正常刷新	Pass	页面正常刷新	王昊	2016.4.8
6	SPM1-5	登录输入时以空格登录	页面阻止异常登录	Pass	系统阻止异常账户登录	王昊	2016.4.8
7	SPM1-6	以"学生"、"教师"、"管理员"登录后转移url到另一个新页面访问	进入首页	Pass	进入首页	王昊	2016.4.8
8	SPM2-1	通过快速注册注册用户std，密码std，以此用户登录	进入SPM项目网站首页面	Pass	进入SPM项目网站首页面	王昊	2016.4.8
9	SPM2-2	注册时确认密码:123456和密码:123写不一致	系统阻止此次注册	Pass	系统阻止此次注册	王昊	2016.4.8
10	SPM2-3	注册时不填写用户名直接使用密码123进行注册	系统阻止此次注册	Pass	系统阻止此次注册	王昊	2016.4.8
11	SPM3-1	分别以学生、教师、管理员身份点击课程介绍标题栏	页面显示课程简介相关正文	Pass	页面显示课程简介相关正文	王昊	2016.4.8
12	SPM3-2	以管理员身份点击课程介绍标题栏并修改其内容然后保存	页面刷新显示新更改后的内容正文	Fail	回到首页	王昊	2016.4.8
13	SPM3-3	分别以学生、教师、管理员身份点击教学大纲标题栏	页面显示教学大纲相关正文	Pass	页面显示教学大纲相关正文	王昊	2016.4.8
14	SPM3-4	以管理员身份点击教学大纲标题栏并修改其内容然后保存	页面刷新显示新更改后的内容正文	Fail	回到首页	王昊	2016.4.8
15	SPM3-5	分别以学生、教师、管理员身份点击课时安排标题栏	页面显示课时安排相关正文	Pass	页面显示课时安排相关正文	王昊	2016.4.8
16	SPM3-6	以管理员身份点击课时安排标题栏并修改其内容然后保存	页面刷新显示新更改后的内容正文	Fail	回到首页	王昊	2016.4.8
17	SPM3-7	分别以学生、教师、管理员身份点击课程特色标题栏	页面显示课程特色相关正文	Pass	页面显示课程特色相关正文	王昊	2016.4.8
18	SPM3-8	以管理员身份点击课程特色标题栏并修改其内容然后保存	页面刷新显示新更改后的内容正文	Fail	回到首页	王昊	2016.4.8
19	SPM3-9	分别以学生、教师、管理员身份点击考评方式标题栏	页面显示考评方式相关正文	Pass	页面显示考评方式相关正文	王昊	2016.4.8
20	SPM3-10	以管理员身份点击考评方式标题栏并修改其内容然后保存	页面刷新显示新更改后的内容正文	Fail	回到首页	王昊	2016.4.8
21	SPM3-11	分别以学生、教师、管理员身份点击参考书目标题栏	页面显示参考书目相关正文	Pass	页面显示参考书目相关正文	王昊	2016.4.8
22	SPM3-12	以管理员身份点击参考书目标题栏并修改其内容然后保存	页面刷新显示新更改后的内容正文	Fail	回到首页	王昊	2016.4.8
23	SPM4-1	点击行业信息栏	页面显示行业信息栏	Pass	页面显示行业信息相关内容	王昊	2016.4.8
24	SPM4-2	以管理员身份点击行业管理	进入行业信息管理页面	Pass	进入行业信息管理页面	王昊	2016.4.8
25	SPM5-1	以管理员身份点击下载区	页面显示下载区	Pass	页面显示下载区	王昊	2016.4.8
26	SPM5-2	用户点击下载	成功下载文件	Fail	页面显示410错误	王昊	2016.4.8
27	SPM6-1	以教师身份点击申请选课	页面显示选课列表	Pass	页面显示选课列表	王昊	2016.4.8
28	SPM6-2	以教师身份查询	页面显示查询课程情况	Pass	页面显示查询课程情况	王昊	2016.4.8
29	SPM6-3	以学生身份点击确认选课	进入填写选课信息界面	Pass	进入填写选课信息界面	王昊	2016.4.8
30	SPM6-4	以学生身份查看选课状态	页面显示选课状态	Pass	页面显示选课状态	王昊	2016.4.8
31	SPM7-1	以学生身份登入，点击成绩管理	页面显示成绩查询相关内容，并显示学生成绩列表	Pass	页面显示成绩查询相关内容，并显示学生成绩列表	王昊	2016.4.8
32	SPM7-3	发送邮件	页面显示提示，是否发送	Fail	出错啦！	王昊	2016.4.8
33	SPM7-4	以教师用户登入，点击成绩管理	页面显示成绩查询相关内容，并显示学生成绩列表	Pass	页面显示成绩查询相关内容，并显示学生成绩列表	王昊	2016.4.8
34	SPM7-5	点击成绩上传，以Excel表格形式导入数据	页面显示导入文件导航框，导入后，系统更新学生成	Pass	页面显示导入文件导航框，导入后，系统更新学生成绩	王昊	2016.4.8
35	SPM7-6	点击成绩录入，以非Excel表格形式导入数据（例如：图片png，文本txt）	页面显示提示，上传格式错误	Pass	页面显示提示，上传格式错误	王昊	2016.4.8
36	SPM7-7	点击成绩录入，以手动录入	无	无	无	王昊	2016.4.8
37	SPM7-8	点击成绩查看	页面显示更新后学生成绩，并显示成绩分析，成绩查	Pass	页面显示更新后学生成绩，并显示成绩分析，成绩查询，成绩修改	王昊	2016.4.8
38	SPM7-9	点击成绩分析	页面显示学生成绩分析相关图表	Pass	页面显示学生成绩分析相关图表	王昊	2016.4.8
39	SPM7-10	点击柱状图	页面显示学生成绩分析柱状图，并允许相应操作	Pass	页面显示学生成绩分析柱状图，并允许相应操作	王昊	2016.4.8
40	SPM7-11	点击折线图	页面显示学生成绩分析折线图，并允许相应操作	Pass	页面显示学生成绩分析折线图，并允许相应操作	王昊	2016.4.8
41	SPM7-12	点击饼状图	页面显示学生成绩分析饼状图，并允许相应操作	Pass	页面显示学生成绩分析饼状图，并允许相应操作	王昊	2016.4.8
42	SPM7-13	正确输入学号，姓名，分数段，点击成绩查询，如输入：123	页面显示特定范围学生成绩列表	Pass	页面显示特定范围学生成绩列表	王昊	2016.4.8

Sheet1 Sheet2 Sheet3

图 7-40 测试用例的执行情况

7.11.3 测试报告案例

测试报告是对整个测试过程的总结，给出测试对象的测试结论。主要包括如下三个方面：

- 测试用例的执行情况
- 测试问题文件

- 测试结论

编号	测试用例名称	【操作步骤】	【预测结果】	【实测结果】:问题描述	BUG状态*	提交人	提交时间	验证人	验证日期	备注
1	登录	登录输入时以空格登录	页面阻止异常登录	系统允许异常账户登录	严重	高柏杨	2016/5/25	薛亿非		
2	登录	以student、admin、teacher登录后转移url到另一个新页面访	页面不允许访问	系统不允许访问，但现实Ecception异常	一般	高柏杨	2016/5/25	薛亿非		
3	注册	注册时确认密码和密码填写不一致	系统阻止此次注册	系统未检查密码和确认密码是否一致，错误使用密码栏内	严重	高柏杨	2016/5/25	薛亿非		
4	注册	注册时不填写用户名直接使用密码进行注册	系统阻止此次注册	系统未确认输入情况，以空字符以及所输入的密码进行了	严重	高柏杨	2016/5/25	薛亿非		
5	注册	注册要求绑定用户邮箱	系统阻止此次注册	系统未实现此模块	严重	高柏杨	2016/5/25	薛亿非		
6	课程介绍	以管理员身份点击课程介绍标题栏并修改其内容然后保存	页面刷新显示新更改后的内容正文	系统没有保存修改后的文本，显示的内容和未更改前一样	严重	高柏杨	2016/5/25	薛亿非		
7	教学大纲	以管理员身份点击教学大纲标题栏并修改其内容然后保存	页面刷新显示新更改后的内容正文	系统没有保存修改后的文本，显示的内容和未更改前一样	严重	高柏杨	2016/5/25	薛亿非		
8	课时安排	以管理员身份点击课时安排标题栏并修改其内容然后保存	页面刷新显示新更改后的内容正文	系统没有保存修改后的文本，显示的内容和未更改前一样	严重	高柏杨	2016/5/25	薛亿非		
9	课程特色	以管理员身份点击课程特色标题栏并修改其内容然后保存	页面刷新显示新更改后的内容正文	系统没有保存修改后的文本，显示的内容和未更改前一样	严重	高柏杨	2016/5/25	薛亿非		
10	考评方式	以管理员身份点击考评方式标题栏并修改其内容然后保存	页面刷新显示新更改后的内容正文	系统没有保存修改后的文本，显示的内容和未更改前一样	严重	高柏杨	2016/5/25	薛亿非		
11	参考书目	以管理员身份点击参考书目标题栏并修改其内容然后保存	页面刷新显示新更改后的内容正文	系统没有保存修改后的文本，显示的内容和未更改前一样	严重	高柏杨	2016/5/25	薛亿非		
12	选课管理	以管理员身份点击选课管理标题栏并修改其内容然后保存	页面刷新显示新更改后的内容正文	系统没有保存修改后的文本，显示的内容和未更改前一样	严重	高柏杨	2016/5/25	薛亿非		
13	首页	进入首页，且浏览器处于全屏状态	背景满幅	背景适配左下空幅	一般	高柏杨	2016/5/25	薛亿非	2016.5.21	SPM1.jpg
14	成绩查询	进入成绩查询，向下滑动	滑动看到所有表格内容	页面滑动浏览失败，页面内容只能见到部分	建议	张希	2016/5/25	陈远蔚	2016.5.21	SPM7-滑动.jpg
15	教师成绩管理	选择文件点击上传文件	成功上传文件	teacher角色使用上传功能障碍	建议	张希	2016/5/25	陈远蔚	2016.5.21	SPM9-7.jpg
16	案例分析	点击需求规格	显示需求规格页面	进入一个校务通管理系统	严重	张希	2016/5/25	陈远蔚	2016.5.21	SPM6.jpg
17	成绩查询-学生	以学生登入，点击成绩查询，不正确输入数据库中存在的学号进	页面显示用户输入出错或是该学号不存	页面崩溃，显示错误代码	严重	张希	2016/5/25	陈远蔚		SPM7.jpg
18	网上测试-学生	按不正确格式回答试卷中习题（如直接点击提交），并点击提交	页面显示测试结果，答题分数	页面崩溃，显示错误代码	严重	张希	2016/5/25	陈远蔚		SPM8.jpg
19	课程内容-练习题	点击课程内容-练习题	页面显示练习题相关内容	浏览器弹出另一个窗口	轻微	张希	2016/5/25	陈远蔚		SPM9.jpg
20	成绩查询-教师-上传文件	以教师身份登入，点击成绩查询，上传文件	页面显示上传成功，刷新	页面崩溃，显示错误代码	严重	张希	2016/5/25	陈远蔚		SPM7-教师-1.JPG
21	成绩查询-教师-成绩查询	以教师身份登入，点击成绩查询，输入不正确学号（超过一定长	页面显示输入错误，刷新	页面崩溃，显示错误代码	严重	张希	2016/5/25	陈远蔚		SPM7-教师-2.JPG
22	成绩查询-教师-发送邮件	以教师身份登入，点击成绩查询，点击发送邮件	页面显示发送邮件结果——成功/失败	页面崩溃，显示错误代码	严重	张希	2016/5/25	陈远蔚		SPM7-教师-3.JPG
23	网上测试-教师-创建新试	以教师身份登入，点击网上测试，点击创建试卷，不正确输入	页面显示试卷创建失败，重新创建	页面崩溃，显示错误代码	严重	张希	2016/5/25	陈远蔚		SPM8-教师.jpg（SPM8-教师.
24	课程内容-教师-授课教案	以教师身份登入，点击课程内容，点击添加教案，不正确输入	页面显示教案添加失败，重新添加	页面崩溃，显示错误代码	严重	张希	2016/5/25	陈远蔚		SPM9-授课教案-教师.jpg（S
25	课程内容-教师-授课教案	点击课程内容，点击任意教案，进行下载	页面显示下载信息，开始下载	页面崩溃，显示错误代码	严重	陈远蔚	2016/5/25	薛亿非		SPM9-授课教案-下载.JPG
26	课程内容-授课教案	点击课程内容，点击要删除教案之后的删除，进行删除	页面删除选中教案，页面刷新	页面崩溃，显示错误代码	严重	陈远蔚	2016/5/25	薛亿非		SPM9-授课教案-删除.jpeg
27	课程内容-教学视频-播放	点击课程内容，点击要教学列表中任意视频	页面显示视频内容，点击视频页面	页面中已看完按钮无效	轻微	陈远蔚	2016/5/25	薛亿非		SPM9-教学视频.jpg
28	课程内容-教学视频-登入	以不同账号登入（某些账号），点击课程内容，进入教学视频	页面显示视频内容列表	页面崩溃，显示错误代码	严重	陈远蔚	2016/5/25	薛亿非		SPM9-教学视导-用户登入.jp
29	留言板-我要留言	点击提交	成功提交留言内容	未成功提交，并出现中文乱码	严重	陈远蔚	2016/5/25	薛亿非		SPM11_我要留言_失败.jpg
30	联系我们	点击联系我们	成功查看联系方式	图片未成功显示	严重	陈远蔚	2016/5/25	薛亿非		SPM12_联系方式_图片显示错
31	实验指导书-文件修改	实验指导书中选择文件后点击确认修改	成功修改	修改失败：描述Bug	严重	陈远蔚	2016/5/25	薛亿非		SPM13_实验指导书_文件修改
32	教学团队-教师队伍	点击对应模块	进入页面且文字图片显示正常	图片未成功显示	严重	陈远蔚	2016/5/25	薛亿非		SPM14_教学团队_教师队伍.j
33	教学团队-学术水平	点击对应模块	进入页面且文字图片显示正常	图片未成功显示	严重	陈远蔚	2016/5/25	薛亿非		SPM14_教学团队_学生水平.j
34	教学团队-校企合作	点击对应模块	进入页面且文字图片显示正常	图片未成功显示	严重	陈远蔚	2016/5/25	薛亿非		SPM14_教学团队_校企合作.j

图 7-41　测试 bug 文件

图 7-42 是测试用例执行统计情况，图 7-43 是功能测试结果统计图，

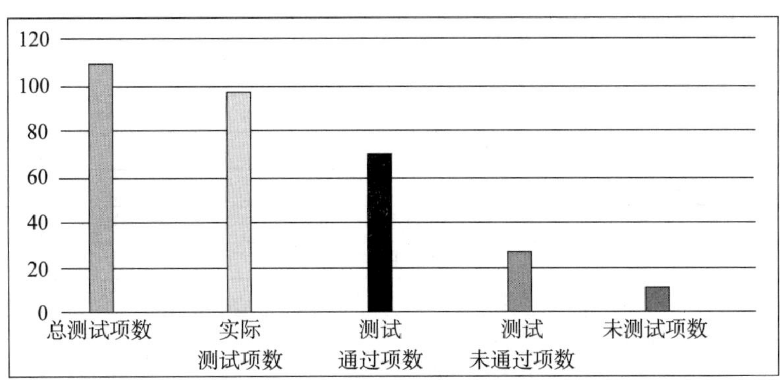

图 7-42　测试用例执行统计

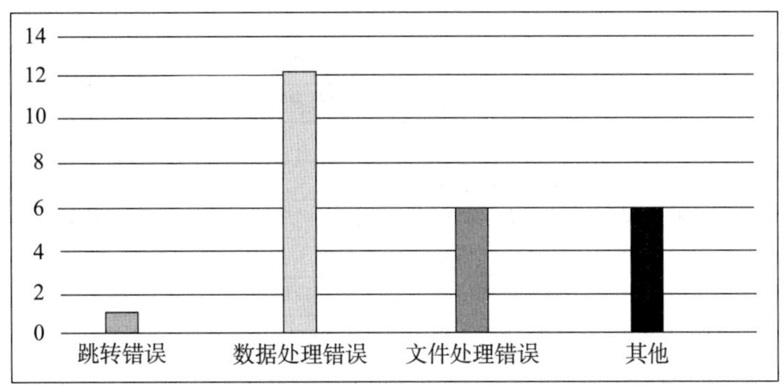

图 7-43　功能测试结果统计图

性能测试响应时间如图 7-44 所示。

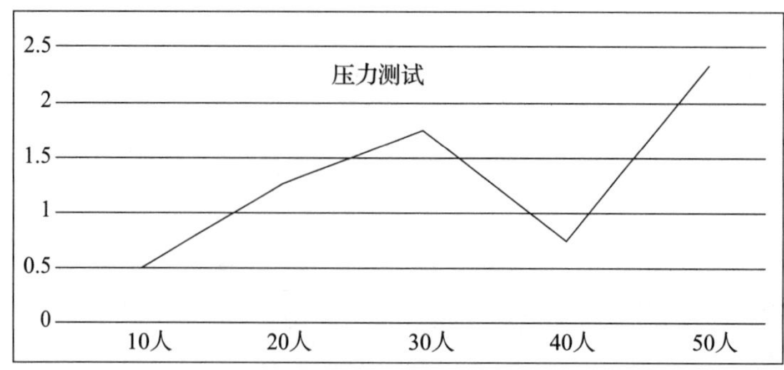

图 7-44 响应时间

图 7-45 是利用 IBM Security AppScan Standard 对系统进行安全测试的结果，给出了学生、教师、管理员、游客 4 个角色的安全性漏洞检测结果。

类别	子类别	发现的漏洞	风险级别	缺陷数（管理员 / 教师 / 学生 / 游客）
环境错误漏洞	用户数据漏洞	SQL 盲注	高	1/4/2/1
		SQL 注入	高	0/2/0/0
		存储的跨站点脚本编制	高	7/9/10/8
		跨站点脚本编制	高	2/5/7/7
		Shell 解释器脚本任意命令执行	高	0/0/0/28
		不充分账户封锁	中	2/2/2/0
		链接注入	中	1/3/3/2
		通过框架钓鱼	中	1/3/3/2
		发现数据库错误模式	低	1/8/1/1
		应用程序错误	参考	6/9/1/0
	网络数据漏洞	已解密的登录请求	高	10/8/8/11
		启用了不安全的 HTTP 方法	中	1/1/1/1
	文件系统漏洞	文件上载	高	0/1/0/0
		检测文件替代版本	中	13/13/13/11
		潜在文件上载	参考	0/2/1/0
状态错误漏洞	状态信息漏洞	会话标识未更新	中	5/3/3/0
		跨站点请求伪造	中	6/5/4/0
		直接访问管理页面	中	0/0/0/72
		自动填写未对密码字段禁用的 HTML 属性	中	1/1/1/2
	代码修改漏洞	多供应商 Java Servlet 源代码泄露	低	1/1/1/1
		临时文件下载	低	0/0/1/1
		发现压缩目录	低	4/4/4/4
		发现电子邮件地址模式	参考	3/2/2/2
		HTML 注释敏感信息泄露	参考	10/10/10/10
		发现可能的服务器路径泄露模式	参考	8/13/9/5
		检测到应用程序测试脚本	参考	2/2/2/54
	执行顺序漏洞	无		
其他	其他	无		
总计				85/111/89

图 7-45 安全测试结果

7.12 小结

本章主要讲述测试的方法、技术、测试级别以及测试的管理过程。测试方法介绍了静态测试和动态测试（黑盒测试和白盒测试等）。白盒测试方法重点讲述了逻辑覆盖方法。黑盒测试方法介绍了等价类划分、边界值分析、错误猜测、规范导出等方法。测试级别主要分单元测试、集成测试、系统测试以及验收测试等。在不同的测试级别中可以采用不同的测试方法。本章也介绍了面向对象的测试过程，以及其他的测试技术。测试的管理过程包括测试计划、测试设计、测试开发、测试执行、测试跟踪、测试评估、测试总结等。

7.13 练习题

一、填空题

1. 从是否需要执行被测软件的角度，软件测试方法一般可分为两大类，即________方法和________方法。
2. 在白盒测试方法中，对程序的语句逻辑有 6 种覆盖技术，其中发现错误能力最强的技术是________。
3. 若有一个计算类程序，它的输入量只有一个 X，其范围是 [–1.0,1.0]。现在设计一组测试用例，X 输入为 –1.001、–1.0、1.0、1.001，则设计这组测试用例的方法是________。
4. 单元测试主要测试模块的 5 个基本特征是：________、________、重要的执行路径、错误处理和边界条件。
5. 黑盒测试主要针对功能进行的测试，等价类划分、________、错误猜测和因果图法等都是采用黑盒技术设计测试用例的方法。
6. 边界值分析是将测试边界情况作为重点目标，选取正好等于、刚刚大于或刚刚小于边界值的测试数据。如果输入 / 输出域是一个有序集合，则集合的第一个元素和________元素应该作为测试用例的数据元素。
7. 集成测试的策略主要有________、________、________、________和________。
8. 逻辑覆盖包括________、________、________、________、条件组合覆盖和路径覆盖等。

二、判断题

1. 回归测试是纠错性维护中最常运用的方法。（　　）
2. 软件测试的目的是尽可能多地发现软件中存在的错误，将它作为纠错的依据。（　　）
3. 回归测试是指在单元测试基础上将所有模块按照设计要求组装成一个完整的系统进行的测试。（　　）
4. 白盒测试主要以程序的内部逻辑为基础设计测试用例。（　　）
5. 软件测试的目的是证明软件是正确的。（　　）

三、选择题

1. 集成测试主要是针对（　　）阶段的错误。
   A. 编码　　B. 详细设计　　C. 概要设计　　D. 需求设计
2. 以下（　　）不属于白盒测试技术。
   A. 基本路径测试　　B. 边界值分析　　C. 条件覆盖测试　　D. 逻辑覆盖测试
3. （　　）能够有效地检测输入条件的各种组合可能引起的错误。
   A. 等价类划分　　B. 边界值分析　　C. 错误猜测　　D. 因果图

4.（　　）方法需要考察模块间的接口和各个模块之间的关系。

A. 单元测试　　B. 集成测试　　C. 确认测试　　D. 系统测试

5. 在测试中，下列说法错误的是（　　）。

A. 测试是为了发现程序中的错误而执行程序的过程

B. 测试是为了表明程序的正确性

C. 好的测试方案是尽可能发现迄今为止尚未发现的错误

D. 成功的测试是发现了至今为止尚未发现的错误

6. 单元测试又称为（　　），可以用白盒法也可以采用黑盒法测试。

A. 集成测试　　B. 模块测试　　C. 系统测试　　D. 静态测试

7. 在软件测试中，设计测试用例主要由输入 / 输出数据和（　　）两部分组成。

A. 测试规则　　B. 测试计划　　C. 预期输出结果　　D. 以往测试记录分析

8. 通过程序设计的控制结构导出测试用例的测试方法是（　　）。

A. 黑盒测试　　B. 白盒测试　　C. 边界测试　　D. 系统测试

第 8 章

软件项目的交付

到本章为止，软件项目开发路线图已经走过了测试过程，软件产品基本完成，项目已经接近结束。现在我们需要将实施完成的结果交付给用户，而且保证这个系统可以继续正确运行。下面我们进入路线图的第六站——产品交付，如图 8-1 所示。

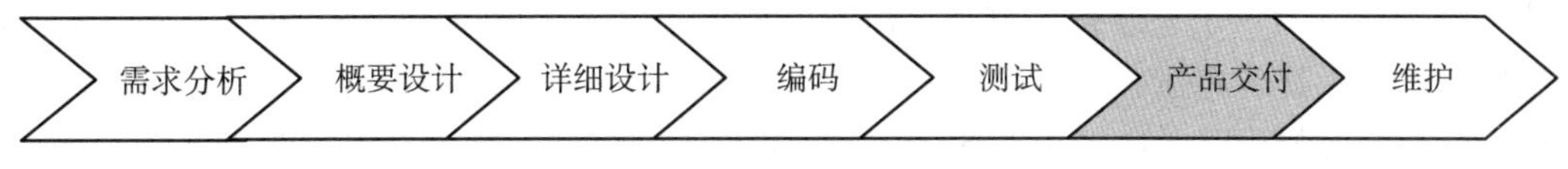

图 8-1　路线图——产品交付

8.1　产品交付概述

产品交付是项目实施的最后一个阶段，主要工作是开发者向用户移交软件项目，包括软件产品、项目实施过程中所生成的各种文档，项目将进入维护阶段。

项目验收是产品交付的前提，产品交付是项目收尾的主要工作内容。其中：

- 项目验收完成后，如果验收的成果符合项目目标规定的标准和相关合同条款及法律法规，参加验收的项目团队和项目接收方人员应在事先准备好的文件上签字。这时项目团队与项目的合同关系基本结束，项目团队的任务转入对项目的支持和服务阶段。
- 当项目通过验收后，项目团队将项目成果的所有权交给项目接收方，这个过程就是项目的交付。当项目的实体交付、文件资料交付和项目款项结清后，项目移交方和项目接收方将在项目移交报告上签字。

这个阶段的很多工作是项目管理范围的任务，但是也有开发工作，如安装部署、验收测试、产品部署、产品交付、用户培训等。

可能有的人认为产品交付过程是一个类似剪彩的很正式的过程，其实，这个过程不是简单地将系统放到指定的位置，还需要帮助用户明白这个系统，帮助用户掌握如何正确使用这个系统，而且让他们感觉到这个产品很好。如果产品交付过程不成功，用户可能不会正确使用我们所开发的系统，因此不满意系统的性能甚至功能，那样我们前面的努力就白费了。

为了成功地将开发的软件交付给用户，首先需要完成项目安装部署、验收测试，交付验收结果，然后需要对用户进行必要的培训，同时交付必要的文档。

8.2 安装部署

软件项目交付给用户时，必须要进行安装部署，其实这些工作在项目规划阶段就有安排。

8.2.1 软件安装

很多软件可以通过安装的形式交付，这要求开发方提供一个安装包，通过这个安装包将软件部署到工作环境中。一个好的安装包应该简单、安全、可靠。创建软件安装包需要如下几个步骤：

（1）确定安装环境

具体工作如下：

1）确定安装包需要的操作系统。

2）确定软件产品的语言支撑环境。

3）确定软件产品需要的软件支持。

4）确定其他要求。

根据软件项目的实现情况，结合所需要的支撑环境，列出需要的安装文件、初始数据、注册表等信息，注明它们在安装后将会出现的位置。

（2）设计、开发安装包

安装包的设计包括安装步骤、各个步骤的人机交互方式等，完成设计之后，就可以使用安装工具创建开发一个安装包，例如，InstallShield 工具是一种非常成功的应用软件安装程序制作工具，以其功能强大、灵活性好、容易扩展和强大的网络支持而著称，并因此成为目前极为流行的安装程序专业制作工具之一。该软件不仅提供了灵活方便的向导支持，也允许用户通过其内建的脚本语言 InstallScript 来对整个安装过程在代码级上进行修改，可以像 VC 等高级语言一样对安装过程进行精确控制。InstallShield 也是 Visual C++ 附带的一个安装程序制作工具，在 VC 安装结束前将会询问用户是否安装 InstallShiled 工具，如果当时没有安装，也可以在使用时单独从 VC 安装盘进行安装。

（3）测试安装包

安装包需要在目标环境下进行安装测试，发现问题，以便改善。需要注意的是，在开发方环境下可以正确执行的安装包，不一定可以在用户的环境下正确运行，因此，测试安装包需要在用户的工作环境下进行测试。

8.2.2 软件部署

软件部署是在开发人员直接操作目标环境下进行的，以便软件项目可以在目标环境下正常运行。在部署过程中需要执行安装任务，但是还有很多比安装任务更多、更复杂的其他任务，例如，设置和调整数据库系统，包括建立数据库和设置访问权限，安装和设置库文件、应用服务器等应用环境。

8.3 验收测试

验收测试（也称为接收测试）是项目交付使用前的最后一次检查，也是软件投入运行之前保证可维护性的最后机会。验收测试通常由用户参与设计测试用例及测试实施，并分析测试的输出结果。一般使用实际数据进行测试，以便决定是否接受该产品。验收测试过程如图 8-2 所示。

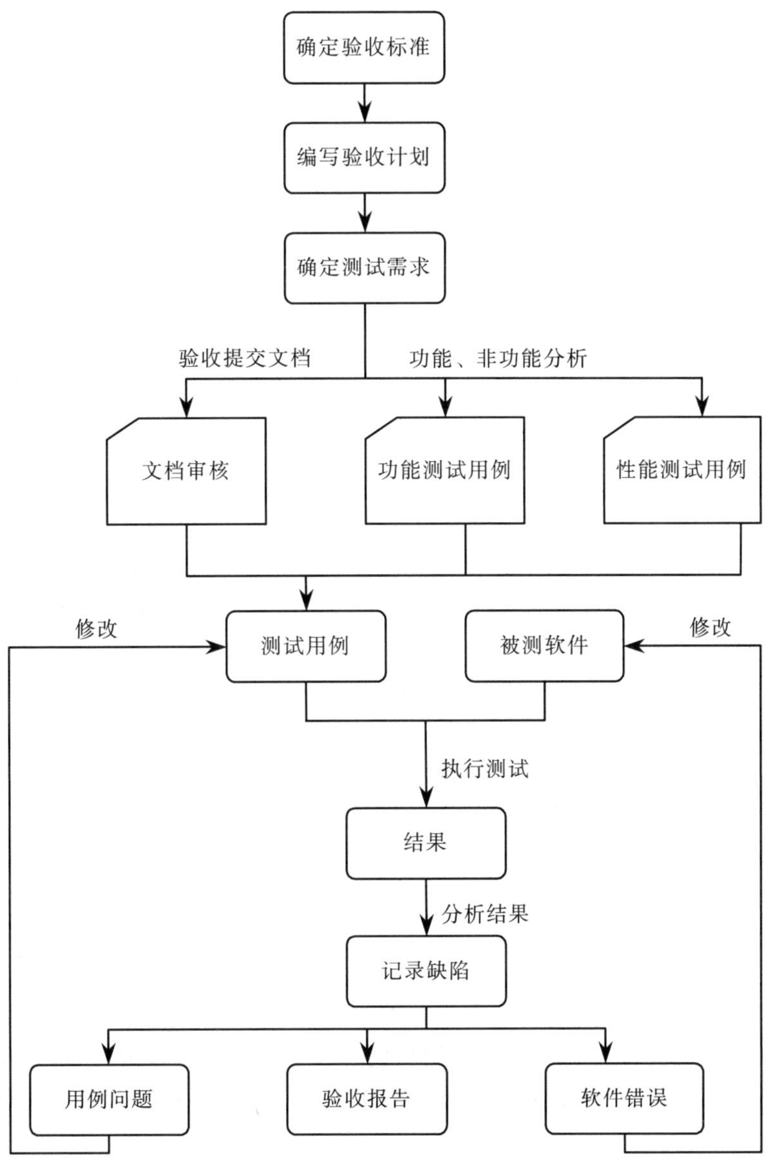

图 8-2　验收测试过程

有时，客户可以委托第三方进行验收测试，即由独立于软件开发者和用户的第三方进行测试，旨在对被测软件进行质量认证。通常，第三方测试机构也是一个中介服务机构，通过自身专业化的测试手段为客户提供有价值的服务，第三方测试除了发现软件问题之外，还能对软件进行科学、公正的评价。验收测试之后可以进入试运行阶段。

试运行的目的是全面验证和确认系统是否能使用。在运行稳定后，转入正常的运行和维护阶段。在这个阶段，根据需要可以增加上线测试。上线测试是在试运行阶段对系统的测试过程，是系统正式运行前的最后测试，用以保证测试系统将来可以正确运行。上线测试的重点可以放在测试系统的性能上，当然也有功能方面的测试。可以确定测试级别，然后根据测试级别决定测试执行情况。其中测试用例设计和测试报告的标准可以参照系统测试进行，也可以根据测试级别进行简化。上线测试强调的是测试的结果和使用情况，主要是缺陷的记录和缺陷的修复情况。

8.4　培训

产品的使用者有两种类型：一种是用户，另一种是系统管理员。我们可以将他们比喻为司机和车辆维修工，司机是车辆的真正使用者，而车辆维修工可以对车辆进行维护和完善。用户使用在需求规格说明中定义的主要产品功能，但是系统也需要执行一些其他任务来辅助主要功能的完成，例如，经常进行系统备份、系统恢复或者检查日志等工作，这些就是系统管理员应该完成的工作。所以进行培训的对象包括用户、系统管理员等。

8.4.1　培训对象

在实际项目中，用户与系统管理员可能是一个人，但是其执行任务的目的是不一样的，所以培训的时候要有不同的侧重点。

用户的培训。用户培训主要是向用户介绍系统的主要功能及操作方式，培训的时候要将现有的操作方式和新的操作方式做很好的关联解释。可能比较困难的地方是用户内心比较认可先前的操作模式（先入为主），所以在培训的时候必须设计好培训方案。

系统管理员的培训。系统管理员的培训主要是让他们熟悉系统的支持管理功能，让他们明白系统如何工作，而不是系统完成什么功能。培训系统管理员可以有两个层次：一是培训如何配置和运行系统，二是培训他们如何对用户进行支持。对于第一个层次，需要让他们掌握如何配置系统，如何授权访问系统，如何分配任务规模和硬盘空间，如何监控和改进系统的性能等。对于第二个层次，需要让他们关注系统的特殊功能，例如，如何恢复丢失的文件，如何与另外的系统通信，如何设置各种变化情况等。

特殊培训。特殊培训是针对有特殊需求的人进行的培训。例如，系统有生成报表的功能，一些人可能需要了解如何生成这些报表，而另外的人只需要看这些报表。对不同的人提供不同的培训。

8.4.2　培训方式

培训的方式有很多种，不管采用哪种方式，必须为用户和系统管理员提供相应的信息，以便以后用户忘记了如何操作某个功能的时候仍能够通过培训提供的信息来完成这些功能。

文档。为用户和系统管理员提供一个正式的操作手册，当问题出现的时候供用户或者系统管理员阅读。

用各种图表的方式，或者提供在线帮助。在设计系统的时候可以在操作界面上设置一些可读性好、操作比较简单的图表，这样用户就很容易记得各种功能的操作。另外，提供在线帮助也会使得培训很容易，用户通过浏览在线帮助可以很快明白如何操作一些功能，而不需要看很长的文档。

演示讲座。演示讲座比文档和在线帮助更灵活、更有互动性，用户更喜欢这种边演示边讲解的培训方式，这样用户还可以试着使用这个系统。可以采用各种演示方式、各种多媒体等，让受训者通过听、读、写等方式很容易地了解系统功能。

专家用户。培训的时候可以先培训一些用户或者系统管理员，然后让他们演示操作这个系统，他们像专家一样，可以指出操作困难的地方，然后指导其他人，这样其他的培训者就感觉掌握这个系统很容易。

8.4.3　培训指南

在进行培训时应该注意：

- 针对不同背景、不同经历、不同爱好的人，采用不同的培训方式。
- 在演示讲座培训过程中，培训内容最好分为多个单元进行。
- 受训者的不同位置决定采用不同的培训方式。

8.5 用户文档

产品交付给用户时，文档是很重要的一部分，提供文档也是培训方法中的一部分，文档的质量和类型不但对培训很重要，对系统的成功也很重要。在编写文档的时候，一定要考虑文档的使用者，用户、系统管理员、用户的同事、开发人员等都可能是文档的使用者。给系统分析人员看的文档与给用户看的文档不能相同，对系统管理员很重要的事项对一般用户可能就不重要。

8.5.1 用户手册

用户手册对于系统用户来说是一个参考指南，这个手册应该是完整的、可以理解的。首先这个文档要描写目的、参考文献、术语、缩写等，然后要详细描写系统，系统的功能应该一项一项描述，用户要明白这个系统做什么，而不需要明白如何做。

用户手册主要包括如下内容：

- 系统的目的和目标。
- 系统的功能。
- 系统的特征、优点，包括系统各个部分清晰的图画。

描述系统功能时，要包括以下内容：

- 主要功能的图示，以及与其他功能的关系。
- 用户在屏幕上看到的功能的描述、目的，每个菜单或者功能键选项的结果。
- 每个功能输入的描述。
- 每个功能产生的输出的描述。
- 每个功能可以引用的特殊属性的描述。

8.5.2 系统管理员手册

系统管理员手册是为系统管理员准备的资料，它与用户手册不同的是，用户只想知道每个系统功能的详细说明和如何使用，而系统管理员需要明白系统性能的详细信息和访问系统的详细信息。所以系统管理员手册需要描述硬件、软件的配置，授权用户访问系统的方法，增加或者删除外围设备的过程，备份文件的技术等。

系统管理员手册也应该描写一些用户手册的内容，因为系统管理员需要知道这个系统的功能，这样他才能更好地做好系统管理员的工作。

8.5.3 其他文档

开发过程中的文档也是很重要的一部分，如需求、设计、详细设计文档等，这些对用户来讲可能不需要，但是有时用户进行系统维护的时候，可能需要一些开发过程的指南文档，如编程指南等。

8.6 软件项目交付文档

交付过程的文档主要包括验收测试报告、用户手册、系统管理员手册以及产品交付文档等。下面的文档模板仅供参照。

8.6.1 验收测试报告

1. 导言

1.1 目的

说明文档的目的。

1.2 范围

说明文档覆盖的范围。

1.3 缩写说明

定义文档中所涉及的缩略语（若无则填写无）。

1.4 术语定义

定义文档内使用的特定术语（若无则填写无）。

1.5 引用标准

列出文档制定所依据、引用的标准（若无则填写无）。

1.6 参考资料

列出文档制定所参考的资料（若无则填写无）。

1.7 版本更新信息

记录文档版本修改的过程，具体版本更新记录如下表所示：

修改编号	修改日期	修改后版本	修改位置	修改内容概述

2. 测试运行环境描述

描述测试环境。

3. 测试执行结果

给出测试用例执行结果以及覆盖率等。

3.1 测试用例执行结果

给出所有测试用例的执行结果，如表 E-1 所示。

表 E-1 测试用例执行结果

测试类型	测试用例	是否与预期结果相符	备注
文档审查			
功能测试			
性能测试			

（续）

测试类型	测试用例	是否与预期结果相符	备注
可靠性测试			
安全性测试			

如果与预期结果不符合，见测试问题单。

3.2 测试问题单

验收测试过程中出现的问题描述如表 E-2 所示。

表 E-2 测试问题单

产品名称				版本号			
测试单位				联系人			
问题分析	问题总数量		严重性问题数量		一般性问题数量		建议项数量
	各软件质量特性的问题分类及数量						
	1. 文档检查	严重性问题数量		一般性问题数量		建议项数量	
	2. 功能性	严重性问题数量		一般性问题数量		建议项数量	
	3. 性能性	严重性问题数量		一般性问题数量		建议项数量	
	4. 可靠性	严重性问题数量		一般性问题数量		建议项数量	
	5. 安全性	严重性问题数量		一般性问题数量		建议项数量	
	6. 其他	严重性问题数量		一般性问题数量		建议项数量	
修改意见							
修改确认	修改结果： 已完成修改数量——严重：　一般：　建议： 未完成修改数量——严重：　一般：　建议： 达到要求的程度——严重：　一般：　建议：						

3.3 缺陷分布

根据缺陷的严重程度和缺陷类型的分布给出图示。

4. 测试覆盖分析

根据测试的情况，分析测试覆盖率、测试执行率、测试执行通过率和测试缺陷解决率。

4.1 测试覆盖率

测试覆盖率是指测试用例对需求的覆盖情况。测试覆盖率 = 已设计测试用例的需求数 / 需求总数。

4.2 测试执行率

测试执行率指实际执行过程中确定已经执行的测试用例比率。测试执行率 = 已执行的测试用例数 / 设计的总测试用例数。

4.3 测试执行通过率

测试执行通过率指在实际执行的测试用例中执行结果为“通过”的测试用例比率。测试执行通

过率 = 执行结果为“通过”的测试用例数 / 实际执行的测试用例总数。

4.4 测试缺陷解决率

缺陷解决率指某个阶段已关闭缺陷占缺陷总数的比率。缺陷解决率 = 已关闭的缺陷 / 缺陷总数。

5. 测试过程数据统计

5.1 回归测试

如果进行回归测试，描述回归测试以及增加的测试用例。

5.2 测试各阶段的统计汇总

给出各阶段的测试统计汇总，如表 E-3 所示。

表 E-3 测试过程统计汇总

测试阶段	版本	设计测试用例	重用用例数	新增用例数	执行用例数	通过用例	发现问题数
首轮动态测试							
一次回归							
二次回归							
三次回归							
……							

5.3 各阶段的缺陷统计

给出经过首轮测试和 *n* 轮回归测试所发现问题的统计信息，如表 E-4 和表 E-5 所示。

表 E-4 问题级别统计

问题总数	关键	重要	一般	建议改进	其他

表 E-5 问题分类

程序	文档	设计

5.4 测试各阶段问题的变化情况

采用图表的方式表示测试各个阶段所发现问题的变化情况。

5.5 测试各阶段用例情况

1）采用图表的方式统计出各阶段的用例执行和通过情况。

2）采用图表的方式统计出各阶段的用例数和重用用例数。

6. 测试结论

6.1 测试任务评估

6.2 测试对象评估

6.3 测试结论

本次系统测试，根据 ××× 国家标准和系统测试方案，针对该系统的业务要求，分别对其功能、性能、安全性和用户文档等质量特性进行了全面、严格的测试。测试结论如下：

1）结构设计基本合理……

2）系统功能较完善……

3）系统易用性基本良好……

4）系统安全性良好……

5）系统潜在的缺陷风险分析……

测试结论："××系统"在功能实现上基本达到了测试方案中的要求；现场测试过程中系统运行基本稳定，通过了系统验收测试。

8.6.2 用户手册

1. 导言

1.1 目的

说明文档的目的。

1.2 范围

说明文档覆盖的范围。

1.3 缩写说明

定义文档中所涉及的缩略语（若无则填写无）。

1.4 术语定义

定义文档内使用的特定术语（若无则填写无）。

1.5 引用标准

列出文档制定所依据、引用的标准（若无则填写无）。

1.6 参考资料

列出文档制定所参考的资料（若无则填写无）。

1.7 版本更新信息

记录文档版本修改的过程，具体版本更新记录如下表所示：

修改编号	修改日期	修改后版本	修改位置	修改内容概述

2. 概述

对系统的特点进行适当的介绍，突出系统的优势，同时对公司及产品进行简要介绍。

说明系统交付时应同时交付给用户的附件，并且对手册的章节组织及使用时的注意事项进行明确说明。

3. 运行环境

这一节说明系统运行时所需的硬件及软件支持环境。由于是用户手册，必须使系统使用者能正确利用相关软硬件设备运行本系统，软硬件说明具体应包含 CPU 的要求、适用操作系统以及对应操作系统的内存要求和硬盘所需容量。其他设备如显示卡、声卡、CD-ROM 等的说明可视软件产品的需要而定。

4. 安装与配置

这一节应详细描述系统在不同操作系统环境下的安装过程及对应过程中的注意事项，描述要详细、准确。另外，要注明系统安装时的配置方法。

5. 操作说明

这一节应分章节详细描述系统的使用方法，具体应包含系统功能菜单的各项指令说明，必要时加以图示。对于在使用过程中可能经常遇到的问题，可以视情况所需增加疑难解答。

6. 技术支持信息

这一节给出用户购买产品遇到问题需要解决时如何与公司联系，具体包括公司的电话、传真、E-mail 和 Web 网址。

8.6.3 系统管理员手册

1. 导言

1.1 目的

说明文档的目的。

1.2 范围

说明文档覆盖的范围。

1.3 缩写说明

定义文档中所涉及的缩略语（若无则填写无）。

1.4 术语定义

定义文档内使用的特定术语（若无则填写无）。

1.5 引用标准

列出文档制定所依据、引用的标准（若无则填写无）。

1.6 参考资料

列出文档制定所参考的资料（若无则填写无）。

1.7 版本更新信息

记录文档版本修改的过程，具体版本更新记录如下表所示：

修改编号	修改日期	修改后版本	修改位置	修改内容概述

2. 概述

这部分应对系统进行总括性介绍，突出系统的特点及优势，同时对公司及产品做简要介绍。另外还应对系统版权信息以及本手册中使用的一些约定（如特殊表达符号、命名约定等）进行说明。

还要指明此手册的读者对象是系统管理人员，说明系统交付时应同时交付给用户的附件，并且要对手册的章节组织及使用时的注意事项做明确说明。

3. 系统简介

本节应对系统进行较全面的介绍，包括系统结构、系统功能、特点、应用领域、版本信息等。

4. 运行环境

这一节详细说明系统运行时所支持的硬件及软件环境，包括设备厂商、设备型号、网络环境、操作系统及其他必需的软硬环境。

5. 系统安装

本节应对系统的安装过程进行详细讲述。

6. 系统配置

这一节应详细描述系统的配置过程及此过程中的注意事项，使系统管理员按照手册的说明即可顺利配置本系统。如有必要，应以附录的形式加以详述。

7. 系统启动和关闭

本节对系统启动和关闭过程进行说明，包括相应的注意事项、可能出现的错误以及补救方法。有关系统启动和关闭引发的故障及其处理方法的内容，可以放在第 11 节（故障诊断、处理和恢复）中说明，但在本节中必须指明相应参考的章节。

8. 管理命令

本节对于涉及系统管理的命令进行详细讲述，包括命令说明、参数列表、参数说明等。

9. 管理工具

本节讲述系统中提供的涉及系统管理的工具及其主要使用方法。如果有关工具有相应的手册详细讲述，在本节中必须指明相应参考的章节。

10. 安全策略

这一节应描述系统所提供的安全策略，如用户账号分配、用户管理等内容。

11. 故障诊断、处理和恢复

说明对系统可能出现的故障应如何进行诊断和相应的处理方式以及使系统恢复正常的方法。

8.6.4 产品交付文档

1. 导言

1.1 目的

说明文档的目的。

1.2 范围

说明文档覆盖的范围。

1.3 缩写说明

定义文档中所涉及的缩略语（若无则填写无）。

1.4 术语定义

定义文档内使用的特定术语（若无则填写无）。

1.5 引用标准

列出文档制定所依据、引用的标准（若无则填写无）。

1.6 参考资料

列出文档制定所参考的资料（若无则填写无）。

1.7 版本更新信息

记录文档版本修改的过程，具体版本更新记录如下表所示：

修改编号	修改日期	修改后版本	修改位置	修改内容概述

2. 交付过程

概要说明软件产品各版本交付的日期和内容。

3. 系统环境

本节描述软件产品的应用环境（硬件和软件环境及数据库）、系统结构（网络、计算机和通信设备的结构图）和相互之间的关系。

4. 数据访问

本节描述数据访问所遵循的协议及物理环境。

5. 软件产品

5.1 产品清单

本节描述交付的软件产品清单及存放的目录位置和结构。

5.2 源程序

本节描述源程序的内容。

5.3 二进制文件

本节描述通过源程序生成的二进制文件的结构及内容。

5.4 外购软件

本节描述外购软件的内容，包括软件名称、生产厂家、用途。

6. 安装步骤

本书描述软件产品的安装环境、条件及安装步骤，并给出如下表所示的安装记录：

安装项	安装日期	安装人	安装确认

7. 签字

用户方和软件开发方在产品交付文档上签名盖章方有效。格式如下：

甲方授权代表（签字）：　　　　　　乙方授权代表（签字）：

签字日期：　　　　　　　　　　　　签字日期：

8.7 项目案例分析

项目案例名称：软件项目管理课程平台（SPM）
项目案例文档：安装部署；用户手册
用户手册下载：https://pan.baidu.com/s/1slan98L
安装部署视频：https://pan.baidu.com/s/1nuBZyu1

对于企业的软件项目周期而言，项目进入安装部署阶段，相当于从测试部门进入了生产部门，如图 8-3 所示。软件环境也应该保持与测试环境的一致，若没有类似容器技术的支持，则需要按照安装部署流程完成生产环境的建立。

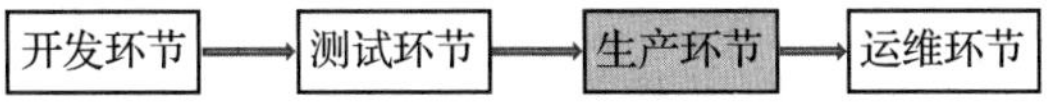

开发环节 → 测试环节 → 生产环节 → 运维环节

图 8-3 软件工程化之生产环节

8.7.1 安装部署

安装部署文件说明了 SPM 项目的安装过程。

系统安装部署

1. 提交文件说明

本（SPM）系统提交的安装文件包括安装 war 包、SQL 脚本、Readme 文件。其中：

1）war 包：Project 下所有源码的集合，里面包括前台 HTML/CSS/JS 代码，也包括后台 Java 代码。最终产品需要使用 war 包进行发布。

2）SQL 脚本：数据库文件，包括建库以及数据库表的脚本，用于创建项目数据库和相关库表。

3）Readme 文件：说明项目安装的注意事项。

2. 系统安装部署过程

可以通过两种方式进行系统的安装部署。

2.1 在 Eclipse 环境下安装部署项目

1）配置 Java 运行环境，即安装最新 JDK 版本并配置 JDK 环境变量，具体操作步骤详见附录 1。

2）配置 Tomcat 服务器，并配置环境变量，具体操作步骤详见附录 2。

3）运行 SQL 脚本文件，生成最新的数据库和表结构，如图 E-1 所示。

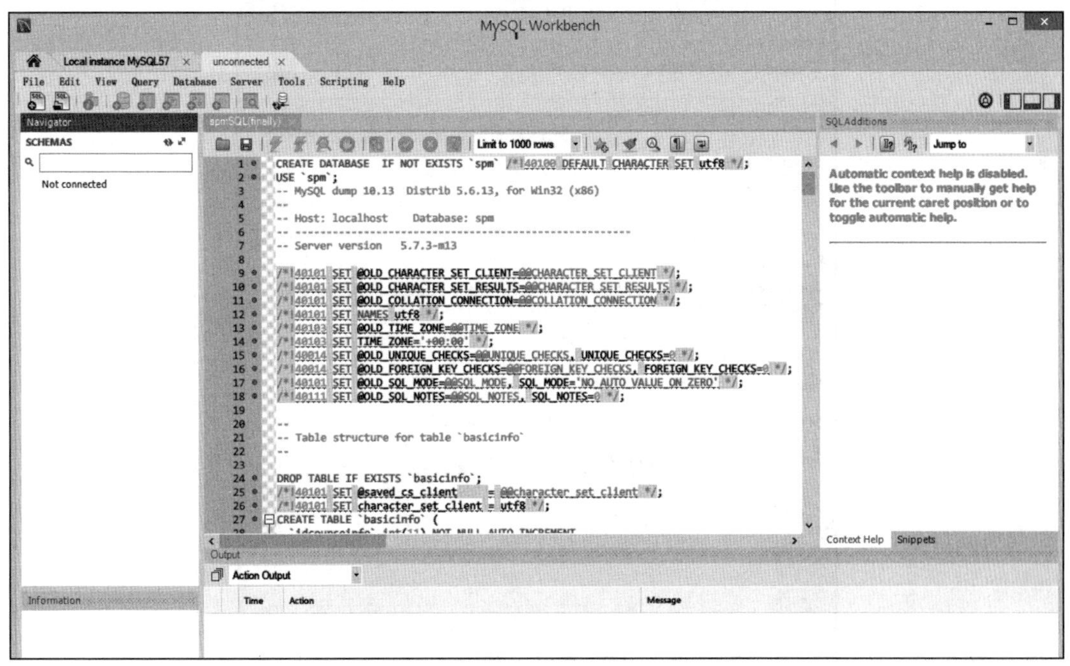

图 E-1 SQL 脚本运行

4）将项目 war 包导入 Eclipse 中，如图 E-2 所示。

5）在 Eclipse 底部的 Server 一栏配置服务器，将程序部署到安装好的 Tomcat 8.0 服务器上，如图 E-3 所示。

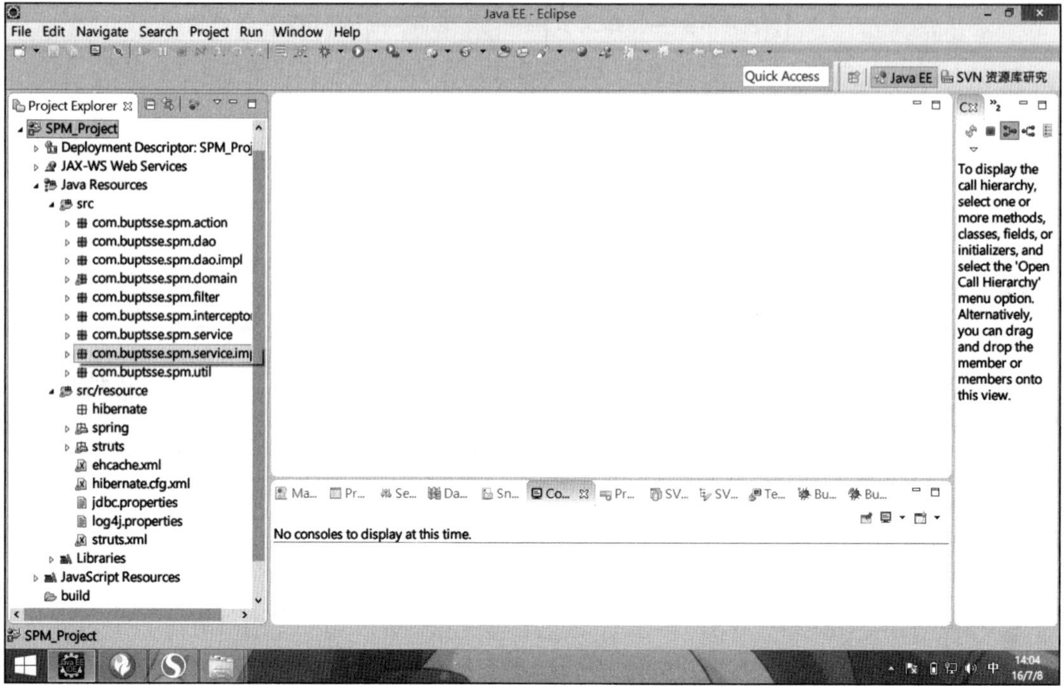

图 E-2　将 war 包导入 Eclipse

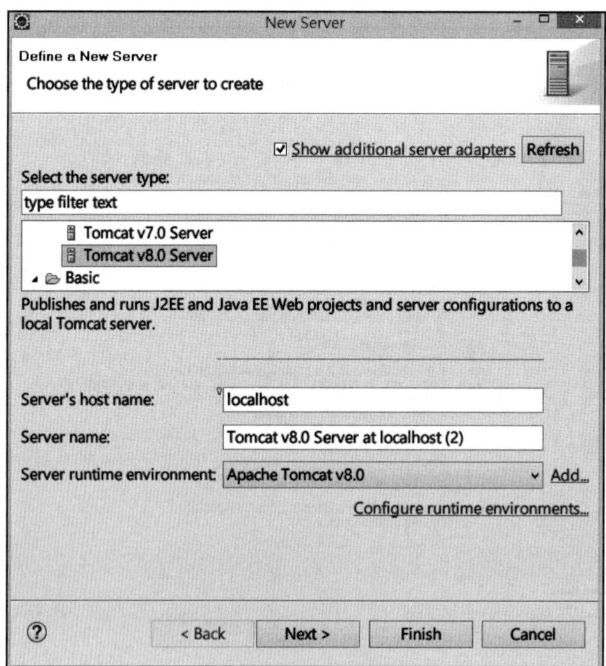

图 E-3　Eclipse 中配置 Server

6）在 Eclipse 中启动 Tomcat 服务器，如图 E-4 所示。

7）服务器启动后在项目位置右击，选择 Run As→1Run On Server 命令，即可启动 SPM 项目，如图 E-5 所示。运行 SPM 系统，如图 E-6 所示。

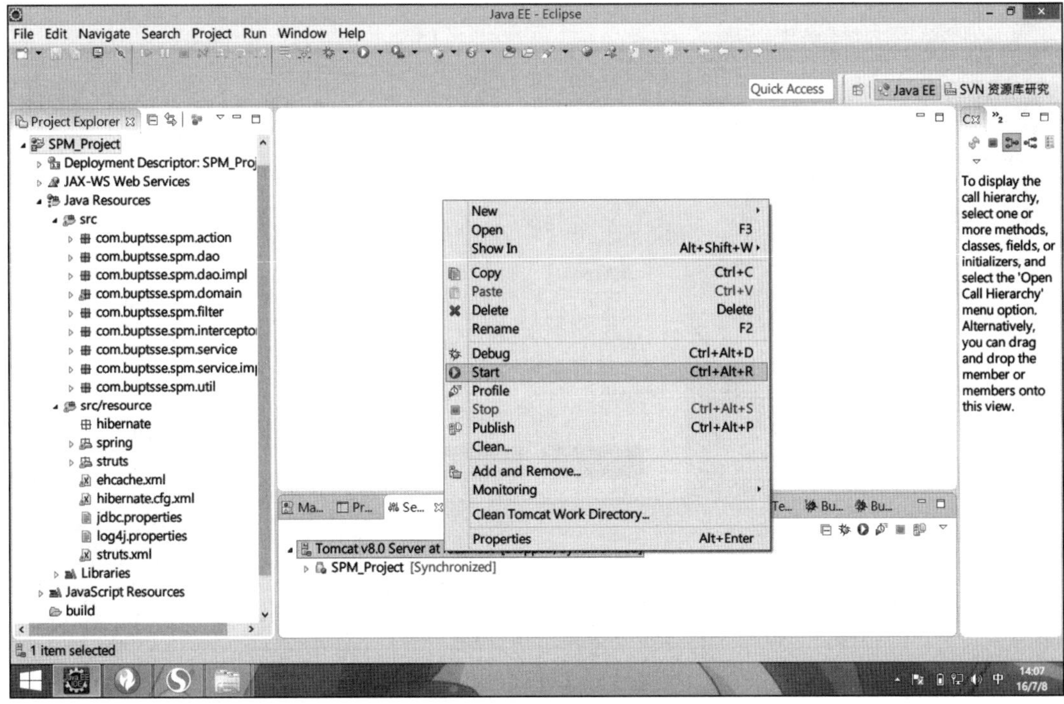

图 E-4 在 Eclipse 中启动 Tomcat 服务器

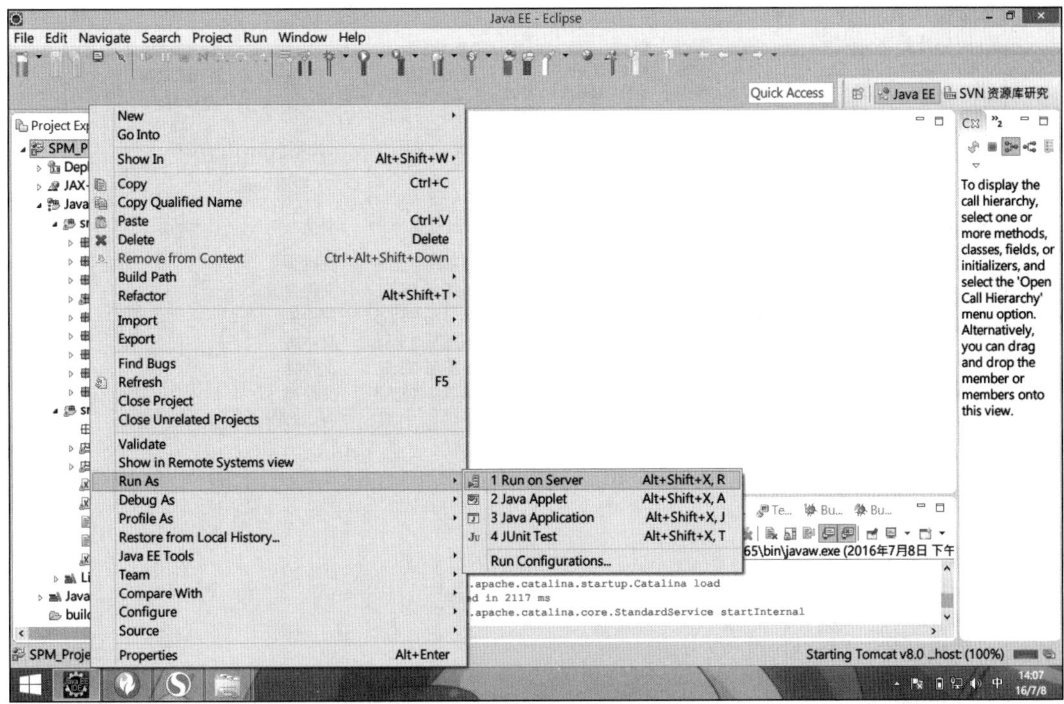

图 E-5 启动 SPM 项目

2.2 在 Tomcat 服务器中部署项目

1）将项目的 war 包复制到 Tomcat 的 webapp 下，如图 E-7 所示。

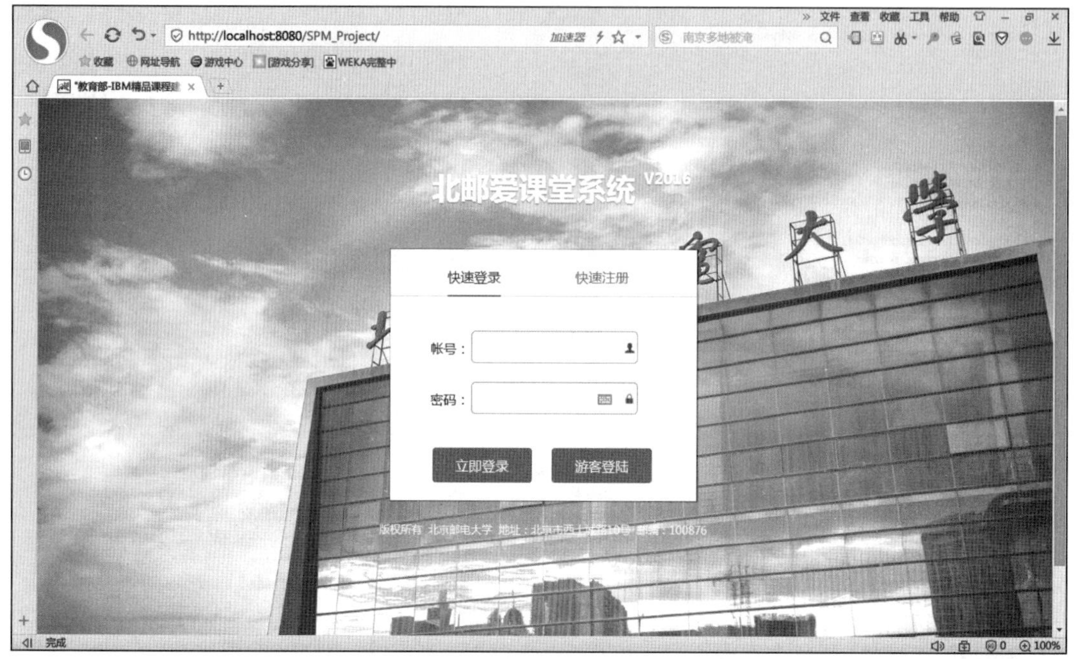

图 E-6 运行 SPM 系统

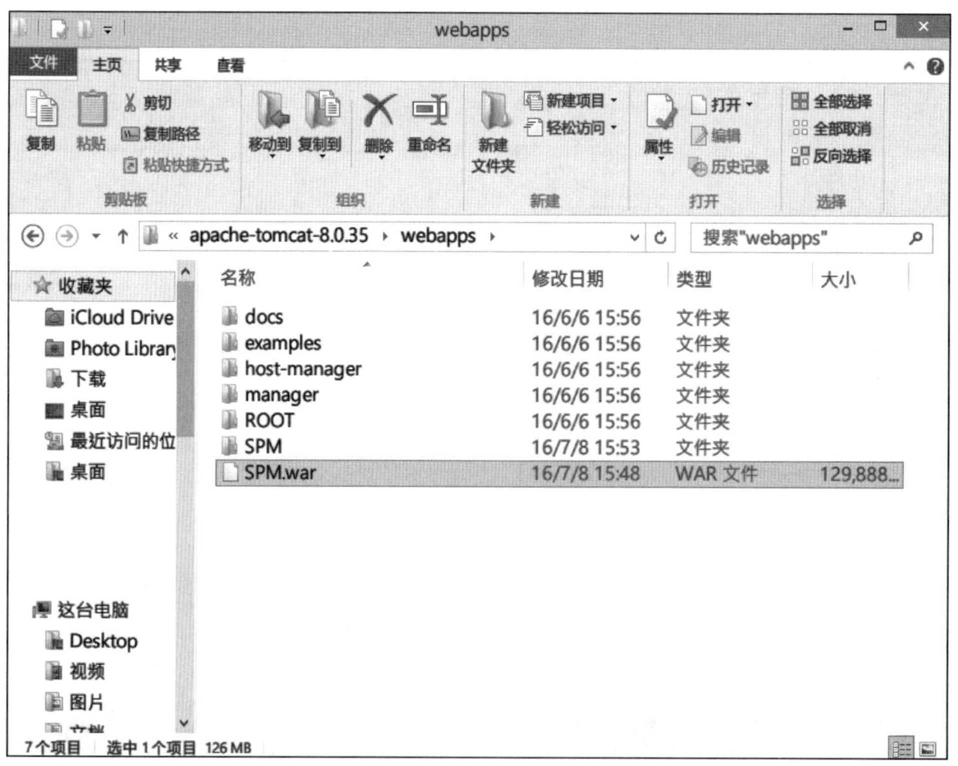

图 E-7 war 包复制

2）打开 Tomcat 解压目录\bin 文件夹。按住 shift+ 右键，在菜单栏中单击在此处，打开命令窗口，输入 startup，运行 startup 批处理文件，如图 E-8 所示。

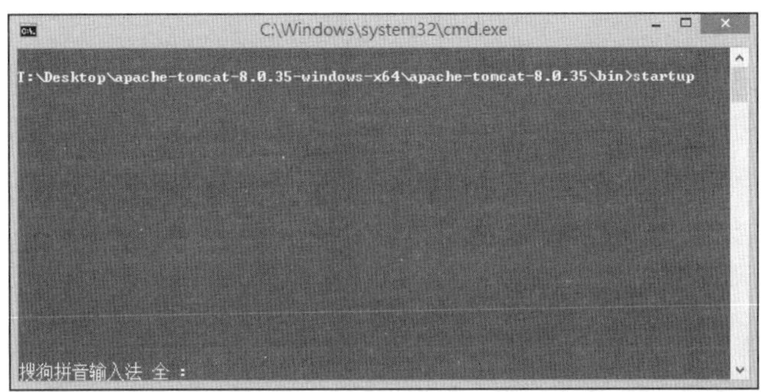

图 E-8　运行 startup 批处理文件

此时 Tomcat 会解压导入的 war 包，这样做的好处是项目路径会被 Tomcat 自动部署好，不需要手动输入，如图 E-9 所示。

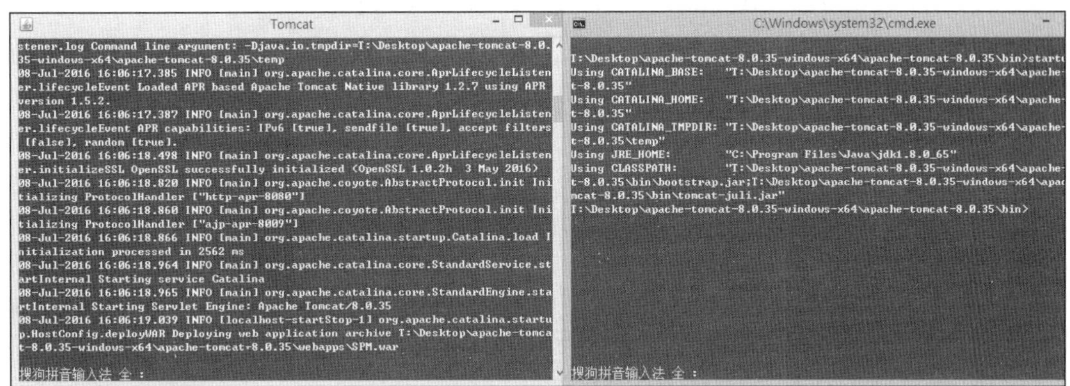

图 E-9　Tomcat 部署

3）在浏览器上输入 http://localhost:8080/SPM/ 即可运行 SPM 项目。

备注：在其他机器中访问需要获取搭建服务器所在机器的 IP 地址，例如 IP 为 192.168.10.101，则访问网址即为 http://192.168.10.101/SPM/JSP/SPM.jsp。

附录 1　配置 Java 运行环境

第一步：下载并安装 JDK。

从官网上下载最新的 JDK：http://java.sun.com/javase/downloads/index.jsp，下载后安装，选择 JDK 安装目录。JRE 是包含在 JDK 中的，所以不需要再另外安装 JRE 了。

第二步：设置 JDK 环境变量。

右击“计算机”图标，选择“属性”命令，在弹出窗口中选择“高级系统设置”选项，在弹出的选项卡中选择“高级→环境变量”选项。

假设本地 Java 的 JDK 安装的位置为 C:\Program Files\Java\jdk1.7.0_45。

在这里，新建 2 个环境变量，编辑 1 个已有的环境变量。

1）新建变量名：JAVA_HOME。

变量值：安装 JDK 的安装目录，在这里为 C:\Program Files\Java\jdk1.7.0_45。

2）新建变量名：CLASSPATH。

变量值：.;%JAVA_HOME%\lib;%JAVA_HOME%\lib\dt.jar;%JAVA_HOME%\lib\tools.jar;%TOMCAT_HOME%\BIN（注意最前面有一个 . 号）。

3）编辑变量名：Path。

变量值：%JAVA_HOME%\bin;%JAVA_HOME%\jre\bin;（将此处的字符串粘贴到变量值的最前面）。

第三步：验证 JDK 环境变量是否设置成功。

单击开始按钮并输入 cmd，在命令行分别输入：java; javac; java -version.

如果分别显示如下信息，说明 Java 环境变量已经配置成功。

输入 java，显示如图 E-10 所示。

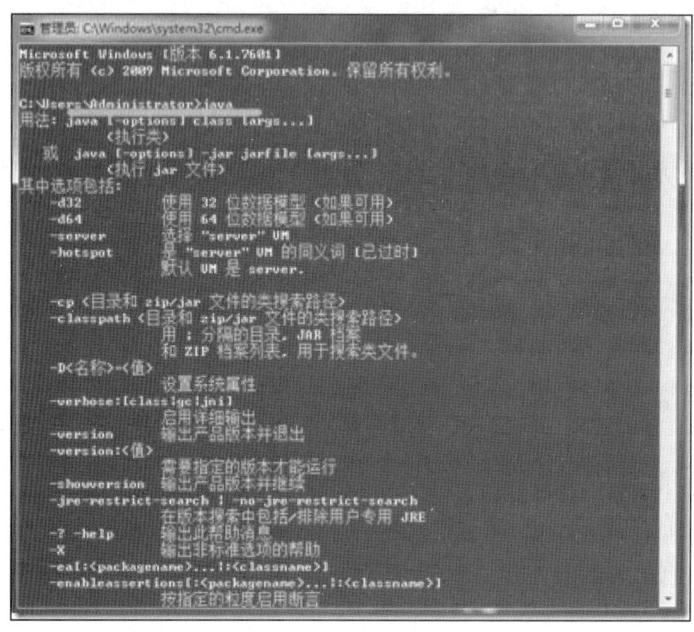

图 E-10　java 命令示意图

输入 javac，显示如图 E-11 所示。

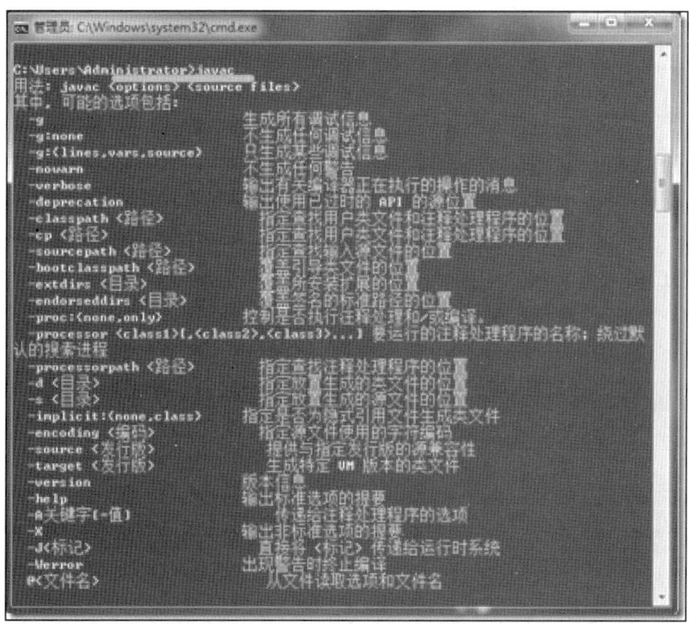

图 E-11　javac 命令示意图

输入 java -version，显示如图 E-12 所示。

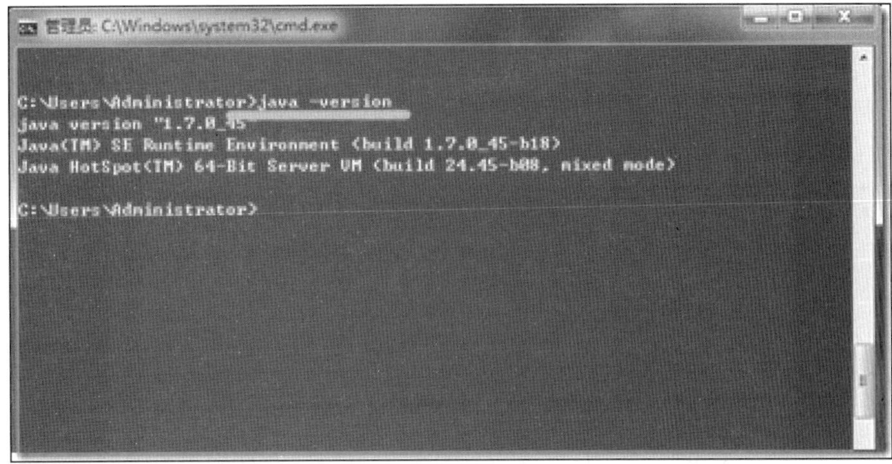

图 E-12　java-version 命令示意图

附录 2　部署 Tomcat 服务器

第一步：下载 Tomcat 到本地硬盘。

从官网上下载 Tomcat 服务器。官网上下载的文件都是绿色免安装的。

下载地址：http://tomcat.apache.org/download-80.cgi。

下载后解压缩，如图 E-13 所示。

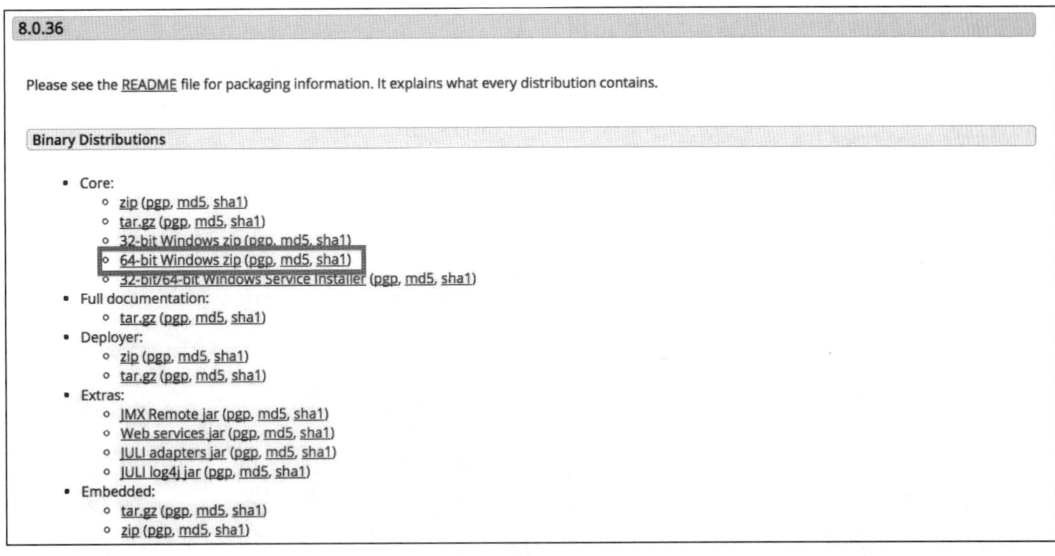

图 E-13　下载 Tomcat

第二步：设置 Tomcat 环境变量。

打开计算机的环境变量设置对话框，新建一个环境变量。

变量名：TOMCAT_HOME。

变量值：Tomcat 解压后的目录（\\psf\Home\Desktop\apache-tomcat-8.0.35-windows-x64\apache-tomcat-8.0.35）如图 E-14 所示。

图 E-14 设置 Tomcat 环境变量

第三步：验证 Tomcat 环境变量是否配置成功。

运行 Tomcat 解压目录下的 bin/startup.bat，启动 Tomcat 服务器。在任何一款浏览器的地址栏中输入 http://localhost:8080，如果界面显示如图 E-15 所示，则说明 Tomcat 的环境变量配置成功。

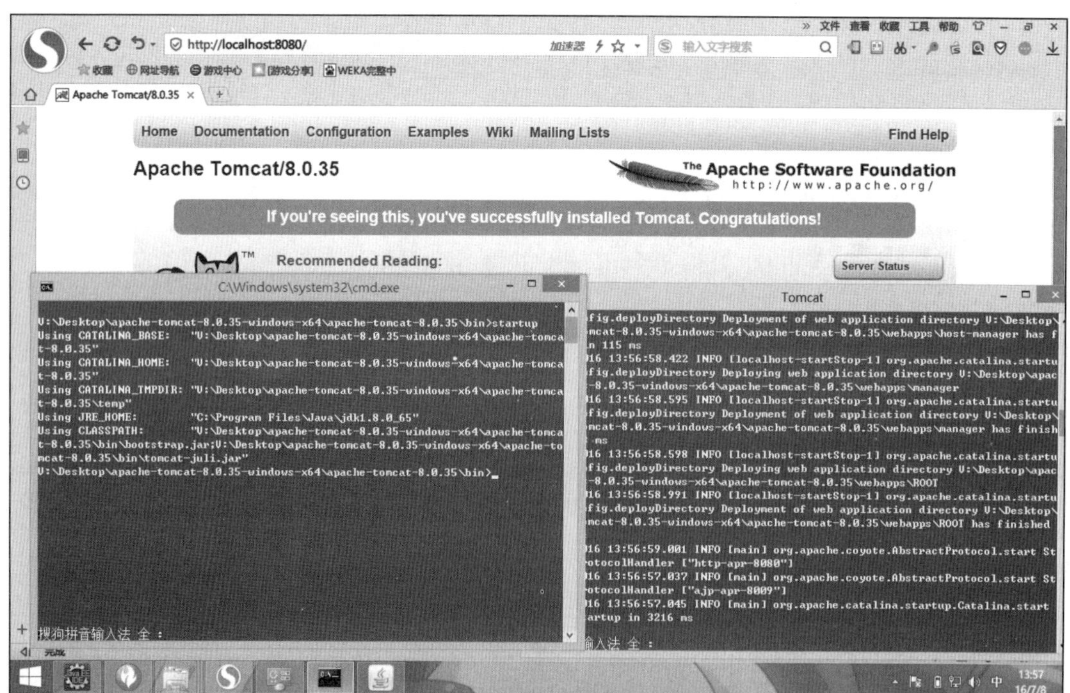

图 E-15 Tomcat 的环境变量配置成功

附录 3 安装 MySQL 数据库

1）下载 MySQL。

进入官网 http://www.mysql.com/downloads/，选择我们需要的数据库版本。可以选择 MySQL Community Edition，然后进入新页面后选择 MySQL on Windows (Installer & Tools)，再选择 MySQL Installer，接着就可以根据自己计算机的版本选择对应的下载工具了，如图 E-16 所示。

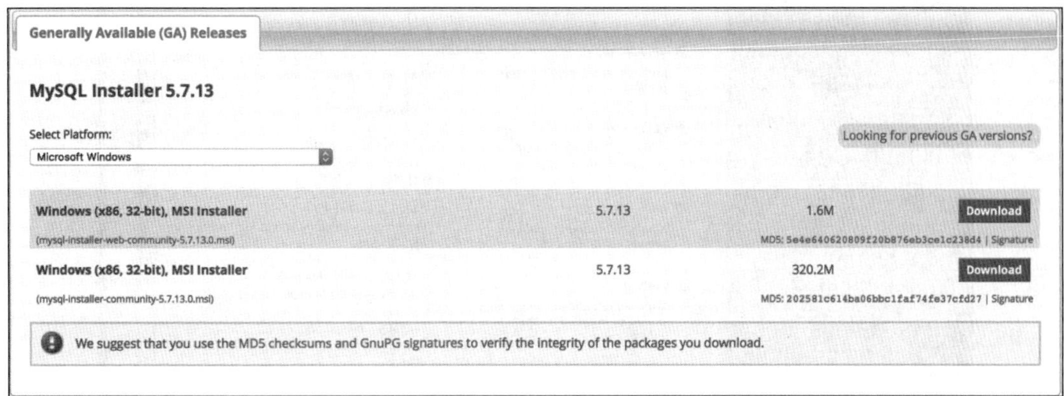

图 E-16 下载 MySQL

2）双击下载的 MySQL Installer，接受许可协议，单击 Next 按钮继续，如图 E-17 所示。

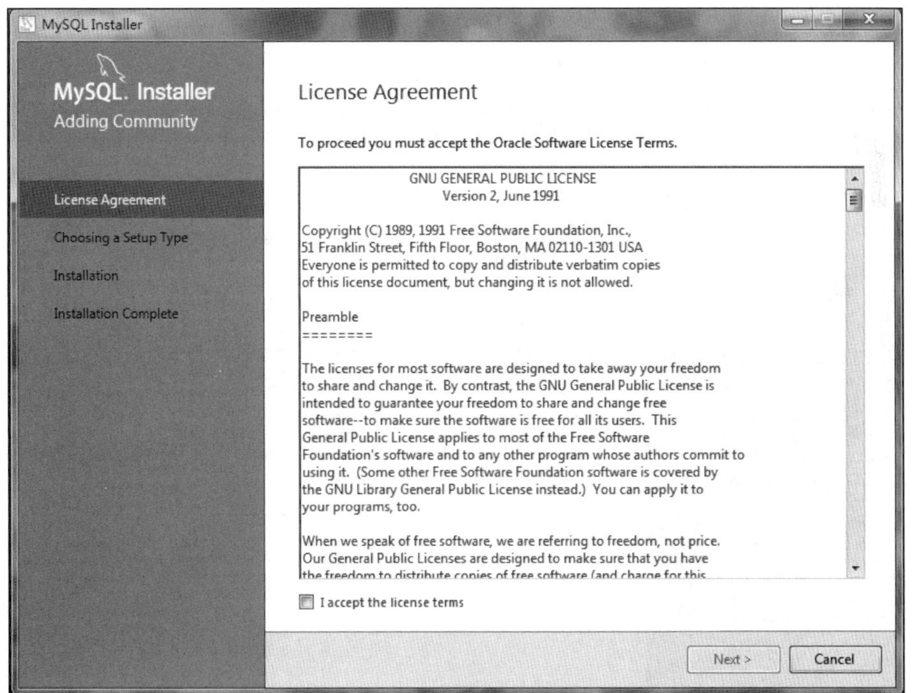

图 E-17 MySQL 安装界面（一）

3）选择安装类型，有 Developer Default（开发人员默认）、Server only（仅服务器）、Client only（仅客户端）、Full（完全）、Custom（用户自定义）选项，这里选择 Full，也方便了解整个安装过程，如图 E-18 所示。

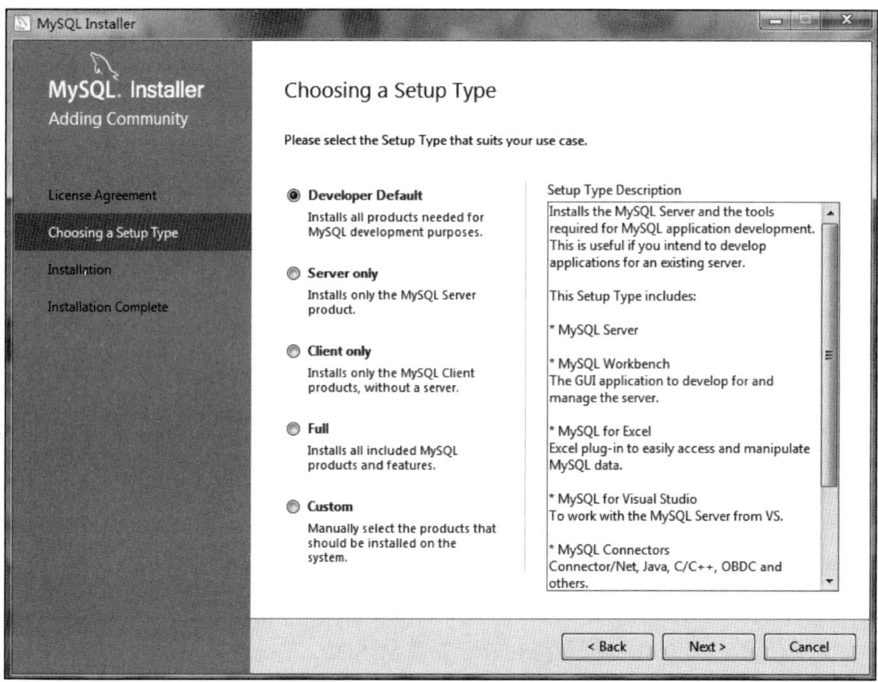

图 E-18　MySQL 安装界面（二）

4）检测运行环境，安装程序会自行检测系统环境，如果出现问题，按要求修改提示信息，重新检测即可，单击 Next 按钮进入下一步，如图 E-19 所示。

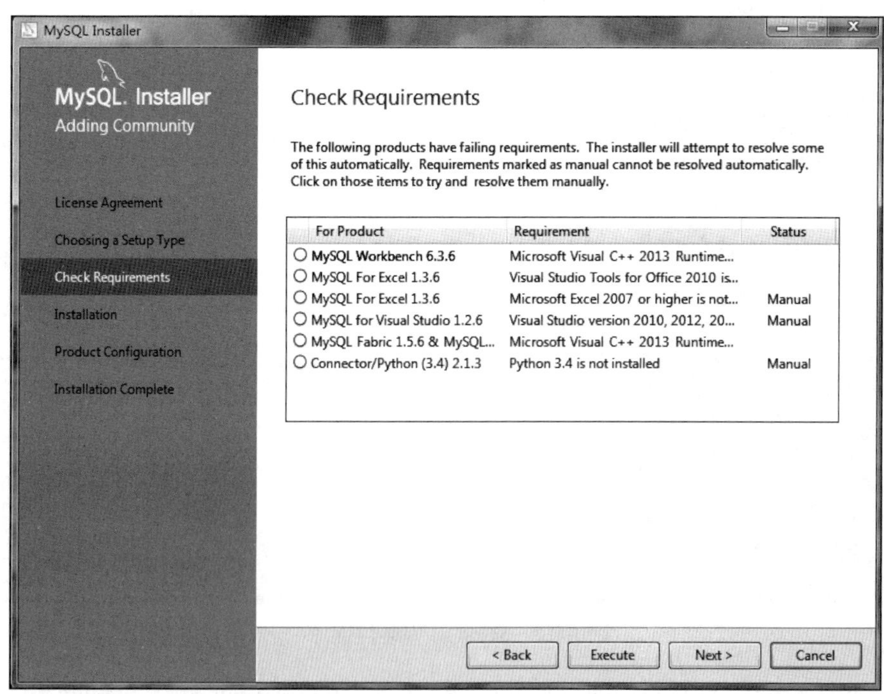

图 E-19　MySQL 安装界面（三）

5）确认执行安装所需产品，单击 Execute 按钮安装，安装完成后配置环境，如图 E-20 所示。

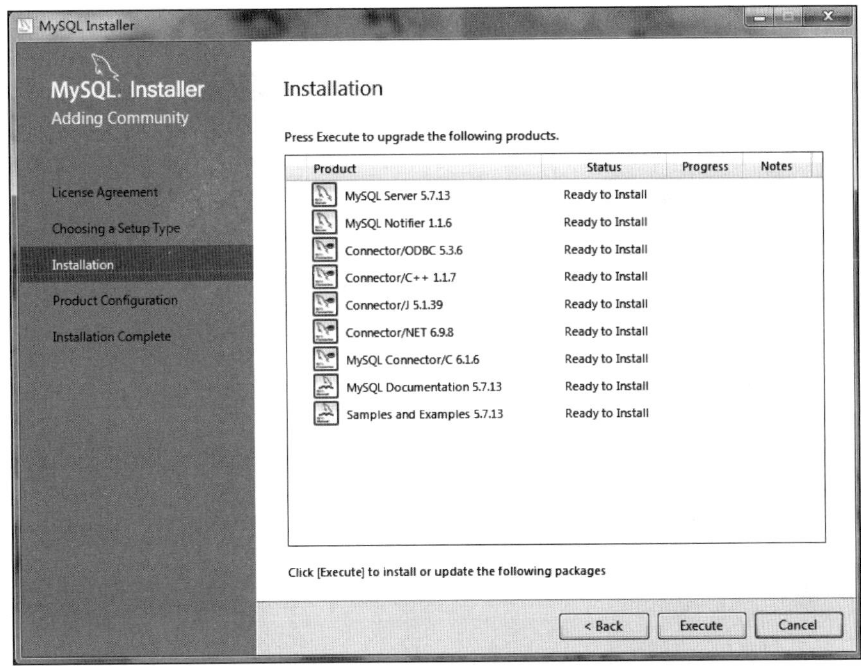

图 E-20　MySQL 安装界面（四）

6）软件安装完成后，可以通过 MySQL 配置向导完成配置，如图 E-21 所示，自己手动配置 mysql.ini。

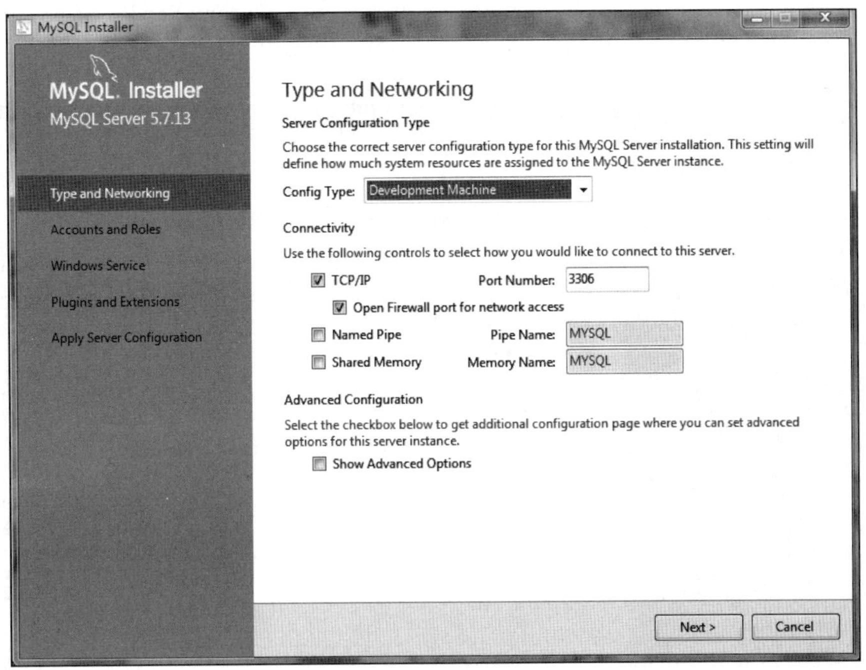

图 E-21　MySQL 安装界面（五）

7）在图 E-21 中进行类型和网络配置。是否启用 TCP/IP 连接，设定端口，如果不启用 TCP/IP 连接，就只能在自己的机器上访问 MySQL 数据库；如果启用，需要勾选 TCP/IP 复选框，设置 Port Number 为 3306，单击 Next 按钮进入配置账户和角色界面，这一步询问是否要修改默认 root 用户（超级管理）的密码（默认为空）。例如密码设置为“root”，如图 E-22 所示。

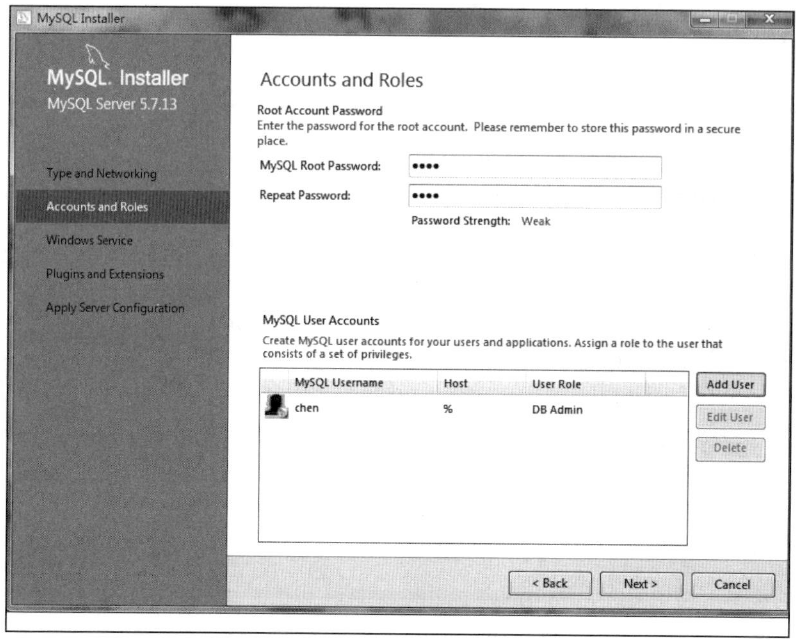

图 E-22　MySQL 安装界面（六）

8）选择是否将 MySQL 安装为 Windows 服务，还可以指定 Windows Service Name（服务标识名称），这里我们选择默认 Windows Service Name。单击 Next 按钮继续，如图 E-23 所示。

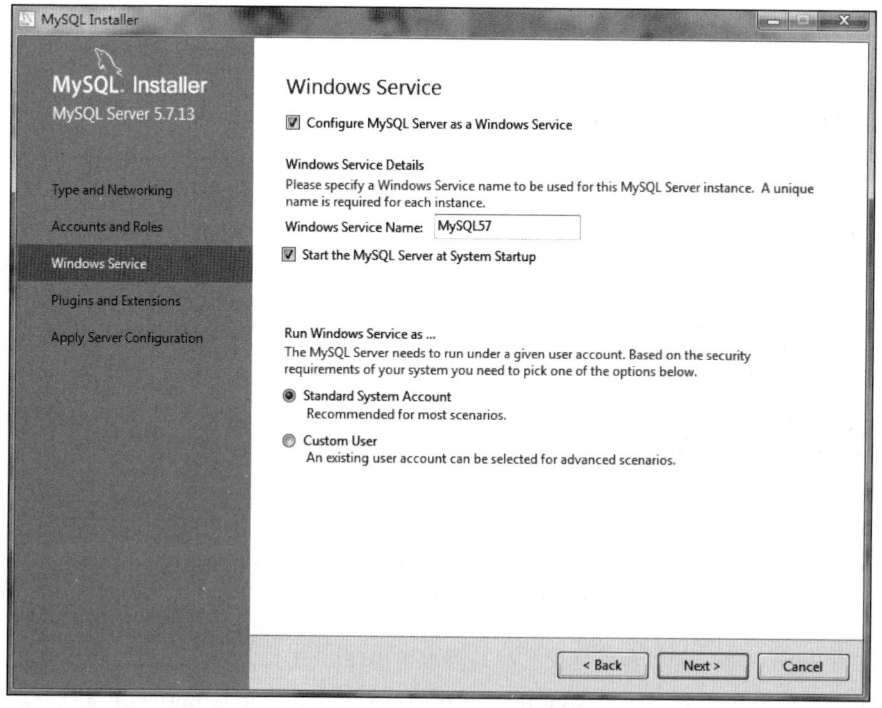

图 E-23　MySQL 安装界面（七）

9）确认配置信息，如果有误，单击 Back 按钮返回检查。单击 Execute 按钮使设置生效，如图 E-24 所示。

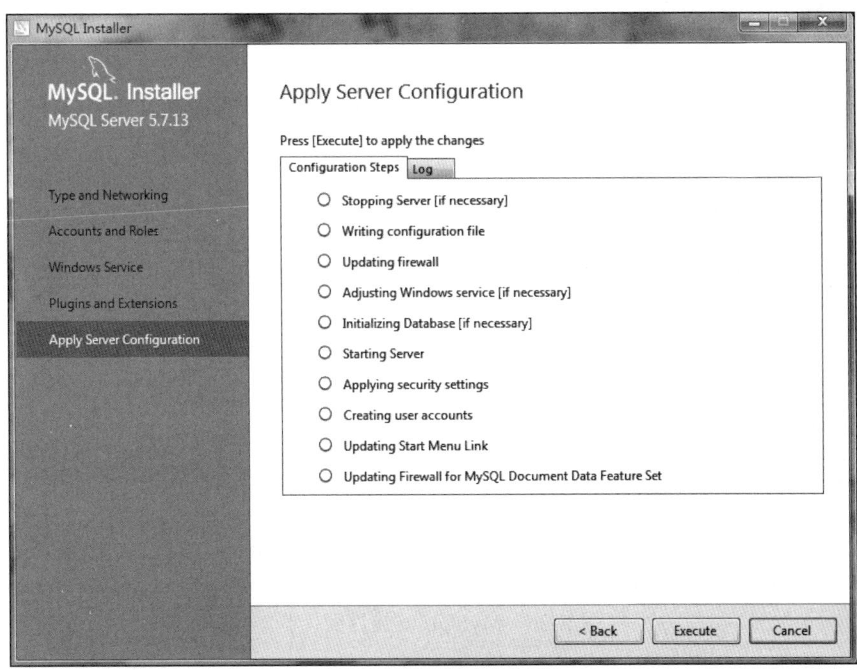

图 E-24　MySQL 安装界面（八）

10）下一步进入产品配置向导界面，单击 Next 按钮进入下一步，配置默认用户名密码，这里保持默认设置，单击 Next 按钮继续，如图 E-25 和图 E-26 所示。

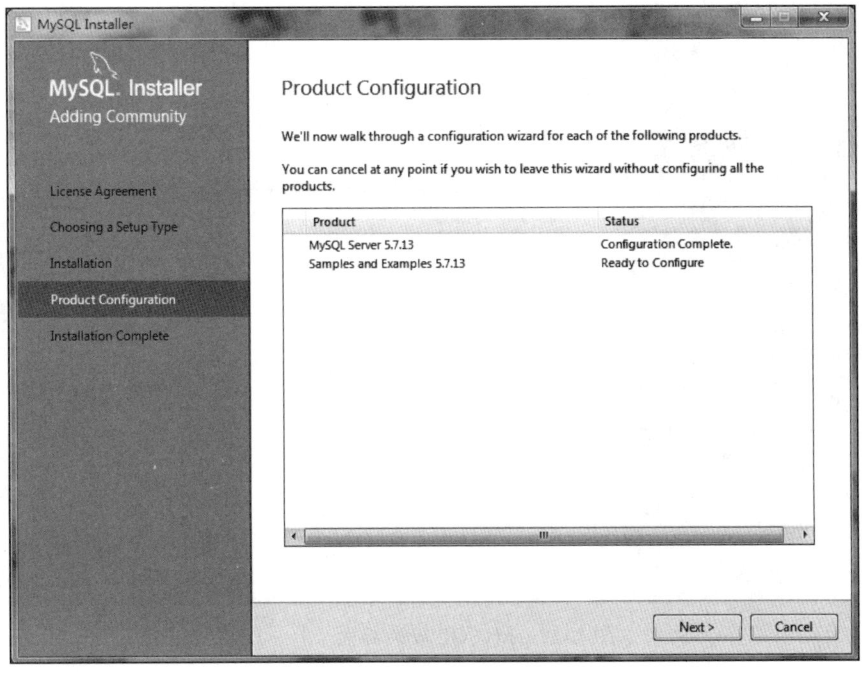

图 E-25　MySQL 安装界面（九）

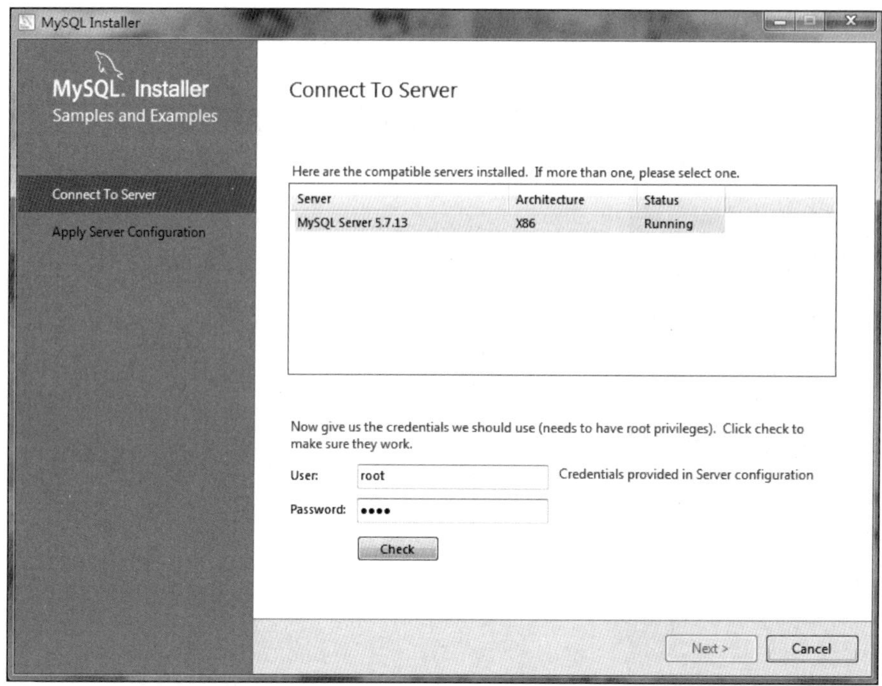

图 E-26　MySQL 安装界面（十）

11）确认产品配置信息，如果有误，单击 Back 按钮返回检查。单击 Execute 按钮使设置生效，如图 E-27 所示。

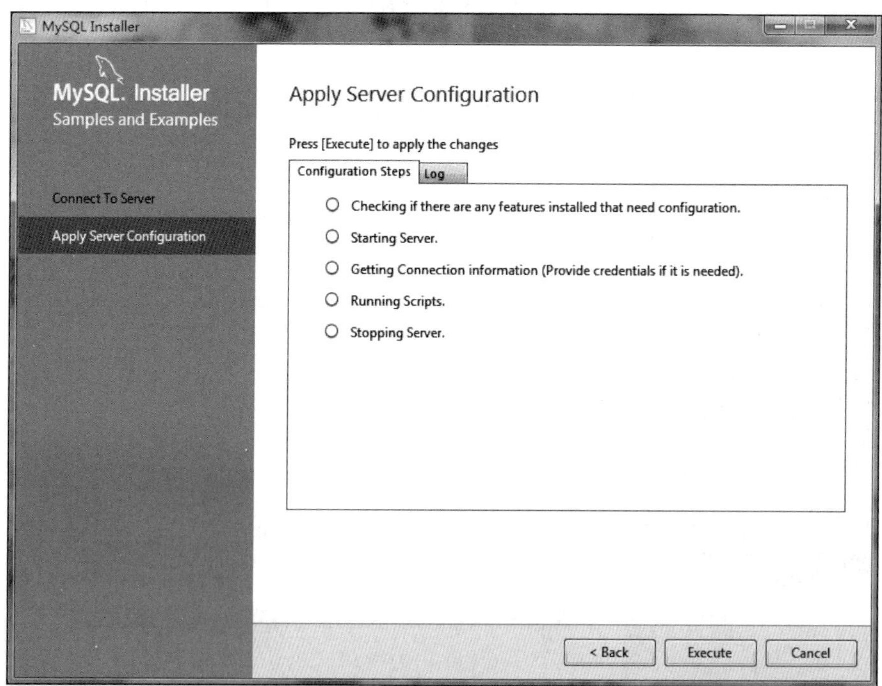

图 E-27　MySQL 安装界面（十一）

12）设置完毕，单击 Finish 按钮结束 MySQL 的安装与配置，如图 E-28 所示。

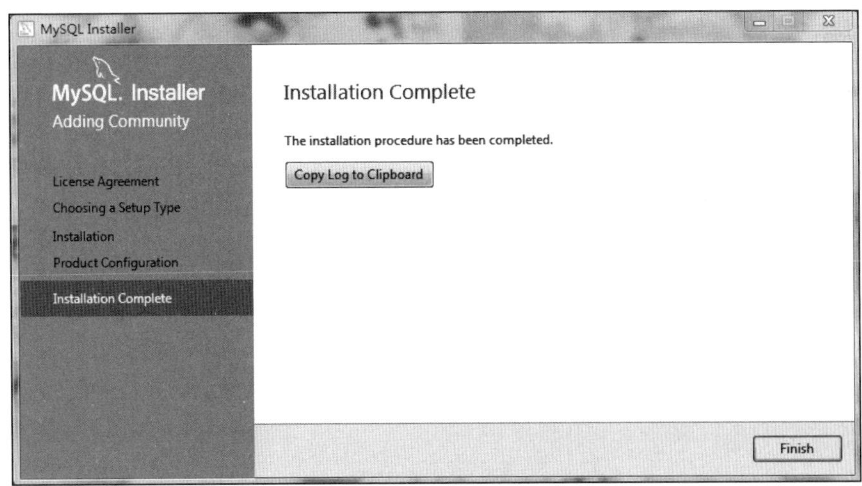

图 E-28 MySQL 安装完成

8.7.2 用户手册

用户手册通过教师、学生、管理员、游客 4 个角色来介绍平台的使用功能，可访问本节前面提供的地址下载 SPM 项目的完整用户手册。

8.8 小结

本章讲述了产品交付需要完成的任务：安装部署、验收测试、交付产品和培训。交付产品的同时要交付相应的手册，包括用户手册、系统管理员手册等。在产品交付时，可以有一个产品交付说明书，双方在产品交付说明书上签字以说明产品交付结束。

8.9 练习题

一、填空题

1. 产品交付需要完成的主要任务是________和________。
2. ________是项目移交的前提，移交时，项目移交方和项目接收方将在项目移交报告上签字，形成项目移交报告。
3. ________是交付使用前的最后一次检查，也是软件投入运行之前保证可维护性的最后机会。
4. ________是由独立于软件开发者和用户的第三方所进行的测试，旨在对被测软件进行质量认证。
5. 一个产品的使用者有两种类型：一种是用户，另一种是________。
6. ________是为系统管理员准备的文档资料。

二、判断题

1. 当项目通过验收后，项目团队不需要将项目成果的所有权交给项目接收方。（ ）
2. 软件项目交付时要给用户提供必要的文档。（ ）
3. 需要针对使用系统的用户的特殊要求进行不同的培训。（ ）
4. 用户手册不仅要提供系统的使用方法，还需提供系统功能的详细实现方法。（ ）

三、选择题

下面哪个不是交付过程的文档（ ）。

A. 验收测试报告　　B. 用户手册　　C. 系统管理员手册　　D. 开发合同

第9章

软件项目的维护

前面几章我们探讨了建造软件系统的过程，但是这个系统的生命周期并没有随着产品的交付而结束。产品交付之后，系统进入运行和维护阶段。因为系统在使用过程中还存在很多的变化，所以，我们就面临着系统维护的现实。下面就进入路线图的第七站——维护，如图9-1所示。

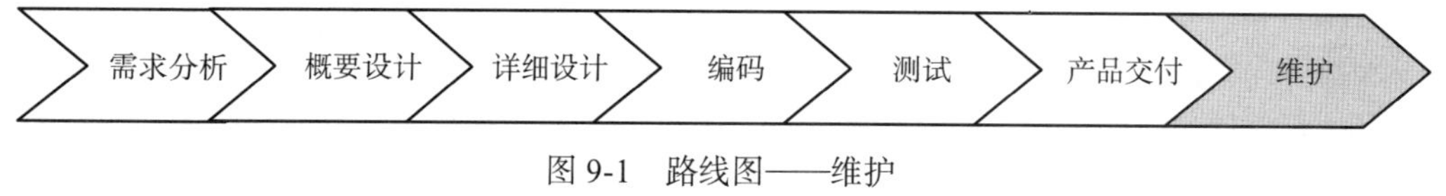

图9-1　路线图——维护

9.1　软件项目维护概述

当一个系统在实际环境中投入使用并可以进行正常操作后，我们就说系统开发完成了，以后对系统变更所做的任何工作则称为维护。维护工作从软件产品的试运行就开始了，它是为了保证软件系统在一个相当长的时间内正常运行而做的工作。软件的维护与硬件的维护不同，硬件的维护更多是维修，预防器件的磨损，而软件维护更多是变更部分与原来系统的整合。开发的系统通常是不断进化的，也就是说在系统的生命期内系统的特性是不断变化的。软件系统发生变更不仅仅是因为客户变换了工作方式等，还有系统本身的原因。现实世界包含很多不确定因素，还有很多我们不太理解的概念。而且软件系统的现实需求也是不断变化的。

维护的时候，一方面要了解原来开发的产品是否让用户和系统管理员用起来满意；另一方面，由于需求的变更、系统的变更、软硬件以及接口的变更等，还要预测可能引入的错误。维护的范围很广，需要更多的跟踪和控制。

IEEE 对软件维护的定义是：软件维护是在交付之后修改软件系统或者其部件的活动过程，以修正缺陷、提高性能或者其他属性、适应变化的环境。

软件的可维护性是软件设计的一个原则，所谓软件的可维护性是指纠正软件系统出现的错误或者缺陷以满足新的要求而进行修改、扩充或压缩的容易程度。软件的可维护性对于延长软件的生存期具有很重要的意义，因此，如何提高软件的可维护性是值得研究的课题。可维护性、可使用性、可靠性是衡量软件质量的几个主要质量特性，其中软件的可维护性是软件各个开发阶段的关键目标。一般来说，度量一个程序可维护性可以考虑如下 7 个特性：

- *可理解性*。可理解性表明人们通过阅读源代码和相关文档，了解程序功能及其如何运行的容易程度，一个可以理解的程序应该具备的特征主要包括模块化、风格一致性、使用有意义的数据名和过程名、结构化、完整性等。
- *可靠性*。可靠性表明一个程序按照用户的要求和设计目标，在给定的时间和条件下正确执行的质量特性。度量的标准有平均失效间隔时间、平均修复时间、有效性等。
- *可测试性*。可测试性表明验证程序正确性的容易程度，程序越简单，说明其正确性越容易。设计合适的测试用例取决于对程序的全面理解，因此，一个可测试的程序应当是可以理解的、可靠的、简单的。
- *可修改性*。可修改性表明程序容易修改的程度，一个可修改的程序应当是可理解的、通用的、灵活的、简单的。
- *可移植性*。可移植性表明程序转移到一个新的计算环境的可能性的大小，或者它表明程序可以容易地、有效地在各种各样的计算环境中运行的容易程度。一个可移植的程序应该具有结构良好、灵活、不依赖于某一具体计算机或者操作系统的性能。
- *效率*。效率表明一个程序能够执行预定功能而又不浪费机器资源的程度，这些机器资源包括内存容量、外存容量、通道容量和执行时间。
- *可使用性*。从用户观点出发，将可使用性定义为程序方便、实用及易于使用的程度。一个可使用的程序应是易于使用的，能允许用户出错和改变，并尽可能不使用户陷入混乱状态。

9.2 软件项目维护的类型

软件项目维护活动类似开发过程，有需求分析、评估系统、程序设计、编写代码、代码评审、测试变更、修改文档等，所以维护的时候也需要分析人员、编码人员和设计人员等角色。维护的时候需要关注系统改进过程中的四个方面：

- 系统功能是可控的。
- 系统修改是可控的。
- 保证没有改变原有功能的正确性。
- 预防系统的性能出现不可接受的情况。

软件维护的类型主要包括纠错性维护、适应性维护、完善性维护和预防性维护。

9.2.1 纠错性维护

在软件交付使用后，总会有一些隐藏的错误被带到运行阶段，这些隐藏下来的错误在某些特定的使用环境下会暴露出来。为了识别和纠正软件错误、改正软件性能上的缺陷、排除实施中的误使用，应对错误进行诊断和改正，这种维护叫做纠错性维护。

出现错误的情况时，这个维护一定要尽快完成。当发生错误的时候，项目人员先确定错误的原因，然后确定纠错方案，并且对需求、设计、代码、测试用例、文档等做必要的变更。对于最初的修补常常只是一个暂时的方案，一般是为了保持这个系统可以正常运行，但不是最好的方案，以后要针对这种情况做更多的修正工作。

9.2.2 适应性维护

随着计算机的飞速发展，外部环境或数据环境可能发生变化，为了使软件适应这种变化，应修改软件，这种维护叫做适应性维护。

有时系统中一部分的变更可能引起其他部分的变更，适应性维护就是针对这种变更情况而进行的。例如，一个大的硬件和软件系统中原来有一个数据库管理系统，这个数据库升级版本后，原来的磁盘访问例程需要额外的参数，为了适应这种变化，需要增加参数，这种维护不是修改错误，而仅仅是让系统适应新的变化。

9.2.3 完善性维护

在软件的使用过程中，用户往往会对软件提出新的功能要求。为了满足这些要求，需要修改或再开发软件，以扩充软件功能、增强软件性能、改进加工效率、提高软件的可维护性，这种维护叫做完善性维护。

完善性维护是通过检查需求、设计、代码和测试等，试着完善系统。例如，增加一个系统功能的时候，可能需要重新修改设计以适应将来新增功能的要求。完善性维护主要是为了改善系统的某一方面而进行的变更，这种变更不一定是因为出现错误而进行的。

9.2.4 预防性维护

与完善性维护类似的是预防性维护，它是为了预防错误而对系统的某些方面进行的变更。例如，在程序中增加类型的检测、错误控制的完善等。预防性维护用于提高软件的可维护性、可靠性等，为以后进一步改进软件打下良好基础。

在软件维护阶段的整个工作量中，预防性维护的比例很少，而完善性维护的工作量比较大。这是因为在软件的运行过程中，需要不断对软件进行修改完善，更正新发现的错误，适应新的环境和用户新的需求，而且在修改过程中可能会引入新的错误，这就需要大量的完善性维护。

9.3 软件再工程过程

预防性维护也称为软件再工程，典型的软件再工程过程模型如图 9-2 所示，它定义了 6 类活动。在某些情况下，这些活动可以按照图 9-2 中的次序有序进行，但也不总是这样。图 9-2 中的软件再工程范型是一个循环模型，这意味着作为该范型组成部分的每一个活动都可能重复进行，而且对于某个特定的循环来说，可以在完成任意一个活动之后终止。

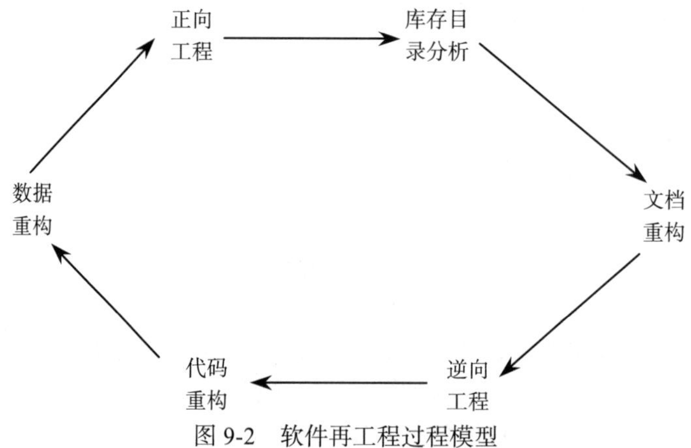

图 9-2 软件再工程过程模型

（1）库存目录分析

每个软件组织都应该保存所有应用的库存目录，以便对于再工程工作的候选对象分配资源。这个目录应该定期整理修订。应用的状况可随时间变化，其结果使得再工程的优先级发生变化。

对软件的每个应用系统都进行预防性维护是不现实的，也是不必要的。预防性维护的对象通常为：

- 将在今后数年内继续使用的程序。
- 当前正在成功使用的程序。
- 近来可能要做较大修改的程序。

（2）文档重构

缺少文档是很多遗留系统共同存在的问题。建立文档是很消耗时间的事情，可以分三种情况处理：

- 如果系统可以正常稳定运行，则保持现状，可以不为它建立文档。
- 仅对系统当前正在进行改变的部分程序建立完整的文档，然后再逐步建立完整的文档。
- 某个维护很重要，需要重新建立文档，此时应该本着最小工作量的原则建立文档。

（3）逆向工程

逆向工程是一个对已有系统进行分析的过程，通过分析识别出系统中的模块、组件以及它们之间的关系，并以另外一种形式或在更高的抽象层次上创建出系统表示。软件的逆向工程是分析程序以便在比源代码更高的抽象层次上创建出程序的过程，即逆向工程是一个恢复设计结果的过程。

（4）代码重构

代码重构的目标是设计出具有相同功能但是比原程序质量更高的程序，一般来说，代码重构不修改程序的体系结构，只是关注各个模块的设计细节以及在模块中定义的局部数据结构。如果重构扩展到模块边界之外并涉及软件体系结构，则重构变为了逆向工程。

（5）数据重构

数据重构对数据定义、文件描述、I/O 以及接口描述的程序语句进行评估，目的是抽取数据项和对象，获取关于数据流的信息，以及理解现有实现的数据结构。数据重构是一种全范围的再工程活动。数据结构对程序体系结构以及程序中的算法有很大的影响，因此，对数据的修改必然会导致程序体系结构或者代码层的改变。

（6）正向工程

正向工程也称为更新或者再造。正向工程过程应用现代软件工程的概念、原理、技术和方法，重新开发现有的某个应用系统，所以，一般经过正向工程后，软件系统不仅增加了新功能，也提高了整体性能。

9.4 软件项目维护的过程

软件维护的基本过程如图 9-3 所示，首先填写维护需求申请，然后确认维护需求，这需要维护人员与用户多次协商，确定维护类型，根据维护类型进行维护，在维护过程中提交维护记录，最后根据维护记录进行维护评价。

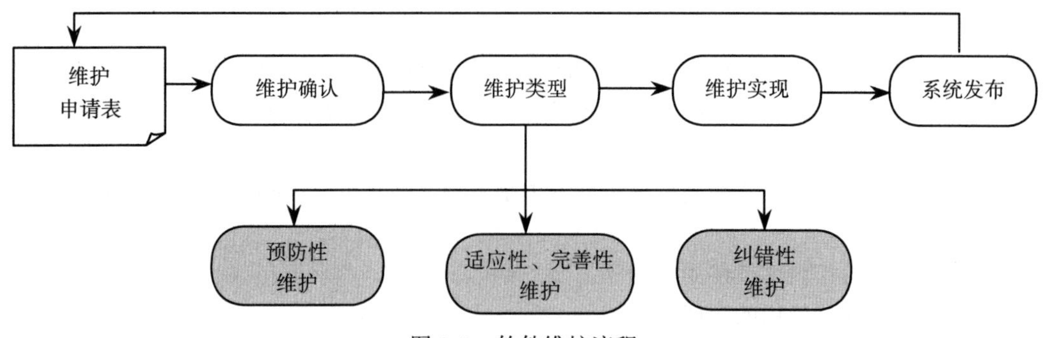

图 9-3 软件维护流程

1）填写维护申请表记录用户的维护需求。

2）对用户的维护需求进行确认，指定产品维护管理者。产品维护管理者负责组织有关人员对用户的维护需求进行确认；对于确认过程中出现的问题，负责与用户进行协商。

3）对维护的需求进行分类，并确定响应策略。一般维护需求和响应策略有如下几种：

- 预防性维护和适应性维护，按优先级排列。
- 完善性维护，或按优先级排列，或拒绝。
- 纠错性维护，根据错误严重程度进行优先级排列。

4）按照维护策略进行软件维护，记录软件维护过程。

5）对维护工作进行评价。

9.4.1 维护申请

软件维护申请应该按照规定的方式提出，基本遵循变更控制系统的流程。由申请维护的用户提出来，如果维护申请是纠错性维护，应该说明错误的基本情况；如果维护申请是适应性或者完善性维护，用户需要提交一份修改说明书，列出所有希望的修改。表 9-1 就是一个维护申请表。

表 9-1 维护申请表

软件维护申请表			
软件名称		维护软件部分	
申请人		申请日期	
维护内容			
维护补充材料			
维护负责人		维护类型	
审批人			
审批日期		维护结束日期	
维护检查人			

根据用户的维护申请，软件维护组织应该提交一个软件维护报告，说明维护的内容、维护的类型、优先级别、所需要的工作量和预计修改后的结果。这个修改报告经过审批后，才可以进行维护。

9.4.2 维护实现

事实上，软件维护是软件工程的循环应用，只是不同类型的维护，任务的重点不同。无论哪种类型的维护，基本都需要进行如下工作：修改设计、设计评审、修改代码、单元测试、集成测试、回归测试、验收测试等。

为了估计维护的有效程度，确定维护的产品质量，也为了更好地估算维护的工作量，需要在软件维护过程中增加维护记录，详细记录维护过程中的各种数据，如源程序行数、编程语言、安装日期、程序修改标识、增加和删除的代码行数、维护工时、日期、维修人员、维修类型等。

9.4.3 维护产品发布

维护后的软件产品版本升级，需要重新安装发布。升级后的软件版本应该纳入版本管理，并保存维护、设计记录。类似产品提交过程，维护后的软件产品在用户现场安装，进行验收测试，确认测试，同时提交必要的使用手册等材料，对用户进行必要的培训，让用户签字认可等。

9.5 软件维护过程文档

适应性维护和完善性维护的过程与产品开发过程基本相同，可参照产品开发过程进行，而且这类维护过程中的很多文档是对需求、总体设计、详细设计、编码、测试等文档的升级。而纠错性维护过程中至少要提交一个维护记录，记录维护日期、维护任务、维护的规模以及维护人员等信息，表 9-2 所示是一个维护记录的例子。

表 9-2 维护记录

产品名称：综合信息管理平台

序号	维护请求日期	问题描述	维护情况	提交日期	维护规模	维护人
1	2010-10-09	UI 整体风格过于暗沉	UI 进行了重新设计，UI 整体风格以蓝色调为基础	2010-10-12	2 人天	××
2	2010-10-13	数据库不支持 SQL Server 2005	数据库支持新增 SQL Server 2005	2010-10-15	3 人天	××
3	2010-10-21	用户操作事件入库能力每秒 200 条，比较慢	用户操作事件入库能力达到每秒 800 条	2010-10-26	5 人天	××
4	2010-10-26	海量事件查询响应时间慢，目前为 10 秒	海量事件查询响应时间小于 5 秒	2010-11-6	5 人天	××
5	2010-11-2	老版本的综合信息管理平台升级后不稳定	提高兼容性，平台稳定	2010-11-12	5 人天	××
6	2010-11-5	各个列表页使用大图标，表格撑开变形	各列表页均使用小图标	2010-11-7	2 人天	××
7	2010-11-21	各个页面脚本语言提示信息风格不统一	统一成在页面显示，不使用弹出窗口	2010-11-28	5 人天	××
8	2010-12-1	平台调试的输出 / 输入语句没有删除，在控制台都可以看见	屏蔽所有输出 / 输入语句	2010-12-1	1 人天	××

9.6 软件维护的代价

随着软件产品的广泛应用和需求的不断变化，软件维护成本也越来越高，也逐步超越开发成本。因此，软件项目的成功不仅仅是开发的成功，更是维护工作的成功，只有降低维护成本，才能降低整个软件工程的成本，软件维护的高代价性主要来自维护的困难性。

关于需求的频繁变更，我们在需求章节也强调了，需要通过需求变更管理，以及敏捷模型等手段加强管理。

维护的困难性主要体现在对程序理解的困难，以及维护相关性的分析。对程序理解的困难体现在维护人员不是程序的编写人员。维护人员需要理解和掌握编写人员的逻辑和思路，另外，很多项目的文档不全面或者没有及时更新，维护人员无法获得足够的帮助。

维护相关性的分析更是重要，每个软件功能不是独立实现，每个功能代码与其他功能之间有很多复杂的关系。维护一部分代码，也一定会影响其他部分的代码。

对于软件的可维护性，有一种简单的面向时间的度量，叫做平均变更等待时间（Mean Time To Change，MTTC）。这个时间包括开始分析变更要求、设计合适的修改、实现变更并测试它以及把这种变更发送给所有的用户所需的时间。

总之，在软件设计、开发阶段一定考虑到软件的可维护性，设计和开发出可维护性好的软件系统。

9.7　项目案例分析

下载1　下载2

下载3　下载4

项目案例名称：软件项目管理课程平台（SPM）

项目案例文档：SPM 安全漏洞维护方案

SPM 安全漏洞维护评估

安全测试报告：

- **管理员角色：**https://pan.baidu.com/s/1o8hLrpK（下载1）
- **教师角色：**https://pan.baidu.com/s/1mhWtYRI（下载2）
- **学生角色：**https://pan.baidu.com/s/1cd0bsM（下载3）
- **游客角色：**https://pan.baidu.com/s/1hrElsX2（下载4）

对于企业的软件项目周期而言，项目进入运维阶段，意味着软件项目从生产环境进入运行环节，相当于从生产部门进入了运维部门，如图9-4所示。

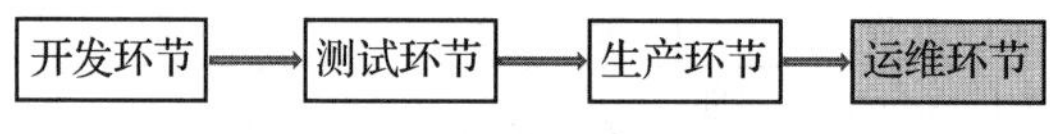

图9-4　软件工程化之运维环节

SPM项目交付之后，在使用过程中，用户根据使用过程中的问题，提出了对系统登录进行安全维护的需求，见表9-3。这个维护需求属于完善性维护请求。

表9-3　维护申请表

软件维护申请表			
软件名称	SPM	维护软件部分	系统登录注册
申请人	×××	申请日期	2016-10-10
维护内容	完善系统登录注册模块的安全性		
维护补充材料			
维护负责人	×××	维护类型	完善性维护
审批人	×××		

9.7.1 SPM 安全漏洞维护方案

以下是 SPM 安全漏洞维护方案。

SPM 安全漏洞维护方案

1. 安全漏洞维护

从错误注入的角度来看，应用软件的安全漏洞是由于其不能正确处理错误而产生的。引发 Web 应用软件安全漏洞的错误主要体现在两个方面：

1）Web 应用软件运行环境出现错误。

2）Web 应用软件运行状态出现错误。

具体的分类说明如图 F-1 所示。

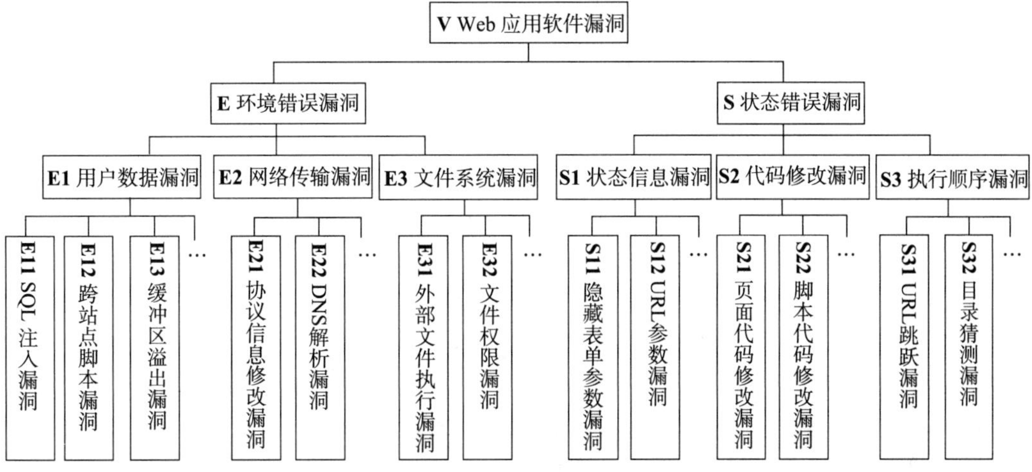

图 F-1 安全漏洞分类模型

环境错误漏洞主要包括：

1）用户数据漏洞：

- SQL 注入漏洞
- 跨站点脚本漏洞
- 缓冲区溢出漏洞

2）网路传输漏洞：

- 协议信息修改漏洞
- DNS 解析漏洞

3）文件系统漏洞

- 外部文件执行漏洞
- 文件权限漏洞

状态错误漏洞主要包括：

1）状态信息漏洞：

- 隐藏表单参数漏洞
- URL 参数漏洞

2）代码修改漏洞：

- 页面代码修改漏洞
- 脚本代码修改漏洞
- Applet 代码修改漏洞

3）执行顺序漏洞：

- URL 跳跃漏洞
- 目录猜测漏洞

本次安全维护主要进行“代码修改漏洞”和“SQL 注入漏洞”的维护工作。

2. 代码修改漏洞的解决方案

代码修改漏洞主要有如下三种类型。

1）页面代码修改漏洞：因攻击者修改页面的 HTML 代码而产生的漏洞，例如，修改用来限制输入的代码，如列表框、单选框、多选框等，将选项改为恶意数据，如果 Web 软件不能正确处理，就会产生漏洞。以 SPM 项目的注册模块为例，攻击者可将 HTML 或者 JSP 上的 input 元素中对输入字符的限制进行修改，即将 <input maxlength=10/> 修改为 <input maxlength=100/>，从而达到恶意修改用户输入数据长度的目的，攻击服务器。

2）脚本代码修改漏洞：恶意用户修改页面上脚本代码而产生的漏洞，例如，修改用于限制和过滤用户输入的 JavaScript，以便输入恶意数据，当服务器端的软件对此不做校验时，就产生了安全漏洞。同样的，攻击者可以找到 SPM 项目注册页面中的 JS 代码，将 JS 中对用户输入的信息规格验证代码屏蔽掉，直接将恶意数据提交至指定服务器中的 Action 中，从而达到不可告人的目的。

3）Applet 代码修改漏洞：这类漏洞是因为用户反编译页面的 Applet 代码而产生的。如果软件开发人员没有考虑到用户可能通过反编译看到源代码，而在源代码中包含了敏感信息，如账号、密码、加解密算法等，或者对页面 Applet 的执行结果不做任何审查，就会产生安全漏洞。

在 SPM 项目中处理代码修改漏洞包括页面代码修改漏洞处理与脚本修改漏洞处理。针对代码修改漏洞上的问题，SPM 项目采用的解决方法见表 F-1。

表 F-1 SPM 项目代码修改漏洞解决方案

解决方案	说明
HTML5 pattern 属性处理	利用 HTML5 中的 <input/> 中的 pattern 属性对用户输入数据限定指定规格（10 位的数字与字母），即 pattern=“[0-9a-Z]{10}”
JS 代码处理	利用 JS 代码控制用户输入数据格式。利用 JS 系统库中的 RegExp 类进行正则匹配，即 var reg = newRegExp(“^[0-9a-Z]{10}$”)，再采用 reg.test(param) 方法进行匹配。匹配成功进行 DWR 验证，失败则给出失败提示
DWR 异步处理	在服务器中编写 DwrUtil.java 文件再一次对用户输入数据进行格式验证。采用 Pattern 类进行正则匹配，即 Pattern pattern = Pattern. Compile(“[0-9a-Z]{10}”);
在 Action 层处理	在 LoginAction.java 与 RegisterAction.java 中最后一次对用户输入的数据进行格式匹配检测，采用的方法依旧是用 pattern 类进行正则匹配

2.1 用户登录信息的代码修改漏洞

（1）HTML5 pattern 属性处理

由于在编写“快速登录”输入框时采用了 easyUI 的样式与对应的 JS，因此在登录部分并没有对其 <input/> 使用 pattern 属性，具体见图 F-2。

（2）JS 代码处理

利用 JS 代码控制用户输入数据格式。利用 JS 系统库中的 RegExp 类进行正则匹配，即 var reg = newRegExp(“^[0-9a-Z]{10}$”)，再采用 reg.test(param) 方法进行匹配。匹配成功进行 DWR 验证，如果失败，则给出失败提示。

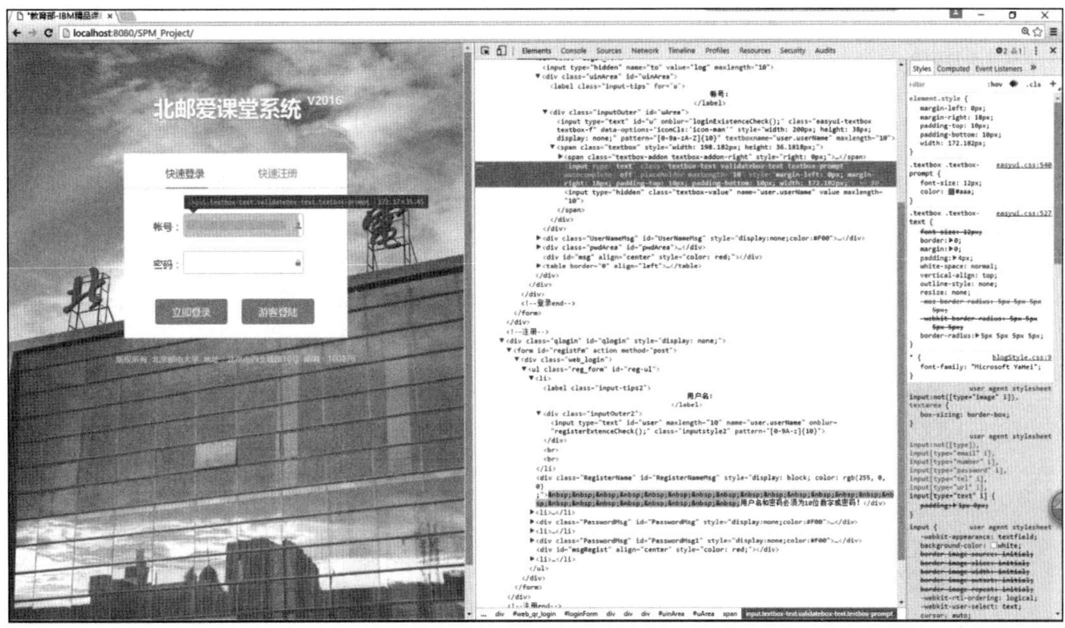

图 F-2 登录部分输入框 Chrome 审查

当用户在登录页面单击“立即登录”时，将触发 JS 脚本中的 login 函数，从而进行 JS 脚本对用户输入数据的规格检测（用户的输入为 10 位的字母或数字）。“立即登录”的源码见图 F-3，JS 函数 login() 见图 F-4。

```
<div style="padding-left: 0px; margin-top: 20px;">
    <input type="button" onclick="login()" value="立即登录" style="width: 120px;"
        class="button_blue" />
</div>
```

图 F-3 立即登录源码

```
function login(){
    var loginUserName = document.getElementById("u");
    var loginPassWord = document.getElementById("p");

    //先在JSP上面验证的代码，格式符合之后再对进行DWR验证
    var reg = new RegExp("^[0-9a-zA-Z]{10}$");
    if(reg.test(loginUserName.value) && reg.test(loginPassWord.value)){
        dwrUtil.loginCheck(loginUserName.value,loginPassWord.value,callback);
        function callback(result){
            if(result == "1"){
                //alert("登入成功！");
                document.getElementById("loginForm").submit();
            }else if(result == "2"){
                //alert("登入s！");
                $("#msg").html("用户名或密码错误，请重新输入！");
            }else if(result == "3"){
                $("#msg").html("用户名和密码必须为10位数字或密码！");
            }else{
                $("#msg").html("账号或密码未输入！");
            }
        }
        //alert("dwr");

    }else{
        $("#msg").html("用户名和密码必须为10位数字或密码！");
        //alert("JSP");
    }

}
```

图 F-4 JS login 函数

对于用户登录的结果的提示信息，将利用 JQuery 的方法采用 ID 选择器获取并调用 html() 方法进行赋值，提示动态交互。部分采用 <div> 进行处理，利用 JS 控制其可见性的变化实现动态交互。登录

部分的提示信息 <div> 代码见图 F-5。

（3）DWR 异步处理

```
<div id="msg" align="center" style="color: red;"></div>
```

图 F-5 登录部分提示信息 <div> 源码

在 JS 脚本中的 login() 方法中，调用了 dwr.loginCheck 函数，并编写了 callback() 函数作为结果处理函数。在 DWR 的 loginCheck() 函数中，再一次对用户输入数据进行格式验证，并采用 Pattern 类进行正则匹配。DWR 中的 loginCheck 方法见图 F-6，其中 loginCheck 方法调用了 isNumeric() 方法，该方法源码见图 F-7。IsNumeric 将会在下面许多地方用到。

```
/**
 *
 * @param userName 用户名
 * @param passwWord 密码
 * @return String
 */
public String loginCheck(String userName,String passwWord){
    System.out.println("此处写用户名密码校验的方法，通过返回1，失败返回失败信息");
    System.out.println("userName: " + userName + ", passWord: " + passwWord);

    if (StringUtils.isBlank(userName) || StringUtils.isBlank(passwWord)){
        //ServletActionContext.getRequest().setAttribute("loginMsg", "账号或密码未输入！");
        System.out.println("账号或密码未输入！");
        return "4";
    }
    try
    {
        if(!isNumeric(userName) || userName.length() != 10 || !isNumeric(passwWord) || passwWord.length() != 10){
            System.out.println("用户名和密码必须为10位数字或密码！");
            return "3";
        }else{

            if(userService.findUser(userName,passwWord) == null){
                //ServletActionContext.getRequest().setAttribute("loginMsg", "对不起，该用户不存在或密码输入错误！");
                System.out.println("对不起，该用户不存在或密码输入错误！");
                return "2";
            }else{
                //ServletActionContext.getRequest().setAttribute("loginMsg", "登入成功！");
                System.out.println("登入成功！");
                return "1";
            }
        }

    } catch(Exception e){
        e.printStackTrace();
    }

    return "1";
}
```

图 F-6 DWR 中的 loginCheck 方法

```
/**
 *
 * @param userName 用户名
 * @return boolean 判定用户名是否为数字或者字母，是返回true，否则false
 */
public boolean isNumeric(String userName){
    Pattern pattern = Pattern.compile("[0-9a-zA-Z]*");
    Matcher isNum = pattern.matcher(userName);
    if(isNum.matches()){
        return true;
    }else{
        return false;
    }
}
```

图 F-7 DWR 中的 isNumeric 方法

（4）在 Action 层处理

在 LoginAction.java 中最后一次对用户输入的数据进行格式匹配检测，采用的方法依旧是用 Pattern 类进行正则匹配，在 Action 中的验证将作为 SPM 项目的最后一道防线，屏蔽攻击者的进攻，同样在这里也调用了 isNumericOrCharacter 进行用户输入检查。其中在 LoginAction 中的 login 方法见图 F-8。

2.2 用户注册信息的代码修改漏洞

（1）HTML5 属性处理

利用 HTML5 <input/> 中的 pattern 属性对用户数输入数据限定指定规格（10 位的数字与字母），

即 pattern= “[0-9a-Z]{10}”。以“快速注册”中的用户名输入框为例，在 Chrome 浏览器中打开 SPM 项目，进入注册页面，利用 Chrome 浏览器检查用户名输入框，发现 <input> 元素中存在一个 pattern 属性，并且 pattern= “[0-9a-Z]{10}”，具体见图 F-9 所示 HTML5 pattern 属性。

```java
/**
 *
 * @description 实现登入功能
 */
public String login()
{

    //modify the SQL injection
    LOG.error("username:" + user.getUserName());
    if(isNumericOrCharacter(user.getUserName()) && isNumericOrCharacter(user.getPassword())){
        try
        {
            User tempuser = new User();
            tempuser = userService.findUser(user.getUserName(),user.getPassword());

            Map session = (Map) ActionContext.getContext().getSession();
            session.put("user", tempuser);
            return SUCCESS;


        } catch(Exception e){
            e.printStackTrace();
        }
        LOG.error("开始保存数据");
        return SUCCESS;
    }else{
        return ERROR;
    }

}
```

图 F-8　LoginAction 中的 login 方法

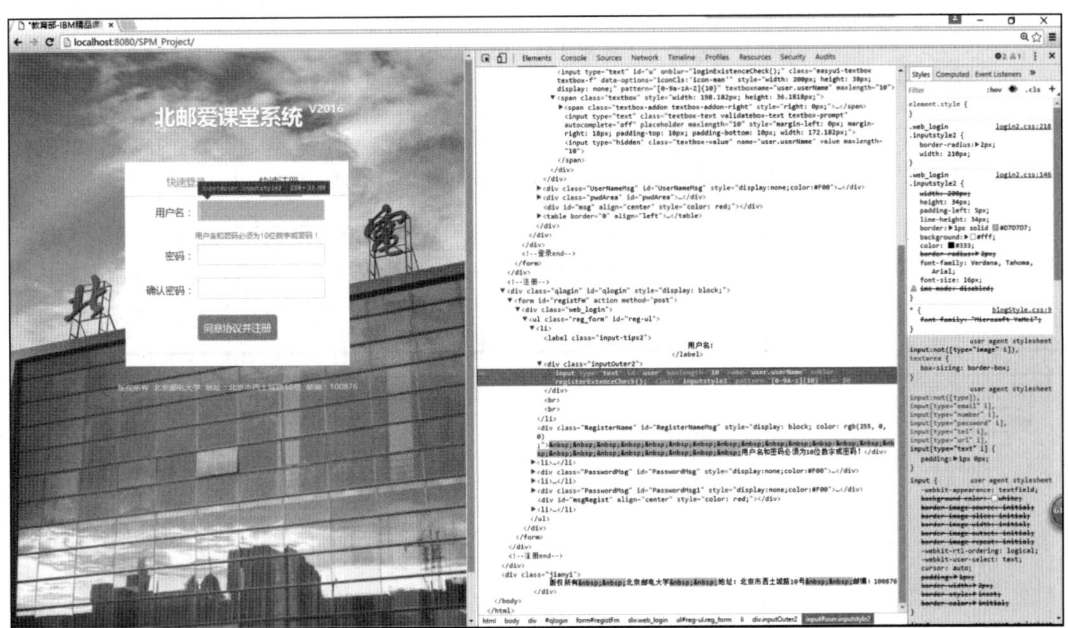

图 F-9　HTML pattern 属性处理

同理，对于密码和确认密码两个输入框也进行 pattern 属性的验证，具体见图 F-10。

（2）JS 代码处理

利用 JS 代码控制用户输入数据格式。利用 JS 系统库中的 RegExp 类进行正则匹配，即 var reg = newRegExp(“^[0-9a-Z]{10}$”)，再采用 reg.test(param) 方法进行匹配。匹配成功进行 DWR 验证，如果失败，则给出失败提示。在“快速注册”中存在三个输入框，每个输入框都对应一个 JS 方法，都是采用 onblur 方式触发，具体见表 F-2。

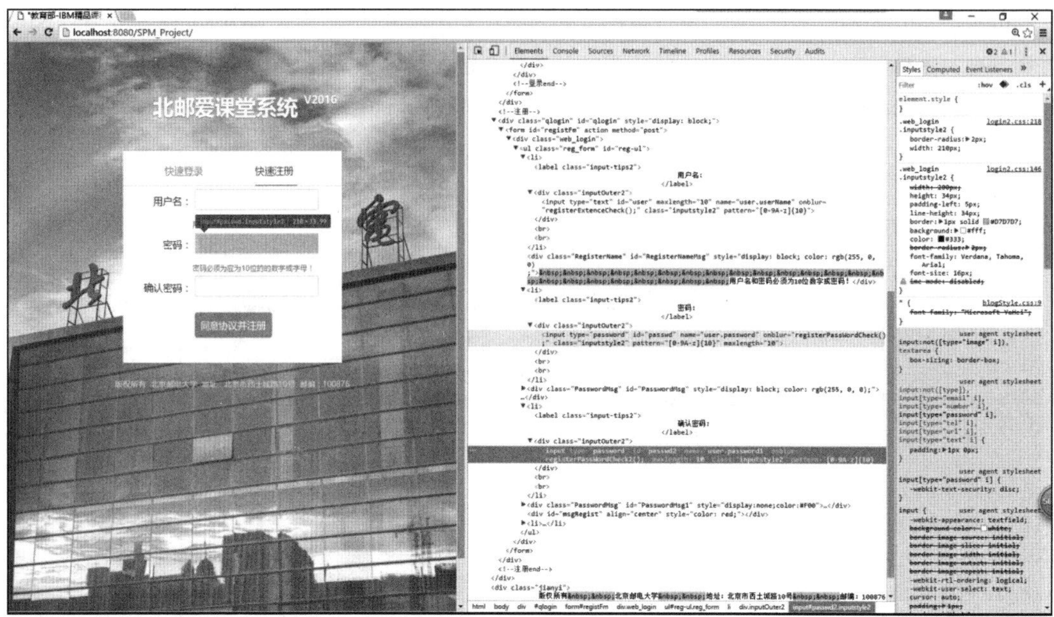

图 F-10 密码与确认密码源码

表 F-2 快速注册 JS 方法

JS 方法	说明
registerExtenceCheck()	当用户焦点离开“快速注册”的“用户名”时触发该方法。先调用 RegExp 进行 JS 检测，成功则调用 DWR 中的 extenceCheck 方法检测将要注册的用户名是否存在。如果失败，则给出提示。源代码见图 F-11
registerPassWordCheck()	当用户焦点离开“快速注册”的“密码”时触发该方法。先调用 RegExp 进行 JS 检测，成功则调用 DWR 中的 registerPasswordCheck 方法再次检测输入格式是否正确。如果失败，则给出提示。源代码见图 F-12
registerPassWordCheck2()	当用户焦点离开“快速注册”的“确认密码”时触发该方法。先调用 RegExp 进行 JS 检测，成功则比较与“密码”中的数据是否一致。如果失败，则给出提示。源代码见图 F-13
register()	当用户单击“快速注册”时，该方法被触发，该方法将表单中的信息发送到指定的 RegisterAction 中进行处理。源代码见图 F-14

```
function registerExtenceCheck(){
    var loginUserName = document.getElementById("user");
    var reg = new RegExp("^[0-9a-zA-Z]{10}$");
    if(reg.test(loginUserName.value)){
        document.getElementById('RegisterNameMsg').style.display="none";
        registerUser = 1;
        if(registerUser == 1 && registerPsw == 1 && registerPsw1 == 1){
            registerButton.disabled = false;
            registerButton.style.background = "#0081c1";
        }
        dwrUtil.extenceCheck(loginUserName.value,callback);
        function callback(result){
            if(result == "unExtence"){
                document.getElementById('RegisterNameMsg').style.display="none";
                //normal color - blue
                registerUser = 1;
                if(registerUser == 1 && registerPsw == 1 && registerPsw1 == 1){
                    registerButton.disabled = false;
                    registerButton.style.background = "#0081c1";
                }
            }else{
                var msg = document.getElementById("labelUserNameMsg1");
                if(result == "extence"){
                    $("#RegisterNameMsg").html("                       用户名已存
                }else {
                    //msg.innerHTML = result;
                    $("#RegisterNameMsg").html("                       "+result)
                }
                document.getElementById('RegisterNameMsg').style.display="block";
                registerButton.disabled = true;
                registerButton.style.background = "#85898B";
                registerUser = 0;
            }
        }
    }else{
        $("#RegisterNameMsg").html("                       用户名和密码必须为10位
        document.getElementById('RegisterNameMsg').style.display="block";
        registerButton.disabled = true;
        registerButton.style.background = "#85898B";
        registerUser = 0;
    }
}
```

图 F-11 registerExtenceCheck() 方法

```
function registerPassWordCheck(){
    var password = document.getElementById("passwd");
    var length = password.value.length;
    var passwordMsg = document.getElementById("PasswordMsg");
    var reg = new RegExp("^[0-9a-zA-Z]{10}$");
    if(reg.test(password.value)){
        passwordMsg.style.display = "none";
        registerPsw = 1;
        if(registerUser == 1 && registerPsw == 1 && registerPsw1 == 1){
            registerButton.disabled = false;
            registerButton.style.background = "#0081c1";
        }
        dwrUtil.registerPasswordCheck(password.value,callback);
        function callback(result){
            if(result == "0"){
                // error null
                $("#PasswordMsg").html("                       密码不可为空，应
                passwordMsg.style.display = "block";
                registerButton.disabled = true;
                registerButton.style.background = "#85898B";
                registerPsw = 0;
            }else if(result == "1"){
                $("#PasswordMsg").html("                       密码必须为应为1
                passwordMsg.style.display = "b0[lock";
                registerButton.disabled = true;
                registerButton.style.background = "#85898B";
                registerPsw = 0;
            }else if(result == "2"){
                //fit
                $("#PasswordMsg").html("                       密码必须为应为1
                passwordMsg.style.display = "none";
                registerPsw = 1;
                if(registerUser == 1 && registerPsw == 1 && registerPsw1 == 1){
                    registerButton.disabled = false;
                    registerButton.style.background = "#0081c1";
                }

            }else{
                $("#PasswordMsg").html("                       未知错误！");
                passwordMsg.style.display = "block";
                registerButton.disabled = true;
                registerButton.style.background = "#85898B";
                registerPsw = 0;
            }
```

图 F-12　registerPassWordCheck () 方法

```
function registerPassWordCheck2(){
    //var registerButton = document.getElementById("registerButton");
    var password1 = document.getElementById("passwd").value;
    var password2 = document.getElementById("passwd2").value;
    var passwordMsg1 = document.getElementById("PasswordMsg1");

    var reg = new RegExp("^[0-9a-zA-Z]{10}$");
    if(!reg.test(password2)){
        $("#PasswordMsg1").html("                       密码必须为应为10位的的数
        passwordMsg1.style.display="block";
        registerButton.disabled = true;
        registerButton.style.background = "#85898B";
        registerPsw1 = 0;
    }else{
        if(password1 != password2){
            $("#PasswordMsg1").html("                       两次输入密码不一致，
            passwordMsg1.style.display="block";
            registerButton.disabled = true;
            registerButton.style.background = "#85898B";
            registerPsw1 = 0;
        }else{
            passwordMsg1.style.display="none";
            registerPsw1 = 1;

            console.log("registerPws1");
            console.log("registerUser:"+ registerUser + " registerPsw:" + registerPsw + " registerPws1: " + registerPsw1);

            if(registerUser == '1' && registerPsw == '1' && registerPsw1 == '1'){
                registerButton.disabled = false;
                registerButton.style.background = "#0081c1";
            }
        }
    }
}
```

图 F-13　registerPassWordCheck2 () 方法

```
function register(){
    $('#registFm').form('submit',{
        url: "${ctx}/registerAction.do",
        success: function(result){
            //$("#msgRegist").html(result);
            $("#PasswordMsg1").html("                       " + result);
            document.getElementById("PasswordMsg1").style.display="block";
            $('#registFm').form('clear');
        }
    });


}
```

图 F-14　register () 方法

（3）DWR 异步处理

在 JS 中的 registerExtenceCheck() 调用了调用 DWR 中的 extenceCheck，registerPassWordCheck() 调用 DWR 中的 registerPasswordCheck 方法。其中 extenceCheck 方法检测注册的用户名是否已经存在，其源代码见图 F-15，registerPasswordCheck 检测输入的密码是否符合规格，其源代码见图 F-16。

```
/**
 *
 * @param userName 用户名
 * @return String 检测用户名输入是否有效：10位数字，返回相应字符串
 */
public String extenceCheck(String userName){
    System.out.println("开始检验用户名是否存在");
    try{
        if(StringUtils.isBlank(userName) ){
            System.out.println("用户名不可为空，应为10位");
            return "用户名不可为空";
        }else if(!isNumeric(userName) || userName.length() != 10){
            System.out.println("用户名应为10位数字或字母");
            return "用户名应为10位数字或字母!";
        }else{
            if(userService.findUser(userName) != null){
                System.out.println("用户已存在，请重新输入");
                return "extence";
            }else{
                System.out.println("用户不存在");
                return "unExtence";
            }
        }
    }catch(Exception e){
        e.printStackTrace();
    }
    return "success";
}
```

图 F-15 extenceCheck 源码

```
public String registerPasswordCheck(String registerPassWord){
    if(StringUtils.isBlank(registerPassWord) ){
        System.out.println("密码不可为空，应为10位");
        return "0";
    }else if(!isNumeric(registerPassWord) || registerPassWord.length() != 10){
        System.out.println("密码应为10位数字或字母");
        return "1";
    }else{
        System.out.println("符合要求");
        return "2";
    }
}
```

图 F-16 registerPasswordCheck 源码

（4）在 Action 层处理

在 RegisterAction.java 中最后一次对用户输入的数据进行格式匹配检测，采用的方法依旧是用 Pattern 类进行正则匹配，在 Action 中的验证将作为 SPM 项目的最后一道防线，屏蔽攻击者的进攻，同样在这里也调用了 isNumericOrCharacter 进行有用户输入检查。其中 RegisterAction 中的 register 方法见图 F-17。

```
/**
 *
 * @discription 实现注册功能
 */
public String register() {
    String msg="";
    LOG.error("username:" + user.getUserName());
    if (user == null){
        LOG.error("USER对象为空！");
    }
    if (StringUtils.isBlank(user.getUserName()) || StringUtils.isBlank(user.getPassword())){
        msg = "用户名或密码未输入,请输入用户名或密码！";
    }else if(!isNumericOrCharacter(user.getUserName()) || !isNumericOrCharacter(user.getPassword())){
        msg = "用户名或密码必须为10位字母或数字！";
    }else{
        LOG.error("开始保存数据");
        if(user.getPassword().equals(user.getPassword1())){
            user.setUserId(user.getUserName());
            user.setId(user.getUserName());
            user.setPosition("3");
            userService.addUser(user);
            msg = "恭喜您，注册成功！";
            LOG.error("保存数据");
            //ServletActionContext.getRequest().setAttribute("registerMsg", "注册成功！");
        }else{
            msg = "对不起，两次输入的密码不一致，请重新输入！";
        }
    }
    try {
        ServletActionContext.getResponse().getWriter().write(msg);

    } catch (Exception e) {
        e.printStackTrace();
    }

    return null;
}
```

图 F-17 RegisterAction 中的 register 方法

3. SQL 注入漏洞的解决方案

SQL 注入就是通过把 SQL 命令插入到 Web 表单提交或输入域名或页面请求的查询字符串，最终达到欺骗服务器执行恶意的 SQL 命令。具体来说，它是利用现有应用程序，将（恶意）SQL 命令注入到后台数据库引擎执行的能力，它可以通过在 Web 表单中输入（恶意）SQL 语句操作一个存在安全漏洞的网站上的数据库，而不是按照设计者意图去执行 SQL 语句。例如，在 SPM 项目当中，如果没有任何针对 SQL 注入的解决方法将极容易暴露 SPM 中各种数据或者导致数据库被修改、删除等恶意操作。假设没有任何 SQL 注入的解决方案，在 SPM 登录模块中，攻击者在用户名输入框中输入 2013212024 ‘or‘1’=’1，则攻击者甚至可以不用输入密码就直接登录 SPM 系统。

可以通过一些合理的操作和配置来降低 SQL 注入的危险。SQL 注入漏洞防范方法具体见表 F-3，在 SPM 项目维护过程中将会采用其部分解决方案。

表 F-3　SQL 注入防范方法

解决方案	说明
使用参数化的过滤性语句	防御 SQL 注入，用户的输入就绝对不能直接被嵌入到 SQL 语句中。用户的输入必须进行过滤，或者使用参数化的语句。在使用参数化下，数据库服务器不会将参数的内容视为 SQL 指令的一部分来处理
输入验证	检查用户输入的合法性，确信输入的内容只包含合法的数据。需要注意的是，数据检查应当在客户端和服务器端都执行，之所以要进行服务器端验证，是为了弥补客户端验证机制的脆弱
错误消息处理	防范 SQL 注入，要避免出现一些详细的错误消息，因为攻击者可以利用这些消息。要使用一种标准的输入确认机制来验证所有的输入数据的长度、类型、语句、企业规则等
加密处理	将用户登录名称、密码等数据加密保存。加密用户输入的数据，然后将它与数据库中保存的数据比较，这相当于对用户输入的数据进行了“消毒”处理，用户输入的数据不再对数据库有任何特殊的意义，从而也就防止了攻击者注入 SQL 命令
存储过程执行所有的查询	SQL 参数的传递方式将防止攻击者利用单引号和连字符实施攻击。此外，它还使得数据库权限可以限制到只允许特定的存储过程执行，所有的用户输入必须遵从被调用的存储过程的安全上下文，这样就很难再发生注入式攻击了
使用专业的漏洞扫描工具	一个完善的漏洞扫描程序不同于网络扫描程序，它专门查找网站上的 SQL 注入式漏洞。最新的漏洞扫描程序可以查找最新发现的漏洞，比如利用 IBM Security AppScan Standard 进行安全漏洞的扫描
确保数据库安全	锁定数据库的安全，只给访问数据库的 Web 应用功能所需的最低的权限，撤销不必要的公共许可，使用强大的加密技术来保护敏感数据并维护审查跟踪
安全审评	在部署应用系统前，始终要做安全审评。建立一个正式的安全过程，并且每次做更新时，要对所有的编码做审评

依据表 F-3，在 SPM 项目中采用了使用参数化的过滤性语句、输入验证、使用专业的漏洞扫描工具、加密处理四种方式来防止 SQL 注入安全漏洞。

3.1　用户登录信息的 SQL 注入漏洞

3.1.1　SQL 参数化

由于 SPM 项目是基于 SSH 架构实现的，在其中采用了 Hibernate 的解决方案，同时在 Dao 层的实现上编写了一个公共的父类 BaseDAOImpl.Java，在其中已经对 SQL 进行了参数化的封装，解决了 SQL 参数化的问题。以 BaseDAOImpl.java 中的 find 方法为例，具体见图 F-18。

在 Service 层中的使用也需要符合 SQL 参数化的方式，SelectCourseServiceImpl.java 中调用 Dao 层的 iSelectCourseDao 中的 findCourse，需要使用参数化的方式处理，具体如图 F-19 所示。

在 SQL 参数化的过程中严禁出现 SQL 代码的直接合成，即在实际编写代码时，不允许出现以加号连接合成的 SQL 语句，具体见图 F-20。

```
public List<T> find(String hql, Object[] param) {
    Query q = this.getCurrentSession().createQuery(hql);
    if (param != null && param.length > 0) {
        for (int i = 0; i < param.length; i++) {
            q.setParameter(i, param[i]);
        }
    }
    return q.list();
}
```

图 F-18 BaseDAOImpl 中的 find 方法

```
public Course findCourse(String studentId) {

    // TODO Auto-generated method stub
    Course course=new Course();
    course = iSelectCourseDao.findCourse(studentId);

    String hql = "from Course where studentId =?";
    List listParam = new ArrayList();
    listParam.add(studentId);


    course = iSelectCourseDao.findCourse(hql, listParam);

    //if(course != null){
    //  return course;
    //}
    return course;
}
```

图 F-19 SelectCourseServiceImpl 中的 findCouse 调用 Dao 层的 findCourse

3.1.2 输入验证

防止 SQL 注入漏洞的方法之一是对用户输入进行严格的控制与验证。按照 SPM 用户登录与注册的需求，用户名与密码都必须是 10 位的数字与字母，因此对用户输入的严格控制就是代码修改漏洞中的 4 个解决方案，具体可以参考“代码修改漏洞的解决方案”。

除了“代码修改漏洞的解决方案”之外，还对输入验证采用了其他两种方法：1）通过单引号复制方法防止 SQL 注入，具体方法实现见图 F-21；2）通过正则匹配式检测输入的字符串中是否含有 SQL 注入的相关字符，具体实现方法见图 F-22。

```
public Course findCourse(String studentId) {
    // TODO Auto-generated method stub
    Course Course = new Course();
    try{
        List<Course> list = new ArrayList<Course>();
        list = super.find("from Course where studentId ='"+studentId+"'");

        if(list!=null && list.size()>0){
            return list.get(0);
        }

        for(int i = 0;i < list.size();i++){
            System.out.println(list.get(i).getName());
            if(studentId.equals(list.get(i).getStudentId())){
                return list.get(i);
            }
        }*/

    }catch(Exception e){
        e.printStackTrace();
        LOG.error(e);
        return null;
    }
    return null;
}
```

图 F-20 SQL 直接合成

```
//通过单引号复制方法防止SQL注入
public final static String repalceQuote(String str){
    str.replace("'", "''");
    return str;
}
```

图 F-21 单引号复制方法

```
//通过正则匹配式检测输入的字符串中是否含有SQL注入的相关字符
public final static boolean strFilter(String str){
    String reg = "(?:')|(?:--)|(/\\*(?:.|[\\n\\r])*?\\*/)|"
            + "(\\b(select|update|and|or|delete|insert|trancate|char|into|substr|ascii|declare|exec|count|master|into|drop|execute)\\b)";
    Pattern sqlPattern = Pattern.compile(reg, Pattern.CASE_INSENSITIVE);
    if (sqlPattern.matcher(str).find()) {
        System.out.println("未能通过正则匹配式检查");
        return false;
    }
    return true;
}
```

图 F-22 正则匹配式检测方法

3.1.3 使用专业的漏洞扫描工具

利用 IBM Security AppScan Standard 对 SPM 项目进行安全漏洞的扫描，对得出的结果进行分析与针对性修改。具体内容参见《SPM- 管理员 - 安全报告》《SPM- 教师 - 安全报告》《SPM- 学生 - 安全报告》《SPM- 游客 - 安全报告》。

3.1.4 加密处理

利用 MD5 加密算法对用户输入密码进行加密处理，在减少用户密码泄露的情况下，又加强了对 SQL 注入的防止措施。MD5 加密算法的实现见图 F-23。

```
//通过MD5加密算法对密码进行加密防止SQL注入
public final static String MD5(String s) {
    System.out.println("函数进入");
    char hexDigits[]={'0','1','2','3','4','5','6','7','8','9','A','B','C','D','E','F'};
    try {
        byte[] btInput = s.getBytes();
        // 获得MD5摘要算法的 MessageDigest 对象
        MessageDigest mdInst = MessageDigest.getInstance("MD5");
        // 使用指定的字节更新摘要
        mdInst.update(btInput);
        // 获得密文
        byte[] md = mdInst.digest();
        // 把密文转换成十六进制的字符串形式
        int j = md.length;
        char str[] = new char[j * 2];
        int k = 0;
        for (int i = 0; i < j; i++) {
            byte byte0 = md[i];
            str[k++] = hexDigits[byte0 >>> 4 & 0xf];
            str[k++] = hexDigits[byte0 & 0xf];
        }
        return new String(str);
    } catch (Exception e) {
        e.printStackTrace();
        return null;
    }
}
```

图 F-23 MD5 加密算法的实现

注册一个新用户，用户名为 000000000，密码为 00000000，则利用 MD5 方法对数据进行加密，得到的结果见图 F-24。

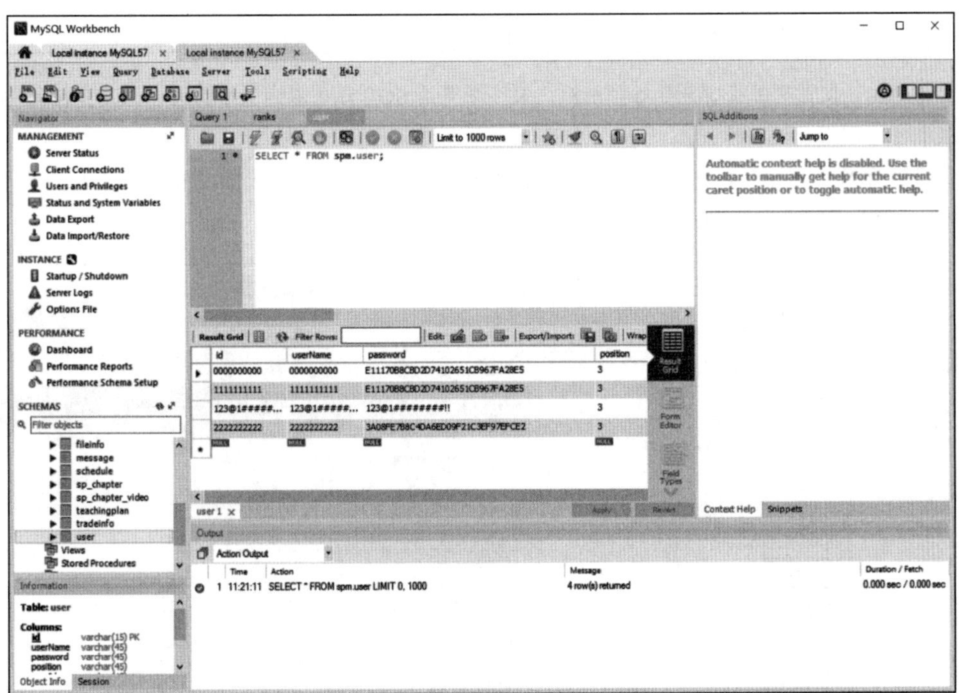

图 F-24 数据库 MD5 加密算法

3.2 用户注册信息的 SQL 注入漏洞

由于登录与注册模块在 SPM 项目中使用的都是同一个数据域模型——User，即调用同一个 Dao 层来实现，因此登录与注册模块在 SQL 漏洞注入上存在高度的重合，部分内容将不会再重复出现。因此，用户注册信息的 SQL 注入漏洞的处理方法与用登录信息的 SQL 注入漏洞的处理方法一致。

SQL 参数化：参见“用户登录信息的 SQL 注入漏洞”的解决方案。

输入验证：参见“用户登录信息的 SQL 注入漏洞”的解决方案。

使用专业的漏洞扫描工具：

利用 IBM Security AppScan Standard 对 SPM 项目进行安全漏洞的扫描，对得出的结果进行分析与针对性修改。

9.7.2 SPM 安全漏洞维护评估

以下是 SPM 项目安全漏洞维护的评估结论。

SPM 安全漏洞维护评估

1. SPM 安全漏洞结果分析

利用 IBM Security AppScan Standard 分别对维护前和维护后的 SPM 系统中的“登录与注册”部分进行安全漏洞的扫描，分析结果见表 F-4（针对登录与注册部分的 SQL 注入漏洞，该表中不包含游客角色，因为游客角色不需要登录与注册）。

表 F-4 安全性维护前后 SQL 注入漏洞变化

角色	管理员		教师		学生	
	维护前	维护后	维护前	维护后	维护前	维护后
SQL 注入漏洞数量	2	0	6	4	2	0
登录与注册模块的 SQL 注入漏洞数量	1	0	1	0	2	0

由表 F-4 可以发现进行安全性维护前后，部分角色的 SQL 注入漏洞依旧存在，但是登录与注册模块的 SQL 注入漏洞已经被排除。

选择教师角色，针对 SQL 注入漏洞，进行维护前后对比分析。维护前的安全性漏洞见图 F-25，维护后的安全性漏洞见图 F-26。

图 F-25 教师角色安全性维护前安全漏洞分布图

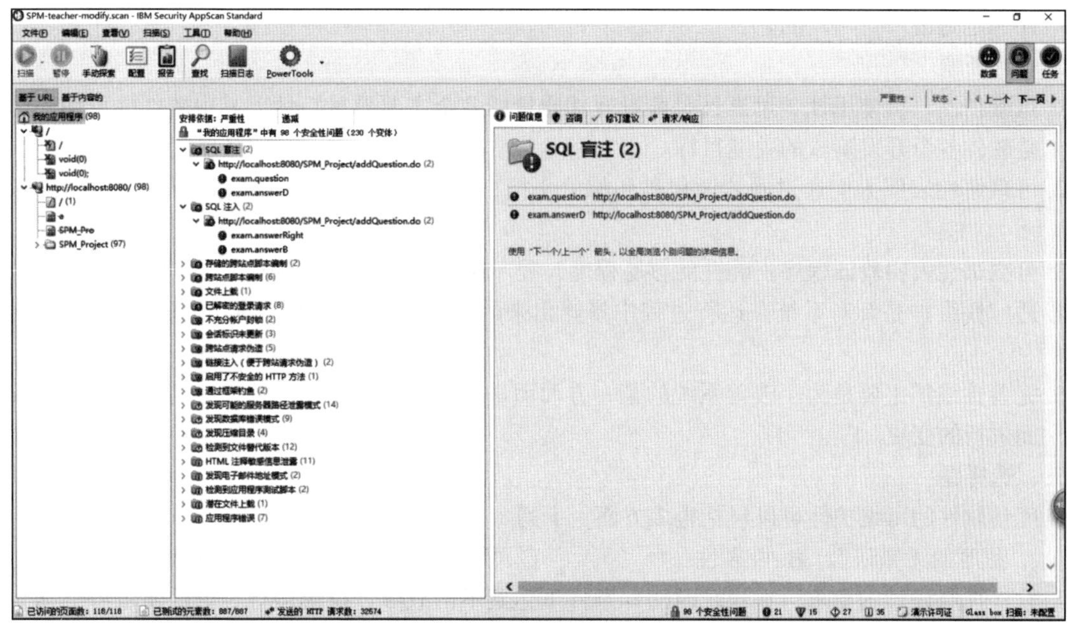

图 F-26 教师角色安全性维护后安全漏洞分布图

对比图 F-25 和图 F-26 可以发现，系统安全维护前，教师角色存在 6 个 SQL 注入漏洞问题，其中注册模块的 SQL 注入漏洞问题为 1 个，系统安全维护之后，教师角色依旧存在 SQL 注入漏洞问题，但不存在注册模块的 SQL 注入漏洞问题。

2. SPM 安全漏洞结论

通过对“登录”与“注册”两个模块的安全性维护，在针对代码修改漏洞与 SQL 注入漏洞的安全性维护方面取得较好的结果。IBM Security AppScan Standard 测试工具检测显示虽然 SPM 项目中依旧存在 SQL 注入漏洞，但是属于登录与注册模块的 SQL 漏洞已经被排除，达到维护申请的目的。

9.8 小结

本章是全书的最后一章，讲述软件项目维护的主要内容，包括维护定义、维护的类型和维护过程中需要完成的任务。

9.9 练习题

一、填空题

1. 当一个系统已经在实际环境中投入使用了，可以进行正常的操作，我们就说系统开发完成了，而以后对系统变更所做的任何工作，称为________。
2. 软件的可维护性是指纠正软件系统出现的________以满足新的要求而进行修改、扩充或压缩的容易程度。
3. 一个可移植的程序应该具有结构良好、灵活、________的性能。
4. 软件维护的类型主要包括________、适应性维护、完善性维护和预防性维护等。
5. 预防性维护也称为________。
6. 软件的逆向工程是一个恢复________的过程。
7. 如果软件是可测试的、可理解的、可修改的、可移植的、可靠的、有效的、可用的，则软件一定是可________的。

二、判断题

1. 可维护性、可使用性、可靠性是衡量软件质量的几个主要质量特性，其中软件的可使用性是软件各个开发阶段的关键目标。(　　)
2. 可理解性表明人们通过阅读源代码和相关文档，了解程序功能及其如何运行的容易程度。(　　)
3. 可测试性表明验证程序正确性的容易程度，程序越简单，验证其正确性越容易。(　　)
4. 适应性维护是针对系统在运行过程中暴露出来的缺陷和错误而进行的，主要是修改错误。(　　)
5. 完善性维护主要是为了改善系统的某一方面而进行的变更，可能这种变更是因为出现错误而进行的变更。(　　)

三、选择题

1. 度量软件的可维护性可以包括很多方面，下列(　　)不在措施之列。
   A. 程序的无错误性　B. 可靠性　C. 可移植性　D. 可理解性
2. 软件按照设计的要求，在规定时间和条件下达到不出故障、持续运行要求的质量特性称为(　　)。
   A. 可靠性　B. 可用性　C. 正确性　D. 完整性
3. 为适应软件运行环境的变化而修改软件的活动称为(　　)。
   A. 纠错性维护　B. 适应性维护　C. 完善性维护　D. 预防性维护
4. 在软件生存期的维护阶段，继续诊断和修正错误的过程称为(　　)。
   A. 完善性维护　B. 适应性维护　C. 预防性维护　D. 纠错性维护
5. 软件维护是软件生命周期中的固有阶段，一般认为，各种不同的软件维护中以(　　)维护所占的维护量最小。
   A. 纠错性维护　B. 代码维护　C. 预防性维护　D. 文档维护
6. 对于软件的(　　)，有一种简单的面向时间的度量，叫做平均变更等待时间（Mean Time To Change，MTTC）。这个时间包括开始分析变更要求、设计合适的修改、实现变更并测试它以及把这种变更发送给所有的用户所需的时间。
   A. 可靠性　B. 可修改性　C. 可测试性　D. 可维护性
7. 产生软件维护的副作用，是指(　　)。
   A. 开发时的错误　B. 隐含的错误
   C. 因修改软件而造成的错误　D. 运行时误操作

参考文献

[1] Roger S Pressman. Software Engineering：A Practitioner's Approach[M].影印版，6版.北京：机械工业出版社，2008.

[2] 郑人杰，等.软件工程[M].北京：人民邮电出版社，2009.

[3] Lan Sommerville. 软件工程[M].影印版，8版.北京：机械工业出版社，2006.

[4] 韩万江，等.软件项目开发案例教程[M].北京：机械工业出版社，2007.

[5] Rajib Mall. 软件工程导论[M].北京：清华大学出版社，2008.

[6] Shari Lawrence Pfleeger. Software Engineering[M]. Pearson Education，2001.

[7] Lan Sommerville. 软件工程[M].影印版，8版.北京：机械工业出版社，2004.

[8] Roger S Pressman. 软件工程：实践者之路[M].5版.北京：清华大学出版社，2001.

[9] Wasserman，Anthony. Towards a Discipline of Software Engineering：method，tools and the software development process[M]. Los Alamitos，CA：IEEE Computer Society Press，1995.

[10] Shaw M，D Garlan. Software Architecture[M]. Prentice-Hall，1996.

[11] Mandel T P. The Elements of User Interface Design[M]. John Wiley，1997.

[12] Davis A. 201 Principles of Software Development[M]. McGraw-Hill，1995.

[13] Rumbaugh，James，M Blaha，et al. Object-Oriented Modeling and Design[M]. Englewood Cliffs，NJ：Prentice Hall，1991.

[14] 纪康宝.软件开发项目可行性研究与经济评价手册[M].长春：吉林科学技术出版社，2002.

[15] Mark J Christensen，et al. The Project Manager's Guide to Software Engineering's Best Practices[M].影印版.北京：电子工业出版社，2004.

[16] Garmus D，David H.The Software Measuring Process：A Practical Guide to Functional Measurements[M]. Upper Saddle River，NJ：Yourdon Press，1996.

[17] Humphrey W. A Discipline for Software Engineering：SEI Series in Software Engineering[M]. Reading，MA：Addison-Wesley，1995.

[18] 杨文龙，等.软件工程[M].2版.北京：电子工业出版社，2005.

[19] Baumert，John H Baumert. Software Measures and the Capability Maturity Model[J]. CMU，1992，25.

[20] PMI. A Guide to the Project Management Body of Knowlwdge(PMBOK Guide)[M]. Project Management Institute，2013.

[21] Ronald，et al. Software Risk Management[J]. CMU，1996，12.

[22] 王晓军，吴家皋 . 面向软件代理的数据业务处理模型 [J]. 南京邮电学院学报：自然科学版，1999，19（4）.
[23] 严浩，等 . 基于面向对象技术的软件代理模型研究 [J]. 河北科技大学学报，2001，22（4）。
[24] 添美科技 . 基于构件的软件工程开发过程 [EB/OL]. http://www.sytm.net.
[25] 唐晓君 . 软件工程：过程、方法及工具 [M]. 北京：清华大学出版社，2013.
[26] 沈备军 . 解读软件工程知识体系 SWEBOK V3 [J]. 计算机教育，2014.
[27] 蒲子明，等 . Struts2+Hibernate+Spring 整合开发技术详解 [M]. 北京：清华大学出版社，2010.
[28] 马培军，李东 . 软件工程知识体 SWEBOK 的新进展——SWEBOK V3 [J]. 计算机教育，2013.